全国二级注册建造师继续教育教材

市政公用工程

中国建设教育协会继续教育委员会　组织
本书编审委员会　编写

中国建筑工业出版社

图书在版编目（CIP）数据

市政公用工程/中国建设教育协会继续教育委员会组织；《市政公用工程》编审委员会编写. —北京：中国建筑工业出版社，2019.5
全国二级注册建造师继续教育教材
ISBN 978-7-112-23596-4

Ⅰ.①市… Ⅱ.①中… ②市… Ⅲ.①市政工程-继续教育-教材 Ⅳ.①TU99

中国版本图书馆 CIP 数据核字（2019）第 069166 号

按照国家关于开展注册建造师继续教育的方针和要求，本教材结合市政公用工程注册建造师从业的特点、性质和实际需要，按照《市政公用工程注册建造师继续教育大纲》要求的内容，以工程实例为主体，全面介绍我国市政公用工程有关新法规、新标准及施工新技术和管理案例。注重突出培养注册建造师组织、协调和综合管理的能力。

责任编辑：李 明 葛又畅
责任校对：李欣慰

全国二级注册建造师继续教育教材
市政公用工程
中国建设教育协会继续教育委员会 组织
本书编审委员会 编写
*
中国建筑工业出版社出版、发行（北京海淀三里河路 9 号）
各地新华书店、建筑书店经销
霸州市顺浩图文科技发展有限公司制版
北京建筑工业印刷厂印刷
*
开本：787×1092 毫米 1/16 印张：18 字数：448 千字
2019 年 6 月第一版 2019 年 6 月第一次印刷
定价：**70.00** 元
ISBN 978-7-112-23596-4
（32125）

全国二级注册建造师继续教育教材编审委员会

本书编审委员会

主　　编：焦永达

主　　审：余家兴

参编人员：（按姓氏笔画排序）：

马致远　王维华　卢九章　刘　明　严家友
张　勤　罗　明　周松国　赵济平　洪桂忠
黄　丽　焦　猛　谢铜华

2018 版全国二级注册建造师继续教育教材由中国建设教育协会继续教育委员会组织编写，市政工程专业由北京市市政行业学会具体牵头组织业内专家及相关院校学者编写。

编写组依据《注册建造师继续教育管理办法》和《市政专业二级建造师执业资格考试大纲》要求，在征求行业学会和有关企业意见和建议的基础上，确定了 2018 版继续教育教材编写思路：以市政公用工程施工实践内容为主导，注重各专业工程施工新技术推广应用和工程项目管理实例总结分析，立足于注册建造师应掌握的工程建设有关新法律法规、新标准、施工新技术和新工艺。通过继续教育，不断提升建造师的综合素质和执业能力。

2018 版继续教育教材分为四章共 16 节：第 1 章“市政工程有关新法规”对 2017 版《建设工程项目管理规范》和《危险性较大的分部分项工程安全管理规定》进行了解读；第 2 章“市政工程有关新标准”，对 2018 版《大体积混凝土施工标准》、2017 版《建筑信息模型施工应用标准》和新颁布的《市政工程施工安全检查评定标准》进行解读；第 3 章“市政工程新技术”结合工程实例介绍了城市综合管廊、给水排水构筑物、城镇道路、城市桥梁、城市地下管道工程施工新技术，其中包括维修工程新技术；第 4 章“市政工程项目施工管理”以工程实例为主导，侧重于项目管理实践和综合知识应用，以提升注册建造师综合素质和执业实践能力。

编委会在编写过程中，引用了行业内新技术、新工艺，参阅了行业协会、有关院校的刊载文献；得到了中国市政协会、江苏省市政协会、杭州市市政工程集团有限公司、泉州市市政工程管理处、武汉市汉阳市政建设集团、南京第二道路排水工程有限责任公司、北京市政建设集团有限公司、北京市政路桥集团养护集团有限公司、陕西建工机械施工集团有限公司、上海市城市建设工程学校、北京建筑大学、北京国测信息科技有限责任公司等单位的大力支持和协助。继续教育教材在审定过程中，得到了行业内专家、学者的帮助和支持。在此对各参编单位表示衷心的感谢。

由于编写人员水平有限，虽然经过了较充分的意见征求、审查和修改，但仍难免存在不妥和疏漏之处，请广大读者提出宝贵意见，以便进一步修改完善。

目录
CONTENTS

市政工程有关新法规

1.1 《建设工程项目管理规范》GB/T 50326—2017 解读

1.1.1 修订背景与内容

1. 修订背景

为规范建设工程项目管理程序和行为，提高工程项目管理水平。2017 年 5 月 4 日，住房和城乡建设部第 1536 号公告发布了国家标准《建设工程项目管理规范》GB/T 50326—2017，自 2018 年 1 月 1 日起实施。原国家标准《建设工程项目管理规范》GB/T 50326—2006 同时废止。

2006 版《建设项目管理规范》(以下简称原规范) 经过十年的工程实践，项目管理制度已经取得了良好的实施效果；同时项目管理也面临许多新问题，如项目管理还局限在施工方、设计施工总承包项目管理不规范等。为了进一步推进项目管理制度，满足我国新的投资建设模式的需要，规范编制组经广泛调查研究，认真总结多年的实践经验，参考有关国际标准和国外先进标准，并在广泛征求意见的基础上，完成了修订工作。

2017 版《建设工程项目管理规范》(以下简称本规范) 的主要内容有：总则；术语；基本规定；项目管理责任制度；项目管理策划；采购与投标管理；合同管理；设计与技术管理；进度管理；质量管理；成本管理；安全生产管理；绿色建造与环境管理；资源管理；信息与知识管理；沟通管理；风险管理；收尾管理；管理绩效评价。

本规范为满足建设工程发展的需求，对原规范进行了重要修改，加强了项目管理的要求，特别是为设计施工总承包项目建立了规范和标准，有助于提高我国建设工程项目的管理水平。

2. 本规范修订的主要内容

(1) 增加项目管理的基本规定，确立了“项目范围管理、项目管理流程、项目管理制度、项目系统管理、项目相关方管理和项目持续改进”六大管理特征；

(2) 增加“五位一体 (建设、勘察、设计、施工、监理) 相关方”的项目管理责任；

(3) 增加项目设计与技术管理；增加项目管理绩效评价；

(4) 修改项目管理规划，增加项目管理配套策划要求；

(5) 修改项目采购管理，增加项目招标、投标过程的管理要求；

(6) 修改项目质量管理，增加质量创优与设置质量管理点的要求；

(7) 修改项目信息管理,增加项目文件与档案管理、项目信息技术应用和知识管理要求。

1.1.2 项目管理的理念与管理作用

1. 项目管理理念

(1) 项目管理目的

建设工程项目是项目的一种,建设工程项目管理简称项目管理。项目管理目的是推动项目管理科学化、规范化、制度化、国际化。国内外工程建设都要实行项目管理,且能与国外互认。

(2) 项目管理理念

1) 坚持自主创新的新理念;自主创新有三种形式:原始创新、集成创新和引进吸收在创新;

2) 坚持以人为本的新理念,项目管理靠人,这里的人包括组织和人;

3) 坚持科学发展新理念,项目管理发展要以科学为支撑,实现可持续发展。

4) 建设工程项目管理要坚持项目经理责任制。项目经理责任制是我国的自主创新制度,是项目管理的基本制度。项目经理是项目部组织的核心人员,对项目管理承当责任。

2. 项目管理的作用,即本规范的作用主要有:

(1) 项目管理组织的依据

1) 建立项目管理组织的基础依据;

2) 项目管理组织各层次划分和人员职责与工作关系的基础依据;

3) 规范项目管理行为的基础依据;

4) 考核和评价项目管理成果的基础依据。

(2) 项目管理适用范围

本规范对新建、扩建和改建的建设工程有关各方组织的项目管理活动提出新要求:

1) 首次明确了建设工程责任主体“五位一体”项目管理方式

不但适用新建、扩建、改建的工程项目管理,而且适用于项目实施过程相关组织和个人,即发包人、承包人、总承包人、分包人、供应商、设计单位、监理单位和外国人。

2) 确定了项目实施过程阶段划分

包括策划、勘察、设计、采购、施工、试运行、竣工验收和考核评价等阶段。

与原传统的工程建设阶段划分对照关系:项目启动阶段即为策划阶段,规划阶段即为勘察设计阶段,实施阶段即为采购与施工阶段,收尾阶段包括了试运行、竣工验收和考核评价阶段。

(3) 项目管理内容与形式

1) 项目管理基本内容包括:对工程项目进行的计划、组织、指挥、协调和控制等专业化活动;采用总承包方式的项目,计划阶段应包括规划内容,即勘察与设计阶段。

2) 明确了项目管理机构形式:可以是总承包方式的项目管理公司,也可以是勘察、设计、施工项目部,工程监理部等。

3) 明确了发包人定义:包括政府部门、事业编单位、国企、集体企业、民营企业,经济联合体、社会团体、合伙人和个体人。

4）本规范与其他法规标准关系

项目管理应遵循本规范规定，并执行国家有关法律法规和强制性标准。

1.1.3 项目管理的六大特征

1. 项目范围管理

（1）项目结构分解

项目范围管理的基本任务是项目结构分析，包括项目分解、工作单元定义、工作界面分析。项目分解的结果是工作分解结构（简称 WBS），是项目管理的重要工具。分解的终端应是工作单元。

1）工作单元通常包括工作范围、质量要求、费用预算、时间安排、资源要求和组织职责等。

2）工作界面是指工作单元之间的结合部，或叫接口部位，工作单元之间存在着相互作用、相互联系、相互影响的复杂关系。

（2）贯穿于项目全寿命期

项目管理机构应按项目管理流程实施项目管理。项目管理流程应包括启动、策划、实施、监控和收尾过程，各个过程之间相对独立，又相互联系。启动过程应明确项目概念，初步确定项目范围，识别影响项目最终结果的内外部相关方。策划过程应明确项目范围，协调项目相关方期望，优化项目目标，为实现项目目标进行项目管理规划与项目管理配套策划。

2. 项目管理流程与目标

（1）项目管理流程

项目管理流程是动态管理原理在项目管理的具体应用。内外部相关方是指建设、勘察、设计、施工、监理、供应单位及政府、媒体、协会、相关社区居民等。有关方在项目管理不同阶段，都有着约定的流程和工作接口。

（2）项目管理目标

项目管理公司，勘察、设计、施工项目部，工程监理部之间必须按照项目管理流程进行各自的工作。依据项目管理目标，确定项目管理组织形式和项目管理流程。

（3）项目管理主要内容

1）规章制度

包括工作内容、范围和工作程序、方式，如管理细则、行政管理制度、生产经营管理制度等。

2）责任制度

包括工作职责、职权和利益的界限及其关系，如组织机构与管理职责制度、人力资源与劳务管理制度、劳动工资与劳动待遇管理制度等。

（4）项目管理文件

应包括：1）项目管理责任制度；2）项目管理策划；3）采购与投标管理；4）合同管理；5）设计与技术管理；6）进度管理；7）质量管理；8）成本管理；9）安全生产管理；10）绿色建造与环境管理；11）信息管理与知识管理；12）沟通管理；13）风险管理；14）资源管理；15）收尾管理；16）管理绩效评价。

(5) 项目管理制度编制

1) 识别并确定项目管理过程；2) 确定组织项目管理目标；3) 建立健全项目管理机构；4) 明确项目管理责任与权限；5) 规定所需要的项目管理资源；6) 监控、考核、评价项目管理绩效；7) 确定并持续改进规章制度和责任制度。

3. 项目系统管理

(1) 动态管理

项目系统管理是围绕项目整体目标而实施管理措施的集成，包括：质量、进度、成本、安全、环境等管理相互兼容、相互支持的动态过程。

(2) 系统管理

系统管理不仅要满足每个目标的实施需求，而且需确保整个系统目标的有效实现。

根据总体协调的需要，以自然科学、社会科学（包括经济学）中的思想、理论、策略、方法为基础，应用现代数学和信息技术等，对项目的构成要素、组织结构、信息交换等功能进行分析研究，以实现设计、控制和管理目标的最优化。项目系统管理需与项目全寿命期的质量、成本、进度、安全和环境等的综合评价结合实施。

(3) 管理方式

1) 总承包方式

总承包方式的建设项目要在对项目投资决策、招投标、勘察、设计、采购、施工、试运行进行系统整合，综合平衡项目各过程和专业之间关系的基础上，实施项目系统管理；项目实施过程兼顾相关方面的需求，平衡五大建设主体之间的管理关系，确保项目偏差的系统性控制。

2) 项目管理公司与项目部

项目管理公司或项目部应对项目的所有相关方进行识别，了解其需求和期望，确保项目管理要求与相关方的期望相一致。

在与相关方建立互利共赢的合作关系基础上，构建良好的组织协调环境；通过相关方满意度的测评，提升相关方管理水平。

4. 项目管理持续改进

(1) 内部纠偏体系

项目管理组织应建立内部纠偏体系，确保项目管理的持续改进，将外部需求与内部管理相互融合，以满足项目风险预防和组织的发展需求。在实施前评审各项改进措施的风险，是为了避免或减少因改进而出现新的更大问题，保证改进措施的有效性。

(2) 不合格管理与控制

不合格管理内容：包括不合格产品和不合格过程识别、标示、评审、纠正和改进。

(3) 项目管理持续改进的方法

1) 对已经发现的不合格采取措施予以纠正；

2) 针对不合格的原因采取纠正措施予以消除；

3) 对潜在的不合格原因采取措施防止不合格的发生；

4) 针对项目管理的增值需求采取措施予以持续满足。

项目管理组织应对员工在持续改进意识和方法方面进行培训，使持续改进成为员工的岗位目标。实现质量体系有效地运行，对项目管理绩效的持续改进进行跟踪指导和监控。

1.1.4 项目管理组织机构

1. 组织机构的定位

本规范规定：包括建设单位、勘察单位、设计单位、施工单位、供应单位、监理单位、咨询单位和代理单位等项目建设相关责任方。其项目管理机构负责人需按国家相关法规要求对工程质量承担其应当承担的责任。

建设工程项目各实施主体和参与方对工程项目建设所成立的专门性管理机构，负责各单位职责范围内的项目管理工作。各方的项目管理机构负责人需承担各自职责范围内的全面职责。施工企业的项目部，其负责人称为项目经理；建设方、勘察设计方、监理方的项目负责人也可称为项目经理。

目前，项目参建各方在实施项目管理方面还存在许多问题，如建设单位通常对工程项目派驻甲方代理人（简称甲代），并没有授予全面责任，甚至没有签字权；设计单位通常委派设计负责人参与项目管理，并没有全面授权；施工单位也存在授权有限问题；这些问题都是不符合本规范规定的，需要进行调整。

2. 项目经理与项目团队

(1) 项目经理负责制是我国自主创新的项目管理制度

本规范对项目经理（负责人）管理职责有具体规定。以施工单位为例，项目经理（或负责人）的管理职责应包括：

1）需按照经审查合格的施工设计文件和施工技术标准进行工程项目施工，应对因施工导致的工程施工质量、安全事故或问题承担全面责任。

2）需负责建立质量安全管理体系，配备专职质量、安全等施工现场管理人员，落实质量安全责任制、质量安全管理规章制度和操作规程。

3）需负责施工组织设计、质量安全技术措施、专项施工方案的编制工作，认真组织质量、安全技术交底。

4）需强化的建筑材料、构配件、设备、预拌混凝土等的检验、检测和验证工作，严格执行技术标准规范要求。

5）需对进入现场的超重机械、模板、支架等的安装、拆卸及运行使用全过程监督，发现问题，及时整改。

6）需加强安全文明施工费用的使用和管理，严格按规定配备安全防护和职业健康用具，按规定组织相关人员的岗位教育，严格特种工作人员岗位管理。

(2) 项目经理（负责人）执业的规定

本规范对项目经理（负责人）执业条件规定如下：

1）应有符合相关规定的相应的执业资格，如一、二级建造师。

2）需按相关规定签署工程质量终身责任承诺书，对工程建设中应履行的职责、承担的责任做出承诺，并报相关管理机构备案。

3）施工单位项目经理不得同时在两个及两个以上工程项目担任项目负责人。但是同时规定：在特定条件下，经建设方准许，可以监管另一项目的管理工作，但不得影响项目的正常运行。

4）在项目正常运行的情况下，不应随意撤换项目管理经理。特殊原因需要撤换，需按相关规定报请相关方同意和认可，并履行工程质量监督备案手续。

5）相关部门对项目经理履职情况进行动态监管，如有违规行为，将依照行政处罚规定予以处罚，并记录诚信信息。

（3）项目团队建设

我国项目管理实践表明，项目管理与项目管理团队是相辅相成的；因此本规范强调：

1）项目经理的管理有赖于项目团队，优秀的项目经理与有效的项目团队是相辅相成的关系。

2）项目团队成员应具有满足感、归属感和自豪感，树立合作意识，敢于面对困难，能够抵御挫折和化解危机。

3）项目团队应确保信息准确、及时和有效地传递，保持有效的合作关系。

（4）项目管理机构负责人职责、权限和管理

1）经理（负责人）在项目管理团队中起到模范带头作用，项目的派出单位也必须加强对项目经理（负责人）管理行为的监督。

2）经理（负责人）需定期或不定期参加建设主管部门和行业协会组织的教育培训活动，及时掌握行业动态，提升自身素质和管理水平。

3）项目团队建设需要相对稳定，并在实践中不断改进。

3. 项目管理策划

（1）主要内容

包括项目管理规划（含项目管理规划大纲与项目管理实施规划）和项目管理配套策划结果。

（2）项目管理规划与计划

项目管理规划相关内容也可采用各种项目管理计划，如项目质量计划、进度计划、成本计划、安全生产管理计划、沟通管理计划、风险管理计划和工程总承包项目管理计划等。

项目管理计划一般围绕专项管理（质量、进度、成本、安全、沟通、风险等管理）进行策划，是项目管理实施规划的重要组成部分。

（3）施工项目管理策划与计划

对于工程施工项目管理来讲，策划成果是工程施工组织设计、专项施工方案和作业指导书等。目前，建设工程施工项目管理多采用施工组织设计和施工方案；其编制已有相应的国家标准可依。

工程项目管理规划的范围和文件编制主体应符合表 1-1 规定。

工程项目管理规划文件与编制单位 **表 1-1**

项目定义	项目范围与特征	项目管理规划文件	编制主体
建设项目	在一个总体规范范围内，统一立项审批，单一或多远投资、经济独立核算的建设项目	《建设项目管理规划》	建设单位
工程项目	建设项目内的单位、单项或具有独立使用功能的工程项目	《项目管理计划》或《施工组织设计》、《施工方案》	施工总承包单位
专业工程项目	所含专业工程（包括管线、附属设施）	《专项工程施工方案》	专业分包单位

1.1.5 项目全过程系统化管理

1. 采购与投标管理

（1）采购管理

1）项目资源采购活动的基本管理目标、工作内容，采购过程控制措施，内部监督程序及其管理要求。

采购可通过招标方式实现目标。招标采购应符合国家相关招标采购法规的要求。采购与投标活动是两个不同范畴的工作内容。

2）采购管理

① 工程合同是指投标企业与发包方依法签订的工程承包文件，包括工程总承包合同、施工总承包合同、专业施工承包合同等。

② 在编制采购计划前，组织需得到采购需求计划，根据需求经过对资源库存和调剂情况分析后确定采购计划。

③ 供方定义为组织提供货物产品、工程承包、项目服务的供应方、承包方、分包方等。不同的组织（如建设、勘察、设计、施工、监理等单位）可拥有不同的供方（承包方、供应方、分包方等）。

④ 特殊产品供方（如供应商和分包方）的考察中的“相关风险评估”可包括：人员、资质、财务、质量、成本等方面变化情况的评价。其中特殊产品包括：特种设备、材料、制造周期长的大型设备、有毒有害产品等。

⑤ 包括预制构件、钢结构、梁板、危险化学品、起重机、盾构机等承压产品、有毒有害产品、重要设备特殊产品必须控制采购。

（2）投标管理

1）投标管理

包括投标活动的基本管理目标、工作内容，投标过程控制措施，内部监督程序及其管理要求。

2）投标主体

承包方（勘察、设计、施工等单位）为主的投标主体。需通过对投标项目需求的识别、评价活动的管理，确保充分了解顾客及有关各方对工程项目设计、施工和服务的要求，为编制项目投标计划提供依据。

3）发包方的要求

发包方明示的要求即发包方在招标文件及工程合同等书面文件中明确提出的要求。

发包方未明示但应满足的要求是指必须满足行业的技术或管理要求，与施工相关的法律、法规和标准规范要求及投标企业自身设计、施工能力必须满足的要求。

4）投标的有关记录

需能为证实项目投标过程符合要求提供必要的追溯和依据；需保存的记录一般有：对招标文件和工程合同条款的分析记录、沟通记录、投标文件及其审核批准记录、投标过程中的各类有关会议纪要、函件等。

2. 合同管理

（1）合同类别

建设工程项目实施过程中涉及的合同种类很多，包括建设工程合同、买卖合同、租赁合同、承揽合同、运输合同、借款合同、技术合同等。其中，建设工程合同管理应包括对依法签订的勘察、设计、施工、监理等承包合同及分包合同的管理。

（2）合同策划与编制

1）项目管理机构负责合同策划与编制，且应同步进行。

2）需考虑主要问题有：项目需分解成几个独立合同及每个合同的工程范围；采用何种委托和承包方式；合同的种类、形式和条件；合同重要条款的确定；各个合同的内容、组织、技术、时间上的协调。

（3）合同管理

① 应是全过程管理。包括合同订立、履行、变更、索赔、终止、争议解决以及控制和综合评价等内容，还应包括有关合同知识产权的合法使用。

② 合同管理遵守法律法规。包括《中华人民共和国合同法》《中华人民共和国建筑法》及其相关的国务院行政法规、部门规章、行业规范等的强制性规定。

③ 杜绝违法行为。住房和城乡建设部制定的《建设工程施工转包违法分包等违法行为认定查处管理办法（试行）》对违法发包、转包、违法分包、挂靠等违法行为的定义、认定情形及其行政处罚和行政惯例措施都做了详细规定。

（4）合同评审

1）合同评审目的

保证合同条款不违反法律法规和国家标准、行业标准、地方标准的强制性条文；保证合同权利和义务公平合理，不存在对合同条款的重大误解，不存在合同履行障碍；保证与合同履行紧密关联的合同条件、技术标准、施工图纸、材料设备、施工工艺、外部环境条件、自身履约能力等条件满足合同履行要求；尽量避免内容没有缺项漏项，合同条款有文字歧义、数据不全、条款冲突等情形，合同组成文件之间有差异；保证合同履行过程中可能出现的经营风险、法律风险处于可以接受的水平。

2）合同评审文件

合同订立方式不同，其需要评审的合同文件有所不同。需要评审的合同文件一般包括：招标文件及工程量清单、招标答疑、投标文件及组价依据、拟定合同主要条款、谈判纪要、工程项目立项审批文件等。

（5）合同订立与签订

1）订立合同

可分为有招标发包和直接发包两种方式；通过招标投标方式合同内容还应当符合招标文件和中标人的投标文件的实质性要求和条件；对合同文件及合同条件有异议时，需以书面形式提出。

2）注意事项

不得采取口头形式订立建设工程合同；不得采取欺诈、胁迫的手段或者乘人之危，使对方在违背真实意思情况下订立合同；审慎出具加盖单位公章的空白合同文件；不履行未生效、未依法备案的合同。

（6）合同实施与控制

1）合同责任

建设工程项目建设的建设单位项目负责人、勘察单位项目负责人、设计单位项目负责人、施工单位项目经理、监理单位总监理工程师等建设工程5大责任主体项目负责人都需按照合同赋予的责任，认真落实合同的各项要求。

2）合同交底

相关部门及合同谈判人员进行合同交底，既是向项目管理机构作合同文件解析，也是合同管理职责移交的一个重要环节。合同交底可以书面、电子数据、视听资料和口头形式实施，书面交底的应签署确认书。

3）合同变更及合同索赔

① 对于合同变更及合同索赔等工作，通常不是项目管理机构自己单方面能够完成的，需要组织通过协商、调解、诉讼或仲裁等方式来实现。

② 合同变更管理包括变更依据、变更范围、变更程序、变更措施的制定和实施，以及对变更的检查和信息反馈工作。

③ 索赔依据、索赔证据、索赔程序之间具有内在的关联性，是合同索赔成立不可或缺的三个重要条件：索赔证据包括当事人陈述、书证、物证、视听资料、电子数据、证人证言、鉴定意见、勘验笔录等证据形式。经查证属实的证据才能作为认定事实的依据；在合同约定或者法律规定的期限内提出索赔文件、完成审查或者签认索赔文件，是索赔得以确认的重要保证。

（7）合同争议

1）协商解决争议

合同当事人不能协商达成一致，但合同约定由总监理工程师依据职权做出确定时，由总监理工程师按照合同约定审慎做出公正的确定。合同当事人对总监理工程师的确定没有异议的，按照总监理工程师的确定执行。

任何一方当事人对总监理工程师的确定有异议时，需要在约定的期限内提出，并按照合同约定的争议解决机制处理。

2）争议评审方式解决争议

当事人在合同中约定采取争议评审方式解决争议时，需先行启动争议评审程序解决争议；任何一方当事人不接受争议评审小组决定或不履行争议评审小组决定时，才可以选择采用其他争议解决方式。

（8）合同中止与终止

1）合同中止

应根据合同约定或者法律规定实施。因对方违约导致合同中止的，应追究其违约方责任；因不可抗力导致合同中止的，需按照合同约定或者法律规定签订部分或者全部免除责任协议，涉及合同内容变更的，应订立补充合同。

2）合同终止

包括合同履行完毕的正常终止情形，合同解除等非正常终止情形。

3. 进度管理

（1）计划管理分类

1）控制性进度计划

包括项目总进度计划；分阶段进度计划；子项目进度计划和单体进度计划；年（季）

度计划。

2）作业性进度计划

包括分部、分项工程进度计划；月（周）进度计划。

（2）管理主体与接口

1）管理责任主体

包括建设单位、施工单位、勘察设计单位、监理单位等方。

2）进度工作接口

包括设计与采购、采购与施工、施工与设计、施工与试运行、设计与试运行、采购与施工等。

（3）进度计划编制

1）应根据具体需要选择网络计划或表格计划形式。

2）作业性进度计划应优先采用网络计划方法。

3）采用项目管理软件编制进度计划，并跟踪控制。

（4）进度控制

1）进度控制内容

① 与建设单位有关的活动过程，包括项目范围的变化，工程款支付，建设单位提供的材料、设备和服务。

② 与设计单位有关的活动过程，包括设计文件的交付，设计文件的可施工性，设计交底与图纸会审，设计变更。

③ 与分包商有关的活动过程，包括合格分包商的选择与确定，分包工程进度控制。

④ 与供应商有关的采购活动过程，包括材料认样和设备选型，材料与设备验收。

2）进度计划检查记录

① 文字记录，如市政公用工程工程日志等记载施工进度的文件。

② 在计划图（表）上记录，直接在图标上进行标注，能直观表示进度情况。

③ 在计划图标用切割线记录，使人可以直接了解到未完成的部位和工作量；用“S”形曲线或“香蕉曲线”记录，主要表示节点控制情况；用实际进度前锋线记录等。

3）进度管理报告

内容包括进度执行情况的综合描述；实际进度与计划进度对比；进度计划执行中的问题及其原因分析；进度计划执行情况对质量、安全、成本、环境的影响分析；已经采取及拟采取的措施；对未来计划进度的预测；需协调解决的问题。

（5）进度变更

1）以满足项目的工期目标要求为目标。

2）当现场条件限制导致进度计划调整或变更时，可采取改变缩短关键线路的持续时间、利用自由时差、缩短平行的关键工作时间等措施。

3）采取上述措施仍然不能达到原计划目标要求，需变更计划目标或变更工作方案。

4）产生进度变更（如延误）后，受损方可按合同及有关索赔规定向责任方进行索赔。进度变更（如延误）索赔应由发起索赔方提交工期影响分析报告，以得到批准确认的进度计划为基准申请索赔。

4. 质量管理

(1) 质量管理制度

我国对建设工程质量采取终身责任制和竣工后设立永久性标牌等制度，以便对项目经理（负责人）履行质量管理不到位的情况进行责任追究，直至追究法律责任。

(2) 质量管理程序

1) 按照策划、实施、检查、处置的循环过程原理，持续改进，并需要从增值的角度考虑全过程。

2) 项目质量管理体系是企业质量管理体系重要组成部分，企业应指导项目质量管理体系建立和运行。

3) 项目质量管理需满足国家法律法规、标准的和发包人要求，并需要相关方支持与协作。相关方可能是建设单位（或工程用户）、勘察、设计单位、监理单位、供应商、分包等。

(3) 鼓励创优活动和申报国家优质工程

1) 工程质量分为合格、不合格。

2) 项目质量创优性质

不是组织必须实施的工作，是组织根据合同要求或组织的承诺实施的一种特殊质量管理行为，其工程质量结果一般应高于国家规定的合格标准。

3) 行业协会负责优质工程评审

项目质量创优需注重事前策划、细部处理、深化设计和技术创新。

(4) 项目质量计划

1) 项目质量计划定义与内涵

是关于项目质量管理体系过程和资源的文件，质量计划对外是质量保证文件，对内是质量管理文件。

2) 质量计划是施工组织设计重要组成部分

需与施工组织设计、施工方案等文件相协调与匹配，体现项目从资源投入到完成工程最终检验试验的全过程质量管理与控制要求。

3) 质量计划要点

应对关键分项工程和质量通病设置质量管理点，专门制定管理措施；本规范不应用“质量控制”术语，而是使用“质量管理”。

4) 编制负责人

本规范规定：由企业质量管理制度规定的责任人负责编制，并按照规定程序进行审批；不再强调“项目负责人”或“项目技术负责人”，体现了与时俱进。

(5) 质量管理

1) 动态管理

质量管理是一个动态的过程，需根据实际情况的变化，采取适当的措施。质量管理需注意有关过程的接口，例如设计与施工的接口，施工总承包与分包的接口及施工与试运行的接口，单位工程、分部分项、检验批的接口等。

2) 建立在真实可靠的数据比较和分析基础上

对质量管理分析的结果，需提出有关发包人及其他相关方满意以及与产品要求是否符合的评价、项目实施过程的特性和趋势、采取预防措施的机会以及有关供方（分包、供货方等）的信息，并基于以上分析结果，提出对不合格的处置和有关的预防措施。

3）质量检查与不合格处置

本规范规定：当质量检查和验收出现验收批和分项工程不合格时，宜采取返工返修处理，重新进行验收。工程实践中应采取果断措施，将不合格的验收批或分项工程消灭在萌芽状态。在条件不允许采用不合格品的退步验收时，应根据国家标准的有关规定进行，并保持记录，在得到纠正后还需再次进行验证，以证明符合要求。

（6）质量改进

1）项目管理应按规定定期进行质量分析，提出持续改进的措施。

2）可采取质量方针、目标、审核结果、数据分析、纠正预防措施以及管理评审等持续改进质量管理的有效性。

5. 成本管理

（1）成本管理是企业生存之源

1）项目合同价

合同价是项目成本管理的基准，应在此基准上，扣除各项费用，项目与企业签订项目管理技术经济责任书或承包合同。

2）项目成本计划

项目施工成本计划应由施工企业编制，但是目前多数由项目直接编制，企业主管部门负责审查；通常按成本组成（如直接费、间接费、其他费用等）、项目结构（如各单位工程或单项工程）和工程实施阶段（如基础、主体、安装、装修等或月、季、年等）进行编制。

（2）成本管理的权限

1）企业法人对项目负责人授予的权限

包括项目的资源管理授权，如材料采购权限、设备租赁权限、分包队部选择权等。不同的企业会有不同的授权范围。

2）企业对项目资金链管理权限

项目资金链管理对项目正常运行至关紧要，这些内容通常在项目管理责任书或技术经济承包合同终会有明确约定。

3）项目成本管理结果奖惩

项目与企业确定经营成果的分配比例，依据企业激励机制，项目制定奖惩管理制度。

（3）项目成本控制主要措施

1）制定项目全员的成本控制范围和责任。

2）分包合同执行总价控制。

3）主要材料定额供应。

4）压缩非实质性支出等。

（4）成本分析

1）成本分析程序是实施成本管理的重要过程

企业和项目部应按照规定程序实施成本分析，才能有效保证成本分析结果的准确性和完整性。

2）成本分析方法需满足项目成本分析的内在需求

具体方法包括：

① 基本方法

比较法、因素分析法、差额分析法和比率法。

② 综合成本分析方法

分部分项成本分析、年季月（或周、旬等）度成本分析、竣工成本分析。

（5）成本考核

1）分项分部的项目成本降低率作为成本考核主要指标。

2）与其他项目相关方合作，增加成本考核指标。

6．安全生产管理

（1）安全生产管理

包括项目职业健康与安全管理，我国实行安全生产管理责任制和“安全一票”否决权制度。

项目经理（负责人）安全生产管理责任制。项目经理（负责人）是项目安全管理第一责任人，必须取得安全生产管理资格证书。

项目管理实行项目安全生产管理实行“一票否决权”，追究责任，包括法律责任。

1）安全目标与保证措施

工程合同和项目管理责任书都应约定安全目标。项目管理需采取可靠的施工工艺与装备、保证措施，使施工管理活动或系统具有安全性、可靠性，即使在误操作或发生故障的情况下也不会造成事故。

2）项目安全管理方针

应遵循“安全第一，预防为主，综合治理”的方针，预防为主，同时确保安全技术与装备投入，满足安全管理的要求。

（2）主要安全保证措施

1）配备合格的项目安全管理负责人

聘任具有合格资质的项目管理负责人，通常由项目负责人或生产副总经理担任。

2）专职安全员

项目按照规定配备专职安全管理人员，各分包单位也需配备专职安全员，数量应满足国家和地方标准要求。

3）作业人员

项目特殊工种按照国家规定需持证上岗。其他现场人员应接受安全培训，考核合格方可上岗。执行各级管理人员和施工人员进行相应的安全教育和培训制度，内容包括相应工种安全技术操作规程，确保施工人员的班前教育活动。

4）制定安全管理计划和保证措施

项目安全管理计划是施工组织设计主要内容，应按照设计要求，对施工风险进行辨识，设置安全风险控制点或关键部位，编制安全管理专项方案。

5）编制危大工程专项施工方案

依据《危险性较大分部分项工程安全管理规定》，编制安全施工专项方案，并按规定组织专家论证进行补充完善后，按照规定审批后执行。

6）执行安全技术交底制度

施工人员作业前进行应按照规定进行施工方案、施工技术、安全技术交底工作，并保持交底人、被交底人签字记录。

7）安全防护设施和设备

现场配置齐全各项劳动保护设施和劳动用品，确保施工场所安全。施工用电设计、配电、使用必须符合国家规范，确保人身安全和设备安全。

（3）安全管理实施与检查

1）项目管理机构需要进行定期或不定期安全检查，及时消除事故隐患。

2）市政工程施工安全检查应执行《市政工程施工安全检查标准》。

（4）安全应急预案与事故处理

1）按照规定，制定应急预案，收入施工组织设计或施工方案，也可单独编制；内容包括项目施工风险分析与对策、应急救援机制，比如消防应急救援制度；并经常进行消防安全教育及演练。

2）应急方案演练和应急物资准备。

3）启动应急预案，实施事故现场救援。

7. 绿色建造与环境管理

（1）绿色建造内涵

1）是指在建设工程项目寿命期内，对勘察、设计、采购、施工、试运行过程的环境因素、环境影响进行统筹管理和集成控制的过程。

2）本规范对五大主体都有要求

规定绿色建造计划需建设单位、施工单位、设计单位等共同协调实施；其中设计单位需负责绿色建筑项目设计工作，同时负责绿色施工的相关施工图设计。

3）绿色建造计划编制

可以按照项目全过程一体化编制，也可以按照设计、施工、采购、试运行过程分别进行专项编制，如：绿色建筑设计计划、绿色施工计划等，但应考虑设计、施工一体化的绿色建造要求。施工单位的绿色设计主要指绿色设计优化或深化。

4）施工图会审

在施工图会审阶段，施工项目经理需组织有关人员对施工图从绿色设计的角度进行会审，提出改进建议，实现施工图设计绿色优化的目的。

5）相关绿色标准和要求

绿色施工的国家标准：《建筑工程绿色施工评价标准》GB/T 50640—2010；

绿色建筑的国家标准：《绿色建筑评价标准》GB/T 50378—2014。

（2）环境管理计划编制

1）环境保护计划

施工单位（项目部）在编制工程施工组织设计或项目管理实施规划时，应同时编制项目环境管理计划；环境保护计划属于施工组织设计或项目管理实施规划组成部分。

2）文明施工计划

施工单位（项目部）在编制工程施工组织设计或项目管理实施规划时，应同时编制项目文明施工计划；文明施工计划属于施工组织设计或项目管理实施规划组成部分。

3）绿色施工计划

环境管理计划侧重施工单位实施施工环境保护的项目环境管理要求，绿色施工计划侧重绿色建造的设计、施工一体化要求。文明施工计划包括施工交通导行、现场围挡、暂设、消防等项具体工作要求。

市政工程施工项目管理通常采用文明施工计划涵盖环境管理计划和绿色施工计划。

1.1.6 设计项目管理

本节内容适用于设计总承包工程建设模式。设计总承包是指工程建设单位委托一个设计单位或由多个设计单位组成设计联合体作为设计总负责单位，设计总负责单位在需要时可委托其他设计单位配合设计。

1. 项目设计与技术管理

（1）定义与内涵

项目设计及技术管理是在遵守国家相关法规的基础上，项目管理机构对项目全过程或部分过程实施的设计及技术工作进行控制，为项目的设计过程、施工组织、后期运营进行系统筹划和保障的行为。

（2）管理要求

需从项目立项开始到项目运营阶段为止，贯穿项目实施全过程；需根据项目目标管理原则，综合考虑投资、质量、进度、安全等指标而制定；项目设计与技术管理应贯彻执行国家法律法规和标准规范。

（3）管理内容

1）应包括为了实现设计与技术目标而规定的组织结构、职责、程序、方法和资源等的具体安排。

2）需采用现代化的设计与管理技术提高设计质量，重视低碳、环保、可再生等绿色建筑技术在项目设计中的应用，注重新技术、新材料、新工艺、新产品的应用与推广。

3）需进行技术管理策划，制定技术管理目标，建立项目技术管理程序，明确技术管理方法。

2. 项目管理公司与工作内容

（1）策划阶段

1）初步设计

根据立项批复文件及项目建设规划条件，组织落实项目主要设计参数与项目使用功能的实现，达到相应设计深度，确保项目设计符合规划要求，并根据建设单位需求组织对项目初步设计进行优化。

2）勘察招标

实施或协助建设单位完成勘察单位的招标工作，根据初步设计内容与规范要求，监督指导勘察单位或部门完成项目的初勘与详勘工作，审查勘察单位或部门提交的地勘报告，并负责地勘报告的申报管理工作。

（2）设计阶段

1）初步设计审查

实施项目设计进度、设计质量管理工作，开展限额设计；组织协调外部配套报建与设计接口及各独立设计承包人间的设计界面衔接和接口吻合，对设计成果进行初步设计审查。

2）施工图审查

组织委托施工图审查工作，并组织设计承包人或部门按照审查意见修改完善设计文件；制定设计文件（图纸）收发管理制度和流程，确保设计图纸的及时性、有效性，宜将设计文件（图纸）的原件和电子版分别标记并保存，防止丢失或损毁。

（3）施工阶段

1）设计招标

组织设计承包人或部门对施工单位或部门进行详细的设计交底工作，督促施工承包人、监理人或部门实施图纸自审与会审工作，并确保施工阶段项目相关方对于设计问题沟通的及时、顺畅。

2）设计变更

按照合同约定进行项目设计变更管理与控制工作；组织施工承包人或部门实施项目深化设计（施工详图设计）工作，编制深化设计实施计划与深化设计审批流程；

3. 技术文件

（1）需审批技术文件

项目技术管理措施主要是通过技术文件体现的，重要的技术文件需要由政府主管部门进行审批。各阶段需要报政府部门审批主要技术文件如表 1-2 所示。

各阶段需报政府审批的主要技术文件 **表 1-2**

序号	项目不同阶段	主要技术文件
1	方案设计	规划意见书、规划设计方案、绿地规划方案、人防规划设计、交通设计
2	初步设计	工程初步设计、市政配套初步设计
3	施工图设计	施工图设计、人防设计、消防设计

（2）技术规格书

一般是招标文件的附件（也可以与其他招标文件合并），是发包方提出的技术要求，在签订合同时候，也常直接作为合同的附件，其作用类似于技术协议，一般情况下，与招标文件或合同的其他条款具有同等法律效力。

（3）技术管理规划

包括施工组织设计通常都是投标文件的附件。一些项目在合同签订后，承包人还需要提交细化的技术管理规划与施工组织设计（或是两者合并）供发包方批准，并作为合同实施的主要文件。

（4）实施方案

指专门用于技术应用活动的实施方法、风险防范、具体安排等，可包括具体的信息沟通计划、技术培训方案、技术保证措施或详细技术交底等内容，书面或口头形式均可。

4. 设计评审

（1）设计评审是指对设计能力和结果的充分性和适宜性进行评价的活动。

1）设计验证

为确保设计输出满足输入的要求，依据所策划的安排对工程设计进行的认可活动。

2）设计确认

为确保产品能够满足规定的使用要求或已知用途的要求，依据所策划的安排对工程设计进行的认可活动。

3）设计变更

是指设计单位依据建设单位要求对原设计内容进行的修改、完善和优化。设计变更应以图纸或设计变更通知单的形式发出。

（2）设计的评审、验证和确认需参照设计的相关规定和制度执行，也可采用审查、批准等方式进行。

1.2 《危险性较大的分部分项工程安全管理规定》解读

1.2.1 修订背景

安全生产事关人民生命财产安全，事关党和国家事业发展大局。党的十九大报告强调，要树立安全发展理念，弘扬生命至上、安全第一的思想，健全公共安全体系，完善安全生产责任制，坚决遏制重特大安全事故。这对建筑业进一步加强施工安全生产工作、切实防范安全事故提出了更高更严的要求。

近年来，房屋建筑和市政基础设施工程施工安全形势总体稳定，但造成群死群伤的安全事故仍时有发生。2017年全国建筑行业安全事故统计结果见表1-3。

2017年全国建筑行业安全事故统计结果 **表1-3**

事故类型	事故起数		死亡人数	
	数量	占比	数量	占比
基坑(沟槽)坍塌	5	21.74%	18	20.00%
起重伤害	4	17.39%	16	17.78%
模板支架坍塌	2	8.70%	6	6.67%
吊篮倾覆	2	8.70%	6	6.67%
脚手架坍塌	1	4.35%	3	3.33%
网架屋顶坍塌	1	4.35%	3	3.33%
高空操作平台坍塌	1	4.35%	9	9.99%
盾构机火灾	1	4.35%	3	3.33%
危险性较大的分部分项工程事故小计	**17**	**73.91%**	**64**	**71.11%**
中毒	2	8.70%	7	7.78%
木结构坍塌	1	4.35%	8	8.89%
防腐涂料爆燃	1	4.35%	4	4.44%
车辆伤害	1	4.35%	3	3.33%
机械伤害	1	4.35%	4	4.44%
合计	23	100%	90	100%

从表1-3可以看出：2017年全国房屋建筑和市政基础设施工程领域死亡3人以上的较大安全事故中，大多数发生在基坑工程、模板工程及支撑体系、起重吊装及安装拆卸工程等危险性较大的分部分项工程施工过程中。

建筑施工活动中，危险性较大的分部分项工程（简称危大工程）具有数量多、分布广、管控难、危害大等特征；一旦发生事故，会造成严重后果和不良社会影响。为切实做好危险性较大的分部分项工程安全管理，努力减少群死群伤事故发生，从根本上促进建筑施工安全形势的好转，维护人民群众生命财产安全，住房和城乡建设部（简称住建部）作为国家建设行政主管部门对建设工程安全管理历来十分重视。

为规范和加强危险性较大的分部分项工程（简称危大工程）安全管理，住建部2004年下发了《关于印发〈建筑施工企业安全生产管理机构设置及专职安全生产管理人员配备办法〉和〈危险性较大的分部分项工程安全专项施工方案编制及专家论证审查办法〉的通知》（建质〔2004〕213号），颁布执行《危险性较大的分部分项工程安全专项施工方案编制及专家论证审查办法》。

2009年5月13日住建部以（建质〔2009〕87号）文件颁布执行《危险性较大的分部分项工程安全管理办法》（简称87号文），原《危险性较大的分部分项工程安全专项施工方案编制及专家论证审查办法》废止。

《危险性较大的分部分项工程安全管理办法》（87号文），确立了危险性较大的分部分项工程安全管理基本制度，有效促进了安全管理和技术水平的提升，对遏制危险性较大的分部分项工程安全事故起到了重要作用。但是，仍然存在三个主要问题：

（1）危大工程管理体制不健全，建设主体责任缺失，建设、勘察、设计没有进入危大工程管理体系；

（2）危大工程管理责任不落实，危大工程专项施工方案论证走形式，施工执行度较差；

（3）危大工程管理的法律责任和处罚措施不完善，缺乏具体的量化处罚措施，监管执法不严。

2014年起，住建部主管部门着手进行修订工作，历经四年之久地修改补充、多层次征求意见，2017年5月20日住建部办公厅下发《关于进一步加强危险性较大的分部分项工程全管理的通知》（建办质〔2017〕39号），要求健全危大工程管控责任主体与管控流程、强化责任和约束机制。2018年3月8日住建部以住建部令方式发布了《危险性较大的分部分项工程安全管理规定》（简称《管理规定》）。原2009年5月13日颁发的《危险性较大的分部分项工程安全管理办法》（简称《管理办法》）在住建部网站上“下架”。

由此可见，住建部在危险性较大的分部分项工程安全管理方面是抓住不放的，从规范性文件的变化可以看出国家的行政体制改革的力度很大。因此，建筑工程有关单位必须转变观念，尽快适应这一变化。

1.2.2 内容与重点

1.《管理规定》的内容

《管理规定》共7章40条，主要内容有：

（1）确定了危险性较大的分部分项工程的定义和范围

第 3 条给出“危险性较大的分部分项工程”定义：“是指建筑工程在施工过程中存在的、可能导致作业人员群死群伤或造成重大不良社会影响的分部分项工程”。

并将危险性较大的分部分项工程范围在附件 1 予以明确，超过一定规模的危险性较大的分部分项工程范围作为附件 2 下发。

（2）建立危险性较大的分部分项工程清单制度

第 7 条规定“建设单位应当组织勘察、设计等单位在施工招标文件中列出危大工程清单，要求施工单位在投标时补充完善危大工程清单并明确相应的安全管理措施”。明确了建设单位的管理控制责任，以便做到危险性较大的分部分项工程实现从源头上抓起。

（3）强化危险性较大的分部分项工程安全管理主体责任

第 5 条规定施工单位施工前应当编制“危险性较大的分部分项工程专项方案”和“组织专家对专项方案进行论证”。

第 6 条规定了勘察单位责任，从工程建设源头控制工程风险。设计单位应当提出设计要求，必要时进行专项设计。

明确了建设、勘察、设计单位各自的责任，工程参建的五大主体必须参与危险性较大的分部分项工程管控体系。

（4）完善方案编制及审查制度

第 9 条强调了超过一定规模的危险性较大的分部分项工程专项方案专家论证会的组织者是施工单位。实行施工总承包的，由施工总承包单位组织召开专家论证会。

第 10 条、第 11 条、第 16 条完善了危险性较大的分部分项工程专项方案编制要求和审查规定。

上述条文规定了危险性较大的分部分项工程专项方案编制和审查流程与责任：施工单位项目技术负责人应组织相关技术人员针对危大工程单独编制专项方案，专项方案应当包括计算书及相关图纸。专项方案经施工单位技术负责人批准后，报项目总监审核签字；不实行监理制度的工程应报建设项目负责人签字。

（5）专家论证制度

第 13 条是确立危险性较大的分部分项工程专项方案专家论证的具体规定。超过一定规模的危大工程，施工单位应当组织专家对专项方案进行论证。专家论证制度可以充分利用社会资源，发挥专家所长，对项目危险性进行充分辨识，制定切实可行的防护措施。

（6）加强监督管理

第 26 条、第 27 条、第 28 条分别规定了监督主体和管理程序。

作为建设主管部门的日常监管、安全巡查的重点，加大危大工程抽查频次和力度。要树立“隐患就是事故”的理念，对危大工程安全生产违法违规行为严格依法处罚。加大生产安全事故问责力度，严格按照“四不放过”原则，对责任单位和责任人员资质资格实施处罚，并对查处情况予以公开曝光。

2. 重点解决问题

《危险性较大的分部分项工程安全管理规定》是在《危险性较大的分部分项工程安全管理办法》的基础上，针对近年来危险性较大的分部分项工程安全管理面临的新问题、新形势而制定的，重点要解决上述存在的三个问题。

（1）危险性较大的分部分项工程安全管理体系不健全的问题

明确建设、勘察、设计等单位责任，完善危险性较大的分部分项工程安全管理的系统性和整体性。

（2）危险性较大的分部分项工程安全管理责任不落实的问题

针对不按规定编制危险性较大的分部分项工程专项施工方案，或者不按方案施工等行为，明确监管执法责任和建立约束机制。

（3）法律责任和处罚措施不完善的问题

对危险性较大的分部分项工程违法违规行为制定了具体、量化的处罚措施。

1.2.3 释义与应用

1. 危险性较大的分部分项工程范围

危险性较大的分部分项工程类别仍然是七大类，主要变化在于将土方开挖工程合并至第一类基坑工程，将原第七类的暗挖工程独立为第六大类；超过一定规模的危大工程由原先的六大类新增为七大类，增加了第六类（暗挖工程）；其他类别做了局部修改。详见如下：

（1）基坑工程

1）开挖深度超过3m（含3m）的基坑（槽）的土方开挖、支护、降水工程。

2）开挖深度虽未超过3m，但地质条件、周围环境和地下管线复杂，或影响毗邻建、构筑物安全的基坑（槽）的土方开挖、支护、降水工程。

（2）模板工程及支撑体系

1）各类工具式模板工程：包括滑模、爬模、飞模、隧道模等工程。

2）混凝土模板支撑工程：搭设高度5m及以上，或搭设跨度10m及以上，或施工总荷载（荷载效应基本组合的设计值，以下简称设计值）$10kN/m^2$及以上，或集中线荷载（设计值）15kN/m及以上，或高度大于支撑水平投影宽度且相对独立无联系构件的混凝土模板支撑工程。

3）承重支撑体系：用于钢结构安装等满堂支撑体系。

（3）起重吊装及起重机械安装拆卸工程

1）采用非常规起重设备、方法，且单件起吊重量在10kN及以上的起重吊装工程。

2）采用起重机械进行安装的工程。

3）起重机械安装和拆卸工程。

（4）脚手架工程

1）搭设高度24m及以上的落地式钢管脚手架工程（包括采光井、电梯井脚手架）。

2）附着式升降脚手架工程。

3）悬挑式脚手架工程。

4）高处作业吊篮。

5）卸料平台、操作平台工程。

6）异型脚手架工程。

（5）拆除工程

可能影响行人、交通、电力设施、通信设施或其他建、构筑物安全的拆除工程。

（6）暗挖工程

采用矿山法、盾构法、顶管法施工的隧道、洞室工程。

（7）其他

1）建筑幕墙安装工程。

2）钢结构、网架和索膜结构安装工程。

3）人工挖孔桩工程。

4）水下作业工程。

5）装配式建筑混凝土预制构件安装工程。

6）采用新技术、新工艺、新材料、新设备可能影响工程施工安全，尚无国家、行业及地方技术标准的分部分项工程。

2. 工程参建各方主体责任

《危险性较大的分部分项工程安全管理规定》系统规定了危险性较大的分部分项工程参与各方安全管理职责，特别是明确了建设、勘察、设计单位的责任。

（1）勘察单位

勘察单位应当根据工程实际及工程周边环境资料，在勘察文件中说明地质条件可能造成的工程风险；并应在勘察文件中说明地质条件可能造成的工程风险。

（2）设计单位

设计单位应当在设计文件中注明涉及危大工程的重点部位和环节，提出保障工程周边环境安全和工程施工安全的意见，必要时进行专项设计。

（3）建设单位

建设单位应当组织勘察、设计等单位在施工招标文件中列出危大工程清单，要求施工单位在投标时补充完善危大工程清单并明确相应的安全管理措施。

（4）施工单位

1）施工单位应当在施工前辨识危大工程，编制危大工程专项方案；并按照规定组织专家论证。

2）项目专职全生产管理人员应当对专项施工方案实施情况进行现场监督，对未按照专项施工方案施工的，应当要求立即整改，并及时报告项目负责人，项目负责人应当及时组织限期整改。

3）施工单位应当对危大工程施工作业人员进行登记，项目负责人应当在施工现场履职。

4）施工单位应当按照规定对危大工程进行施工监测和安全巡视，发现危及人身安全的紧急情况，应当立即组织作业人员撤离危险区域。

（5）监理单位

监理单位当将危大工程列入监理规划和监理实施细则，对施工单位危大工程管控情况进行监督。

工程参建五大主体各自应负其责，共同进行危险性较大的分部分项工程安全管理，将会有力地促进建设工程的安全管理工作。

3. 危大工程专项施工方案编制与论证

（1）专项方案编写

实行施工总承包的，由施工总承包单位组织有关人员进行工程施工风险辨识，并编制危大工程专项施工方案。

专项分包的施工单位，应在总承包单位组织下编写专项施工方案，一起纳入工程施工风险管控体系。

（2）专项方案论证与准备工作

1）对于超过一定规模的危大工程，施工单位应当组织召开专家论证会对专项施工方案进行论证。

2）实行施工总承包的，由施工总承包单位组织召开专家论证会。

3）专家论证前，专项施工方案应当通过施工单位审核和总监理工程师审查。

（3）专家论证会参会人员

1）专家；

2）建设单位项目负责人；

3）有关勘察、设计单位项目技术负责人及相关人员；

4）总承包单位和分包单位技术负责人或授权委派的专业技术人员、项目负责人、项目技术负责人、专项施工方案编制人员、项目专职安全生产管理人员及相关人员；

5）监理单位项目总监理工程师及专业监理工程师。

（4）专家论证主要内容

1）专项施工方案内容是否完整、可行；

2）专项施工方案计算书和验算依据、施工图是否符合有关标准规范；

3）专项施工方案是否满足现场实际情况，并能够确保施工安全。

（5）论证结论

1）应当形成论证报告，对专项施工方案提出通过、修改后通过或者不通过的一致意见；专家对论证报告负责并签字确认。

2）专项施工方案经专家论证后结论为“通过”的，施工单位可参考专家意见自行修改完善。

3）结论为“修改后通过”的，专家意见要明确具体修改内容，施工单位应当按照专家意见进行修改，并履行有关审核和审查手续后方可实施，修改情况应及时告知专家。

4. 专项施工方案交底与落实

（1）施工前交底

专项方案实施前，编制人员或项目技术负责人应当向现场管理人员进行专项方案交底，现场管理人员应当向施工作业班组、作业人员进行安全技术交底，并签字确认。

（2）落实过程

1）施工单位必须严格按照专项施工方案组织施工，不得擅自修改。

2）项目负责人应当在施工现场履职，项目专职安全生产管理人员应当进行现场监督。

3）如现场条件发生变化或设计变更时，需要修改专项施工方案时，应重新进行专家论证。

4）第三方监测

实施过程需要按照合同约定，施工单位进行监测量控；必要时，建设单位应委托第三方监测。第三方监测方案应包括：工程概况、检测依据、检测内容与方法（人员，设备）、测点布置、监测频次、预警标准及成果报送。

5）施工监理

实现监理制度的工程，单位应当编制监理实施细则，并对危险性较大的分部分项工程施工实施专项巡视检查和报告制度。发现施工单位未按照专项施工方案施工的，应当要求其进行整改；情节严重的，应当要求其暂停施工，并及时报告建设单位。施工单位拒不整改或者不停止施工的，监理单位应当及时报告建设单位和工程所在地住房城乡建设主管部门。

5. 危大工程项目验收

（1）验收人员

1）总承包单位和分包单位技术负责人或授权委派的专业技术人员、项目负责人、项目技术负责人、专项施工方案编制人员、项目专职安全生产管理人员及相关人员；

2）监理单位总监理工程师及项目或专业监理工程师；

3）有关勘察、设计和监测单位项目技术负责人。

（2）验收要求

1）专项方案实施完毕，项目技术负责人应组织管理人员进行专项工程验收。

2）对于有关规定应执行验收的工程项目，施工单位、监理单位应组织验收；验收合格后方可进入下道工序施工。

3）验收合格的工程项目应在施工现场明显位置设置验收标识牌。公示验收时间与责任人。

6. 危大工程监督管理

《管理规定》细化明确了相关罚则，加大了对违法行为的惩戒力度，使监管执法更具可操作性，可有效提高监管执法的威慑力和有效性。

（1）《管理规定》要求相关监管部门要对危险性较大的分部分项工程进行抽查，对违法行为实施处罚，并将处罚信息纳入不良信用记录。

（2）《管理规定》列有 11 条罚则，对危险性较大的分部分项工程参与各方违法违规行为分门别类地明确了处罚措施。

（3）4 类性质严重、危害性大的行为，同时处以暂扣安全生产许可证 30 日的处罚。

7. 专家管理

（1）专家条件

设区的市级以上地方人民政府住房城乡建设主管部门建立的专家库专家应当具备以下基本条件：

1）诚实守信、作风正派、学术严谨；

2）从事相关专业工作 15 年以上或具有丰富的专业经验；

3）具有高级专业技术职称。

（2）专家库管理

设区的市级以上地方人民政府住房城乡建设主管部门应当加强对专家库专家的管理，定期向社会公布专家业绩，对于专家不认真履行论证职责、工作失职等行为，记入不良信用记录，情节严重的，取消专家资格。

1.2.4 专项施工方案编制

1. 专项施工方案编制要求

（1）依据充分

市政工程专项施工方案应在施工组织设计的基础上，针对勘察报告和设计文件中危险性较大的分部分项工程提示，结合施工重点、难点与分险辨识编制有针对性的专项施工方案。

（2）开工前编制

危险性较大的分部分项工程安全施工专项方案必须在开工前编制。实行施工总承包的，专项方案应由施工总承包单位组织编制。其中起重机械安装拆卸工程、深基坑工程、附着式升降脚手架等专业工程实行分包的，其专项方案可由专业承包单位组织编制。

（3）设计计算和验算完整

对于模板支架、基坑支护、降水止水、施工便桥、作业平台、构筑物顶推、沉井、软基处理、预应力张拉、大型构件吊装、混凝土浇筑、设备安装等分项工程，应按有关标准规定进行结构强度、刚度等计算和稳定性验算。

（4）具有针对性

危险性较大的分部分项工程安全施工专项方案需具有针对性，方案应侧重于施工安全风险管理与控制。

工程中应用新技术、新工艺、新材料、新设备以及缺乏施工经验的分部分项工程也应单独编制专项施工方案，用于指导其各项作业活动的具体实施。这种专项施工方案不同于危险性较大的分部分项工程安全施工专项方案，应侧重于作业技术规程和施工质量要求。

（5）可行性强

危险性较大的分部分项工程安全施工专项方案应满足工程设计要求和规范规定，具有真实性和可行性。可行性指的是方案内容应是经过分析论证的，能指导工程实施的，要求图文并茂。真实性指的是能清晰准确表述工程的现场实施情况，提供的图片、照片应能显示工程的空间位置及相互关系。

2. 专项施工方案内容

（1）编制依据

包括：有关法律、法规，有关技术标准，工程勘察报告、工程设计文件，工程施工组织设计等。

（2）工程概况

工程设计简介：工程性质、工程量、主体结构、危险性较大分部分项工程。

扼要地描述拟建结构的位置及周边环境、水文地质条件。

对于施工占用交通设施或对现有建构筑物的影响，应采用图表方式清晰标示出拟建构筑物与既有建构筑物相互位置、受影响程度；如临近建构筑物的基坑工程，应清晰表述开挖支护对建构筑物结构安全影响。

（3）施工重点、难点分析及分险识别

工程项目施工重点、难点描述及对策；施工风险辨识与防范对策，包括结构施工自身风险和环境风险；可采用列表说明。

（4）施工准备与计划部署

1）施工准备事项描述。

2）施工计划：根据施工组织设计总体计划要求，明确分部分项工程的工期要求，详细描述分部分项工程施工计划。

3）物资配置计划：资源需求计划中应增加安全设施的需求和保证安全技术措施实施的资源需求。如个人安全防护用品，安全防护设施、电箱、电缆、有毒有害气体测试仪器等。

4）机械设备数量、规格型号、进场计划与进场检验状态；材料规格、数量进场时间和验收状况。

5）人员配备与分工；施工管理人员和作业人员组成；特种作业人员资格资质；安全教育与进场培训。

（5）施工方案与辅助技术

1）施工方法选择：如采用盾构施工还是暗挖施工，顶管施工还是开槽施工。设计要求与现场条件。需要进行工期、成本、安全、质量和文明施工对比。

2）施工方法应重点明确工艺流程、施工组织、控制要点；对一些重要的结构或部位，如基坑支护体系，起重吊装时的起吊能力，吊具索具和承重支架的强度、刚度、稳定性等应进行必要的验算。

3）结构复杂或受力体系转变应采用建模分析或 BIM 技术进行关键部位或节点变形预测。

4）关键工序作业指导书与操作技术工艺。

（6）监控测量

1）危险性较大的分部分项工程安全施工专项方案必须编制监控测量方案。

2）在基坑支护，承重支架、大型脚手架等危险性较大的分部分项工程中，专项施工方案内还必须有监测方案，包括施工监测、第三方监测（单独编制）。

3）针对工程内容、特点和需要，确定监测方案，内容包括：监测仪器与方法、测量布置、监测频率、预警值和允许变形值、监测结果的处理与反馈等内容。

（7）季节施工措施

包括冬期及防冻施工措施、热季及防雨施工措施。

（8）安全施工保证措施

1）安全目标

2）组织保证措施

分部分项工程的安全管理组织及责任人、现场专职安全员配备。

3）技术保证措施

作业指导书、操作技术要求和步序安排。

4）安全设施（备）

劳保用品、防护装置。

5）施工安全及防火措施等

（9）质量保证措施

1）实施结果验收

分部分项工程的施工专项方案，是否达到正确实施，达到了预期结果。

2）施工质量验收

所设置的质量管理点、检验与验收要求、成品保护措施、质量通病的预防措施等。

3）验收组织与程序

组织人、依据标准、验收程序、验收内容与验收人员等。

(10) 环保与绿色施工要求

1) 防尘、降噪、污水、废气等环保要求与保证措施。

2) 绿色施工要求与保证措施。

(11) 应急预案与处理措施

1) 应急预案

为了预防和控制重大事故的发生，并能在重大事故发生后有条不紊地开展救援工作，危险性较大的分部分项工程专项施工方案应包括应急预案。

2) 主要内容

包括应急指挥体系、应急物资准备、应急响应、应急救援和善后处理、恢复等内容。

(12) 附录：计算书和图纸

1) 设计书

降水井点与系统设计；基坑或沟槽开挖断面与支护设计；临时钢便桥设计；作业平台、梯步和栈桥设计、非标吊运设备设计等。

2) 强度、刚度与安全性、稳定性验算

模板支架设计、计算和稳定性验算；构筑物顶、推、拉力计算及构筑物强度验算；临时钢支架设计、计算和稳定性验算。

3) 图表

现场平面布置图、结构断面图；交通导行图；模板配置图、支架组成图、施工断面(剖面)图、拟建结构与现有建构筑物关系图等。

风险辨识表、结构形式表、施工计划表、设备计划表等。

1.2.5 专项方案的审批与实施

1. 审核批准

危险性较大的分部分项工程专项施工方案应由施工单位技术负责人(总工程师)审核签字。实行施工总承包的，专项施工方案应当由总承包单位技术负责人及相关专业分包单位技术负责人审核签字。实行监理制度的工程尚需上报监理单位，由项目总监理工程师审核签字。

危大工程专项施工方案编制审批流程各地的规定有所不同，一般的流程与专家论证结合在一起，如图 1-1 所示。

2. 专家论证

(1) 超过一定规模的危险性较大的分部分项工程，施工单位编制专项施工方案应按照《管理规定》组织专家对专项方案进行论证。论证会应向专家组提供实施性专项方案，且专项方案应经过施工单位技术负责人(总工程师)签字。

(2) 施工单位根据专家的论证意见和建议对专项方案进行修改、补充和完善，特别是专家论证要求“修改通过”时，应按照专家意见进行修改后送专家确认。

3. 审批

(1) 实施性专项施工方案需经施工单位技术负责人签批后方具有实施的法定责任。

(2) 实施性专项施工方案应有项目总监理工程师或建设单位项目负责人签字，方可组

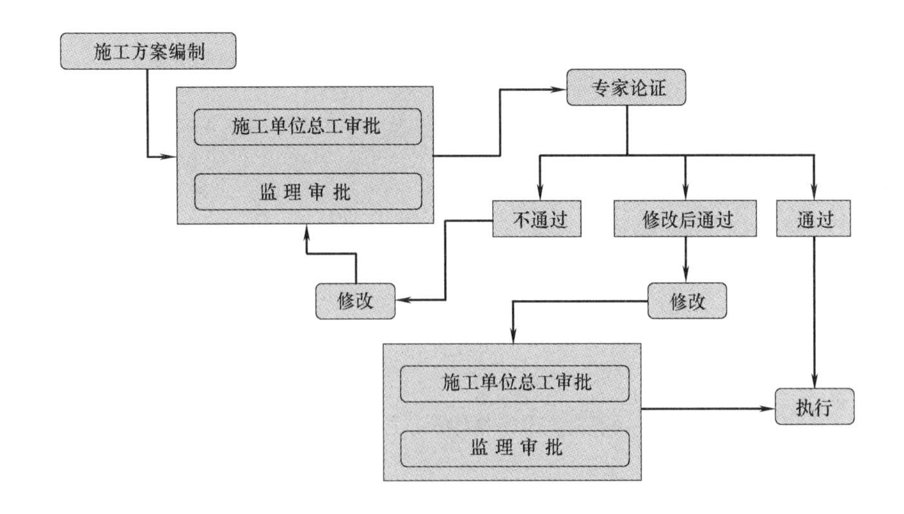

图 1-1 危大工程专项施工方案审批流程

织实施。

4. 实施与验收

（1）危大工程专项施工方案编制、审批流程是危大工程管理控制流程中的重要环节，体现了“安全第一”的原则和“预防为主”的理念。

（2）危大工程专项施工方案管理控制流程

方案编制—专家论证—工前交底—方案落实—专项验收。

（3）危大工程管理控制流程

勘察说明—设计要求—建设清单—施工专项方案—监理巡查—政府监督。

2

市政工程有关新标准

2.1 《大体积混凝土施工标准》GB 50496—2018 释义与应用

2.1.1 修订背景与内容

1. 修订背景

（1）住房和城乡建设部以 2018 年第 77 号公告发布批准《大体积混凝土施工标准》（以下简称《施工标准》），编号为 GB 50496—2018，自 2018 年 12 月 1 日起实施。其中，第 4.2.2、5.3.1 条为强制性条文，必须严格执行。原国家标准《大体积混凝土施工规范》GB 50496—2009 同时废止。

（2）我国大体积混凝土施工规范的历次版本

1）1965 版规范：《大体积钢筋混凝土施工及验收规范》GBJ 10—65。

2）1973 版规范：《大体积钢筋混凝土施工及验收规范》GBJ 10—65（1973 年修订版）。

3）1983 版规范：《大体积钢筋混凝土施工规范》GBJ 204—83。

4）1991 版：由冶金工业部建筑研究总院编制了冶金系统行业标准《块体基础大体积混凝土施工技术规程》YBJ 224—91。

5）2009 版规范：《大体积混凝土施工规范》GB 50496—2009，发布日期 2009 年 5 月 13 日，实施日期 2009 年 10 月 1 日。

6）2009 版规范：《大体积混凝土工程施工规范》GB 50496—2009（2012 年修订）。

7）2009 版规范：《大体积混凝土施工规范》GB 50496—2009（2017 年修订）。

8）2018 版规范：《大体积混凝土施工标准》GB 50496—2018。

（3）本标准所对应的设计及施工规范

1）本标准所对应的设计规范有：《钢筋混凝土结构设计规范》BJG 21—66；《钢筋混凝土结构设计规范》TJ 10—74；《混凝土结构设计规范》GBJ 10—89；《混凝土结构设计规范》GB 50010—2002；《混凝土结构设计规范》GB 50010—2010（2015 年版）。

2）本标准对应的施工规范有：《混凝土结构工程施工规范》GB 50666—2017，该规范是混凝土结构工程施工过程质量控制规范。

3）本标准对应的大体积混凝土施工规范有：《块体基础大体积混凝土施工技术规程》YBJ 224—91；《大体积混凝土施工规范》GB 50496—2009。

4）本标准对应的质量验收规范有：《混凝土结构工程质量验收规范》GB 50204—2015；《混凝土质量控制标准》GB 50164—2011

5）本标准对应的其他规范有：《普通混凝土配合比设计规程》JGJ 55—2011；《混凝土外加剂应用技术规范》GB 50109—2013；《预拌混凝土质量验收规范》GB/T 14902—2012；参考标准：美国《大体积混凝土》ACI207.1R—96。

（4）大体积混凝土施工标准编制与修订

1）1991 年冶金工业部建筑研究总院编制了冶金系统行业标准《块体基础大体积混凝土施工技术规程》YBJ 224—91。该行业标准在以后执行的十多年中，为国内大体积混凝土施工的质量起到了良好的指导作用，并产生了良好的社会效益。

随着我国国民经济的发展和工业与民用建筑物的发展，冶金、电力、石化等行业超大型设备的发展，大体积混凝土施工工程也越来越多，国家行业标准在适用的范围和深度上不能满足当前工业与民用建筑工程中大体积混凝土施工的需要。

2）其后 10 多年里，大体积混凝土施工规范一直未出台。根据建设部《关于印发〈2006 年工程建设标准规范制定、修订计划（第二批）〉的通知》（建标〔2006〕136 号）的要求，由中冶建筑研究总院有限公司会同有关科研、设计、施工的检测单位共同编制，历经三年到 2009 年，中华人民共和国住房和城乡建设部第 310 号公告发布了国家标准《大体积混凝土施工规范》GB 50496—2009。

《大体积混凝土施工规范》GB 50496—2009（以下简称《施工规范》）适用于工业与民用建筑混凝土结构工程中大体积混凝土工程施工，不适用于碾压混凝土和水工大体积混凝土工程的施工。发布日期为 2009 年 5 月 13 日，实施日期 2009 年 10 月 1 日。

3）2009 年至今，又已近十年，新的材料、新的工艺、新的设备、新的技术理念层出不穷，混凝土工程技术达到了国际先进水平。随着工程建设的发展，混凝土一次浇筑体积通常都有数百立方米，有的甚至达到上千立方米。

本次《大体积混凝土施工标准》GB 50496—2018（以下简称《施工标准》）的修订，将“规范”改成“标准”，含义完全不同。标准的定义是：为了在一定范围内获得最佳秩序，经协商一致制定并由公认机构批准，共同使用的和重复使用的一种规范性文件，是用来评判技术或工程的成果好不好的依据。规范则是指群体所确立的行为标准，可以由组织正式规定，也可以是非正式形成，主要是因为无法精确定量而形成的标准。总的来说，标准比规范技术系统性更为完善。

（5）《施工标准》修订内容

1）《施工规范》中的强制性条文为第 4.2.2 条、第 5.3.2 条。《施工标准》中的强制性条文为第 4.2.2 条、第 5.3.1 条，分别规定了用于大体积混凝土的水泥进场检查与检验项目和施工方案必须包括的内容。

2）对大体积混凝土的设计强度等级、所用的水泥水化热指标和配合比设计参数进行了适当调整。

3）规定了大体积混凝土施工过程要“四节一环保”，提出了大体积混凝土施工现场取样的特殊规定。

4）规定了通过试验可直接得出混凝土绝热温升值，对绝热温升计算公式中 m 值的取值方法给出了计算公式。

5）提出了根据工程需要，可开展应力—应变测试的要求。

2. 大体积混凝土定义与特点

（1）定义

《大体积混凝土施工标准》GB 50496—2018沿用了《施工规范》的定义：混凝土结构物实体最小几何尺寸不小于1m（也就是说：长、宽、高的每边尺寸必须同时都不小于1m）的大体量混凝土，或预计会因混凝土中胶凝材料水化引起的温度变化和收缩而导致有害裂缝产生的混凝土，称之为大体积混凝土。

国际上还没有大体积混凝土的统一定义。日本建筑学会标准中将“结构断面最小尺寸在800mm以上，水化热引起的混凝土内的最高温度与外界的气温之差，预计超过25℃的混凝土”定义为大体积混凝土。美国混凝土学会（ACI）则界定为“任何就地浇筑的大体积混凝土，其尺寸之大，必须要求解决水化热及随之引起的变形问题，以最大限度减少开裂”。国际预应力混凝土协会（FIP）规定：凡是混凝土一次浇筑的最小尺寸大于0.6m，特别是水泥用量大于400kg/m^{3}时，应考虑采用水泥水化热低的水泥或采取其他降温措施。

所谓的大体积混凝土，是指其结构尺寸已经大到必须采取相应的技术措施，妥善处理温度差、合理解决温度应力，并按裂缝开展进行处理及控制的混凝土。

现代建设工程中时常涉及大体积混凝土施工，如高耸建构筑物基础或大型设备或设施的基础，结构复杂的钢筋混凝土建构筑物等。工程施工主要的特点就是混凝土体积大，一般实体最小尺寸大于或等于1m，其表面系数比较小，水泥水化热释放比较集中，内部升温比较快。混凝土内外温差较大时，会使混凝土产生温度裂缝，影响结构安全和正常使用。所以必须从根本上分析它，以保证施工的质量。

现浇钢筋混凝土结构施工技术要求高，水泥水化热较大（预计超过25℃），易使结构物产生温度变形。大体积混凝土除了最小断面和内外温度有一定的规定外，对平面尺寸也有一定限制。因为平面尺寸过大，约束作用所产生的温度力也愈大，如采取控制温度措施不当，温度应力超过混凝土所能承受的拉力极限值时，则易产生裂缝。

（2）大体积混凝土特点

1）结构厚实，混凝土浇筑体量大，工程有特殊要求，如不允许开裂或受力条件复杂。

2）大体积混凝土结构在施工和运行阶段由于温度变化会产生很大的拉应力，要把这种拉应力控制在允许范围内。

3）大体积混凝土结构断面尺寸较大，混凝土在浇筑后的水化过程会释放大量水化热，而混凝土自身导热性能差，混凝土内部温度与外界温度出现较大温差，内外约束会产生相当大的拉应力。

4）大体积混凝土结构配筋率偏低，即混凝土的含钢率低，如桥梁的承台、水库大坝、构筑物的基础筏板等结构的配筋较少，混凝土结构的拉应力主要由混凝土本身承受。

5）大体积混凝土结构通常波路在周围自然环境中，一年四季的环境温度变化在混凝土结构中也会引起较大的拉应力。

3. 主要内容

（1）混凝土裂缝危害

大体积混凝土浇筑除应满足普通混凝土施工所要求的混凝土力学性能及可施工性能

外，还应控制有害裂缝的产生。

大体积混凝土内出现的裂缝按深度的不同，分为贯穿裂缝、深层裂缝及表面裂缝三种。贯穿裂缝是由混凝土表面裂缝发展为深层裂缝，最终形成贯穿裂缝。它切断了结构的断面，可能破坏结构的整体性和稳定性，其危害性是较严重的；而深层裂缝部分地切断了结构断面，也有一定危害性；表面裂缝一般危害性较小。

出现裂缝并不是绝对地影响结构安全，都有一个最大允许值。处于室内正常环境的一般构件最大裂缝宽度不超过 0.3mm；处于露天或室内高湿度环境的构件最大裂缝宽度不超过 0.2mm。

对于地下或半地下结构，混凝土的裂缝主要影响其防水性能。一般当裂缝宽度在 0.1～0.2mm 时，虽然早期有轻微渗水，但经过一段时间后，裂缝可以自愈。如超过 0.2～0.3mm，则渗漏水量将随着裂缝宽度的增加而迅速加大。所以，在地下工程中应尽量避免超过 0.3mm 贯穿全断面的裂缝。如出现这种裂缝，将大大影响结构的使用，必须进行化学灌浆加固处理。

大体积混凝土施工阶段所产生的温度裂缝，一方面是混凝土内部因素：由于内外温差而产生的；另一方面是混凝土的外部因素：结构的外部约束和混凝土各质点间的约束，阻止混凝土收缩变形，混凝土抗压强度较大，但相对来说，混凝土抗拉强度却很小，所以温度应力一旦超过混凝土能承受的抗拉强度时，即会出现裂缝。这种裂缝的宽度在允许限值内，一般不会影响结构的强度，但却对结构的耐久性有所影响，因此必须予以重视和加以控制。

大体积混凝土由于其水化热产生温差形成温差应力，表面裂缝容易产生，这些裂缝对于结构正常使用一般不会有影响。但是，工程实践中普遍采用大体积混凝土不允许裂缝的标准，导致保养和温度控制措施复杂，额外费用较大。

（2）裂缝主要成因分析

1）水泥水化热

水泥在水化过程中要释放出一定的热量，而大体积混凝土结构断面较厚，表面系数相对较小，所以水泥发生的热量聚集在结构内部不易散失。这样混凝土内部的水化热无法及时散发出去，以至于越积越高，使内外温差增大。单位时间混凝土释放的水泥水化热，与混凝土单位体积中水泥用量和水泥品种有关，并随混凝土的龄期而增长。由于混凝土结构表面可以自然散热，实际上内部的最高温度，多数发生在浇筑后的最初 3～5d。

2）外界气温变化

大体积混凝土在施工阶段，它的浇筑温度随着外界气温变化而变化。特别是气温骤降，会大大增加内外层混凝土温差，这对大体积混凝土是极为不利的。

温度应力是由于温差引起温度变形造成；温差愈大，温度应力也愈大。同时，在高温条件下，大体积混凝土不易散热，混凝土内部的最高温度一般可达 60～65℃，并且有较长的延续时间。因此，应采取温度控制措施，防止混凝土内外温差引起的温度应力。

3）混凝土的收缩

混凝土中约 20%的水分是水泥硬化所必需，而约 80%的水分会蒸发。多余水分的蒸发会引起混凝土体积的收缩。混凝土收缩的主要原因是内部水蒸发引起混凝土收缩。如果混凝土收缩后，再处于水饱和状态，还可以恢复膨胀并几乎达到原有的体积。干湿交替会引起混凝土体积的交替变化，这对混凝土是很不利的。影响混凝土收缩的因素，主要是水泥品种、混凝土配合比、外加剂和掺合料的品种以及施工工艺（特别是养护条件）等。《施工标准》重新给出了掺合料对混凝土收缩的影响系数 M10、M11。

（3）原材料技术指标

1）水泥应优先选用质量稳定有利于改善混凝土抗裂性能，C3A 含量较低、C2S 含量相对较高的水泥。

2）细骨料宜使用级配良好的中砂，其细度模数宜大于 2.3。

3）采用非泵送入模施工时，粗骨料的粒径可适当增大。

4）应选用缓凝型的高效减水剂。

（4）浇筑温度控制

1）混凝土出机温度、入模温度与浇筑温度

混凝土出机温度是指混凝土拌合完成状态下的温度，通常在搅拌机或商品混凝土厂测得，代表了混凝土拌合物的温度。

混凝土拌合物（浇筑体）入模温度，实际代表了大气温度。

混凝土浇筑温度是指混凝土出罐后，经运输、平仓振捣后，在覆盖上层混凝土前，测量在距离混凝土面下 100mm 深处的温度；反映了混凝土浇筑过程的温度。

按照《混凝土结构工程施工规范》GB 50666—2011 规定：混凝土拌合物入模温度不应低于 5℃，且不应高于 35℃。当日平均气温达到 30℃以上时应按高温施工要求采取措施；即标准施工温度是 5～35℃。

控制大体积混凝土浇筑温度，必须从降低混凝土出机温度入手，目的在于降低大体积混凝土的总温升值和减小结构的内外温差。

2）混凝土浇筑温度控制

混凝土浇筑温度控制（以下简称温控），应在温度应力计算和裂缝验算基础上进行。首先是计算混凝土的工程量，做到合理安排施工流程及机械配置；其次调整浇筑时间为以夜间浇筑为主，少在白天进行，以免因暴晒而影响质量。

浇筑施工需在监测数据指导下进行，及时调整技术措施，监测系统宜具有实时在线和自动记录功能。

（5）大体积混凝土设计构造

1）大体积混凝土的设计强度等级宜为 C25～C50，可采用 60d 或 90d 龄期强度作为混凝土配合比设计、混凝土强度评定及工程验收的依据。

2）大体积混凝土设计的结构配筋率除满足受力荷载和构造的要求外，应结合大体积混凝土施工方法增配控制裂缝开裂的温度钢筋。

3）大体积混凝土设计构造应允许设置水平施工缝和垂直施工缝，具体位置应视施工方法进行选定。

4）大体积混凝土可采用补偿收缩混凝土配比，防止或减少混凝土收缩裂缝。

5）大体积混凝土浇筑可采用后浇带与跳仓施工技术，防止或减少混凝土收缩裂缝。

2.1.2 大体积混凝土施工技术

1. 原材料选择与配比

（1）原材料技术要求

1）水泥

应尽量选用水化热低、凝结时间长的水泥，优先选用中热硅酸盐水泥、低矿渣水泥、大坝水泥、粉煤灰质水泥、抗硫酸盐水泥、火山灰质水泥等。当采用其他品种水泥时，其性能指标必须符合有关标准的要求；同时应优先采用水化热低的矿渣水泥配制大体积商品混凝土，当商品混凝土的强度等级为C20及以上时，宜采用32.5MPa的矿渣硅酸盐水泥；也可用42.5MPa水泥，但在用量上要加强控制。

《施工标准》将《施工规范》中的“大体积混凝土施工时所用水泥其3d水化热不宜大于240kJ/kg，7d水化热不宜大于270kJ/kg”修订为“大体积混凝土施工时所用水泥其3d水化热不宜大于250kJ/kg，7d水化热不宜大于280kJ/kg”。当选用52.5强度等级水泥时，其7d水化热宜小于300kJ/kg。当使用3d水化热大于250kJ/kg、7d水化热大于280kJ/kg或抗渗要求高的混凝土时，在混凝土配合比设计时应根据温控施工的要求及抗渗能力要采取适当措施调整。

应提醒的是：水化热低的矿渣水泥的析水性较大，在浇筑层表面有大量水析出，通常称其为泌水现象。泌水现象不仅影响施工速度，同时影响施工质量，破坏了混凝土的粘结力和整体性。混凝土泌水量的大小与用水量有关，用水量多，泌水量大；且与温度高低有关，水完全析出的时间随温度的提高而缩短；此外，还与水泥的成分和细度有关。因此在选用矿渣水泥时应尽量选择泌水性低的品种，并应在混凝土中掺入减水剂，以降低用水量。

2）骨料

粗骨料宜采用连续级配，细骨料宜采用中砂。粗骨料种类应按结构设计的要求确定，其质量应符合现行标准《普通商品混凝土用砂、石及检验方法标准》JCJ 52—2006的规定外，其含泥量应不大于1.5%。

3）粉煤灰掺合料

当商品混凝土掺入粉煤灰时，其质量应符合现行国家标准《用于水泥和商品混凝土中的粉煤灰》GB/T 1596—2005的规定；其应用应符合部标《粉煤灰在商品混凝土和砂浆中应用技术规程》JGJ 28—86的规定。当使用其他材料作为混合料时，其质量和使用方法应符合有关标准的要求。

4）外加剂

宜采用缓凝剂、减水剂；宜采用、矿渣粉等。商品混凝土中掺用的外加剂及混合料的品种和掺量，应通过实验确定；所用外加剂的质量应符合现行《商品混凝土外加剂质量标准》GB 8076—1997的要求，商品混凝土外加剂的应用应符合现行国家标准《商品混凝土外加剂应用技术规范》GB 50119—2003的规定；大体积混凝土在保证混凝土强度及坍落度要求的前提下，应提高掺合料及骨料的含量，以降低单方混凝土的水泥用量。

（2）配合比设计

1）大体积混凝土配合比的设计除应符合现行行业标准《普通混凝土配合比设计规程》JGJ 55—2011的有关规定外，尚应符合大体积混凝土施工工艺特性的要求，并应符合合理使用材料、降低混凝土绝热温升值的原则。

2）混凝土拌合物在浇筑工作面的坍落度不宜大于160mm。

3）拌合水用量不宜大于170kg/m^3。

4）粉煤灰掺量应适当增加，但不宜超过胶凝材料用量的50%；矿渣粉的掺量不宜超过胶凝材料用量的40%，两种掺合料的总量不宜大于混凝土中胶凝材料重量的50%。

5）水胶比不宜大于0.45。

6）砂率宜为38%～45%。

2. 大体积混凝土施工方案

《施工标准》规定：大体积混凝土施工应预先编制施工组织设计和施工专项方案，切实贯彻执行。混凝土浇筑厚度和养护方法应经热工计算确定，并且现场应进行温控施工。施工方案应保证工程质量、节能和施工安全，且应包含环境保护和安全施工的技术措施。

（1）方案主要内容

1）模板和支架系统。《施工标准》强制条文规定：大体积混凝土施工模板支架应按国家现行标准进行强度、刚度和稳定性验算，模板和支架系统在安装或拆除过程中，必须设置防倾覆的临时固定措施。还应结合大体积混凝土的养护方法进行保温构造设计。

2）原材料优选、配合比设计、制备与运输计划。选择商品混凝土，其质量应符合现行国家标准《预拌混凝土》GB/T 14902—2012有关规定。

3）混凝土浇筑施工与温控技术。大体积混凝土结构的温度、温度应力及收缩应进行试算，以便预测施工阶段大体积混凝土浇筑体的温升峰值，芯部与表层温差及降温速率的控制指标，制定相应的温控技术措施。

4）混凝土主要施工设备和现场总平面布置。

5）温控监测设备与测试。混凝土浇筑后，混凝土浇筑体里表温差、降温速率及环境温度的测试，每昼夜不应少于4次；入模温度测量，每台班不应少于2次。监测系统可采取手动方式测量，但考虑到测试数据代表性，测试应为等时间间隔，数据采集频度应符合规定。

6）混凝土保温和保湿养护方法。通过热工计算，选择适当的浇筑厚度、保温和保湿养护措施。

7）主要应急保障措施。

8）质量保证措施。

9）特殊部位与特殊天气条件下的施工措施。

10）环境保护和安全施工措施应符合国家现行标准《建筑施工安全技术统一规范》GB 50870—2013和《建筑施工作业劳动防护用品配备及使用标准》JGJ 184—2009的有关规定。

（2）专项方案要点

1）混凝土进场检验资料包括原材料的材质证明、复验报告、配比通知单，坍落度检测每台班不少于10次。

2）混凝土的入模温度（振捣后50～100mm深处的温度）不宜高于28℃。混凝土浇筑体在入模温度基础上的温升值不大于45℃。

3）当采用泵送混凝土时，混凝土浇筑层厚度不宜大于500mm；当采用非泵送混凝土时，混凝土浇筑层厚度不宜大于300mm。

4）大体积混凝土工程的施工宜采用分层连续浇筑或推移式连续浇筑施工。应依据设计尺寸进行均匀分段、分层浇筑。当横截面面积在200m^{2}以内时，分段不宜大于2段；

当横截面面积在 300m² 以内时，分段不宜大于 3 段，且每段面积不得小于 50m。每段混凝土厚度应为 1.5～2.0m。段与段间的竖向施工缝应平行于结构较小截面尺寸方向。当采用分段浇筑时，竖向施工缝应设置模板。上、下两邻层中的竖向施工缝应互相错开。

5）大体积混凝土施工采取分层间歇浇筑混凝土时，水平施工缝设置除应符合设计要求外，尚应根据混凝土浇筑过程中温度裂缝控制的要求、混凝土的供应能力、钢筋工程的施工、预埋管件安装等因素确定。

6）大体积混凝土在浇筑过程中，应采取措施防止受力钢筋、定位筋、预埋件等移位和变形。

7）大体积混凝土浇筑面应及时进行二次抹压处理。

（3）保温养护要求

大体积混凝土在每次混凝土浇筑完毕后，除按普通混凝土进行常规养护外，还应及时按施工方案要求温控技术措施：

1）保湿养护的持续时间，不得少于 28d。保温覆盖层的拆除应分层逐步进行，当混凝土的表层温度与环境最大温差小于 20℃时，可全部拆除。

2）保湿养护过程中，应经常检查塑料薄膜或养护剂涂层的完整情况，保持混凝土表面湿润。

3）在大体积混凝土保温养护中，应对混凝土浇筑体的芯部与表层温差和降温速率进行检测，当实测结果不满足温控指标的要求时，应及时调整保温养护措施。

4）大体积混凝土拆模后应采取预防寒流袭击、突然降温和剧烈干燥等养护措施。

5）大体积混凝土宜适当延迟拆模时间，当模板作为保温养护措施的一部分时，其拆模时间应根据温控要求确定。

6）特殊气候条件施工

大体积混凝土施工遇炎热、冬期、大风或者雨雪天气等时，必须采用有效的技术措施，保证混凝土浇筑和养护质量：

① 在炎热季节浇筑大体积混凝土时，宜将混凝土原材料进行遮盖，避免日光暴晒，并用冷却水搅拌混凝土，或采用冷却骨料、搅拌时加冰屑等方法降低入仓温度，必要时也可采取在混凝土内埋设冷却管通水冷却。混凝土浇筑后应及时保湿保温养护，避免模板和混凝土受阳光直射。条件许可时应避开高温时段浇筑混凝土。

② 冬期浇筑混凝土，宜采用热水拌合、加热骨料等措施提高混凝土原材料温度，混凝土入模温度不宜低于 5℃。混凝土浇筑后应及时进行保温保湿养护。

③ 大风天气浇筑混凝土，在作业面应采取挡风措施，降低混凝土表面风速，并增加混凝土表面的抹压次数，及时覆盖塑料薄膜和保温材料，保持混凝土表面湿润，防止风干。

④ 雨雪天不宜露天浇筑混凝土，当需施工时，应采取有效措施，确保混凝土质量。浇筑过程中突遇大雨或大雪天气时，应及时在结构合理部位留置 施工缝，尽快中止混凝土浇筑；对已浇筑还未硬化的混凝土立即进行覆盖，严禁雨水直接冲刷新浇筑的混凝土。

（4）浇筑施工要点

1）分层分段

大体积混凝土工程的施工宜采用分层连续浇筑施工或推移式连续浇筑施工。应依据设计尺寸进行均匀分段、分层浇筑。当横截面面积在 200m² 以内时，分段不宜大于 2 段；当横截面面积在 300m² 以内时，分段不宜大于 3 段，且每段面积不得小于 50m²。每段混凝土厚度应为 1.5～2.0m。段与段间的竖向施工缝应平行于结构较小截面尺寸方向。当采用分段浇筑时，竖向施工缝应设置模板。上、下两邻层中的竖向施工缝应互相错开。

2）每层厚度

当采用泵送混凝土时，混凝土浇筑层厚度不宜大于 500mm；当采用非泵送混凝土时，混凝土浇筑层厚度不宜大于 300mm。

3）施工缝

大体积混凝土施工采取分层间歇浇筑混凝土时，水平施工缝设置除应符合设计要求外，尚应根据混凝土浇筑过程中温度裂缝控制的要求、混凝土的供应能力、钢筋工程的施工、预埋管件安装等因素确定。

4）成活与拆模

大体积混凝土在浇筑过程中，应采取措施防止受力钢筋、定位筋、预埋件等移位和变形。

大体积混凝土浇筑面应及时进行二次抹压处理。大体积混凝土宜适当延迟拆模时间，当模板作为保温养护措施的一部分时，其拆模时间应根据温控要求确定。

5）试块留置

原《施工规范》没有对大体积混凝土试件的留置做规定，实际操作中，一般依照《混凝土结构工程施工质量验收规范》GB 50204—2015 执行，针对性和操作性不强。近年来工程实践中超过 10000m³ 的大体积混凝土较为常见。《施工标准》明确了试件的留置规定，计算混凝土方量时应注意所用主要原材料和配合比一致，并且是连续拌制（供应、浇筑）。

2.1.3 大体积混凝土温控施工

1. 温控施工参数

（1）入模（实测）温度

混凝土的入模温度不是根据气温为判定的，气温仅是影响其入模温度的一个方面。除了气温之外，影响混凝土入模温度的因素还有：用于拌合的冷水温度、水泥含量、含有水分的骨料重量、干的骨料重量、骨料的温度、水泥温度、拌合水用量、冰的重量及冰的温度等。因此，混凝土入模温度只能是实测温度，其与气温有关，但是仅气温一项参数远远不能满足确定入模温度的需要。严格意义上讲，凡在施工中混凝土入模温度可能达到要求者，均必须设有温度测量记录程序。

在炎热的夏季进行大体积混凝土施工时，控制并降低此时混凝土的入模温度非常关键。通常我们会采用对拌制混凝土的材料进行降温等措施给混凝土降温，有时也采用相关的外加剂来进行调剂。

（2）温度计算参数

室外温度并不是唯一的影响因素，实际上新拌制的混凝土的温度也可以根据公式进行计算，计算的数值也可以作为温度控制的一个参数。

2. 温控措施

（1）控制出机温度

控制浇筑温度在于减少温度裂缝，必须从控制混凝土出机温度入手，其目的是降低大体积混凝土的总温升值和减小结构的内外温差。

降低混凝土出机温度最有效的方法是降低骨料的温度，由于夏季气温较高，为防止太阳的直接照射，可要求商品混凝土供应商在砂、石堆场搭设简易遮阳装置，必要时向骨料喷射水雾或使用前进行淋水冲洗。

（2）控制浇筑温度

在控制混凝土的浇筑温度方面，通过计算混凝土的工程量，做到合理安排施工流程及机械配置，调整浇筑时间以夜间浇筑为主，少在白天进行，以免因暴晒而影响质量。

（3）控制降温速率

1）降温速率内涵

大体积混凝土的温度变化，先是一个升温过程，升到最高点后就慢慢降温，升温的速度要比降温的速度大。大体积混凝土何时达到最高点，主要取决于配合比、几何尺寸、现场条件等因素，根据工程统计，一般的大体积混凝土浇筑后3～4d出现最高点。《施工标准》规定：在入模温度基础上的温升值不宜大于50℃；但是大体积混凝土升温时内表温差过大，会造成表面裂缝；而降温速率过大，会造成贯穿性冷缩缝，也是不允许的。

理论上，任何材料的允许温差与材料的极限值有关。对于大体积混凝土而言，如果降温过快，虽然内表温差仍然控制在规范要求（25℃）之内，但由于混凝土内部温差过大，温差应力达到混凝土的极限抗拉强度时，理论上就会出现裂缝，而且此裂缝出现在大体积混凝土的内部，如果相差过大，就会出现贯穿裂缝，影响结构使用，因此，降温速率的快慢直接关系到大体积混凝土内部拉应力的发展。

2）降温速率值

《施工标准》对降温速率取值有规定。理论上要求温差应力必须小于同一时间的混凝土抗拉极限强度。目前有的工程采用降温速率取2～3℃/d，跟踪后也未见贯穿裂缝，但是对于大多数施工单位来说，由于没有全面可靠的数据资料，为安全起见，《施工标准》规定降温速率值在2.0℃/d以内。

混凝土养护可遵循降温速率“前期大后期小”的原则。因养护前期混凝土处于升温阶段，弹性模量、温度应力较小，而抗拉强度增长较快，在保证混凝土表面湿润的基础上应尽量少覆盖，让其充分散热，以降低混凝土的温度，亦即养护前期混凝土降温速率可稍大。养护后期混凝土处于降温阶段，弹性模量增加较快，温度应力较大，应加强保温，控制降温速率。拆除保温覆盖时，混凝土浇筑体表面与大气温差不应大于20℃以上进行混凝土浇筑温度控制的热工计算。

（4）热工计算与试验

1）热工计算与估算

大体积混凝土结构的温度、温度应力及收缩应进行试算，预测施工阶段大体积混凝土浇筑体的温升峰值，芯部与表层温差及降温速率的控制指标，制定相应的温控技术措施。

2）现场试验

混凝土绝热温升值可按现行行业标准《水工混凝土试验规程》DL/T 5150—2017中

的相关规定进行试验得出，应依据现场试验结果修正施工方案的控制参数。施工现场应安排对首个浇筑体进行试验，对初期施工的结构体进行重点温度监测。温度监测系统宜具备自动采集、自动记录功能。

3. 施工现场温控与监测

为了掌握大体积混凝土的温升和降温的变化规律，以及各种材料在各种条件下的温度影响，需要对混凝土进行温度监测控制。

（1）监测方案设计

1）布点原则

大体积混凝土浇筑体内监测点的布置，应以能真实反映出混凝土浇筑体内最高温升、芯部与表层温差、降温速率及环境温度为原则；必须具有代表性和可比性。

2）布点要求

沿浇筑的高度，应布置在底部、中部和表面，垂直测点间距一般为500～800mm；平面则应布置在边缘与中间，平面测点间距一般为2.5～5m。当使用热电偶温度计时，其插入深度可按实际需要和具体情况而定，一般应不小于热电偶外径的6～10倍，测温点的布置，距边角和表面应大于50mm。

3）测区与测点布置

以所选混凝土浇筑体平面图对称轴线的半条轴线为测试区，在测试区内监测点的布置应考虑其代表性按平面分层布置；在基础平面对称轴线上，监测点不宜少于4处，布置应充分考虑结构的几何尺寸。

采用预留测温孔洞方法测温时，一个测温孔只能反映一个点的数据。不应采取通过沿孔洞高度变动温度计的方法来测竖孔中不同高度位置的温度。

沿混凝土浇筑体厚度方向，应布置外表、底面和中心温度测点，其余测点布设间距不宜大于600mm。

4）监测频率

混凝土浇筑后，大体积混凝土浇筑体的芯部与表层温差、降温速率、环境温度及应变的测量，每昼夜应不少于4次；入模温度的测量，每台班不少于2次。

在混凝土温度上升阶段每2～4h测一次，温度下降阶段每8h测一次，同时应测大气温度。

所有测温孔均应编号，进行混凝土内部不同深度和表面温度的测量。

混凝土浇筑体的表层温度，宜以混凝土表面以内50mm处的温度为准。

5）监测要求

测温工作应由经过培训、责任心强的专人进行。测温记录，应交技术负责人阅签，并作为混凝土施工和质量控制的依据。

量测混凝土温度时，测温计不应受外界气温的影响，并应在测温孔至少留置3mm。根据工地条件，可采用热电偶、热敏电阻等预埋式温度计检测混凝土的温度。

测温过程中宜及时描绘出各点的温度变化曲线和断面的温度分布曲线。

6）测温工具选用

为了及时控制混凝土内外两个温差，以及校验计算值与实测值的差别，随时掌握混凝土温度动态，宜采用热电偶或半导体液晶显示温度计。采用热偶测温时，还应配合普通温度计，以便进行校验。

在测温过程中，当发现温度差超过25℃时，应及时加强保温或延缓拆除保温材料，以防止混凝土产生温差应力和裂缝。

（2）温度控制方法与作用

1）温控方法

① 降温法，即在混凝土浇筑成型后，通过循环冷却水降温，从结构物的内部进行温度控制。

② 保温法，即混凝土浇筑成型后，通过保温材料、碘钨灯或定时喷浇热水、蓄存热水等办法，提高混凝土表面及四周散热面的温度，从结构物的外部进行温度控制。保温法基本原理是利用混凝土的初始温度加上水泥水化热的温升，在缓慢的散热过程中（通过人为控制），使混凝土获得必要的强度。

2）温度和湿度监测

① 保温养护作用

减少混凝土表面的热扩散，减小混凝土表面的温度梯度，防止产生表面裂缝；延长混凝土散热时间，充分发挥混凝土的潜力和材料的松弛特性，使混凝土的平均总温差所产生的拉应力小于混凝土抗拉强度，防止产生贯穿裂缝。

② 保湿养护的作用

刚浇筑不久的混凝土，尚处于凝固硬化阶段，水化的速度较快，适宜的潮湿条件可防止混凝土表面脱水而产生干缩裂缝；混凝土在潮湿条件下，可使水泥的水化作用顺利进行，提高混凝土的极限拉伸强度。

3）防渗混凝土养护

防渗和防水混凝土的养护是至关重要的。如给水和排水构筑物的混凝土浇筑后养护不及时，混凝土内水分将迅速蒸发，使水泥水化不完全。而水分蒸发造成毛细管网彼此连通，形成渗水通道。同时，由于混凝土收缩增大，出现龟裂，使混凝土防渗性急剧下降，甚至完全丧失防渗能力。

良好的养护条件会使防渗和防水混凝土在潮湿的环境中或水中硬化，能使混凝土内的游离水分蒸发缓慢，水泥水化充分，水泥水化生成物堵塞毛细孔隙，形成不连通的毛细孔；提高了混凝土的防渗性，满足了规范规定和设计要求。

2.1.4 大体积混凝土热工计算实例

1. 工程简介

某市污水处理厂的调蓄水池，设计容积为5000m^3 的钢筋混凝土结构。半地下结构的水池底板混凝土局部厚度达到1250mm，地板下基础采用筏板式混凝土基础。筏板式基础属于大体积混凝土结构，配筋率较低，最大浇筑厚度可达2450mm。需要编制大体积混凝土专项施工方案，进行热工计算和估算。

2. 基本参数

（1）池底基础筏板浇筑混凝土的厚度最大为2450mm，混凝土强度等级为C35、防渗等级P12。

（2）C35、P12混凝土配合比：水162kg、P.O42.5水泥227kg、中砂761kg、石子

1051kg、粉煤灰 102kg、S95 级磨细矿粉渣 48kg。

（3）预计施工浇筑时间为 5 月份，查当地气象历史数据，月最高平均气温为 28℃。

（4）水泥水化热：$q=286.6$kJ/kg。

3. 混凝土表面温度裂缝控制计算

大体积混凝土结构施工应该使混凝土中心温度（T_{max}）与表面温度（T_2），表面温度（T_2）与大气温度（T_q）之差在允许范围内，以便控制混凝土裂缝的发生。

（1）混凝土的绝热温升计算

混凝土绝热温升值可按现行行业标准《水工混凝土试验规程》DL/T 5150—2017 中的相关规定进行试验得出。当无试验数据时，混凝土绝热温升值可按下式计算。

水泥水化热引起的混凝土内部实际最高温度与混凝土的绝热温升有关，见式（2-1）：

$$T(t)=\frac{WQ}{C\rho}(1-e^{-mt}) \tag{2-1}$$

式中 $T(t)$——龄期为 t 时，混凝土的绝热温升（℃）；

W——每立方米混凝土的胶凝材料用量（kg/m³），$W=227+102+48=377$kg/m³；

C——混凝土比热容，可取 0.92～1.0kJ/(kg·℃)；C 取 0.994kJ/(kg·℃)；

ρ——混凝土的质量密度，可取 2400～2500kg/m³；ρ 取 2400kg/m³；

Q——胶凝材料水化热总量（kJ/kg），本例题为 P.O42.5 水泥，查计算手册，Q 取 335kJ/kg；

m——水泥品种、浇筑温度等有关的系数，可取 0.3～0.5d^{-1}，取 0.406，《施工标准》B.1.5 给出了 m 值的计算公式和取值方法；

e——常数，自然对数的底，e=2.718281828459；

t——龄期（d）。

$$T(3)=\frac{WQ}{c\rho}(1-e^{-mt})=\frac{377\times335}{0.994\times2400}(1-e^{-0.406\times3})=37.28$$

经过计算得到 3d、5d、7d、14d 混凝土最高水化热绝热温升：

$T(3)=37.28$℃；$T(5)=45.99$℃；$T(7)=49.85$℃；$T(14)=52.76$℃。

（2）混凝土的内部最高温度估算

工程施工的混凝土内部温度计算，多采用非绝热温升公式进行估算，见式（2-2）：

$$T_{max}(t)=T_j+T_i\times\xi(t) \tag{2-2}$$

$T_{max}(t)$——混凝土 t 龄期内部实际温度（℃），分别取 3d、5d、7d、14d 计算；

T_j——混凝土浇筑温度（℃），混凝土浇筑入模温度取 28℃；

$\xi(t)$——混凝土 t 龄期的降温系数，随着浇筑块厚度与混凝土龄期变化。

不同结构厚度非绝热温升状态下混凝土水化热的温升与绝热温升的比值 $\xi(t)$ 见表 2-1。

水化热的温升与绝热温升的比值 **表 2-1**

浇筑层厚度(m)	龄期 t(d)										
	3	4	5	6	7	8	9	12	13	14	15
2.50	0.650	0.640	0.630	0.620	0.603	0.587	0.570	0.480	0.447	0.413	0.380
2.60	0.656	0.647	0.639	0.630	0.614	0.598	0.582	0.498	0.464	0.428	0.394
2.70	0.662	0.655	0.648	0.640	0.625	0.609	0.594	0.516	0.480	0.444	0.408

续表

浇筑层厚度(m)	龄期 t(d)										
	3	4	5	6	7	8	9	12	13	14	15
2.80	0.668	0.662	0.656	0.650	0.635	0.621	0.606	0.534	0.497	0.459	0.422
2.85	0.671	0.666	0.660	0.655	0.641	0.626	0.612	0.543	0.505	0.467	0.429
2.90	0.674	0.670	0.664	0.660	0.646	0.632	0.618	0.552	0.513	0.475	0.436
3.00	0.680	0.677	0.673	0.670	0.657	0.643	0.630	0.570	0.530	0.490	0.450

从表中可得到浇筑厚度 $h=2.5\text{m}$ 的降温系数 $\xi(3\text{d})=0.650$、$\xi(5\text{d})=0.630$、$\xi(7\text{d})=0.603$ 、$\xi(14\text{d})=0.413$；

$T_{max}(3)=28+37.28\times0.650=52.23$℃

$T_{max}(5)=28+45.99\times0.630=56.97$℃

$T_{max}(7)=28+49.85\times0.603=58.06$℃

$T_{max}(14)=28+52.76\times0.413=49.79$℃

(3) 大体积混凝土浇筑体表面保温层厚度

见式（2-3）：

$$\delta=\frac{0.5h\lambda_i(T_b-T_q)}{T_o(T_{max}-T_b)}K_b \tag{2-3}$$

δ——混凝土表面的保温层厚度（m）；

λ_o——混凝土的导热系数［W/(m·K)］，本例取 2.33；

λ_i——第 i 层保温材料的导热系数［W/(m·K)］，材料选用麻袋，考虑薄膜保温作用取 0.05，《施工标准》表 C.0.1 给出了各种保温材料的导热系数 λ 值；

T_2——混凝土浇筑体表面温度（℃）；

T_q——混凝土达到最高温度时（浇筑后 3～5d）的大气平均温度（℃）；

T_{max}——混凝土浇筑体内的最高温度（℃）；

h——混凝土结构的实际厚度（m）；

T_2-T_q——可取 15～20℃；表面温度与大气温度差，本实例取 20℃；

$T_{max}-T_2$——可取 20～25℃；中心最高温度与表面温度差，本实例取 25℃；

K_b——传热系数修正值，取 1.3～2.3，见标准表 C.0.1，本实例为不透风材料取 1.3。

$$\delta=\frac{0.5\times2.85\times0.05\times20}{2.33\times25}\times1.3=0.318\text{m}$$

选用：为使混凝土表面温度与大气温度差不超过允许范围即（T_b-T_q）=20℃，现场保温按二层薄膜、二层麻袋（每层 10mm，二层为 0.02m）考虑。

(4) 多层保温材料组成的保温层总热阻

见式（2-4）：

$$R_s=\sum_{i=1}^{n}\frac{\delta_i}{\lambda_i}+\frac{1}{\beta_\mu} \tag{2-4}$$

R_s——保温层总热阻［(m²·K)/W］；

β_μ——固体在空气中的传热系数［W/(m²·K)］，可按表 C.0.2 取值，本例取 76.6。

$$R_s=\frac{0.02}{0.05}+\frac{1}{76.6}=0.413$$

（5）混凝土表面向保温介质传热的总传热系数（不包括保温层的热容量）

见式（2-5）：

$$\beta_s=\frac{1}{R_s} \tag{2-5}$$

β_s——保温材料总传热系数［W/(m^2·K)］。

$$\beta_s=1/0.413=2.421$$

（6）混凝土厚度计算

① 保温层相当于混凝土的虚铺厚度

$$h'=\lambda_o/\beta_s=2.33/2.421=0.962(\text{m})$$

② 混凝土计算厚度

$$H=h+2\times h'=2.58+2\times 0.962=4.774\text{mm}$$

（7）混凝土表面温度计算

据计算 7d 的混凝土中心温度最大，$T_{max}(7)=58.06$℃

$$T_{b(t)}=T_q+4\cdot h'(H-h')[T_{max}(t)-T_q]/H^2$$

$T_{2(t)}$——混凝土表面温度℃；

T_q——施工期大气平均温度（℃）；取 30℃

$$T_{2(7)}=30+4\times 0.962\times(4.774-0.962)\times(58.06-30)/4.772^2=49.28℃$$

7d 混凝土中心与混凝土表面温差

$$58.06-49.28=10.67℃<25℃$$

7d 混凝土表面与大气温差

$$49.28-30=19.28℃<20℃$$

结论：经过以上计算可知，满足设计要求。

4. 计算结果应用

（1）说明

1）本热工计算以大气温度为 30℃和混凝土入模温度为 28℃为前提（若达不到则采取降温措施），在施工过程中对大气温度和混凝土入模温度进行测量记录（尽量安排在晚上进行混凝土浇筑）。

2）两温差均不超过（即 7d 大体积混凝土内外温差小于 25℃及混凝土表面温度与大气温度差小于 20℃）规范要求。

（2）保温保湿养护措施

1）混凝土收面时，在混凝土表面先覆盖一层塑料薄膜，薄膜不透气，能起到保温保湿养护混凝土的作用。

2）混凝土面初凝后，覆盖两层麻袋，在麻袋上再覆盖一层塑料薄膜。

3）保温保湿养护不少于 14d。

2.1.5 市政工程大体积混凝土施工

1. 城市桥梁承台或独立基础施工

（1）编制温控方案

1）施工前编制温控方案。浇筑前埋设测温元件、测温传感器，注意与钢筋保持规定的距离。

2）温差应符合《施工标准》规定，由专人检测温度并填写记录。

（2）填放石块

1）当设计有要求时，可在混凝土中填放片石（包括经破碎的大漂石）。

2）可埋放厚度不小于150mm的石块，埋放石块的数量不宜超过混凝土结构体积的20%；应选用无裂纹、无水锈、无铁锈、无夹层且未被烧过的、抗冻性能符合设计要求的石块，并应清洗干净；石块的抗压强度不低于混凝土的强度等级的1.5倍。

3）石块应分布均匀，净距不小于150mm，距结构侧面和顶面的净距不小于250mm，石块不得接触钢筋和预埋件；受拉区混凝土或当气温低于0℃时，不得埋放石块。

2. 水池底板、基础（配重）施工

（1）编制专项方案

1）浇筑厚度、高度较大（2m以上）应合理选择混凝土配合比，选用水化热低的水泥，掺入适当的粉煤灰和外加剂，控制水泥用量。

2）要尽量减少水泥水化热，推迟放热高峰出现的时间，如征得设计单位的同意，采用60d龄期的混凝土强度作为设计强度，以降低水泥用量。

3）做好养护和温度测量。混凝土内部温度与表面温度的差值、混凝土外表面和环境温度差值均不宜超过25℃。

（2）浇筑措施

1）尽可能降低混凝土的出机和入模温度。热期施工时采用冰水拌合、砂石料场遮阳、混凝土输送管道全程覆盖洒冷水等措施。

2）采用分层分段法浇筑混凝土。分层振捣密实以使混凝土的水化热能尽快散失。还可采用二次振捣的方法，增加混凝土的密实度，提高抗裂能力，使上下两层混凝土在初凝前结合良好。

3）保温保湿养护。养护时间不应少于14d，使混凝土硬化过程中产生的温差应力小于混凝土本身的抗拉强度，从而可避免混凝土产生贯穿性的有害裂缝。

2.2 《建筑信息模型施工应用标准》GB/T 51235—2017

《建筑信息模型施工应用标准》为国家标准，编号GB/T 51235—2017，由中华人民共和国住房和城乡建设部标准定额研究所组织中国建筑工业出版社出版发行，并于2018年1月1日起实施。该标准作为施工领域建筑信息模型应用的工程建设标准，规定了建筑工程施工信息模型应用的基本要求及内容，明确了标准编制的目的和适用范围。

2.2.1 BIM应用策划及管理的有关规定

（1）施工BIM应用目标和范围需综合考虑外部环境和条件因素。

（2）施工BIM应用之前应制定BIM应用策划，并根据策划进行BIM应用的过程管理。

（3）BIM软件应根据专业类别、应用目标及范围，选用具备相应功能的专业软件，并满足《建筑信息模型施工应用标准》GB/T 51235—2017 对基本功能的要求。

（4）施工模型的创建可在施工图设计模型的基础上进行，也可根据施工图等已有工程项目文件创建。

（5）模型细度分为四个标准等级，包括 LOD300、LOD350、LOD400、LOD500。

（6）以模型形成阶段进行模型划分，并保证各阶段模型信息添加深度满足相应模型细度要求。

（7）深化设计模型及竣工模型均可在其上游模型的基础上，通过增加、修改、删除相关信息或细化模型元素进行创建。

（8）BIM 应用的相关责任方应保证 BIM 数据的一致性、关联性和协调性。

（9）对于不同 BIM 软件创建的施工模型须满足模型间的数据交换，实现各施工模型的合并或集成。

（10）施工模拟的内容主要包括施工组织模拟和施工工艺模拟。

（11）预制加工阶段，混凝土预制构件生产、钢结构构件加工、机电产品加工等宜应用 BIM 技术。

（12）进度管理阶段，进度计划编制和进度控制等宜应用 BIM 技术。

（13）预算与成本管理阶段，施工图的预算和成本管理等宜应用 BIM 技术。

（14）质量与安全管理阶段，工程施工质量管理和安全管理等宜应用 BIM 技术。

（15）施工监理阶段，监理控制和监理管理等宜应用 BIM 技术。

（16）竣工验收阶段，竣工预验收与竣工验收宜应用 BIM 技术。

2.2.2 模型创建

建筑信息模型（Building Information Modeling，BIM）技术是基于三维建筑模型的信息集成和管理技术。该技术是应用单位使用 BIM 建模软件构建三维建筑模型，模型包含建筑所有构件、设备等几何和非几何信息以及之间关系信息，模型信息随建设阶段不断深化和增加。建设、设计、施工、运营和咨询等单位使用一系列应用软件，利用统一建筑信息模型进行设计和施工，实现项目协同管理，减少错误、节约成本、提高质量和效益。工程竣工后，利用三维建筑模型实施建筑运营管理，提高运维效率。BIM 技术不仅适用于规模大和复杂的工程，也适用于一般工程；不仅适用于房屋建筑工程，也适用于市政基础设施等其他工程。

建筑信息模型以模型作为信息的载体，与信息同生成并作为信息的存储空间，在模型的创建、深化、传递和应用等过程中实现信息的集成与共享，以信息为模型的内容，通过对信息的增加、删除、修改和完善实现对模型的参变驱动，同时利用扩展数据进行信息模型的实时更新，完成三维可视化模型的创建，模型的创建过程同时也是信息的生成过程。从项目的整个寿命周期出发，模型依照阶段划分可分为设计模型、施工模型和运维模型，其中施工模型又包括深化设计模型、施工过程模型和竣工模型，而深化设计模型、施工过程模型和竣工模型，根据其不同专业、不同阶段、不同类别又分为各个子模型，最终形成施工模型关系图如图 2-1 所示。

以施工图设计模型作为上游模型，从深化设计模型向施工过程模型传递，施工过程模型向竣工模型传递是工程施工阶段 BIM 应用的理想方式。

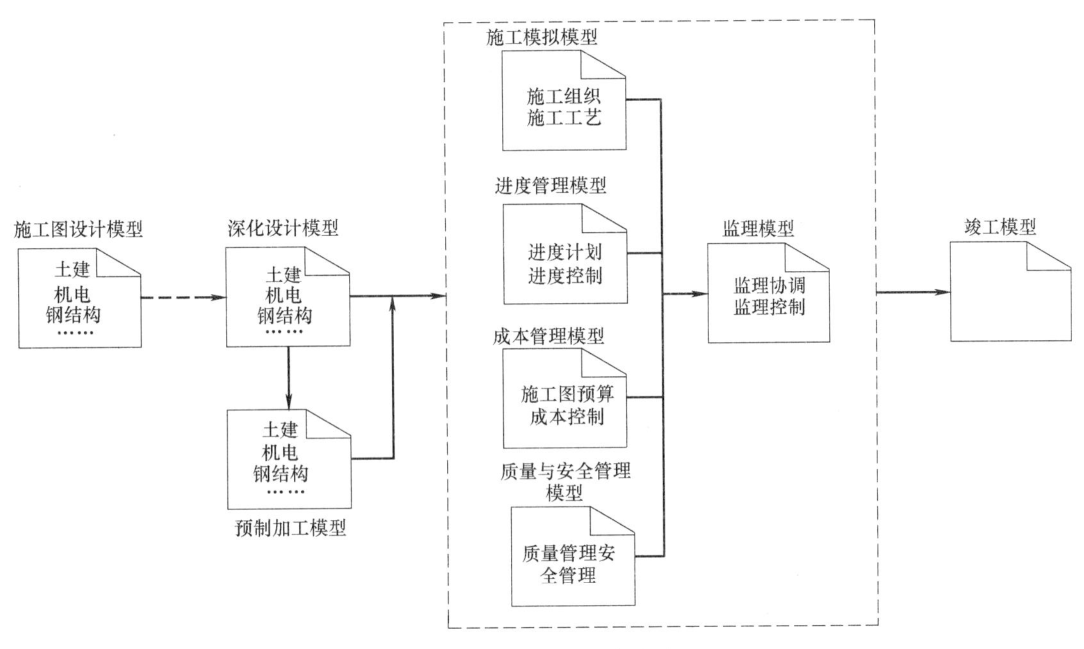

图 2-1 施工模型关系图

施工模型可统一创建，也可按专业或任务协作创建。协作创建时，应先编制 BIM 协作建模方案，进行过程控制，确保模型准确合并。按专业创建时可分为建筑模型、结构模型、暖通模型、给水排水模型、电气模型和其他模型。其中模型内容应符合表 2-2 的规定。

各专业模型元素内容 **表 2-2**

建筑模型	场地、建筑构件、建筑装修等模型元素
结构模型	地基基础、混凝土结构、钢结构、其他结构等模型元素
暖通模型	冷热源设备、液体输送设备、空气处理设备、空气输送设备和其他设备等模型元素
给水排水模型	供水系统、排水系统、消防用水、工业工艺、管道系统、布管配件等模型元素
电气模型	模型包括发电设备、强电、弱电、专用电气、线缆、布线配件等模型元素

模型细度是模型元素的完善度和可信度的指标，宜用于描述项目阶段的里程碑或交付成果，与项目阶段无关。其中施工模型及上游的施工图设计模型细度等级应符合表 2-3 的规定。

施工模型及上游的施工图设计模型细度等级代号 **表 2-3**

名称	代号	形成阶段
施工图设计模型	LOD300	施工图设计阶段
深化设计模型	LOD350	深化设计阶段
施工过程模型	LOD400	施工实施阶段
竣工验收模型	LOD500	竣工验收阶段

建筑信息模型是 BIM 应用的基础，有效的模型共享与交换能够实现 BIM 应用价值的

最大化。在建筑项目全生命周期的 BIM 应用过程中，建筑项目参与方宜建立模型共享与交换机制，以保证模型数据能够在不同阶段、不同主体之间进行有效传递。其中，对于与建筑信息模型及其应用有关的利益分配，建设单位宜根据合同的方式进行明确与约定，确定模型从设计向施工以及运营的传递。

2.2.3 深化设计与模型应用

深化设计是指在原设计方案、三维模型的基础上，结合现场实际情况，对模型及信息进行细化完善、补充、绘制成具有可实施性的三维可视化模型，深化设计后的深化模型满足原方案设计技术要求，符合相关地域设计规范和施工规范，能直接指导现场施工。

建筑施工中的现浇混凝土结构、装配式混凝土结构、机电、钢结构等深化设计宜应用 BIM 技术，各专业模型元素见表 2-4。

各专业模型元素内容　　表 2-4

深化设计 BIM 应用分类		应用点或专业	模型元素
混凝土结构	现浇混凝土结构	二次结构设计	构造柱、过梁、止水反梁、女儿墙、压顶、填充墙、隔墙、散水、台阶、砌体构造圈梁等
		预埋件设计	预埋件、预埋管、预埋螺栓等
		预留孔洞设计	预留孔洞
		节点设计	梁柱钢筋排布、型钢混凝土构件、异形构件等
	装配式混凝土结构	预制构件的拆分及设计	预制叠合板、预制夹芯墙板、预制隔墙板、预制叠合梁、预制阳台、预制楼梯等
		预埋件及预留孔洞设计	预埋件、预埋管、预埋螺栓等预埋件及预留孔洞
		节点设计	预制构件之间连接节点设计，预制构件与现浇结构连接节点
		临时安装措施设计	预制混凝土构件安装设备、现场堆放辅助设施、安装临时支撑等临时安装措施
机电		给水排水	给水排水管道、消防水管道，管道管件（弯头、三通等）、管道附件、仪表、喷头、卫浴装置、消防器具等
		暖通空调	风管、风管附件、风管管件、风道末端；暖通水管道、管件、管道附件、仪表、机械设备等
		电气	桥架、电缆桥架配件、电线、电气配管、防雷接地、照明设备、开关插座、配电箱柜、电气设备、弱电末端装置等
		其他	支吊架、减震设施、绝热防腐、预留预埋装置等
钢结构		节点设计	钢结构连接节点、现场分段连接节点
		预埋件设计	预埋件、预埋管、预埋螺栓等
		预留孔洞设计	钢梁、钢柱、钢墙板、压型金属板等构件上的预留孔洞

（1）现浇混凝土结构深化设计

现浇混凝土结构深化设计模型除应包括施工图设计模型元素外，还应包括二次结构、预埋件和预留孔洞、节点设计等类型的模型元素，各模型元素应满足《建筑信息模型施工应用标准》GB/T 51235—2017 对模型元素及信息的具体要求。

以国家建模标准为基准，结合各省市的地域特性及企业规划和项目需求，完成现浇混凝土结构参数化模型的创建及深化工作。在此过程中需生成碰撞检查分析报告、深化设计模型、工程量清单、深化设计图。

1）碰撞检查分析报告：碰撞检查是基于各专业模型，在建模过程中应用 BIM 软件对模型在管线布设与建筑、结构、平面布置、竖向高程、预留孔洞等相协调部位进行专业间模型检查的过程。碰撞检查分析报告包括模型元素在空间上存在交集的硬碰撞和不存在交集的软碰撞，在碰撞检查报告中应详细标识碰撞的位置、碰撞类型、修改建议等，方便相关技术人员发现碰撞位置并及时调整。BIM 应用实施流程如图 2-2 所示。

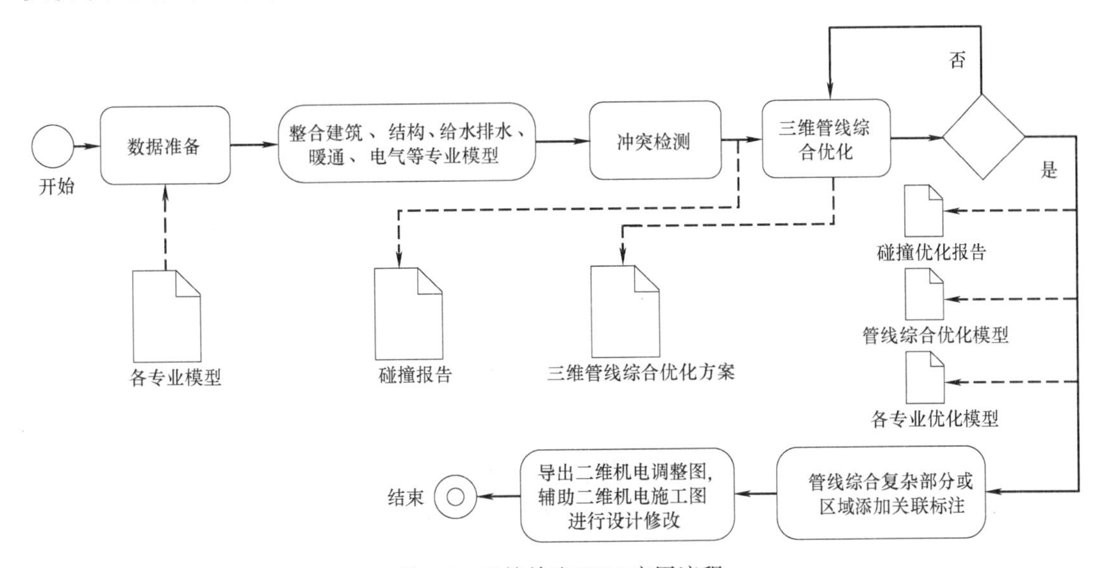

图 2-2　碰撞检查 BIM 应用流程

2）深化设计模型：深化设计模型元素及信息内容应符合标准的相关规定。深化过程中可根据工程具体情况，结合工程的具体难点、要点补充相关参数。

3）工程量清单：工程量清单应当准确反映实物工程量，满足预结算编制要求，该清单不包含相应损耗，根据工程项目特征及需求按类别生成不同专业、重点控制部位、主控项目等的工程量统计报表。

4）深化设计图：深化设计图在模型的创建和深化过程中生成，应根据需要或相关规定，由设计单位、第三方或相关责任单位进行校审。

（2）装配式混凝土结构深化设计

装配式混凝土结构深化设计可基于施工图设计模型或施工图，以及预制方案、施工工艺方案等创建深化设计模型，包括预制构件的拆分及设计、预埋件及预留孔洞设计、节点设计、临时安装措施设计。各模型元素应满足《建筑信息模型施工应用标准》GB/T 51235—2017 对模型元素及信息的具体要求。

预制构件宜按标准模数拆分，可依据施工吊装设备、运输设备和道路条件、预制厂家生产条件等因素，确定预制构件的位置及尺寸等信息。确定施工图设计中构件拆分的位置、尺寸等信息，需要结合工程施工现场布置的吊车的臂长和起吊重量限值、地方运输规定对构件尺寸的限制、定型模具尺寸以及使用率等带来的技术和经济性方面的制约和影响，在深化设计模型中予以校核和调整。

(3) 机电深化设计

在深化设计前应根据项目实际情况出具有针对性的深化设计指导文件，包括详细的实施计划书和工作流程，同时基于施工图设计模型或建筑、结构、机电和装饰专业设计文件创建机电深化设计模型，其中给水排水、暖通空调、电气、支吊架、减震设施、绝热防腐、预留预埋装置等宜采用BIM技术。各模型元素应满足《建筑信息模型施工应用标准》GB/T 51235—2017对模型元素及信息的具体要求。

机电深化设计BIM应用应符合下列规定：

1) 应在不改变原设计性能、技术参数以及使用功能的前提下，结合其他BIM技术应用点协同进行；

2) 以便于施工、节省工程成本以及节能环保为原则，根据施工规范和管线避让条件，对各系统管路、设备进行优化调整或重新布置；

3) 机电系统内部各专业模型完成深化设计以后，应与建筑结构、装修等多专业模型进行综合优化，并校核系统合理性，出具分析报告；

4) 机电系统综合优化完成后进行系统校核的主要参数有：水泵扬程及流量、风机风压及风量、管道管径、风管截面、电缆截面、系统阻力平衡、支架受力、冷热负荷、照度等；

5) 机电深化设计模型还应根据机电设备选型、机电安装工序和施工现场状况进行及时调整，并形成相关技术资料，作为现场实施的技术指导和依据；

6) 基于BIM的机电深化设计完成后应出具机电各专业施工深化图、管线综合图、相关配合图、局部详图、大样图以及工程实物量清单等。

在机电深化设计图纸中，对原设计进行变更或优化的部分，相关图纸和技术资料应经过原设计审核后方可应用于施工，机电深化设计图宜包括内容如表2-5所示。

机电深化设计出图内容 **表2-5**

序号	图纸类别	内　　容
1	机电管线综合图	图纸目录、设计说明、综合管线平面图*、综合管线剖面图
2	机电专业施工图	图纸目录、设计说明、各专业深化施工图
3	相关专业配合图	图纸目录、建筑结构留洞图、管线、构件预埋图、设备运输路线图、区域净空图
4	局部详图、大样图	图纸目录、设备机房、管井、管廊、卫生间、厨房、支架、室外管井和沟槽、复杂节点详图、安装大样图

注：*代表非必选项，根据需要协定。

(4) 钢结构深化设计

钢结构深化设计应按下列技术文件进行模型创建和更新；

1) 甲方提供的最终版设计施工图及相关设计变更文件；

2) 钢结构材料采购、加工制作及预拼装、现场安装和运输等工艺技术要求；

3) 其他相关专业配合技术要求；

4) 国家、地方现行相关规范、标准、图集等。

钢结构深化设计模型除应包括施工图设计模型元素外，还应包括节点设计、预留孔洞、预埋件设计、专业协调等。各模型元素应满足《建筑信息模型施工应用标准》GB/T 51235—2017对模型元素及信息的具体要求。

在钢结构深化设计过程中考虑安全、安装措施、连接板件的设计，使得到场构件能够直接安装，可节约现场安装工期，最终通过深化设计模型直观地展示钢结构整体、局部等的结构信息，便于施工人员查看。钢结构 BIM 模型的编码规则需根据每个工程的特点，制定专用编号规则。制定的原则是要区分构件、状态、区域等基本信息，以便于施工管理。每个工程的编号规则制定后应组织评审，且需安装施工单位认可。深化设计建模时，根据编号规则将钢构件编码输入到构件属性信息中。

深化设计阶段 BIM 应用交付成果如表 2-6 所示。

深化设计 BIM 应用交付成果 **表 2-6**

BIM 应用点	BIM 应用交付成果
现浇混凝土结构深化设计	深化设计模型、深化设计图、碰撞检查分析报告、工程量清单等
预制装配式混凝土结构深化设计	深化设计模型、碰撞检查分析报告、设计说明、平立面布置图，以及节点、预制构件深化设计图和计算书、工程量清单等
钢结构深化设计	钢结构深化设计模型、平立面布置图、节点深化设计图、计算书及专业协调分析报告等
机电深化设计	机电深化设计模型、机电深化设计图、碰撞检查分析报告、工程量清单等

2.2.4 施工模拟与应用

（1）施工模拟

施工模拟的主要目的是利用 BIM 软件模拟建筑物的三维空间，通过漫游、动画的形式提供身临其境的视觉、空间感受，及时发现不易察觉的设计缺陷或问题，减少由于事先规划不周全而造成的损失，有利于设计与管理人员对设计方案进行辅助设计与方案评审，促进工程项目的规划、设计、投标、报批与管理。施工模拟过程中的施工组织模拟和施工工艺模拟宜采用 BIM 技术，各模型元素应满足《建筑信息模型施工应用标准》GB/T 51235—2017 对模型元素及信息的具体要求。

基于 4D（+时间）模型，开展项目现场施工方案模拟、进度模拟和资源管理，有利于提高工程的施工效率，提高施工工序安排的合理性。实施施工模拟应当表示施工过程中的活动顺序、相互关系及影响、施工资源、措施等施工管理信息，宜满足以下要求：

1）施工模拟前应制定初步实施计划或编制相关施工方案，梳理清楚各环节之间的逻辑关系及供求关系，避免模拟过程中漏缺项，形成施工顺序、进度计划、施工工艺流程及相关技术要求。

2）根据施工模拟需求，将施工项目的工序安排、进度计划、相关技术要求等信息附加至模型中，计划人员通过建立 WBS 层级，任务搭接关系，将进度计划与三维模型导入 BIM 软件，并将模型与任务关联，以虚拟建造为基准，在施工模拟过程中完成对进度计划的校验。并细化进度，实现对施工现场的虚拟预演和对施工方案的优化调整。

3）对场地布置的大型设备、加工车间、材料堆放及永临道路进行模拟优化，合理划分施工区段并建立场地布置模型。

4）对大型设备运输吊装及资源调度进行全程路径模拟，优化吊装运输路线、墙体预留、障碍物预估，并形成可视化资料；该演示模型应当表示工程实体和现场施工环境、施工机械的运行方式、施工方法和顺序、所需临时及永久设施安装的位置等。

5）对复杂节点及模板、支撑等的构件尺寸、数量、位置、类型和定位信息等进行施工模拟优化，并形成可视化资料；根据阶段性成果分析，调整模型精信度、施工顺序、工艺流程，优化施工模拟方案。

将施工模拟的结果与控制目标进行对比，进行方案的完善和优化，同时在施工过程中可根据现场实际作业情况、材料储备情况、设备就位情况、人员配置情况等及时调整施工方案，通过结合施工方法、工艺流程、考虑工程机械设备需要、各工种施工阶段的合理搭接，减少机械装、拆、运的次数，优化项目组织安排，合理安排人、材、机等的资源配置，并将信息同步更新或关联到模型中。同时将施工模拟中出现的资源组织、工序交接、施工定位等问题记录形成施工模拟分析报告等优化指导文件。

根据企业特点及项目需求，对施工重难点部位、结构复杂部位、施工难度较大部位等进行施工模拟，在模拟过程中识别潜在作业次序错误和冲突问题，并及时调整计划、人员配置及设备调度，最终形成用于指导施工的可视化模型文件、漫游文件及工艺模拟文件等。

施工模拟阶段 BIM 应用交付成果如表 2-7 所示。

深化设计 BIM 应用交付成果 **表 2-7**

BIM 应用点	BIM 应用交付成果
施工组织模拟	施工组织模型、施工模拟动画、虚拟漫游文件、施工组织优化报告等
施工工艺模拟	施工工艺模型、施工模拟分析报告、可视化资料、必要的力学分析计算书或分析报告等

（2）预制加工

工厂化建造是未来绿色建造的重要手段之一。运用 BIM 技术提高构件预制加工能力，将有利于降低成本、提高工作效率、提升建筑质量等。预制加工阶段混凝土预制构件生产、钢结构构件加工、机电产品加工等宜应用 BIM 技术。

预制加工的实施流程如下：

1）收集并整理预制加工中所用的参数信息及关联数据，并对数据进行整理和分类，确保数据的准确性。

2）与施工单位确定预制加工界面范围，并针对方案设计、编号顺序等进行协商讨论。

3）获取预制厂商产品的构件模型，或根据厂商产品参数规格，自行建立构件模型库，替换施工作业模型原构件。建模软件的选取应保证后期必要的数据转换、机械设计及归类标注等工作，将施工作业模型转换为预制加工设计图纸。

4）施工作业模型按照厂家产品库进行分段处理，并复核是否与现场情况一致。

5）将构件预装配模型数据导出，进行编号标注，生成预制加工图及配件表，施工单位审定复核后，送厂家加工生产。

6）构件到场前，施工单位应再次复核施工现场情况，如有偏差应当进行调整。

7）通过构件预装配模型指导施工单位按图装配施工。

预制加工阶段 BIM 应用交付成果如表 2-8 所示。

（3）进度管理

项目进度管理是指项目管理者围绕目标工期要求编制计划，且在实施过程中经常检查

预制加工 BIM 应用交付成果 **表 2-8**

BIM 应用点	BIM 应用交付成果
混凝土预制构件生产	混凝土预制构件生产模型、加工图、构件生产相关文件
钢结构构件加工	钢结构构件加工模型、加工图、钢结构构件相关技术参数、安装要求等信息
机电产品加工	机电产品加工模型、加工图、产品模块相关技术参数、安装要求等信息

计划的实际执行情况，并在分析进度偏差原因的基础上，不断调整、修改计划直至工程竣工交付使用。通过对进度影响因素实施控制及各种关系协调，综合运用各种可行方法、措施，将项目的计划工期控制在事先确定的目标工期范围之内，在兼顾成本、质量管理目标的同时，努力缩短建设工期。基于 BIM 技术的虚拟施工，可以根据可视化效果看到并了解施工的过程和结果，且其模拟过程不消耗施工资源，可以较大程度地降低返工成本和管理成本，降低风险，增强管理者对施工过程的控制能力，更容易观察施工进度的发展。

项目施工的所有活动都与时间相关，进度计划即从项目进场开始施工到竣工验收为止的全流程。它需要根据合同工期统一组织，需要海量的数据（图纸、招标文件、设计变更等）为基础，而 BIM 技术的强项是对工程量的实时统计，及时体现工程变更等因素对工程的影响，进而计算出各工序所需的时间和工序衔接的逻辑关系，确保进度计划编制的合理性和可能性。因此，实施进度控制应将项目模型按照整体工程、单位工程、分部工程、分项工程、施工段、工序依次分解，宜满足以下要求：

1）在进度管理 BIM 应用中宜将资源因素、组织管理因素、资金因素关联至模型中，调整优化进度计划；

2）可根据实际进度与模型关联生成实际进度控制模型，与项目进度计划、资源及成本信息等进行分析对比，控制项目实际进度与计划进度的偏差；

3）可设置预报警节点，根据分析实际进度与计划进度的偏差，生成项目进度预警信息；

4）可根据项目进度分析结果和预警信息，调整后续进度计划，并更新进度管理模型。对预报警信息所显示的时差及位置，进行进度偏差分析，重新调配现场资源，调整现场进度，使后续任务能够按时完成。应根据调整后的进度计划实时更新进度模型；

5）可根据进度管理模型的可视化施工模拟，检查施工进度计划是否满足约束条件，并调整进度计划。

利用 BIM 技术进行进度管理是通过将 BIM 模型与计划任务相关联，以 4D 虚拟建造的形式实现对施工项目的进度管理。4D 模拟是以可视化三维模型和施工项目进度计划为基础，其中，进度计划的生成可利用外部计划软件也可在 4D 平台中单独生成。通过 4D 软件平台自身的模型计划整合功能，将 BIM 模型与进度计划进行关联，并建立逻辑关系，同时纳入现场资源利用计划、机械设备行走路线及资源调度情况，实现对现场施工的实时反馈，同时在 4D 模拟过程中可发现计划编制的错误及施工方案的缺陷，并及时调整，作为指导性文件指导施工。因此形成的 4D 虚拟施工，可以在虚拟现实的环境中体验所设计的项目，更加全面地评估和验证所用进度方案是否符合施工要求，并且在施工过程中可根据现场实际重新调整计划，统计计划完成百分比及计划偏离实际的比例，确保实际工期按照计划工期如期进行。

进度计划模拟为现场提供了一个可视化的虚拟环境，综合了施工进度计划、工程量计算、场地布置、材料使用等项目管理基础数据，对施工现场起到指导作用。

进度管理阶段 BIM 应用交付成果如表 2-9 所示。

进度管理 BIM 应用交付成果 **表 2-9**

BIM 应用点	BIM 应用交付成果
进度计划编制	进度管理模型、进度审批文件、进度优化与模拟成果等
进度控制	进度管理模型、进度预警报告、进度计划变更文档等

（4）预算与成本管理

基于 BIM 的预算与成本管理方式是：完全基于数字建造和建筑信息模型 BIM 的理念，将造价与图形结合，在造价文件中提供最直观最形象的可视化建筑模型，实现算量软件与造价软件无缝连接，图形变化与造价变化同步，充分利用建筑模型进行造价管理。可框图出价，通过条件统计和区域选择即可生成阶段性工程造价文件，便于进度款的支付统计。

预算与成本管理阶段，施工图的预算和成本管理等宜应用 BIM 技术，同时基于 BIM 模型完成造价文档管理、造价计价管理和造价数据管理。BIM 模型应用于预算时，模型不能自动生成造价信息，需借助其他软件或插件添加相应的造价信息，造价信息应至少包含项目特征信息、单价信息和清单子目工程量。其中项目特征信息必须描述涉及正确计量、结构要求、材质要求、安装方式的内容。

1）施工图预算

在施工图预算 BIM 应用中，可基于设计模型或者深化设计模型创建施工图预算模型，根据各省市的地域特征，基于清单工程量计划规则和消耗量定额确定工程量清单项目，完成工程量计算、分部分项计价和总价计算，输出工程量清单、招标控制价或投标清单对量表及投标报价单等。BIM 模型信息的实现形式包括文字表达、图表展现、网页数据及必要的信息数据库，为编制准确的施工图预算提供准确的工程量

确定工程量清单项目和计算工程量时，应针对每个构件模型元素添加可识别的项目特征及描述信息，统计其所属的工程量清单项目并计算其工程量。利用 BIM 软件获取施工作业模型中的工程量信息，得到的工程量信息可作为建筑工程招投标时编制工程量清单与招标控制价格的依据，也可作为施工图预算的依据。同时，从模型中获取的工程量信息应满足合同约定的计量、计价规范要求，应当准确反映实物工程量，满足预结算编制要求，该清单不包含相应损耗。

2）成本管理

BIM 模型用于成本管理时，应将实际成本信息附加或关联到成本管理模型，并对原始数据进行整理、统计、分析。将模型、时间、工序相关联，让实际成本数据及时进入相关数据库，快速准确地进行成本汇总、统计、拆分对应、数据分析。

① 基于 BIM 的造价计价管理

基于 BIM 的造价计价管理，选用多种定额计价和清单计价，将一份预算文件方便地转化为投标价、分包价、成本价、送审价、结算价、审定价等多形式造价文件，形成可以共享、参考和调用的造价数据库，实现对群体、单位工程数据的动态集成管理，对单位工

程、单项工程、分部分项工程进行分级，最低一级应能满足进度款结算的需要，每一层级都应有相应的造价信息、招投标信息，可以清晰地看到造价比例、单方造价指标、材料指标等。

② 基于BIM的造价文档管理

基于BIM的造价文档管理，是将文档等通过手工操作和BIM模型中相应部位进行链接，在基于五维BIM可视化模型的界面中对文档的搜索、查阅、定位功能进行集成，提高数据检索的直观性。当施工结束后，自动形成完整的信息数据库，为工程造价管理人员提供快速查询定位。

③ 基于BIM的造价数据管理

基于的造价数据管理，根据时间维度、空间维度（楼层）、构件类型对工程量进行、汇总统计；根据设计优化与相关变更对工程量进行动态调整，将工程开工到竣工的全部相关造价数据资料存储在基于BIM系统的后台服务器中。无论是在过程中还是工程竣工后，所有的相关数据资料都可以根据需要进行参数设定，从而得到相应的工程基础数据。工程造价管理人员及时、准确地筛选和调用工程基础数据成为可能。

创建实际成本管理模型时，应根据工程进度阶段性输入实际进度和实际成本数据，动态调整维护模型，实现动态成本的监控与管理。宜按周或月定期进行三算对比，即将实际成本与预算成本和合同收入分别进行对比，并根据对比结果，采取适当的纠偏措施。预算与成本管理阶段BIM应用交付成果如表2-10所示。

预算与成本管理BIM应用交付成果 **表2-10**

BIM应用点	BIM应用交付成果
施工图预算	施工图预算模型、招标预算工程量清单、招标控制价、投标预算工程量清单、投标报价单
成本管理	成本管理模型、成本分析报告等

（5）质量与安全管理

BIM技术在工程项目质量与安全管理中的应用目标是：通过信息化的技术手段全面提升工程项目的建设水平，对施工现场重要生产要素的状态进行绘制和控制，实现工程项目的精益化管理。在提高工程项目施工质量的同时，更好地实现工程项目的质量管理目标和安全管理目标。

1）质量管理

项目质量管理BIM应用应贯彻全面、全过程质量管理的思想，运用动态控制原理，进行质量的事前控制、事中控制和事后控制。附加的质量管理信息的准确性应符合质量验收规程与施工资料规程。

对质量管理过程中的质量计划编制、施工质量管理、质量验收、质量问题处理、质量问题分析等采用BIM技术，同时应满足以下要求：

① 在质量管理BIM应用中，可基于深化设计模型或预制加工模型（上游模型）创建质量管理模型，基于质量验收规程和施工资料规程编制项目质量计划，批量或特定事件时进行施工质量管理、质量验收、质量问题处理、质量问题分析工作。

② 宜针对整个工程编制项目质量验收计划，并将质量管理点附加或关联到对应的构件模元素或构件模型元素组合上。

③ 在创建质量管理模型环节，宜按照质量验收计划对导入的深化设计模型或预制加工模型进行适当调整，使之满足质量验收要求。

④ 在施工质量管理时，宜在生产要素、施工准备、施工过程方面开展应用，并将质量管理信息附加或关联到对应的构件模型元素或构件模型元素组合上。

⑤ 在施工生产要素质量管理中，宜将人、材、机、法、环五要素中的信息附加或关联到对应的构件模型元素或构件模型元素组合上，并进行追踪、记录、分析，进行质量管理活动。

⑥ 在施工准备质量管理时，宜将技术准备、现场准备及验收项目划分编码信息附加或关联到对应的构件模型元素或构件模型元素组合上，开展如协同设计、碰撞检测、质量交底、工序模拟等应用。

⑦ 在施工过程质量管理时，宜将工序质量管理、施工作业质量自控、施工作业质量监控、隐蔽工程验收与成品保护等信息附加或关联到对应的构件模型元素或构件模型元素组合上，开展工序效果检查、点云扫描数据校正、混凝土测温等应用。

⑧ 在质量验收时，应将质量验收信息附加或关联到对应的构件模型元素或构件模型元素组合上。

⑨ 在质量问题处理时，应将质量问题信息附加或关联到对应的构件模型元素或构件模型元素组合上，记录问题出现的部位或工序，分析原因，进而制定并采取解决措施。

⑩ 在质量问题分析时，应利用模型按部位、时间等角度对质量验收信息、质量问题及其处置信息进行汇总和展示，积累对类似问题的预判和处理经验，为日后工程项目的事前、事中、事后质量管理持续改进提供参考和依据。

2）安全管理

安全管理中的技术措施制定、实施方案策划、实施过程监控及动态管理、安全隐患分析及事故处理等宜采用BIM技术，安全管理BIM模型中参数信息的准确性应符合安全管理标准与管理规程，并满足以下要求。

① 在安全管理BIM应用中，可基于深化设计或预制加工等模型及安全生产设施配置模型，创建安全管理模型，基于安全管理标准与规程确定安全技术措施计划，批量或特定事件发生时实施安全技术措施、安全技术交底、实施过程监控及动态管理、安全隐患分析、安全应急预案及事故处理、施工现场文明施工与环境保护管理。

② 在创建安全管理模型时，可基于深化设计模型或预制加工模型形成，并包含安全生产设施配置模型信息，使之满足安全管理要求。

③ 在确定安全技术措施计划环节，宜使用安全管理模型辅助相关人员识别风险源。

④ 在安全技术措施计划实施时，宜使用安全管理模型向有关人员进行安全技术交底，并将安全交底记录附加或关联到模型元素或模型元素组合之间。

⑤ 在安全技术措施实施过程监控及动态管理时，宜使用安全管理模型对实施过程进行监控及动态管理，并更新施工安全设施配置模型，开展施工过程仿真、模型试验、施工动态监测、防坠落管理、塔式起重机安全管理等应用。

⑥ 在安全隐患和事故处理时，宜使用安全管理模型制定相应的整改措施，并将安全隐患整改信息附加或关联到模型元素或模型元素组合上；当安全事故发生时，宜将事故调查报告及处理决定附加或关联到模型元素或构件模型元素组合上。

⑦ 在安全应急预案管理时，宜利用安全管理模型对相应灾害过程进行模拟，分析灾害发生原因，制定灾害发生避免措施及人员疏散与救援支持的管理措施。

⑧ 在施工现场文明施工与环境保护管理时，宜利用安全管理模型对相关标准进行校核，并更新施工安全设施配置模型。

⑨ 在安全问题分析时，宜利用安全管理模型，按部位、时间等角度对安全信息和问题进行汇总和展示，为安全管理持续改进提供参考和依据。

质量与安全管理阶段 BIM 应用交付成果如表 2-11 所示。

质量与安全管理 BIM 应用交付成果　　表 2-11

BIM 应用点	BIM 应用交付成果
质量管理	质量管理模型、质量验收报告等
安全管理	安全管理模型、安全管理相关报告

2.2.5　施工监理应用

施工监理 BIM 应用中应遵循工作职责对应一致的原则，按照与建设单位合约规定配合建设单位完成相关工作，在此期间监理控制和监理管理工作等宜应用 BIM 技术。

（1）监理控制

施工监理控制中的质量管理、进度控制、安全生产管理、成本控制、合同管理、材料监管、工程变更、分段验收及竣工验收等工作宜采用 BIM 技术，监管过程中的施工记录和验收记录应附加或关联到施工过程模型中。在监理控制 BIM 应用中，施工监理根据甲方、施工方、设计院和业主前期制定的 BIM 实施计划书，由第三方协助建设单位对施工图设计模型、深化设计模型、施工过程的节点模型进行模型会审，检查和监督模型是否符合 BIM 实施计划书，并将模型会审记录附加或关联到相关模型。

施工监理在施工的过程中，将模型会审信息、深化设计交底信息与模型进行关联，依据 BIM 实施策划方案对设计模型、深化设计、节点模型、会审信息、生产进度管理信息、质量管理信息、安全控制信息、材料控制信息、变更控制信息、资料验收记录、竣工验收的模型和记录等进行验收，验收通过后上传信息。

（2）监理管理

监理管理过程中的安全管理、合同管理、信息管理宜应用 BIM 技术。

安全管理包括各工序的安全隐患信息及标准处理方式和要求；安全检查报告，发现安全问题的具体描述等，通过 BIM 模型对施工现场安全隐患进行检查并生成预警提示，提前做好安全防护工作及应对措施。合同管理包括合同分析结论；合同履行的监督记录；索赔通知书、证明材料、处理记录等索赔相关文件记录。监理单位对合同管理的关键数据进行定期动态跟踪对比，并将实际数据录入 BIM 模型，从而分析合同实施状态与合同目标的偏离程度。信息管理包括工程项目信息与信息流的要求；工程项目资料格式规定；工程项目管理流程规定；监理规划、监理实施细则、监理日记、监理例会会议纪要、监理月报、监理工作总结等监理文件档案资料。对监理过程中所生成的管理信息进行信息分类及数据处理，并与 BIM 模型关联，为后期模型的验收与维护提供准确而有效的数据源。

施工监理阶段 BIM 应用交付成果如表 2-12 所示。

施工监理 BIM 应用交付成果 表 2-12

BIM 应用点	BIM 应用交付成果
监理控制	模型会审、设计交底记录，质量、造价、进度等过程记录、监理实测实量记录、交变记录、竣工验收监理记录等
监理管理	安全管理记录、合同管理记录、信息资料等

2.2.6 竣工验收应用

在竣工验收 BIM 应用中，施工单位应根据施工现场的实际情况将工程信息实时录入到 BIM 模型中，形成施工过程模型。竣工验收合格后应将竣工验收形成的验收资料与 BIM 模型关联，形成竣工验收模型。

对于 BIM 竣工验收模型，其数据不仅包括建筑、结构、机电等各专业模型的基本几何信息，同时还应包括与模型相关联的、在工程建造过程中产生的各种文件资料，通过将竣工资料整合到 BIM 模型中，形成整个工程完整的 BIM 竣工验收模型。竣工验收模型除施工过程模型中相关元素外，还应附加或关联竣工验收相关资料。其内容宜符合表 2-13 的规定。

竣工验收模型元素及信息 表 2-13

模型元素类型	模型元素及信息
施工过程模型包括的元素类型	施工过程模型元素及信息
设备信息	设备厂家、规格型号、操作手册、试运行记录、维修服务等信息
工程准备阶段信息	决策立项文件、建设用地文件、勘察设计文件、招投标及合同文件、开工文件、商务文件
竣工验收信息	(1)施工单位工程竣工报告
	(2)监理单位工程竣工质量评估报告
	(3)勘察单位工程质量检查报告
	(4)设计单位检查报告
	(5)规划、消防、环保等部门出具的认可文件或准许使用文件
	(6)工程竣工验收会议签到表
	(7)建设工程质量竣工验收意见书或(子单位)工程质量竣工验收记录
	(8)竣工验收存在问题整改通知书
	(9)竣工验收存在问题整改验收通知书
	(10)工程具备竣工验收条件的通知及工程重新组织竣工验收通知书
	(11)单位(子单位)工程质量管理资料核查记录
	(12)单位(子单位)工程安全和功能检验资料核查及主要功能抽查记录
	(13)单位(子单位)工程观感质量检查记录
	(14)住宅工程分户验收记录
	(15)工程质量保修书
	(16)工程质量保证书、住宅使用说明书

续表

模型元素类型	模型元素及信息
竣工验收信息	(17)顾客满意度调查表
	(18)建设工程竣工验收备案表
	(19)建设工程竣工验收报告

竣工验收阶段产生的所有信息应符合国家、行业、企业相关规范、标准要求，并按照合同约定的方式进行分类。竣工验收模型的信息管理与使用宜通过定制软件的方式实现，其信息格式宜采用通用且可交换的格式，包括文档、图表、表格、多媒体文件等。

2.3 《市政工程施工安全检查评定标准》解读

2.3.1 标准的内容与特点

1. 内容

《市政工程施工安全检查标准》（以下简称本标准）依据国家标准《施工企业安全生产管理规范》GB 50656—2011 有关规定，在建筑工程施工安全检查标准的实践基础上，结合市政工程施工主要内容进行编制。本标准为市政工程施工现场安全生产的科学评价以及安全检查工作的标准化奠定了基础。其颁布实施对预防施工安全事故，保障施工人员的安全和健康，提高施工管理水平起到推动作用。

本标准主要技术内容分为十章，具体内容有：1 总则；2 术语；3 通用检查项目；4 地基基础工程；5 脚手架与作业平台工程；6 模板工程及支撑系统；7 地下暗挖与顶管工程；8 起重吊装工程；9 检查评定。

本标准适用范围：市政工程施工现场安全生产的检查评定。由于全国各地具体情况不同，各地市政工程施工资料管理规定和安全检查评价不尽相同，本标准很难求全。因此各地应依据本标准编制实施细则或检查评定的具体办法。

2. 特点

(1) 检查项目分为保证项目和一般项目

本标准参照工程质量检验标准将检查评定项目分为保证项目和一般项目；保证项目和一般项目的定义如下：

1) 保证项目，即在检查评定项目中，对施工人员生命、设备设施及环境安全起关键性作用的项目。

2) 保证项目，即在检查评定项目中，除保证项目以外的其他项目。

(2) 设定通用检查项目

1) 五项通用检查项目

参照建筑工程施工安全检查评定标准，设置通用检查项目，包括安全管理即安全生产管理、文明施工、高处作业、施工用电、施工机具。

2) 通用检查项目分为保证项目和一般项目

安全管理、文明施工、施工用电等三项通用项目分别列出保证项目和一般项目。而高处作业、施工机具两项通用项目并没有具体分解。

（3）设置重点分项分部工程检查项目

1）重点分项分部工程检查项目。本标准将市政工程施工中安全质量风险较大的分项分部工程设置为重点分项分部工程检查项目，并分别设有保证项目和一般项目。

2）其中地基基础工程、脚手架与作业平台工程、模板工程及支撑系统、地下暗挖与顶管工程、起重吊装工程五项重点分项分部工程分别列出。

其对应关系为：

① 每个市政工程项目均应对通用检查项目进行检查，通用项目包括：安全管理、文明施工，又称为例行检查项目项；

② 基坑支护工程安全检查应包括基坑、钢围堰、土石围堰、沉井、人工挖孔桩共 5 个专业子项；

③ 脚手架与作业平台工程安全检查应包括钢管双排脚手架、钢管满堂脚手架、高处作业吊篮、栈桥与作业平台、猫道共 5 个专业子项；

④ 模板工程及支撑系统安全检查应包括钢管满堂模板支撑架、梁柱式模板支撑架、移动模架、悬臂施工挂篮、大模板、滑动模板、液压爬升模板共 7 个专业子项；

⑤ 地下暗挖与顶管工程安全检查应包括矿山法隧道、盾构法隧道、顶管共 3 个专业子项；

⑥ 起重吊装工程安全检查应包括塔式起重机、门式起重机、架桥机、施工升降机、物料提升机、缆索起重机、起重吊装共 7 个专业子项。

（4）实行打分评定办法

对所有检查项目均提出检查具体要求，每个项目都给出分值，如保证项目满分 10 分，扣分标准，最多可扣除 10 分；一般项目多为 5 分。

打分表分为汇总表和检查项目评分表，总计 9 张；即汇总表、安全规章制度和文明施工检查评分表、现场检查表一至表六。

（5）强制性条文

第 9.0.1 条，规定："在市政工程施工安全检查评定中，保证项目应全数检查。"

第 10.0.3 条，规定："当市政工程施工安全检查评定的等级为不合格时，必须限期整改达到合格。"

2.3.2 通用项目检查

1. 安全管理

（1）保证项目

1）责任制度与目标管理

项目部应建立以项目经理为第一责任人的各级管理人员安全生产责任制，并经责任人签字确认后严格实施。

安全生产管理目标应根据伤亡事故控制、现场安全达标、文明施工内容制定，根据安全生产责任制进行目标分解，具体落实到各自岗位。

项目部应制定安全生产资金保障制度，并按资金使用计划实施，安全生产费用不得以任何理由挪用。

通过对管理人员进行考核从而提高其安全防范意识和安全管理质量。

2）施工组织设计及专项施工方案

每个工程项目的特点、周边环境、施工工艺等都各不相同，所以编制施工组织设计及安全专项施工方案时，应根据具体情况编制有针对性的施工组织设计和安全专项方案。

超过一定规模的危险性较大的分部分项工程专项方案，施工单位应组织专家进行论证，并应按论证报告进行修改，保证项目施工的安全性。

3）人员配备

项目部主要管理人员包括：项目经理、技术负责人、安全管理负责人等。

建筑工程、装修工程按照建筑面积配备专职安全员：1 万 m^3 以下的工程不少于 1 人；1 万～5 万 m^3 的工程不少于 2 人；5 万 m^3 及以上的工程不少于 3 人，且按专业配备专职安全生产管理人员。土木工程、线路管道、设备安装工程按照工程合同价配备专职安全员：5000 万元以下的工程不少于 1 人；5000 万元～1 亿元的工程不少于 2 人；1 亿元及以上的工程不少于 3 人，且按专业配备专职安全生产管理人员。

项目主要管理人员应取得安全生产考核证（B），专职安全员应取得安全生产考核证（C）和安全员证。

4）安全技术交底

安全技术交底是作业前非常重要的部分，能有效减少安全事故的发生，提高施工人员的安全意识及遇到安全事故的处理能力，交底应按不同工序、部位、施工环境等有针对性地进行，交底内容应结合施工现场实际情况全面进行交底，交底内容应以安全方案主要内容为主。

5）安全教育与班前活动

建立安全教育培训制度，可以丰富施工作业人员的安全知识，提升人员的整体素质。

施工作业人员变换岗位，采用“四新”技术前必须进行安全教育培训，以保证其能掌握相应的安全知识技能。

施工作业人员进入现场应对其进行三级安全教育培训，三级安全教育培训以国家安全法律法规、企业安全制度、施工现场安全管理规定及各工种安全技术操作规程为主要内容，考核合格后才能进行作业。

项目进行安全教育培训，可以巩固并提高人员的安全意识和安全知识，有效地减少安全事故的发生。

6）应急管理

重大危险源的辨识应根据工程特点和施工工艺，将施工中可能造成重大人身伤害的危险因素、危险部位、危险作业列为重大危险源并公示，并以此为基础编制应急救援预案和控制措施，易发事故主要包括坍塌、高处坠落、物体打击、机械伤害、触电、起重伤害及其他易发事故。

定期组织应急救援演练，可以在发生安全事故时减少人员及财产损失，提高作业人员的应变能力。

施工现场应配备救援预案所要求的物资、器材及设备，保证救援预案的有效实施。

7）安全检查

工程项目应按安全检查制度定期检查，可以及时发现安全隐患，并及时整改，减少安全事故的发生。

定期安全检查宜每周一次，季节性安全检查应在雨期、冬期之前以及雨期、冬期施工过程中分别进行。

（2）一般项目

1）生产安全事故处理

发生安全事故后，施工单位应按规定及时上报进行登记，记录安全事故发生过程及采取的救援措施，并应建立安全事故档案。

建筑行业属于高危行业，施工单位应依法为施工作业人员办理保险。

2）分包单位管理

总分包单位签订安全生产协议，明确各自的安全责任，可以加强总分包单位对自身的安全管理，减少安全管理疏漏。

分包单位安全员配备应符合住建部的规定：专业分包至少1人；劳务分包工程50人以下至少1人，50～200人的至少配备2人，200人以上的至少配备3人。

总包单位定期对分包单位开展安全检查，可以督促检查分包单位的安全管理，提高其安全管理质量。

3）施工现场安全标志

施工现场工人普遍缺乏专业知识，不能正确识别危险源，施工现场设置重大危险源公示牌能直接提醒现场工人重大危险源的存在，引起工人注意，预防安全事故发生。

无项目负责人的批准，不能擅自移动安全警示牌，安全警示牌移动后须及时复原，现场安全警示牌须保持整洁、清晰，损坏时要及时更换。

2. 文明施工

（1）保证项目

1）现场围挡

现场围挡应沿工地四周连续设置。围挡材料宜选用装配式金属板材，使用砌体材料时应按规定设置构造柱或扶壁柱，不得在围挡上设置广告牌，并做到坚固、稳定、整洁和美观，以达到文明施工效果。

2）封闭管理

施工现场实行封闭管理，防止无关人员进入施工现场，避免无关人员进入施工现场引发安全事故，保证施工现场安全。

在无人员、材料、机械设备进出时工地大门应关闭，出入人员须登记。

3）施工场地

为符合现场施工要求以及可能出现的消防事故，现场施工便道应该随时保持畅通，便道宽度应符合施工及消防要求，如不能设置环形路，则应在路端设置掉头场地。

道路硬化可以大幅降低施工现场扬尘，可增加行车舒适度以及承受行车荷载的能力。

电子监控设施的安装应符合《建筑工程施工现场视频监控技术规范》JGJ/T 292—2012的规定，当项目所在地区有更严格的规定时，应符合所在地区的规定，但不包括针对危险源的电子监控。

控制施工现场扬尘措施一般有清扫、洒水、喷淋、挂防尘网等措施。

为了防止车辆带泥进入市政道路，造成城市道路污染，施工现场必须设置车辆冲洗设施，车辆冲洗干净后才能进入市政道路。

施工现场施工人员数量较多，特别在夏天，因乱扔烟头引发的火灾时有发生，为避免此安全隐患，施工现场应设置吸烟区，严禁随意吸烟。

4）材料管理

易燃易爆危险品库房与在建工程的防火间距不应小于15m，可燃材料堆场及其加工场、固定动火作业场与在建工程的防火间距不应小于10m，其他临时用房、临时设施与在建工程的防火间距不应小于6m；易燃易爆物品在使用和储存过程中必须有防暴晒、防火等保护措施。

水泥及其他易飞扬的细颗粒建筑材料应密封存放或采取覆盖等措施。

为使施工现场更加整洁，建筑垃圾应有序堆放，并及时清理，建筑垃圾的清运应采用器具运输。

5）消防管理

消防安全管理制度包括：消防安全教育与培训制度、可燃及易燃易爆危险品管理制度、用火、用电、用气管理制度、消防安全检查制度和应急预案演练制度。

现场临时用房和设施包括：办公用房、宿舍、厨房、食堂、库房、变配电房、围挡、大门、作业棚等，施工现场临时用房和作业场所的防火设计应符合现行国家标准《建设工程施工现场消防安全技术规范》GB 50720—2011 的规定。

消防通道应设置应急疏散、逃生指示标志和应急照明灯。

灭火器材设置、消防用水量应符合现行国家标准《建设工程施工现场消防安全技术规范》GB 50720—2011 的规定。

为了保证现场防火安全，动火作业必须履行动火审批程序，经监护和主管人员确认、同意，消防设施到位后才可施工，每个动火点均应设置一位动火监护人员。

6）现场办公与住宿

近年来，出现诸多因为违规使用大功率用电设备以及私拉乱接电线造成短路引发火灾的案例，造成群死群伤，故必须严格宿舍用电要求。

为了保证职工生命及财产安全，宿舍、办公用房应有产品合格证，搭建的临时设施应符合结构安全要求，使用前必须经验收合格，办理相关手续，经相关责任人签字后才能使用，临时设施验收程序符合现行行业标准《施工现场临时建筑物技术规程》JGJ/T 188—2009 的规定。

住宿、办公用房的耐火等级、最多允许层数、最大允许长度、防火分区的最大允许建筑面积应符合现行行业标准《施工现场临时建筑物技术规程》JGJ/T 188—2009 的规定。

7）交通疏导

在市政工程施工中，由于场地的限值以及与已建道路、构筑物的交集，时常会占用、挖掘原有道路，为了防止给附近过往行人及车辆造成影响或伤害事故，需设置交通疏导标志，提醒行人及车辆。

在市政工程有限施工场地内，为了防止往来车辆由于环境因素或操作不当，对周边围墙造成破坏，引发安全事故，应在围墙或开挖形成的基坑外设置保护性的防碰撞墩或交通警示灯。

（2）一般项目

1）施工现场公示标牌

施工现场大门公示标牌主要内容应包括：工程概况牌、消防保卫牌、安全生产牌、文明施工牌、管理人员名单及监督电话牌、施工现场总平面图。

公示牌内容可结合本地区、本企业及本工程特点进行增加。

禁止标志、警示标志、指令标志、提示标志应按现行国家标准《工作场所职业病危害警示标识》GBZ 158—2003 的要求设置。

2）保健急救

施工现场应开展卫生防病宣传教育，提高施工现场人员的安全卫生防育知识；施工现场还应配备医药箱及急救器材以保障突发事故的妥善处理。

3）生活设施

文体活动室使用面积大于 $50m^2$。

淋浴间的淋浴器与员工比例宜为 1∶20，淋浴器间距不宜小于 1000mm，淋浴间应设置储衣柜或挂衣架。

厕所的厕位设置符合男厕每 50 人、女厕每 25 人设一个蹲便器，男厕每 50 人设 1m 长小便槽，蹲便器间距不小于 900mm，蹲位之间宜设置隔板，隔板高度不低于 900mm。

4）环境保护

施工污水应经沉淀处理达到排放标准后排入市政污水管网。

为了不对施工现场周边居民造成影响，施工期间控制噪声、扬尘等在规定范围内，现场严禁燃烧各类废弃物。竣工后应在规定时间恢复道路、拆除临建。

3. 高处作业

检查评定项目包括安全帽、安全网、安全带、防尘口罩、临边防护、洞口防护、通道口防护、攀登作业、悬空作业、高空水平通道、落地式移动操作平台、悬挂式移动操作平台、物料钢平台、交叉作业。

高处作业检查应符合现行行业标准《建筑施工高处作业安全技术规范》JGJ 80—2016 的规定。

高处作业检查不分保证项目和一般项目。

4. 施工用电

（1）保证项目

1）外电防护

外电线路的正下方不得施工、搭设作业棚、建造生活设施或堆放材料物品；当外电线路与在建工程及防护设施之间的安全距离不符合标准要求时，应采取隔离防护措施；防护设施和外电线路架设应坚固、稳定；在外电线路电杆附近开挖作业时，应会同有关部门采取加固措施。

2）接零保护与防雷

施工现场专用的电源中性点直接接地的低压配电系统应采用 TN-S 接零保护系统；施工现场不得同时采用两种配电保护系统；保护零线应单独敷设，线路上严禁装设开关或熔断器，严禁通过工作电流，严禁断线；保护零线的材质、规格和颜色标记应符合标准要求；接地装置的接地线应采用 2 根及以上导体，在不同点与接地体做电气连接，接地体应采用角钢、钢管或光面圆钢，工作接地电阻不得大于 4Ω，重复接地电阻不得大于 10Ω；

施工现场的施工设施应采取防雷措施，防雷装置的冲击接地电阻值不得大于30Ω；做防雷接地机械上的电气设备，所连接的保护零线必须同时做重复接地。

3）配电线路

线路及接头的机械强度和绝缘强度应符合标准要求；电缆线路应采用埋地或架空敷设，严禁沿地面明设；架空线应沿电杆或墙设置，并应绝缘固定牢固，严禁架设在树木、脚手架及其他设施上；架空线路与邻近线路或固定物的距离应符合标准要求；电缆线中必须包含全部工作芯线和用作保护零线的芯线，并应按规定接用；室内明敷主干线距离地面高度不得小于2.5m。

4）配电箱与开关箱

配电系统应采用三级配电、二级漏电保护系统，用电设备必须设置各自专用开关箱；配电箱的电器安装板上必须分设零线端子板和保护零线端子板，并应通过各自的端子板连接；总配电箱、开关箱应安装漏电保护器，漏电保护器参数应匹配，并应灵敏可靠；配电箱与开关箱应有门、锁、遮雨棚，并应设置系统接线图、电箱编号及分路标记。

5）配电室与配电装置

配电室的建筑物和构筑物的耐火等级不低于3级，配电室内配置可用于扑灭电气火灾的器材；发电机组电源必须与外电线路电源连锁，严禁并列运行；发电机组并列运行时，必须装设同期装置，并应灵敏可靠；配电室应设置警示标志、供电平面图和系统图。

6）使用与维护

临时用电工程应定期检查、维修，并应做检查、维修工作记录；电工应取得特种作业资格证；安装、巡检、维修或拆除临时用电设备和线路，必须由电工完成，并应有人监护；暂停用设备的开关箱应分断电源隔离开关，并应关上门锁；在检查、维修时应按规定穿、戴绝缘鞋、手套，必须使用电工绝缘工具。

（2）一般项目

1）电气消防安全

电气设备应按标准要求设置过载、短路保护装置；施工现场应配置适用于电气火灾的灭火器材。

2）现场照明

照明用电应与动力用电分设；照明应采用专用回路，专用回路应设置漏电保护装置；照明变压器应采用双绕组安全隔离变压器；照明灯具的金属外壳应与保护零线相连接；施工现场应在标准要求的部位配备应急照明。

3）用电档案

施工现场应制定用电施工组织设计和外电防护专项方案；应按标准建立安全技术档案；用电档案资料应齐全，并应设专人管理；用电记录应按规定填写，并应真实有效。

5. 施工机具

（1）施工机具检查评定项目

包括平刨、圆盘锯、手持电动工具、钢筋机械、电焊机、搅拌机、气瓶、潜水泵、振捣器、桩工机械、运输车辆、空压机、预应力张拉机具、小型起重机具。

（2）施工机具检查评定应符合现行行业标准《建设机械使用安全技术规程》JGJ 33—2012、《施工现场机械设备检查技术规程》JGJ 160—2016的规定。

2.3.3 施工现场检查项目

1. 基坑（槽）

（1）保证项目

1）需专项施工方案与交底的项目

开挖深度超过3m（含3m）或虽未超过3m但地质条件和周边环境复杂的基坑支护、降水工程；开挖深度超过3m（含3m）的基坑（槽）的土方开挖工程，但开挖深度超过5m（含5m）的基坑（槽）的土方开挖、支护、降水工程。

开挖深度虽未超过5m，但地质条件、周围环境和地下管线复杂，或影响毗邻建筑（构筑）物安全的基坑（槽）的土方开挖、支护、降水工程。

基坑（槽）的支（围）护结构必须经过设计与计算；当利用支撑兼作施工作业平台或栈桥时，应进行专门设计。

基坑（槽）在施工前应由施工单位根据设计要求、安全技术规范和环境情况编制专项施工方案。

2）降排水

① 基坑（槽）需要进行井点降水时应进行降水试验，并编制降水专项施工方案。

② 深基坑（槽）井点降水应分层进行。

③ 基坑（槽）降水过程对周边环境影响较大，应进行降水水位和临近建（构）筑沉降观测。

3）基坑（槽）支护

① 基坑（槽）支护或围护方式包括：土钉墙、重力式水泥土墙、地下连续墙、灌注排桩围护墙、板桩围护墙、型钢水泥土搅拌墙；外锚以及内支撑等。

② 围护结构应经设计与计算，且支护结构变形应在允许值范围内。

③ 锚杆或锚索施工前应通过现场抗拉拔试验确定设计参数和施工工艺的合理性，施工过程中应按照规定取样率进行拉拔力试验。

④ 采用对顶式水平内支撑支护时，坑内应设立柱支撑。

4）基坑（槽）开挖

① 上层支护结构施作完成后方可开挖下层土方。

② 开挖应分层、分段、限时、限高和均衡、对称开挖，实行信息化施工。严禁局部掏挖。

③ 分层开挖厚度尚应与土钉、锚杆、支撑等水平锚拉或支撑结构的竖向间距协调同步。

④ 机械操作人员主要指挖土机械、运输机械人员必须持证上岗。

5）施工荷载

① 基坑（槽）边堆置土、料具等荷载应计算，边坡稳定性应经过验算。

② 施工机械在基坑（槽）边作业，应保持安全距离。

6）监测监控

① 基坑（槽）施工监测对象，包括基坑（槽）和相邻建（构）筑物，相邻建（构）筑物包括相邻的房屋、桥梁、挡墙或管网等。

② 监测记录应按专项施工方案的要求，完整、准确的记录，并按规定及时提交监测记录或报告。

③ 施工监测实施预警管理，如有监测数据达到报警值时，应及时报警。

④ 应急措施包括：坡底被动区临时压重、坡顶主动区卸载、临时加固支护结构等。

（2）一般项目

1）安全防护

① 基坑（槽）开挖深度达到 2m 及以上时，在其边沿设置标识和防护栏杆。

② 上下通道宽度不应小于 1m。

③ 采用梯道时应设置扶手栏杆。

2）支护拆除

① 锚杆（索）、水平支撑拆除时应满足设计要求和标准规定。

② 切断锚索、锚杆，应有防护措施。

③ 支撑替换或拆除应有专人指挥，有序拆卸。

3）作业环境

① 挖土机回转作业范围应有围挡标示。

② 垂直运输严禁垂直交叉作业；装卸土时斗门应关好，斗门扣件应有防脱措施。

③ 吊斗升降时，斗下严禁站人。

2. 沉井施工

（1）保证项目

1）专项方案与交底

沉井施工应在开工前依据《给水排水构筑物工程施工及验收规范》GB 50141—2008、《沉井与气压沉箱施工规范》GB/T 51130—2016 编制专项施工方案。

沉井施工超过《危险性较大的分部分项工程安全管理规定》（住房城乡建设部令第 37 号）规定时，应组织专家对专项施工方案进行论证。

实施前应对全体作业人员技术交底，并签字记录。

2）沉井构造

混凝土沉井的结构组成包括井壁、内隔墙、人孔等；钢沉井的结构组成类似于钢套箱围堰；设置内支撑的沉井尚应对支撑的构造进行安全检查。沉井刃脚垫层是浇筑过程中保持沉井稳定的基础，不足或过强将造成沉井失稳或下沉困难。

3）筑岛

按照成井和下沉工艺的不同分为筑岛沉井和浮式沉井。筑岛可分为有围堰的筑岛和无围堰的筑岛，沉井位于浅水或可能被水淹没的岸滩上时，宜就地筑岛制作；位于无水的陆地时，若地基承载力满足设计要求，可就地整平夯实形成平台制作，地基承载力不足时应对地基采取加固措施；在地下水位较低的岸滩，若土质较好时，可在开挖后的基坑（槽）内制作。无围堰的筑岛应设置宽度不小于 1.5m 的护道，有围堰的筑岛其宽度应根据筑岛高度和筑岛材料的内摩擦角进行设计计算。

4）沉井制作

首节沉井的抽垫工序涉及沉井承力体系的转换，其施工过程具有危险性。施工中应对支垫的设置、抽垫顺序和沉井节段的长度进行控制和检查。将后续各节的模板支撑于地面上，或离地高度不足时，若接高过程中沉井下沉，将造成模板支撑系统严重破坏，导致浇筑失败，甚至危及作业人员。为确保沉井下沉过程的安全，沉井分节不宜太高，但太低的分节高度在抽垫时由于下部悬空易导致沉井开裂，且下沉太慢。沉井分节制作高度，在稳定条件许可时，宜以3～5m为宜，对于松软地基条件下的底节沉井，一般高度不超过0.8倍沉井宽度。

5）浮运与就位

沉井底节在入水前应按其工作压力进行水压试验，是为了防止底节入水下沉时产生渗水现象，对于其他节段因不便实施水压试验，因此应做水密性试验。为确保施工各环节沉井内不灌水，沉井顶面需露出一定高度，从而确保施工过程的安全。

6）下沉与接高

无序挖土可能造成沉井倾斜、位移、突沉等安全问题。机械出土时井内站人易发生物体打击事故，梁或支撑下穿越可能会被下沉的沉井挤压，故应禁止。沉井下沉过程会造成周边一定范围内土体沉降，导致对周边建（构）筑物、管线带来不利影响甚至严重破坏，应高度重视。对沉井下沉情况进行监测的目的是指导井内挖土，保持平稳下沉，下沉时应对高程、轴线位移每班至少测量一次，每次下沉稳定后应进行高差和中线位移量的计算；终沉时应每小时测量一次。

7）检查验收

沉井施工涉及大型设备起重吊装、水上作业等危险性较大的分部分项工程施工，首先应确保所采用的起重设备、缆绳、锚链、锚碇和导向设备等的有效性，使用前对其进行检查和调整是不可或缺的环节。为确保沉井的使用安全，必须通过检查验收确保筑岛质量、沉井各节段的质量，对现场原位浇筑或异位浇筑的混凝土沉井，应进行钢筋隐蔽验收，使其满足设计的要求。沉井作为大型临时设施，正式投入使用前应组织完工验收，并填写相关表格。

（2）一般项目

1）封底与填充。地下水位过高会影响封底混凝土的质量。混凝土强度不足时，封底层可能不满足抗浮需要，盲目抽水可能会造成封底层裂缝、隆起等问题而导致封底失败，故应避免。

2）水下封底往往需要潜水人员在水下辅助作业，属于特种作业人员，应持证上岗。

3. 人工挖孔桩

（1）保证项目

1）方案与交底

采用人工挖孔桩作业，各地建设主管部门有不同的规定，如有的地区禁止或限制使用，有的地区对人工挖孔桩施工给出具体的技术要求。因此，采用人工挖孔桩施工项目，首先应符合当地的具体规定。

挖孔桩在施工前应由施工单位根据设计要求、安全技术规范和环境情况编制专项施工方案，开挖深度超过16m的挖孔桩专项施工方案应经专家论证。

2）截水与排水

有否地下水，能否有效降、排水是选用人工挖孔桩的先决条件；桩孔内抽水是辅助降水措施和地层有少量水时的技术措施；保证项目有防止触电等规定。

3）桩孔开挖

挖孔桩大多处于基坑（槽）或边坡附近，先支护边坡后开挖桩孔是挖孔桩施工必须贯彻的基本原则。

下层土方开挖时上层护壁混凝土强度，当设计无要求时，可参考《公路工程施工安全技术规范》JTG F90—2015 的规定，混凝土强度应达到 5MPa（铁路工程相关规范规定最低为 2.5MPa），同时上层护壁混凝土应无空洞、蜂窝等明显缺陷。

挖孔桩开挖应根据周边环境的监测数据和实际地质条件，采用信息法施工，及时调整开挖参数和施工方法。

4）井边荷载

为确保井身及护壁的安全，施工中应严格控制孔口堆载，挖出的土石应及时外运，其他物料和车辆、机械产生的荷载应严格控制在设计或专项施工方案规定的范围之内。

5）护壁

护壁是桩孔的支撑结构，是确保孔壁不坍塌的围护结构，其施工质量必须得到保证。要求井圈顶面高出地面一定距离是有效避免井口物件坠落造成孔内人员物体打击伤害的技术措施。

6）提升设施

提升设施的提升重量不应超出提升架设计采用的额定提升重量符，当为出土桶盛土出土时，孔内作业人员应在所设防护棚下。

7）气体检测与通风

有毒气体检测仪应灵敏可靠，也可配合活体检测。施工现场更多地重视挖桩阶段的送风，容易忽略清渣、安装钢筋等阶段的送风，由此导致的中毒和窒息事故时有发生，因此特别强调下井作业前必送风。

（2）一般项目

1）安全防护

井口和孔壁附着物主要指不到底的钢筋笼、串筒、钢爬梯、水管和风管等。

2）劳动保障

个人防护用品主要包括安全帽、防护服装、防护靴、防坠器、防毒面具等。

4. 钢管满堂模板支撑架

（1）保证项目

1）方案与交底

模板支撑架（图 2-3）的专项施工方案应在计算和验算的基础上设计，附有架体的平面布置图（图中应明确表达立杆钢管的平面布置、水平杆的设置、水平剪刀撑的设置、纵横竖向剪刀撑的水平投影布置、监控点的设置、连墙（抱柱）件的布置等）和架体纵横向立（剖）面图（表达立杆、水平杆的立面设置、水平剪刀撑沿竖向的设置、竖向剪刀撑和连墙（抱柱）件的全立面布置等）。

方案中应对杆件立杆长细比进行验算、对各构配件和地基基础进行强度和变形计算、对架体整体抗倾覆进行验算；方案中应对细部构造绘制大样图。

按照相关规定对超过一定规模的钢管满堂模板支撑架应经专家论证，并根据论证意见进行修改，给出修改回复意见；“超过一定规模的支撑架”是指按照《危险性较大的分部

图 2-3 模板支撑架

分项工程安全管理规定》（住房城乡建设部令第 37 号）的规定界定的搭设高度和施工荷载超过一定数值的模板支撑架工程；方案实施前，应按照有关规定进行审核、审批，履行签字手续，并向作业人员进行充分交底。

2）构配件材质

构配件原材料的质量对于架体的整体稳定性和承载力起着至关重要的作用，进场的构配件应提供产品标识、产品质量合格证、产品性能检验报告，并按相关标准的规定对其表面观感（弯曲、变形、锈蚀、裂纹等）、几何尺寸、焊接质量等物理指标进行抽检，抽检应留下记录。为确保模板支撑系统尤其是高大模板支撑系统的使用安全，应对受力钢管的实际壁厚进行抽检，根据实践经验，实际壁厚小于 3mm 的碳钢管不能用作支撑架立杆。

3）地基基础

基础是确保架体将作业层荷载传至地基的重要部分，支撑架基础应严格按照专项施工方案中规定的地基承载力要求和具体的处理措施进行处理，使其能够承受支撑架上全部荷载，地基处理包括换填、夯实等措施。且处理后的地基表面应平整或成规则阶梯状。

处理后的地基土表面应按照专项施工方案的规定设置垫板或混凝土垫层，混凝土垫层厚度和混凝土强度等级应符合方案设计的规定；土层地基上的立杆底部设置木垫板时，木垫板厚度不小于 50mm，宽度不小于 200mm，长度不小于 2 倍立杆间距；当方案设计中规定立杆基础采用铺设钢板、型钢垫料等加强方式时，施工中应严格执行，检查中视为设置了垫板。

为确保支撑架立杆的轴力能可靠传递到基础，立杆底部与基础垫板之间应接触紧密，不得出现脱空现象；支撑架周边应设置截水沟、排水沟等设施，以确保地表水能及时排走，地基不被浸泡。

支撑架支承于既有结构物上时，在专项施工方案中应对结构物的承载力进行验算，必要时，应给出加固措施。

4）架体搭设

立杆纵横间距和水平杆步距是架体的基本搭设几何参数，必须严格符合专项施工方案中的设计要求，且搭设过程中应随架体升高，按照规范的要求及时复核每步架的立杆垂直度和水平杆水平度、直线度；各层纵横向水平杆不得间断，也不应出现错层；为确保立杆的轴心受压受力状态，并消除连接件如扣件传力存在的抗滑能力可靠性差的隐患，立杆顶部应采用可调顶托传力，或采取其他确保立杆轴心受力的传力装置；为确保支撑架的受力独立性，避免附加荷载的施加，支撑架不得与其他施工设施相连。

5）架体稳定

支撑架底部扫地杆离地间距、立杆伸出顶层水平杆中心线至支撑点的最大长度应根据所采用的架体类型所对应的专业技术标准确定，这两个指标对确保架体的局部稳定性至关照要。剪刀撑或专用斜撑杆是保证架体整体抗侧刚度和整体稳定性的重要构造杆件，其设置位置和密度（间距、宽度）应符合规范的规定，并应与专项施工方案的规定相一致；架体搭设过程中斜撑杆和剪刀撑可相互替换，但应满足等覆盖率的替换原则。

6）检查验收

为确保投入使用后的支撑架的安全，应在原材料进场、地基与基础施工、架体搭设、安全设施安装各阶段进行检查验收，各阶段检查验收内容和指标应在专项施工方案中按相关规范要求进行量化，投入使用前，应在各阶段检查验收的基础上进行完工验收，并履行签字确认手续。

7）使用与监测

对称、分层是混凝土浇筑顺序应遵守的基本原则，宜先浇筑构件变形大的部位，后浇筑变形小的部位，支撑架变形大的部位，对简支或连续构件是指梁的跨中，对悬臂构件是指悬臂端。在支撑架的专项施工方案中应明确所采用的施工荷载标准值，架体上需放置大型施工设备时，应明确设备规格、型号、数量和放置位置。使用过程中，模板支撑架应严格按专项施工方案的要求检查所采用的混凝土浇筑设备的规格、型号、数量和放置位置，并确保混凝土及时摊铺，避免出现局部堆载过大。

模板支撑架专项施工方案中应有监测监控措施，并对架体本身变形和基础沉降进行监测监控，发现异常应停止施工，查明原因并消除隐患后方可继续投入使用。

（2）一般项目

1）杆件连接

杆件连接的检查项目主要针对架体各部位的接头位置和连接可靠性。不管采用何种类型的架体，节点连接必须牢固可靠才能确保节点的转动刚度，拧紧、锁紧、楔紧是架体组装质量的基本要求。采用扣件式钢管架体时，为确保立杆轴心受力，应杜绝立杆采用搭接接长。为增强斜杆的性能，剪刀撑杆件、专用斜撑杆与架体的连接点应尽可能靠近主节点，规定钢管扣件剪刀撑、连墙件连接点距离架体主节点分别不宜大于 150mm 和 300mm，是为了确保斜杆或连墙件杆件尽量交汇于主节点。

2）安全防护

架体顶面四周作业平台的脚手板、挡脚板、安全网和防护栏杆的设置应符合钢管脚手架作业层的防护要求；人员上下架体作业层的通道应做全封闭处理，并应设置栏杆，休息平台应铺满、铺稳脚手板；架体上下通道为独立的架体，应与桥梁墩柱等进行可靠连接。

3）底座、托撑与主次楞

可调托撑上主楞支撑梁应居中设置，接头宜设置在 U 形托板上，否则应采用绑条钉牢，并加垫木支垫，同一断面上主楞支撑梁接头数量不应超过 50%。次楞木方应交错搭接在主楞支撑梁上。

4）支撑架拆除

支撑架拆除时，应在专人指挥下，按专项施工方案中规定的顺序和工艺拆除，当专项施工方案无明确规定时，应按先搭设后拆除，后搭设先拆除的原则进行拆除；架体拆除必须自上而下逐层进行，严禁上下层同时拆除作业，分段拆除的高度不应大于两层；梁下架体的拆除，宜从跨中开始，对称地向两端拆除；悬臂构件下架体的拆除，宜从悬臂端向固定端拆除。

5. 梁柱式模板支撑架

（1）保证项目

1）方案与交底

市政桥梁工程常采用大直径钢管强力柱、格构式组合支架、万能杆件塔柱、桁架式贝雷梁、万能杆件梁搭设支架门洞（图 2-4）跨越既有设施，超规模的支撑架是指按照 37 号令的搭设高度、跨度、施工总荷载及集中线荷载超过一定规模的支撑架。本标准所指的梁柱式模板支撑架是指由立柱及其上部横梁和纵梁构成的混凝土构件现浇模板支撑架。目前，梁柱式模板支撑架尚无专门的国家或行业标准，本节的检查评定规定是基于市政桥梁的梁柱式模板支撑架施工中的经验总结制定。

图 2-4　支架门洞

2）构配件材质

梁柱式模板支撑架虽为临时结构，但属于复杂结构模板支撑系统，一般搭设高度、跨度和承受荷载较大，搭设前应对进场的构配件质量和规格进行严格检查确认。安全检查中应重点对构配件的相关质量证明文件、型号和规格与方案的一致性、外观质量进行检查。其中梁柱式支架广泛采用的贝雷梁、万能杆件等常备式定型钢构件，需确认其具有使用说明书；对于其质量，目前尚无相关标准可依，可参考《公路施工手册：桥涵》、《装配式市政钢桥多用途使用手册》等便查使用手册，应检查定型钢构件的型号、性能参数、表观质量是否符合这些使用手册的要求。

3）基础

软弱地基的处理应符合行业标准《建筑地基处理技术规范》JGJ 79—2012 的规定。

梁柱式支架立柱轴力大，需通过检测手段获取用于地基基础设计的地基承载力指标，施工现场应能提供地基承载力检测报告。

4）立柱或托架构造

为保证整体稳定性，大钢管（型钢）立柱高度大于5m时，相邻柱间应设置横向连接系；万能杆件立柱应根据结构受力情况，不大于16m应设置横向连接系。

纵向相邻两柱采用缀条或缀板连接成双肢格构柱时，缀件的设置数量、缀件刚度应满足《钢结构设计标准》GB 50017—2017的规定。

为实现临时支撑结构的重复利用，不宜将连接系杆件或格构柱的缀件直接与立柱焊接连接。

立柱采用螺栓连接或法兰盘连接时，螺栓应连接牢固，焊接应满足二级焊缝的质量要求，接头强度不得小于钢管自身强度。

当采用附墩托架代替立柱时，托架的样式分为对拉连接式、抱箍式或预埋锚固式，其构造参数应符合各自的构造规定。

5）纵梁和横梁构造

组成纵横梁的单片桁架梁或型钢梁平面稳定性差，为提高成组梁片的整体稳定性，单片之间应设置可靠的连接。当型钢或桁架式纵梁上翼缘或上弦杆设置型钢分配梁时，可将型钢纵梁和型钢分配梁间设置可靠连接，此时型钢分配梁可视为型钢纵梁间的可靠连接。

6）检查验收

当采用贝雷梁、万能杆件等专用常备式支架时，其验收指标应符合相关使用手册的要求。

7）使用与监测

为确保架体安全，对称、分层是支架上浇筑混凝土浇筑顺序应遵守的基本原则。在支撑架的专项施工方案中应明确所采用的施工荷载标准值，架体上需放置大型施工设备时，应明确设备规格、型号、数量和放置位置。使用过程中，梁柱式模板支撑架应严格按专项施工方案的要求检查所采用的混凝土浇筑设备的规格、型号、数量和放置位置，并确保混凝土及时摊铺，避免出现局部堆载过大。梁柱式模板支撑专项施工方案中应有监测监控措施，并对架体本身变形和基础沉降进行监测监控，发现异常应停止施工，查明原因并消除隐患后方可继续投入使用。

（2）一般项目

1）构件连接

梁柱式支架搭设高度大、纵横梁跨度大，为确保支架的整体稳定性和单片型钢梁、单肢立柱的局部稳定性，构件间应按照专项施工方案和相关使用手册、技术规范的规定设置可靠的支撑连接件、缀件等。

2）安全防护

为便于操作，梁柱式支架顶面四周设置的操作平台宽度不小于900mm为宜。下部设置车行通道的梁柱式模板支撑架由于车辆撞击而造成的架体坍塌的事故时有发生，安全检查中应检查通道是否按照专项施工方案及相关规定设置了限高、限宽、限速标志、反光标志。梁柱式模板支撑架设计中一般不考虑漂浮物等的撞击作用，因此河流中的支架应检查是否设置了可靠的防冲（撞）击的安全措施。

3）支撑架拆除

梁柱式支撑架的拆除涉及自重较大的型钢梁或者定型式贝雷梁、万能杆件的构件，拆除顺序和工艺参数不正确往往会导致安全事故的发生，因此安全检查中应重点查专项施工方案中是否有关于支架拆除的技术内容，并重点检查项目技术负责人或施工主管负责人是否向现场管理人员和作业人员进行了有针对性的安全技术交底。

专项施工方案应有落架顺序，按照“从梁体跨中向梁端”的顺序和“纵桥向对称均衡、横桥向基本同步”的原则分阶段循环进行支架落架。

6. 悬臂施工挂篮

（1）保证项目

1）方案与交底

挂篮是桥梁悬臂浇筑施工的专用设备，既是悬浇梁段的承重结构，也是现场作业平台。挂篮形式多样，构造上亦有差异，但构造原理和工作原理基本相同。

挂篮组成结构上分为主桁承重系统、吊挂系统、行走系统、锚固系统、底篮系统、模板系统、控制系统和安全系统等，虽然已经定型设计加工，但施工具有较大风险性，使用前应编制专项施工方案。设计并编制完整的成套设计图纸和计算书。

悬臂施工挂篮施工工艺复杂、危险性大，专项施工方案应按照7号文有关规定进行专家论证。

2）构配件材质

挂篮为承受施工荷载的复杂临时结构，其构配件的质量合格是确保挂篮结构安全的重要影响因素，因此构配件及材质的检查应作为施工安全检查的保证项目。制作单位应对进场的构配件的外观质量进行检查，并收集质量合格证、产品性能检验报告等证明材料。其中吊挂系统的吊带或吊杆承受疲劳荷载，且在脱模过程中受到的振动冲击作用较大，易发生端部断裂的风险，因此应对吊带或吊杆的材质提出更高的验收要求，应检查其无损探伤检测记录。

3）加工制作

挂篮作为大型非标准设备，由专业厂家在工厂内将型材、板材按照设计图纸与钢结构施工要求加工成为挂篮，其设计、制造厂家应有非标设备设计方案和验收要求，由设备制造单位组织相关专家审定。

设备的制造过程验收和出厂验收应由设备制造单位依据验收大纲进行，验收合格后出具产品合格证。挂篮各部件加工制作完成后，运输至现场前，应在试拼台上进行挂篮试拼，检验挂篮加工制作精度。

4）挂篮结构

用于悬臂浇筑施工的挂篮，应能承受使用过程中的各种荷载，其结构应满足强度、刚度和稳定性的要求。挂篮设计重量不宜超过悬浇梁段重量的50%，且不能超过设计中规定的挂篮总重量。挂篮的最大变形应包含吊带的变形在内。挂篮的后锚固力应符合专项施工方案的要求。挂篮悬吊吊杆（精轧螺纹钢）在使用中易发生松丝，而施工检查人员不易发现，可能造成较大安全事故，故挂篮悬吊系统应尽量避免使用吊杆，采用精轧螺纹钢筋作为吊杆时，必须使用双螺母锁紧。

5）行走与锚固

挂篮移动是一项复杂的工序，由浇筑工况转换为行走工况，涉及多次受力体系转换，任何一项操作失误都可能造成行走过程的安全事故，因此挂篮行走需制定专项操作指导书。挂篮移动前，锚固体系的转换复杂，容易产生误操作而引发挂篮倾覆事故，需增加临时锚固等保险措施。挂篮移动过程中的倾覆措施可采用在主梁上设置反拉扁担梁或采用链条葫芦往后拉住挂篮等方法。底模和侧模沿滑梁行走前进行体系转换时，应将吊带拆除，用倒链起降和悬吊底模平台，并在倒链位置加保险绳，从而实现锚固体系的转换。

6）检查验收

现场拼装完成后应经专业机构人员对性能进行逐项检验，检验合格后出具检验报告，制造和安装单位应参与验收。在挂篮初次拼装完成和每次行走到位后、投入使用前，均应由项目负责人组织有关人员进行验收。验收合格的，经施工单位项目技术负责人及项目总监理工程师签字。各阶段的检查验收除应针对挂篮结构及附属设施外，还应针对预留和预埋情况、安全防护、保险装置等进行检查。

7）使用与监测

两悬臂端挂篮上的荷载的实际不平衡偏差应控制在设计规定的范围内，当设计无具体固定时，不宜超过梁端重量的1/4。挂篮的现场使用单位，应对其安全技术记录资料分类归档，保存的记录资料无可能持有原件的，应有加盖相关单位公章的复印件，并应按“一设备一档”的原则建立安全技术档案。

（2）一般项目

1）挂篮主桁受力结构和悬吊的模板体系因操作需要需设置多处高空临边作业平台，其中横向预应力张拉处应设置吊篮工作平台，各平台应按照临边作业要求设置脚手板、栏杆、挡脚板和密目安全网，上、下平台和吊平台之间应按登高作业要求设置通行梯道。

2）跨（临）铁路、道路、通航河道作业时，应事先与当地行政主管部门联系，商定有关施工期间的安全事项，并发布公告，按有关规定设置安全防护设施和警示标志，应在道路上方搭设防护棚或在挂篮底部悬吊设置防护棚。

7. 大模板

（1）保证项目

1）方案与交底

给水排水构筑物如水池施工多用大模板，以保证防渗混凝土浇筑质量。大模板是指利用辅助设备按模位整装整拆的整体式或拼装式大型模板，模板体统的重量和施工荷载通过自带的外挂架或预埋装置传递至已浇筑结构，有别于滑模或爬模装置中的模板系统。专项施工方案中应对面板系统、支撑系统、穿墙对拉螺栓、支架系统进行结构设计与计算。

2）支架系统

大模板系统的自重及其他所有荷载均通过支架系统传递至下部已浇筑的竖向混凝土结构上。支架系统可采用自带操作平台的外挂架或预埋牛腿托架，安全检查中应重点确认支架系统的结构构造是否满足方案设计，并判断支架系统与已浇筑结构连接构造传力是否明确可靠。

3）支撑系统

大模板的支撑系统通过斜支撑杆件一端支撑于下部支撑系统（当下部有已浇筑的梁板等水平面层结构时，支撑系统的下部支撑于水平面层结构上），另一端支撑于墙柱模板或背楞，其用途为通过其自身具有的合模与脱模功能调整墙柱垂直度，并确保墙柱模板稳定性。为确保传力合理，支撑件需支撑于大模板的主肋或背楞上，其下部的刚性结构是指支撑体系或已浇筑完毕的水平面层结构，斜支撑杆件必须与刚性结构连接牢固。除能满足面板垂直度调节范围外，支撑系统还应满足模板前后位置调节范围不小于 50mm 的要求。

4）对拉螺栓

对拉螺栓为传递竖向大模板混凝土侧压力的主要受力部件，为保证承载力并减小主肋和背楞的次挠度，对拉螺栓的型号不应小于 M28，且应设置在背楞上。

5）面板系统

大模板竖向放置时与垂线的夹角是大模板竖向放置时的重要参数，对于防止大模板在风荷载作用下倾覆具有重要作用，其值必须大于风荷载作用下的自稳角，大模板设计时，自稳角应根据实际风速进行计算确定。

6）吊环

吊环是保证大模板安全吊运的核心零件，为防止吊运冲击的交变载荷造成吊环失效，吊环材质最低性能不应低于 Q235B 级钢材。为保证吊运中吊环与大模板一体性，应核查吊环与大模板的连接安全性及大模板局部承载力。

7）安装与拆除

模板支架系统安装时，已浇筑混凝土的强度应能满足传递支架荷载的需要，且不应低于 7.5MPa。大模板幅面较大，为避免坍塌事故的发生，模板拆除后的堆放是安全管理的重点。大模板堆放时，有支撑架的大模板必须满足自稳角要求；当不能满足要求时，必须另外采取措施确保模板放置的稳定。没有支撑架的大模板应存放在专用的插放支架上。

（2）一般项目

1）材质与验收

大模板安装完毕使用前验收时，应确认支架系统固定牢固可靠、模板支撑系统固定牢固、锁定可靠、平台系统、梯道固定牢固、拼装模板接缝符合设计规定、无异常、模板竖向支承稳固、无松动。

2）安全防护

为减小模板的倾覆力矩，操作平台宽度不宜大于 900mm。

8. 滑动模板

（1）保证项目

1）方案与交底

市政工程的圆柱形水池、水塔和桥墩常采用滑模施工。滑模装置包括模板系统、操作平台系统、提升系统、施工精度控制系统和水电配套系统五大系统，施工前应编制专项施工方案，根据结构物的空间造型和尺寸进行爬模装置设计，并对各受力部件进行计算。国家标准《滑动模板工程技术规范》GB 50113—2005 对滑模施工方案应包含的内容做了具体规定。

滑动模板为高空工具式模板含支承架，属于危险性较大的分部分项工程，其专项施工方案应组织专家论证。

施工前应进行安全技术交底，使相关工作人员了解施工方法、特点、危险事项等，减少或避免安全事故发生。

2）构配件及制作

构配件应包括提升架、辐射桁架及环梁、内外围圈、操作平台、提升系统、内外吊脚手架、辅助系统进行。

3）模板系统

根据《滑动模板工程技术规范》GB 50113—2005 的规定，滑模装置的模板系统包括模板、围圈、提升架、滑轨及倾斜度调节装置等。围圈时模板的支撑构件，模板的自重、模板承受的摩阻力、侧压力以及操作平台传来的自重和施工荷载，均通过围圈传递至提升架的立柱。为确保模板系统的施工安全，围圈本身应具有足够的强度和刚度，围圈与提升架应连接牢固。当围圈作为操作平台的支承点时，围圈支承处需设置承托件。提升架刚度需足够大，在施工荷载作用下，立柱下端的侧向变形应控制在 2mm 内。

4）操作平台系统

操作平台、料台、吊脚手架。滑模的操作平台不仅是高空人员作业的场所，而且对整个滑模体系的工作性能有重要的调节作用，连接的牢固性和足够的刚度是对操作平台提出的基本安全要求。

5）提升系统

支承杆是整个滑模系统的承重支杆，滑模装置的所有自重、摩阻力和施工荷载均通过千斤顶传递至支承杆承担，支承杆和千斤顶的可靠性是滑模施工安全的关键所在，因此将提升系统定为滑模安全检查的保证项目，其中支承杆的接头错位、连接强度和加强措施等均为检查重点。为确保每次接长的支承杆数量不超过总数的 1/4，第一批插入千斤顶的支承杆应不少于 4 种长度。千斤顶通过支承杆接头后的加固措施为：采用平头对接、榫接的支承杆，接头部位通过千斤顶后需及时进行焊接加固；当采用钢管支承杆并设置在混凝土体外时，接头部位通过千斤顶后，需采用工具式扣件及时加固，对于壁较薄的筒体结构，采用非工具式支承杆时，接头部位通过千斤顶后，需及时将支承杆与横向钢筋点焊连接，增强支承杆的稳定性。

6）检查验收

液压系统是爬模装置的提升动力所在，也是整个爬模装置的防坠系统，对其进行空载、持压试验和检查能提前发现问题，避免局部支承杆超载、液压系统漏油等引发安全事故。液压系统试验和检查中，应对千斤顶逐一彻底排气，液压系统在试验油压下持压 5min 不得有渗油和漏油现象。滑模体系的提升为复杂的系统工程，初滑时有必要按照规范的要求进行 1～2 个千斤顶行程的滑升试验，并对滑模装置的整体工作状态和混凝土初凝状态进行全面检查。滑升过程中，支承杆处于最大负荷状态，操作平台处于动态，混凝土陆续滑出模板，整个滑模装置处于最不利状态，该过程中需随时进行检查。

7）滑升

滑升速度与混凝土的凝固程度不适应是导致支承杆失稳引发滑模施工事故的重要原因。应严控混凝土出模强度和滑升速度，否则会增大滑升阻力，引起支承杆失稳，导致安全事故。滑升速度的确定与混凝土出模强度要求、支承杆的构造、气温条件密切相关，施工中应按照规范的要求，根据滑模实际情况确定滑升速度，并严格控制。

（2）一般项目

1）混凝土浇筑

滑模混凝土采取均匀对称交圈的浇筑原则是为了使各部位触摸混凝土的强度大致相同，提升杆受力均匀，避免局部支承杆受力过大导致失稳。从安全的角度规定每次浇灌的厚度不宜大于200mm，是为了避免支承杆脱空长度过大。

2）安全防护

根据国家标准《滑动模板工程技术规范》GB 50113—2005的规定，外挑脚手架或操作平台的外挑宽度不宜大于800mm；根据行业标准《液压滑动模板施工安全技术规程》JGJ 65—2013的规定，操作平台外侧防护栏杆的高度应高于一般的临边作业防护栏杆高度，其高度应不低于1800mm。建（构）筑物周边设立的警戒线到建筑物边缘的距离不应小于高度的1/10，且不应小于10m。

3）拆除

分段拆除滑模装置，由于体系不完整存在倾覆和坠落的风险，拆除支承杆时，割断支承杆存在千斤顶滑脱的危险，因此滑模装置的拆除应采取可靠的固定措施和防坠措施。

9. 矿山法施工隧道

（1）保证项目

1）方案与交底

市政工程的地铁区间隧道工程在土质较好条件下常采用矿山法施工，浅埋暗挖法也属于矿山法范围。

根据《危险性较大的分部分项工程安全管理规定》（住房城乡建设部令第37号）的规定，隧道暗挖工程为超过一定规模的危险性较大的分部分项工程，其专项施工方案应经专家论证。

暗挖隧道在施工前应由施工单位根据隧道长度、断面大小、结构形式、工期要求、机械设备、地质条件和设计要求编制专项施工方案；37号令规定勘察设计应提出安全风险较大的分部分项工程，建设方应将其列入控制清单，清单内明确规定专家论证的方案内容，施工单位应据此且结合现场实际情况编制专项施工方案。

本标准对编制专项方案或专项安全技术措施提出要求，其中爆破方案应包含火工品管理、使用、储藏全过程管理等内容，各类参数需符合现行国家标准《爆破安全规程》GB 6722—2014的规定，方案需经专家评审，并经当地公安机关审批后实施。

2）洞口及交叉口工程

业内称隧道进出洞口为马头门。马头门施工有较大风险，施工前需编制专项方案或制定安全措施，并适当加强支护措施。隧道马头门施工前，设计与施工应进行加固处理。

3）地层超前支护加固

市政工程隧道通常会穿越回填杂土层、浅埋层、地下水囊，常会遇到地质条件复杂地段，做好超前支护和加固是保证隧道施工安全的重要手段。

4）隧道开挖

施工过程中，应及时进行超前探测，遇不良地质，应及时采取措施进行治理。应按设计要求和施工方案确定隧道开挖方法（全断面法、台阶法、环形开挖留核心土法、中隔壁法、交叉中隔壁法、双侧壁导坑法等）。必要时可经过模拟计算确定合理的开挖方法、施工开挖步序。

5）爆破

市政工程暗挖隧道采用爆破开挖时，因距建构筑物较近，风险性较大，需编制爆破方案设计规定，以控制震速，并应有相应监测、反馈、处置措施，避免对建筑物造成影响。

爆破作业和爆破器材的采购、运输和储存等应按照现行国家标准《爆破安全规程》GB 6722—2014 的规定执行。严禁使用不合格、自制、来路不明的爆炸物及爆破器材。当日剩余的爆炸物品经现场负责人、爆破员、安全员清点后由爆破员或安全员退回仓库储存，并进行退库登记，严禁私带回宿舍或私自储存。

6）初期支护

及时进行初期支护是有效避免隧道上部地层变位、保证施工安全的重要环节。安全检查技术要求可参照现当地标准或行业标准规定。

隧道工作面开挖后应及时施作初期支护，并应封闭成环，严禁岩层裸露时间过长，Ⅲ、Ⅳ、Ⅴ级围岩封闭位置距离掌子面不得大于 3.5m。施工中应随时观察支护各部位，支护变形或损坏时，作业人员应及时撤离现场。

已安装的钢架发生扭曲变形时，应及时逐榀更换，但不得同时更换相邻的钢架。

7）施工监测

根据当地标准或行业标准的规定，隧道开工前应制定施工全过程监测方案。监测项目应按照设计要求和标准进行选择，通常包括拱顶下沉、收敛、地表下沉、支护结构内力、受施工影响范围内建（构）筑物变形等，具体监测项目、监测报警值、监测方法和监测点的布置等内容根据设计要求和标准规定设计。

监测记录应按专项施工方案的要求，完整、准确地记录，并按建设单位、监理单位的要求及时提交监测记录或报告。

监测监控过程中，如有任一监测项目的监测值达到报警值时，应及时报警，并采取防止事故（或事故扩大）的应急措施。

（2）一般项目

1）防水工程

地铁隧道防水层设在初衬混凝土表面，属于复合防水层，必须防止其后工序作业的破坏；防水卷材属于易燃材料，操作不当或遇明火极易发生火灾，施工现场应遵守用火管理规定并配备消防器材。

2）二次衬砌

地铁隧道的二次衬砌采用模筑钢筋混凝土，设计对施工时机、步序和浇筑质量都有明确规定，如：仰拱与掌子面的距离，Ⅲ级围岩不得超过 90m，Ⅳ级围岩不得超过 50m，Ⅴ级及以上围岩不得超过 40m。

隧道二次衬砌多采用支架法施工，施工前应编制专项方案，并在方案中对支架进行设计计算。采用模架台车时，台车结构应进行设计计算，由专业厂家制作时，应取得出厂合格证或经过验收。台车拼装后，应对台车进行调试和验收后方可投入使用。

3）作业架

隧道施工常见作业架有钻孔台架、防水板台架、注浆台架、检测用作业架等，此类作业架应进行设计计算，由专业厂家制作时，应取得出厂合格证。作业架拼装后，应经验收后方可投入使用。

4）隧道运输

隧道暗挖施工对照明和通风，都有严格的规定；水平运输和垂直运输设备必须满足专项方案要求，并严格执行车辆运输及机械设备操作规程。

5）作业环境

隧道通风应编制专项方案，方案中除进行通风设计外，还应对风量进行验算，以保证通风效果满足洞内施工和作业环境需要。

10. 盾构法施工隧道

（1）保证项目

1）方案与交底

根据《危险性较大的分部分项工程安全管理规定》（住房城乡建设部令第37号）的规定，地下暗挖工程为超过一定规模的危险性较大的分部分项工程，其专项施工方案应经专家论证。

盾构施工隧道虽然安全性比暗挖施工有了很大的提高，但是仍属于危险性较大的分部分项作业。盾构法隧道施工前应根据工程实际情况汇集所采用的盾构装备编制专项施工方案；应按照超过一定规模的危险性较大的分部分项工程的管理规定进行专家论证，对各类突发事件应编制应急预案及开展应急演练。

2）盾构机选型与安装调试

盾构设备进场验收是保证设备安全的重要环节。盾构设备及部件属于大型设备，转运及吊装过程均需要使用吊装设备，吊装施工应按超过一定规模的起重吊装工程进行安全管理。

3）始发与接收

盾构始发前，通常会对洞门进行凿除，提供盾构组装和始发作业面；此过程通常采用机械开挖或爆破施工，应遵守机械设备操作规程和现行国家标准《爆破安全规程》GB 6722—2014。

盾构反力架和托架是决定盾构始发姿态的重要因素之一，施工前，应对设计的反力架和托架进行验算，确保其满足要求。

盾构机操作属于专业技能，所有操作人员需进行培训和交底后方可上岗，培训主要包括盾构机姿态参数、工序、准备、协调等方面。

4）掘进施工

为确保施工安全，盾构机采用日常保养、每周保养和强制保养相结合的方式进行维修和保养管理。除了在盾构机工作中进行日检和周检保养外，定期应停机强制性集中维修保养。在强制保养日，由机电工程师组织专业技术人员对其进行全面的保养和维护。对设备进行认真细致的维修、保养，可防止设备零部件非正常磨损与损坏，减缓磨损程度，延长修理间隔期，减少维修费用。

5）开仓与刀具更换

盾构开仓清除障碍物和更换刀具的过程，极易发生坍塌、瓦斯、涌水、涌沙等灾害，造成人员伤亡和不良影响，应作为盾构施工安全管理的重要环节。开仓作业前，应编制操作规程和安全专项方案，并办理开仓审批手续，完善相关措施后方可开仓。

6）洞门及联络通道施工

负环及洞门、联络通道管片拆除对施工现场人员及设备带来的风险较大，拆除过程中要严格按照专项方案施工，拆除后须及时进行封闭。

7）施工监测

监测项目主要是针对隧道掘进期间地表、建筑物、管线、既有铁路或地铁线路、洞内收敛、管片上浮等变形或沉降等，具体的监测项目、监测报警值、监测方法和监测点的布置等内容由设计文件根据工程实际并结合现行标准的规定提出。

监测记录应按专项施工方案的要求，完整、准确地记录，并按建设单位、监理单位的要求及时提交监测记录或报告。

监测监控过程中，如有任一监测项目的监测值达到报警值时，应及时报警，并采取防止事故（或事故扩大）的应急措施。

（2）一般项目

通常情况下，盾构法暗挖隧道施工中运输设备较钻爆法开挖运输设备有些差异，主要表现在盾构法施工所使用的设备运输能力更大，宜采用与盾构机掘进能力配套的专用运输设备或皮带输送机。

11. 顶管施工

（1）保证项目

1）方案与交底

顶管施工是市政工程施工地下管道的传统施工工艺，施工工艺分为人工顶管，又称敞开式；机械顶管，又称密闭式。敞开式可分为手掘式和挤压式；密闭式分为土压平衡式、泥水平衡式、机械切削式。《给水排水管道工程施工及验收规范》GB 50268—2008 对顶管施工给出具体规定。

按照 37 号令的规定，其专项施工方案必须组织专家论证。施工环境及条件与地勘资料不符合或存在不安全因素时专项施工方案应重新进行审核、审批；施工前应进行安全技术交底，使相关工作人员了解施工方法、特点、危险事项等，减少或避免安全事故发生。

2）顶管设备

顶管配套设备包括导轨、顶铁、千斤顶、油泵、后背等。顶管设备型号应与管道的型号和水文地质条件相匹配，以防因管道与设备性能存在差异引起施工中的安全事故。通过顶管机试车可有效避免顶进施工过程中因设备原因引起的事故，另外，通过试车情况，还可调整顶进设备，取得施工参数，保证顶进施工的顺利进行，减少安全隐患。

3）起重吊装

大直径、长距离顶管施工垂直运输一般采用门式起重机，规模较小的顶管工程起重设备多为三脚架和电葫芦。使用前，设备应通过相关部门审查，并登记备案，保证起重设备的正常使用。下管时需穿保险钢丝绳，以防止管带滑动、坠落。吊装时起重臂及吊物下严禁有人，防止物体打击安全事故。

4）工作井

工作井，又称顶管坑，包括始发井、接收井，其施工过程应符合深基坑开挖及支护的安全技术规定，同时始发井结构应能可靠传递顶管推进后坐力。为避免开挖顶管作业面人员遭遇淹溺伤害，始发井宜设置在下游一侧。

5）顶进

后背墙及顶铁的强度刚度必须满足最大允许顶力和设计要求，防止后背墙及顶铁在顶进过程中损坏造成安全事故。

顶进装置安装轴线应与管道轴线平行、对称，防止受力不均，偏压；顶铁在轨道上滑动平稳，无阻滞现象，保证顶铁滑动不会出轨。

千斤顶须和油表配套使用，防止因油表读数不准、顶力过大造成事故；顶进中若发现油压突然增高，应立即停止顶进，检查原因并经处理后方可继续顶进，以防损坏地下构筑物引起安全事故或压力过大造成机械伤人事故。

顶管作业必须建立交接班制度，以防因工作交接不细，造成操作失误，引发安全事故。

6）施工监测

顶管施工专项方案应包括监测方案，方案中明确监测项目、监测点布置、监测预警值和不同工况下的监测频率，由于监测对象的重要性可能有所不同，监测内容亦应相应调整。超时测定或间断测定，无法保证有效监测，可能会因间断时间过长，引起重大损失或安全事故。

（2）一般项目

1）验收

工作井施工完成后应组织验收，验收合格后才能组织顶进施工；顶进设备安装完后应组织验收，验收合格后方可进行顶进施工；验收合格牌应写明验收时间、责任人等相关信息。

2）排水、排泥及通风

当有地下水时，应根据现场实际情况，采取有效降排水措施，当采用敞开式顶管时，应将地下水降至管底以下不小于0.5m处。为防止防掌子面施工人员因缺氧引发窒息，管道内应设置通风设施，送风口宜设置在距顶管机12～15m处，使用开敞式通风设施时或长距离顶管时，需酌情增大通风量。地层中存在有毒有害气体时，需采用封闭式顶管机，防止有毒有害气体造成重大伤亡。

3）安全防护

顶管作业面之间通过无线通信设施难以实现与地面的联络，采用有线通信方式可及时将突发状况信息传送至地面。

4）供电

顶管施工用电输出端分别供工作井井上供电系统、井下顶管系统及井内主千斤顶用电；顶管距离过长时，管内供电会引起电压下降，致使管内设备无法启动，因此必须采用调压器或将高压电引进管内配电；管内作业环境潮湿，安装漏电保护装置可以防止触电事故的发生。

5）拆除

钢板桩支护的工作井，马头门封门拆除时，可拔起或切割钢板桩露出洞口，并采取措施防止洞上方的钢板下落。

采用沉井作为工作井时，应先拆除洞圈内侧的临时封门，再拆除井壁外侧的封板或其他封填物；在不稳定土层中顶管时，封门拆除后应将顶管机立即顶入土层；机械拆除时，需保证机械荷载小于支护结构的承载力，以防工作井坍塌。

2.3.4 安全检查资料

1. 安全检查纸质资料

市政工程施工安全检查纸质资料可分为文字类和表格类。文字类包括安全管理规章制度，如岗位责任制、考核办法及责任书、证书，施工组织设计和危险性较大分项分部工程施工专项方案、安全技术交底，安全技术规程、作业指导书，模板支架设计、承包经济合同等。表格类包括各种安全检查记录表、评分表、考核表、审批表、登记表，交底单、保险登记表、登记卡、工作联系单、反馈单等。主要集中在安全管理的保证项目和一般项目。

（1）保证项目

1）项目部责任制度与目标管理

应按标准制定安全生产责任制，并经责任人签字确认；应制定安全生产管理目标，并根据安全生产责任制进行目标分解；应制定安全生产资金保障制度，并编制安全资金使用计划；应建立安全生产责任制和目标考核制度，并对项目管理人员定期进行考核；应按规定使用安全文明措施费，并建立费用登记台账。

2）工程施工组织设计及专项施工方案

项目部在施工前应编制施工组织设计，施工组织设计应针对工程特点、施工工艺制定安全技术措施；危险性较大的分部分项工程应按规定编制安全专项施工方案，专项施工方案应有针对性；并按有关规定进行设计计算；超过一定规模危险性较大的分部分项工程，施工单位按规定组织专家对专项施工方案进行论证；施工组织设计、专项施工方案应由施工企业有关部门审核、单位技术负责人批准，并有监理单位项目总监签字。

3）项目部人员配备

施工单位应取得安全生产许可证；项目部应组建项目安全生产领导小组或项目安全专职管理机构；项目部主要管理人员应与施工单位签订劳动合同，建立社会养老保险关系；项目部应按规定配备专职安全员；项目经理和专职安全员应取得相应执业资格；项目经理和专职安全员不得违反规定同时在两个或两个以上工程项目上担任职务；特种作业人员应取得特种作业资格证。

4）安全技术交底

① 安全专项方案实施前应按规定进行安全技术交底，并应由交底人、被交底人、专职安全员进行签字确认；

② 项目部应制定各工种安全技术操作规程，并应将操作规程挂设在作业场所显著位置；

③ 安全技术交底应结合施工现场情况及作业特点对危险因素、施工方案、标准、操作规程及应急措施进行技术交底；

④ 安全技术交底应按施工工序、施工部位及施工环境等因素分部分项进行。

5）安全教育与班前活动

① 项目部应按规定建立安全教育培训制度；

② 采用新技术、新工艺、新设备、新材料技术施工时，应按规定进行安全教育培训；

③ 企业待岗、转岗、换岗的作业人员在重新上岗前应进行安全教育培训；

④ 施工人员入场时应按规定进行三级安全教育培训和考核；

⑤ 项目管理人员、专职安全生产管理人员、企业自有作业人员、工人每年度按规定至少进行一次安全教育培训；

⑥ 施工现场应建立班前安全活动制度，并应有安全活动记录。

6）应急管理

① 项目部应针对工程特点，进行重大危险源的辨识，并应制定易发事故专项应急救援预案，并对施工现场易发生重大安全事故的部位、环节进行监控；

② 项目部应制定安全生产事故综合应急预案、专项应急预案和现场处置方案，应急预案应全面有针对性；

③ 项目部应定期组织员工进行应急救援演练；

④ 施工现场应按救援预案要求配备应急救援物资、器材及设备，并应及时更新。

7）安全检查

① 企业负责人和项目经理应按规定进行带班检查，并应有记录；

② 项目部应建立安全检查制度、事故隐患排查治理制度；

③ 项目部应有效开展日常、定期、季节性安全检查和安全专项整治，并应做好检查记录；

④ 重大事故隐患整改后应由相关部门及时组织复查，并应有文字记录；

⑤ 项目部应建立安全检查档案。

（2）一般项目

1）生产安全事故处理

① 施工单位应建立工伤事故报告和调查处理制度；

② 施工现场发生生产安全事故时，施工单位应按规定及时报告；

③ 施工单位应按规定对生产安全事故进行调查分析、制定防范措施；

④ 施工单位应建立安全事故档案；

⑤ 施工单位应依法为施工作业人员办理保险。

2）分包单位管理

① 总包单位应对分包单位进行资质、安全生产许可证和相关人员安全生产资格进行审查；

② 总分包单位与分包单位应签订安全生产协议书，并应明确双方的安全责任；

③ 分包单位应按规定建立安全机构、合理配备专职安全员；

④ 总包单位应按规定对分包队伍开展安全教育，并应有文字记录；

⑤ 总包单位应定期对分包单位开展安全检查，并应有检查记录。

2. 安全标志实物与标牌性资料检查

（1）现场安全管理一般项目及安全标志

现场安全涉及安全管理和文明施工施工检查评定的一般项目。

1）施工现场应设置安全标志布置图；

2）施工现场应设置重大危险源公示牌；

3）施工现场入口及主要施工区域、危险部位应设置相对应的安全警示标志牌，并应根据工程部位和施工现场设施的变化进行调整；

4）施工现场安全警示牌移动、损坏应及时复原。

（2）文明施工一般项目及施工现场标牌：

1）施工现场出入口应有企业名称或企业标志；

2）施工现场大门口处明显位置应设置公示标牌，公示标牌内容应全面；

3）标牌应规范、整齐、统一；

4）施工现场应设置禁止标志、警示标志、指令标志、提示标志，并应配以相应的安全标语；

5）施工现场应设置宣传栏、黑板报、读报栏等。

（3）质量状态标识

钢筋标示牌、预应力筋标牌。

2.3.5 安全检查组织与评价方法

1. 安全检查的组织

（1）建立安全检查制度，按制度要求的规模、时间、原则、处理、报偿全面落实。

（2）成立由第一责任人为首，业务部门、人员参加的安全检查组织。

（3）安全检查必须做到有计划，有目的，有准备、有整改，有总结，有处理。

2. 安全检查的准备

（1）自检

工程项目部开展自检，自检与制度检查结合，形成自检自改、边检边改的良好局面。发现危险因素时，及时纠正；员工在消除危险因素中受到教育，在安全检查中受到锻炼。

（2）业务准备

确定安全检查目的、步骤、方法；成立检查组，安排检查日程；分析事故资料，确定检查重点，把精力侧重于事故多发部位和工种的检查；规范检查记录用表，使安全检查逐步纳入科学化、规范化轨道。

3. 安全检查的方法

常用的有一般检查方法和安全检查表法。

（1）一般方法

常采用看、听、嗅、问、测、验、析等方法。

看：看现场环境和作业条件，看实物和实际操作，看记录和资料等。

听：听汇报、听介绍、听反映、听意见或批评，听机械设备的运转响声或承重物发出的微弱声等。

嗅：对挥发物、腐蚀物、有毒气体进行辨别。

问：对影响安全的问题，详细询问，寻根究底。

查：查明问题、查对数据、查清原因，追查责任。

测：测量、测试、监测。

验：进行必要的试验或化验。

析：分析安全事故的隐患、原因。

（2）安全检查表法

是一种原始的、初步的定性分析方法，通过事先拟定的安全检查明细表或清单，对安全生产进行初步的诊断和控制。

安全检查表通常包括检查项目、内容、回答问题、存在问题、改进措施、检查措施、检查人等内容。

4. 安全检查的形式

（1）定期安全检查。

指列入安全管理活动计划，有较一致时间间隔的安全检查。定期安全检查的周期，施工项目自检宜控制在10～15d。班组必须坚持日检。季节性、专业性安全检查，按规定要求确定日程。

（2）突击性安全检查。

指无固定检查周期，对特别部门、特殊设备、小区域的安全检查，属于突击性安全检查。

（3）特殊安全检查。

对预料中可能会带来新的危险因素的新安装的设备、新采用的工艺、新建或改建的工程项目，投入使用前，以“发现”危险因素为专题的安全检查，叫作特殊安全检查。

特殊安全检查还包括，对有特殊安全要求的手持电动工具，电气、照明设备，通风设备，有毒有害物的储运设备进行的安全检查。

5. 安全检查评价

本标准对市政工程施工安全检查评价时，采用检查评分表的形式；参加检查人员应将检查结果按照要求进行填表。

（1）表A　市政工程施工安全检查评分汇总表（本标准附录A）

（2）表B　市政工程施工安全分项检查评分表（本标准附录B）

需要按照具体工程情况分别填写，参检人员各自填写得分。

6. 评分办法与具体应用

本标准第9.0.3条给出了分项检查评分表和检查评分汇总表的评分原则以及遇有缺项时的处理方法。对有关事项说明如下：

（1）规定保证项目实得分值不足49分时，此分项检查评分表不予得分，这是考虑到保证项目的满分为70分，49分为70％的及格分（70×70％＝49)。

（2）市政工程通常包括的地基基础工程、满堂支撑架与作业平台工程、模板工程及支撑系统、隧道暗挖与顶管工程、起重吊装工程五类检查分项，每个检查分项下面可能对应多个专业子项（如某桥梁工程的模板及支撑系统，在不同梁跨可能同时采用了钢管满堂支撑架、移动模架和悬臂施工挂篮等)，在对所有实际存在的专业子项分别评分后，应进行算术平均得到该分项评分的代表值。

（3）总分数实行权数记得分，满分100分。应按汇总表的总得分和分项检查评分表的得分，将市政工程施工安全检查评定划分为优良、合格、不合格三个等级。

优良——汇总表得分值应在80分及以上，分项检查评分表保证项目分值均应达到第9.0.3条规定得分标准。

合格——汇总表得分值应在80分以下，70分及以上，分项检查评分表保证项目分值均应达到第9.0.3条规定得分标准。

不合格——汇总表得分值不足70分，或有一分项检查评分表未得分。

(4) 打分注意事项

应按照工程项目的所包括分部分项工程对照标准进行检查打分，应依据风险性辨识结果选择检查分项。

在对市政工程进行安全检查评定时，应按照本标准第3～8章中各检查评定分项目的有关规定进行逐项检查，分项检查表共分为10项23张表格。

检查打分应分为专职安全员和普通参检人员，打分计值时应设权重，如专职人员为60%，非专职安全人员为40%。

7. 安全检查结果的应用

安全检查的目的是发现、处理、消除危险因素，避免事故伤害，实现安全生产。消除危险因素的关键环节，在于认真地整改，真正地、确确实实地把危险因素消除。对于一些由于种种原因而一时不能消除的危险因素，应逐项分析，寻求解决办法，安排整改计划，尽快予以消除。

安全检查后的整改，必须坚持"三定"和"不推不拖"，不使危险因素长期存在而危及人的安全。

"三定"指的是对检查后发现的危险因素的消除态度。"三定"即定具体整改责任人；定解决与改正的具体措施；限定消除危险因素的整改时间。在解决具体的危险因素时，凡借用自己的力量能够解决的，不推脱、不等不靠，坚决地组织整改。自己解决有困难时，应积极主动寻找解决的办法，争取外界支援以尽快整改。不把整改的责任推给上级，也不拖延整改时间，以尽量快的速度，把危险因素消除。

市政工程新技术

3.1 城镇道路养护维修新技术

3.1.1 新技术与应用概述

1. 道路维修分级

随着我国经济的飞速发展，城镇建设进入新的阶段，城镇道路新建、改扩建工程也随之不断发展；现有城镇道路维护和维修问题已经引起人们的重视。尽管城镇道路设计规范里有使用年限的规定，但往往是在道路通行若干年后，由于车辆的行驶及天气的影响，道路的面层会产生不同程度的破损，因此需要经常性的小修（对不平的坑洼之处进行铣刨修补）、周期性的中修（将路面面层的一层或多层铣刨后，再重新铺设新的路面材料）、定期性的大修（将基层翻除后，重新铺设基层，然后再重新铺设新的路面材料）。

2. 路面维修技术发展

小修、中修、大修在城镇道路的养护维修中经常遇到，短的封锁交通几天，长的需要封锁交通几周或几月，给城镇交通运输、居民上下班带来诸多不便。为保证城镇道路养护维修段能尽快恢复交通，同时翻修施工做到不污染或少影响社会人文环境，21 世纪以来我国正在应用道路维修新技术。据资料报道，其中稀浆封层技术和微表处（又称超薄表面处理）技术应用较多，主要体现在迅速修复道路局部病害，恢复道路的使用功能，以适应城镇道路交通的需要；路面材料冷再生技术在对城镇道路改造加铺工程形成的沥青路面和水泥路面旧料进行回收利用方面也取得了不小的进展；城镇道路改造返修形成的弃料通过冷再生技术可用于路面局部修补工程或直接铺设作为原来的路面下面层或路面的基层，以便节省材料资源和减少对环境的污染。本章结合工程实例介绍路面冷再生技术、微表处技术和稀浆封层技术及其施工工艺。

3. 道路维修新技术综述

路面冷再生技术、微表处技术和稀浆封层技术及其应用条件简介见表 3-1 所示。

城镇道路维修三种新技术特点与应用范围　　表 3-1

养护技术	技术内容	技术指标	适应范围	主要优缺点
路面冷再生	沥青类路面废旧料再生、水泥类路面废旧料	水泥再生、乳化沥青再生、泡沫沥青再生	道路返修、改造出现的旧路面材料再利用	具有环境经济价值；就地再生不适合城区道路，厂拌再生料不能用于磨耗层

续表

养护技术	技术内容	技术指标	适应范围	主要优缺点
微表处(超薄磨耗层)	间断级配沥青混合料与改性乳化沥青技术	厚度 10～20mm，可改善路面抗滑性，降低渗水性及修复车辙	主干道路沥青路面的预防性养护、轻微路面病害的维修、新建道路的表面磨耗层	对原路面标高影响小、开放交通早；需要一体式专摊铺机、高黏乳化沥青
乳化沥青稀浆封层	乳化沥青技术、流动状态乳化沥青混合料	厚度在 30mm 以下，可使磨损、老化、裂缝、光滑、松散的路面病害迅速恢复	主干或次干道路预防性养护、新建路下封层、磨耗层或保护层	较经济适用；不适用车辙修补，需要机械设备

3.1.2 路面冷再生技术

根据有关规定，道路养护大中修项目产生的路面废旧材料（含面层、基层）回收率100%，不得随意堆置，必须运至指定的处理厂，分类存放、回收利用。据报道，我国城镇道路旧路面材料循环利用工程具体分布：大中修工程产生旧的沥青混凝土面层、水泥稳定碎石基层和二灰稳定碎石基层（石灰粉煤灰碎石基层）。北京、上海等城市的城镇道路应用旧料再生工程项目比例达 80%。

将大中修路面产生的铣刨或挖除的废旧料，通过适当手段处理，再添加粘合剂后，加以重新利用或循环使用的工艺，称为路面再生技术（加热的为路面热再生技术，常温的为路面冷再生技术）。

路面养护维修后留下来的诸多废旧料一般有两类：沥青类废旧料和水泥类废旧料。沥青路面材料再生利用可采取就地热再生作为上面层，就地冷再生作为下面层，厂拌热再生作为下面层，厂拌冷再生作为下面层；水泥稳定碎石和二灰稳定碎石可采用就地冷再生或厂拌冷再生作为基层使用；水泥混凝土面板材料可回收破碎、筛分后，作为路面基层的骨料使用。

以下简要介绍沥青路面的冷再生技术和水泥稳定碎石基层的冷再生技术。

1. 沥青路面再生技术

(1) 分类

沥青再生技术是指对不能满足路面使用要求的沥青混凝土废料通过各种措施进行处理后重新利用的技术，包括对旧沥青混凝土路面进行翻挖、破碎、筛分，再与新集料、新沥青、再生剂（必要时）重新混合，形成具有预期路面性能的混合料，并重新铺筑成路面的各种结构层（包括面层和基层），沥青再生技术基本适用于各种沥青路面的修筑，其使用效果与新沥青混合料相当或接近。

2014 年住房和城乡建设部发布了《城镇道路沥青路面再生利用技术规程》CJJ/T 43—2014 为我国沥青路面再生技术提供了行业标准。

《城镇道路沥青路面再生利用技术规程》CJJ/T 43—2014 将再生混合料分为厂拌热再生沥青混合料、厂拌温再生沥青混合料、现场热再生沥青混合料、乳化沥青冷再生混合料、泡沫沥青冷再生混合料、无机结合料稳定冷再生混合料（图 3-1)。

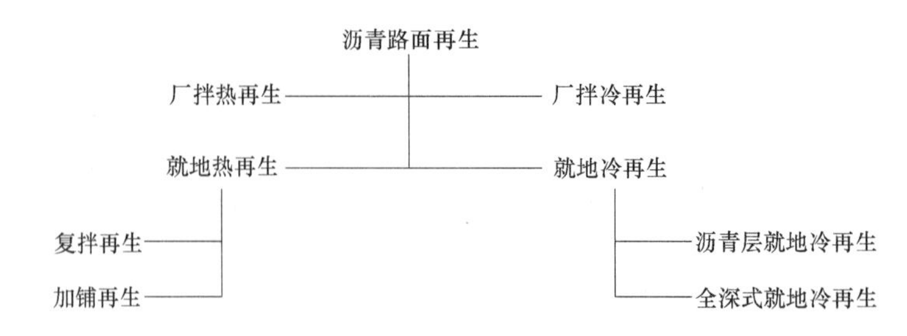

图 3-1 我国城镇沥青路面再生技术规范分类

按结合材料可分为：水泥再生、乳化沥青再生、泡沫沥青再生等。

按再生作业地点可分为：就地再生和厂拌再生。

(2) 冷再生常用的稳定剂

用于冷再生的稳定剂主要分为以下四类：

1) 物理类稳定剂

主要包括各种粒料，如轧制碎石、砾石、粗砂等，这种稳定剂的成本低，但用其稳定的再生混合料强度增长小且不持久。

2) 化学类稳定剂

主要包括水泥、粉煤灰、石灰等，使用化学类稳定剂可以提高再生混合料的强度和水稳定性，其缺点是将刚性引入再生沥青混合料，使其呈现半脆性、易开裂、耐疲劳性能变差。

3) 沥青类稳定剂

主要包括乳化沥青和泡沫沥青，使用沥青类稳定剂不仅可以提高再生混合料的强度和水稳定性，而且可使再生沥青混合料保持柔性，具有良好的耐久性能。

4) 混合类稳定剂

将少量的石灰或水泥与沥青类稳定剂混合使用，可以改善该类材料的强度和水稳定性。

表 3-2 为三种常用冷再生稳定剂的优缺点比较。

三种常用冷再生稳定剂的优缺点比较 **表 3-2**

项 目	水泥稳定剂	少量水泥+乳化沥青稳定剂	少量水泥+泡沫沥青稳定剂
优点	材料普遍,价格稳定,接受度高,施工方便简易;对大部分材料而言,水泥提高抗压强度及抗水侵害的效果明显	柔性且黏弹性特点,抗疲劳性能较好,施工方便,油罐车与稳定再生机具管线相连后喷洒即可,接受度高	一种强度高的柔性路面结构层,抗变形及抗疲劳性能俱佳;施工方便,价格低廉,碾压后即可获得强度,可马上开放交通
缺点	干缩问题不易控制,刚性将使混合料的抗疲劳性能降低,养护期长且无法荷重	需要专门的技术,价格高;现场含水量高时加入则呈饱和状态而无法碾压;有时需要很长的养护时间	采用特别的机具,有些沥青无法顺利发泡;饱和材料及缺乏细料的材料无法用泡沫沥青稳定处理

(3) 泡沫沥青与乳化沥青工作原理

1) 泡沫沥青发泡原理

如图 3-2 所示，目前一般采用膨胀率（发泡体积倍数）和半衰期两个指标来衡量沥青

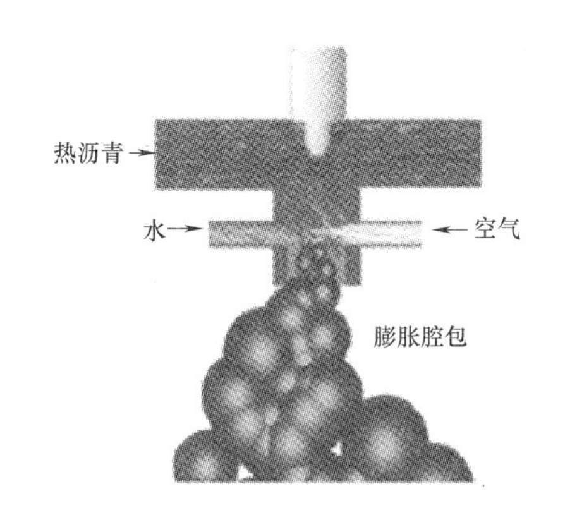

图 3-2 泡沫沥青发泡

的发泡效果。

2）乳化沥青乳化原理

胶体磨主要工作原理是：流动状态的热沥青在离心力作用下，在高速相对运动下的定子与转子之间强行通过，受到剪切、摩擦及高频振动作用，分散成粒径为 2～5μm 的沥青微滴，如图 3-3 所示。

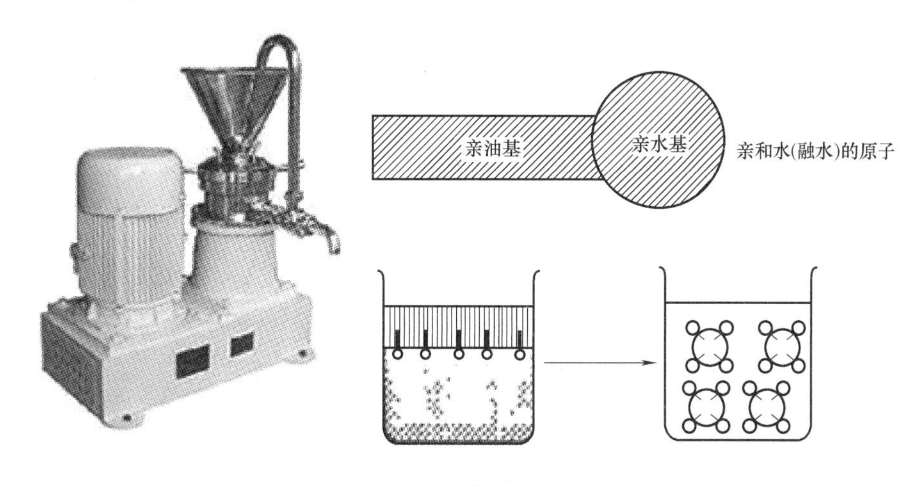

图 3-3 乳化沥青乳化

将沥青进行发泡或乳化的根本目的是降低沥青黏度，使其可与常温、潮湿的集料进行拌合，生产满足路面使用性能的沥青混合料，但二者制备方法却不相同，前者采用物理方法降低沥青黏度，而后者则借助于化学方法。

（4）沥青再生混合料强度形成机理

1）泡沫沥青再生混合料的强度形成机理

当注入的水与热沥青接触时，便转化为蒸气，并发布于数以千计的微小沥青腔泡中。此时，沥青的物理性质发生改变，当与集料拌合时，沥青泡破裂，形成细小的沥青滴，这些细小的沥青滴与较小的颗粒（细集料及粉料，尤其是小于 0.075mm 的矿粉）粘结成胶浆，分布于集料间。压实时，胶浆中的沥青滴在机械作用下，挤压到较大的集料表面，形成局部非连接的粘结，也就是以“电焊”的方式将集料颗粒粘结在一起，如图 3-4 所示。

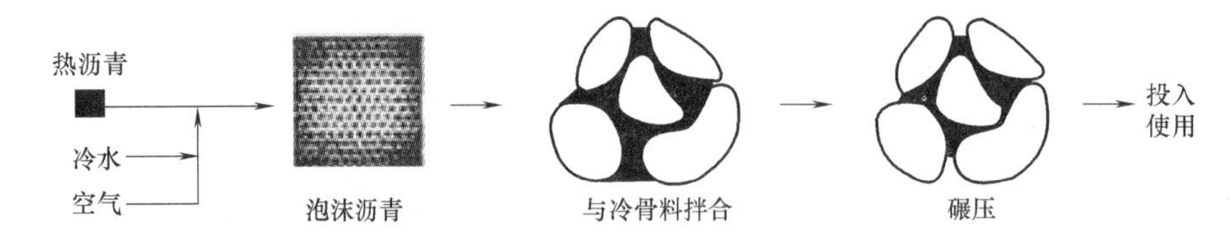

图 3-4　泡沫沥青再生混合料的强度形成机理

2）乳化沥青再生混合料的强度形成机理

乳化沥青与集料拌合时，由于乳化沥青颗粒表面的电荷与集料表面的电荷发生的中和反应及水分的蒸发作用，开始形成沥青膜，这就是沥青乳液的分解与破乳，如图 3-5 所示。破乳沥青与再生集料混合碾压，形成混合料的初期强度。

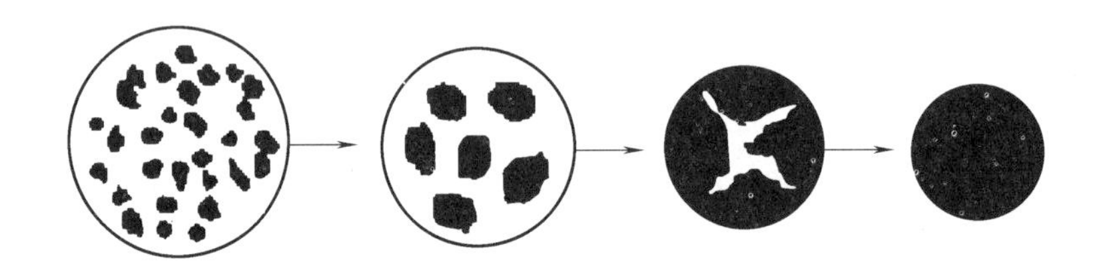

图 3-5　乳化沥青再生混合料的强度形成机理

泡沫沥青混合料与乳化沥青混合料强度形成机理比较：沥青分散机理的不同决定了两种混合料强度形成机理的不同。当与集料接触时，乳化沥青优先分布于矿粉上，但不是完全地，乳化沥青破乳包裹粒径较大的集料；而泡沫沥青几乎完全分散于矿粉中，生成了由沥青微滴与矿粉组成的沥青胶浆，再将粗集料“点焊”在一起，如图 3-6 所示。

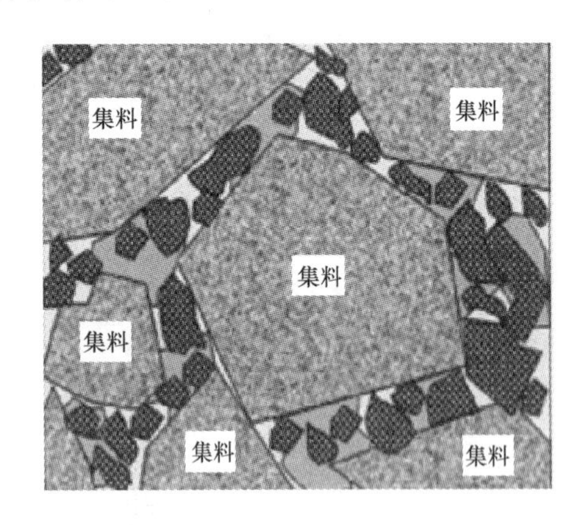

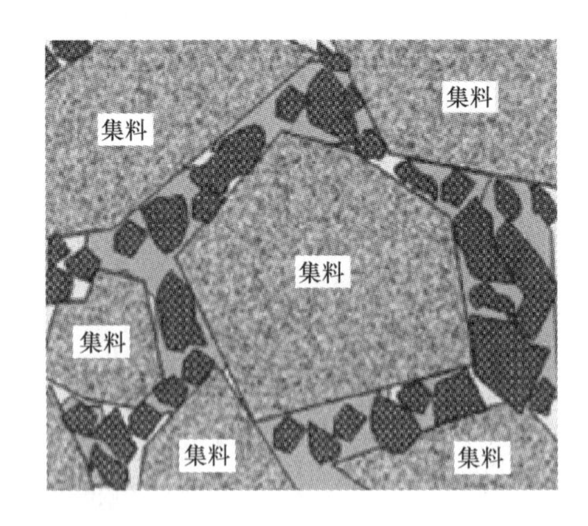

图 3-6　两种形成机理比较

（5）原材料的质量要求

1）石屑和碎石

石屑和碎石应洁净、干燥、无风化、无杂质，并有颗粒级配，质量稳定，其质量应符合表 3-3、表 3-4 的要求。

石屑材料质量要求 表 3-3

项目	单位	高速市政、一级市政	其他等级市政	试验方法
表观相对密度，不小于		2.50	2.45	TO304 或 TO308
石料压碎值，不大于	%	28	30	TO316
吸水率，不大于	%	3.0	3.0	TO304 或 TO308
针片状颗粒含量(混合料)，不大于	%	18	20	TO312
软石含量，不大于	%	5	5	TO320

注：石屑是指通过 4. 75mm 的筛下部分。

碎石材料质量要求 表 3-4

项目	单位	高速市政、一级市政	其他等级市政	试验方法
表观相对密度，不小于		2.50	2.45	TO328
砂当量，不小于	%	60	50	TO325
含泥量(小于 0.075mm 含量)，不大于	%	3	5	TO118
含水率，不大于	%	4	4	TO332

注：碎石是指粒径大于 4.75mm，公称最大粒径为 26.5mm 的碎石材料。

2）铣刨料

铣刨料应干燥、材料组成稳定，其质量应符合表 3-5 的要求。

铣刨料质量要求表 表 3-5

项目		单位	指标	试验方法
含水量，不大于		%	4	TO305
超粒径颗粒(大于 32.5mm)含量，不大于		%	15	TO312
各筛孔通过率的变异性	0.075	%	±2	TO301 或 TO327
	0.6	%	±5	
	4.75	%	±7	
	26.5	%	±10	

3）水泥和石灰

普通硅酸盐水泥、矿渣硅酸盐水泥和火山灰质硅酸盐水泥都可用于冷再生，技术指标应符合有关国家标准，其中初凝时间不得小于 3h，终凝时间宜在 6h 以上。快硬水泥、早强水泥或者已受潮变质的水泥不得使用，水泥强度可为 32.5 或 42.5。

石灰作为再生结合料或者添加剂时，可以采用消石灰粉或者生石灰粉，石灰技术指标应符合现行《市政路面基层施工技术规范》的规定，如在野外长时间堆放时，应覆盖防潮。

4）水

制作乳化沥青、泡沫沥青用水均应为可饮用水；使用非饮用水时，应经试验验证，不影响产品和工程质量时方可使用。

5）沥青

用于发泡的沥青，其技术要求及适用范围应符合《公路沥青路面施工技术规范》JTG

F40—2004 关于道路石油沥青技术要求中 70 号或 90 号沥青的规定；用于重交通或面层较薄的道路时宜选用 70 号沥青，当日平均气温低于 20℃时宜选用 90 号沥青。不得使用改性沥青。

6）矿粉

宜采用石灰岩碱性石料经磨细得到的矿粉。矿粉必须干燥清洁，矿粉质量技术要求见表 3-6。

矿粉质量要求 **表 3-6**

指　　标		质量技术要求
视密度（t/m³），不小于		2.50
含水量（%），不小于		1
粒度范围（%）	<0.6mm	100
	<0.15mm	900～100
	0.075mm	75～100
外观		无团粒结块
亲水系数		<1

（6）影响泡沫沥青混合料和乳化沥青混合料的因素

1）混合料的级配如图 3-7 所示。

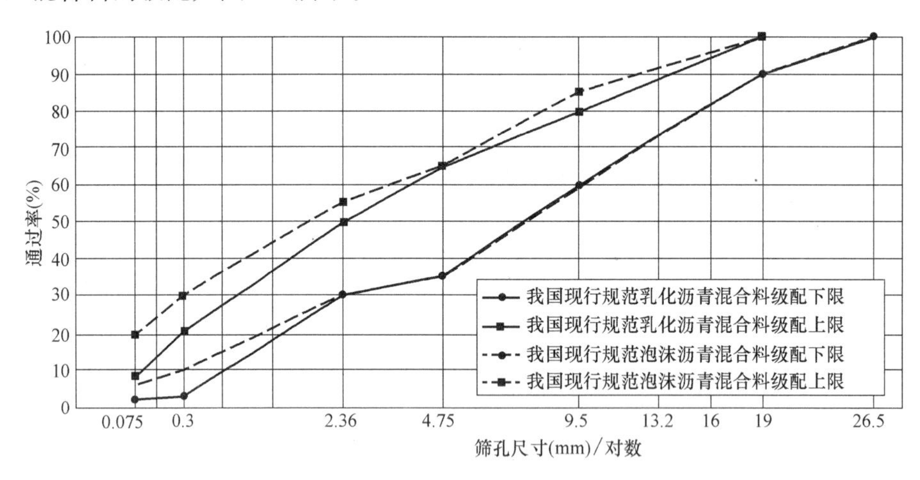

图 3-7　混合料的级配

2）拌合用水量见表 3-7。

拌合用水量 **表 3-7**

拌合用水量	乳化沥青混合料	泡沫沥青混合料
合理	降低了集料对乳化沥青中水的吸收作用，并预防乳化沥青早期破乳	使矿粉和沥青滴得到充分的分散，有助于提高沥青胶浆的黏度
	降低了集料间摩擦角，并在混合料压实时起到润滑作用，使混合料具备一定的储存性能	
不足	导致水泥的水化反应不充分，并使乳化沥青过早破乳。此外，使混合料的施工和易性降低，难以压实	导致水泥的水化反应不充分，并使乳化沥青和矿粉不能进行充分的分散，影响了沥青胶浆的质量。此外，使混合料的施工和易性降低，难以压实

续表

拌合用水量	乳化沥青混合料	泡沫沥青混合料
过多	易使细集料及水泥中的有效成分和乳化沥青流走，并使乳化沥青在短时间难以破乳，延长了混合料的养生时间，降低了混合料的早期强度。此外，混合料也难以压实	易使细集料及水泥中的有效成分流走，并延长了混合料的养生时间，降低了混合料的早期强度。此外，混合料也难以压实

3）沥青用量

沥青用量如图 3-8 所示。

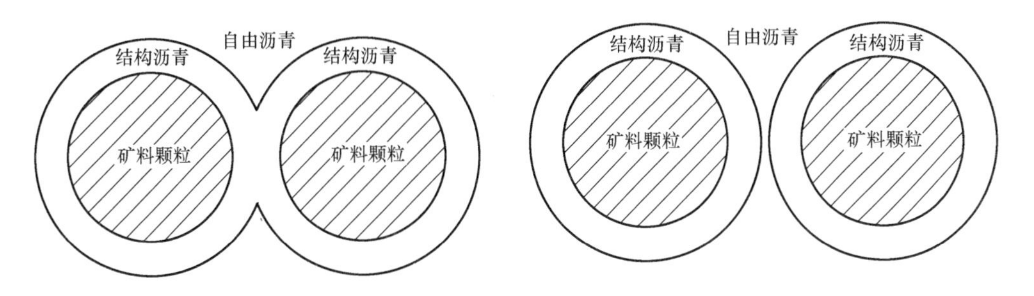

图 3-8 沥青用量示意

4）水泥用量

水泥是影响冷再生混合料路用性能的关键因素，在混合料中起到矿粉和改性剂的作用，它的分散程度对 RAP（Read Alphanumerically Paper）稳定性效果有显著影响。水泥使混合料的早期强度、水稳性及最终强度有较大幅度提高。

加入过多的水泥，不仅经济上不合理，而且容易增加混合料的脆性，使其容易开裂。因此，我国冷再生混合料常用的水泥用量在 1%～2%之间。

5）养生条件

养生条件主要是指温度、风及湿度等环境因素。在混合料强度形成的过程中，一方面，温度越高、风力越大、湿度越低，越有利于水分的蒸发，沥青与集料的黏聚力及集料间内摩阻力增长得也就越快。另一方面，就水泥的水化反应而言，较高的温度有利于加快水泥的水化反应；但是如果温度偏高会导致水分散失过快，水泥有可能出现水化反应不能充分完成的情况。

6）集料温度

集料温度对泡沫沥青混合料和乳化沥青混合料的影响见表 3-8。

集料温度表 **表 3-8**

乳化沥青混合料	泡沫沥青混合料
一般而言，10℃或更高温度的集料可采用乳化沥青稳定，这样的成型温度不影响沥青的分散和集料的裹覆；低温时，乳化沥青可能会过早破乳，致使混合料性能较差。另外，温度越低，混合料中多余水分散发的速度越慢	在泡沫沥青稳定材料生产中，集料温度对裹覆程度和混合料性能有显著影响，更高的温度增加了可裹覆粒径更大的集料。因此，在室内或现场的混合料生产中，集料的温度控制是至关重要的。 当集料温度低于 10℃时，现场不应生产混合料；当集料温度在 10～15℃时，生产混合料只能采用质量较好的泡沫沥青，即混合料具有较好的发泡特性（尤其是半衰期）

7）空隙率

空隙率（散装材料在堆积时，颗粒之间的空隙所占的比例）是冷再生混合料的关键指标之一，它不仅对混合料的各项性能均有显著的影响，而且空隙率的大小及其结构对混合料的养生也有显著的影响。泡沫沥青混合料的孔隙大而连通；乳化沥青混合料孔隙偏小且易成封闭状态，故前者水分的散失速度快于后者，其早期强度的增长速度也快于后者。

（7）设计方法

1）泡沫沥青冷再生混合料设计方法

① 确定泡沫沥青冷再生混合料的级配

在规范规定的级配范围内，确定工程设计级配范围。特殊情况下，允许超出该规范级配范围，该范围推荐的泡沫沥青冷再生混合料设计级配表见表 3-9。

泡沫沥青冷再生混合料的级配范围表 **表 3-9**

筛孔(mm)	各筛孔的通过率(%)		
	粗粒式	中粒式	细粒式
37.5	100		
26.5	85～100	100	
19	—	90～100	100
13.2	60～85	—	90～100
9.5	—	60～85	—
4.75	25～65	30～65	40～75
2.36	30～55	30～55	30～55
0.3	10～30	10～30	10～30
0.075	6～20	6～20	6～20

② 材料的选择与准备、配合比中的各种矿料、RAP（再生路面）、水泥等符合该规范的要求。

③ 测定 RAP、细集料等各组成材料的级配，然后以 RAP 为基础，通过改变新集料的掺配比例，使合成后的级配满足工程设计级配的要求。

④ 确定最佳含水率及最大干密度。

⑤ 成型并养生试件。

⑥ 测试试件各种性能，并结合工程经验，综合确定再生混合料的最佳泡沫沥青用量，同时对试件进行冻融劈裂试验，试验的各种结果应符合表 3-10 的要求。

试验结果汇总表 **表 3-10**

<table>
<tr><th colspan="2">试验项目</th><th>技术要求</th></tr>
<tr><td rowspan="3">劈裂强度(15℃)</td><td>劈裂强度(MPa),不小于</td><td>0.40(基层、底基层)、0.5(下面层)</td></tr>
<tr><td>干湿劈裂强度比(%),不小于</td><td>75</td></tr>
<tr><td>马歇尔稳定度(kN),不小于</td><td>5.0(基层、底基层)、6.0(下面层)</td></tr>
<tr><td>马歇尔稳定度试验(40℃)</td><td>浸水残留马歇尔稳定度(%),不小于</td><td>75</td></tr>
<tr><td colspan="2">冻融劈裂强度比(%)</td><td>70</td></tr>
</table>

2）乳化沥青冷再生混合料设计方法

乳化沥青冷再生混合料设计方法的步骤基本与我国泡沫沥青冷再生混合料设计方法相同，所不同的是混合料的级配范围、拌合用水量及试件成型方法。

① 乳化沥青冷再生混合料的级配范围见表 3-11。

乳化沥青冷再生混合料的级配范围表　　表 3-11

筛孔(mm)	各筛孔的通过率(%)			
	粗粒式	中粒式	细粒式 A	细粒式 B
37.5	100			
26.5	80～100	100		
19	—	90～100	100	
13.2	60～80	—	90～100	100
9.5	—	60～80	60～80	90～100
4.75	25～60	35～65	45～75	60～80
2.36	15～45	20～55	25～55	35～65
0.3	3～230	3～21	6～25	6～25
0.075	1～7	2～8	2～9	2～10

② 混合料拌合用水

混合料拌合用水的确定方法是参照现行《公路土工试验规程》JTG E40—2007 的方法，首先在合成再生混合料中加入 4.0%的乳化沥青，变化含水率进行击实试验，获得最大干密度时的含水率即为最佳含水率。

③ 试件成型方法

试件成型采用二次击实的方法，首先将拌合均匀的乳化沥青再生混合料试样双面击实 50 次，将试样连同试模侧放于 60℃鼓风烘箱中养生 40h，从烘箱中取出后，立即马歇尔双面击实 25 次，侧放于室内冷却后测其性能。

（8）厂拌冷再生与就地冷再生选择

1）厂拌冷再生的优缺点

① 可以在更大范围内调整混合料的级配，更容易控制拌合质量，获得质量均匀的符合使用要求的泡沫沥青冷再生混合料；

② 冷再生料用摊铺机进行摊铺，厚度均匀、工艺成熟，有利于控制路面标高、再生层的平整度；

③ 对旧路铣刨后可以及时发现基层病害，可以及时处理；

④ 适合城区道路施工。

⑤ 其主要缺点：厂拌冷再生施工需要专用的拌合场地和堆放场地，增加了铣刨料的运输费和现场堆料场地费。

2）就地冷再生的优缺点

① 简化了施工工序，不存在旧料的运输、废弃和堆放，现代再生机械有效地防止了粉尘飞扬，满足了环境保护的要求，是一种绿色（市政、城镇道路维修改造）技术；

② 利用旧路面层和路面基层材料，大大减少了新材料的用量，保护了资源；

③ 铣刨、破碎、添加、拌合、摊铺可一次完成，施工工序的简化导致了工期的缩短。

④ 其主要缺点：无法除去已经不合适进行再生的旧沥青混合料，级配调整有限；施工质量管理难度较大，一般不作沥青面层，直接铺设作为原来的沥青路面下面层或路面的基层。

（9）冷再生施工流程（图 3-9）

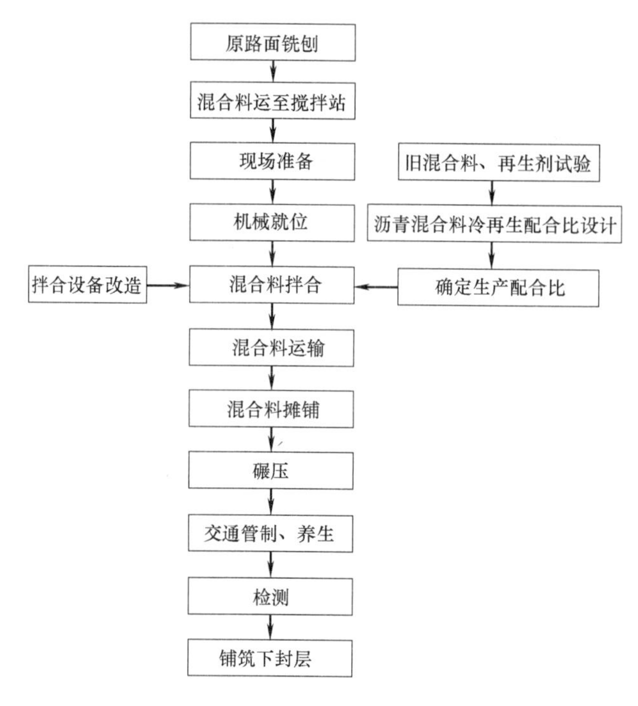

图 3-9 冷再生施工流程

（10）设备要求

水泥料仓容量 15～40t；装载机 2～3 台；自卸车若干辆；路用专门铣刨设备；厂拌再生设备，该设备应具有与测重传感器和数据显示仪相连的全电脑控制系统，沥青的喷嘴应能自动清洗，其连续生产能力不宜低于 150t/h。对泡沫沥青冷再生技术而言，拌合场应配备 15t 以上热沥青保温罐车 2～3 台或 10t 以上沥青加热罐 1 台；对乳化沥青冷再生而言，拌合场应配备 30t 乳化沥青罐 2 台，该沥青罐配有加温和搅拌装置。图 3-10 为水泥料仓、自卸车、装载机；图 3-11 为厂拌再生混合料；图 3-12 为移动式厂拌冷再生机；图 3-13 为维特根（德国）3800 CR 就地冷再生机。

两种混合料对现场施工设备的要求基本相同，主要有 12t 以上双钢轮振动压路机 1 台；（带强弱振动调整）；单钢轮振动压路机 1 台（带强弱振动调整）；20t 以上胶轮压路机 1 台；摊铺机 1～2 台。

设备简介：维特根 3800 CR 冷再生机的工作宽度为 3.8m，再生深度为 0～150mm，配备 708kW 的高性能发动机，确保了再生的高效性。设备不仅能够使用常见的上切铣刨工艺，而且还能够使用维特根研发的下切工艺进行再生施工。当装备了输料皮带，采用下切铣刨工艺获得的混合料便被输送到行驶在后面的沥青摊铺机中，然后及时地进行均匀摊铺。

图 3-10 水泥料仓、自卸车、装载机

图 3-11 厂拌再生混合料

图 3-12 移动式厂拌冷再生机

图 3-13 维特根（德国）3800 CR 就地冷再生机

再生宽度为 3.8m 宽时，可 100%再生 150mm 厚的沥青混凝土层，以整个工作宽度一次性无缝再生一个车道，施工效率极高。与之匹配的摊铺机具有很大的材料输送能力，故原路面材料的不均匀性得以消除，并可铺筑出良好的横断面。下切施工作业大大优化材料的级配，既能够当作后出料再生机，又可以作为高性能铣刨机进行使用。

（11）施工要点

1）乳化沥青冷再生混合料与泡沫沥青冷再生混合料拌制过程比较，见表 3-12。

再生混合料拌制的比较表　　表 3-12

乳化沥青冷再生技术	泡沫沥青冷再生技术
通常认为乳化沥青再生比泡沫沥青再生简单。这是因为在乳化沥青的再生中，只需将装有乳化沥青的罐运车送至现场，连接到再生机上即可，而不需要进行麻烦的加热和一系列检查程序。乳化沥青在专门的工厂中生产，这些工厂往往在市中心，远离施工现场。因此，它们通常散装在罐车中运送至施工现场，然后或将罐车连接到再生机上立即使用，或将泵送至固定的罐中暂时储存。所有的运输车和储存罐必须使用一种类型的乳化沥青。必须认真遵守生产厂家的储存和使用建议，以防止产品性能下降和早期破乳	与乳化沥青生产方式不同，泡沫沥青采用现场制备的方法，借助于再生机由热沥青“生产”而成，泡沫沥青由一系列的膨胀室生产，它们等距离地安装在粉碎室喷嘴上，生产后泡沫沥青立即喷入搅拌锅内。在搅拌锅内，泡沫沥青与传送皮带传入的混合料拌合，从而生产泡沫沥青混合料
乳化沥青混合料	泡沫沥青混合料
一般而言，混合料的总用水量为土工击实试验下的最大干密度对应的含水量	通常，混合料的总用水量为土工击实试验下的最大干密度对应的含水量的 80%

2）再生混合料的运输

再生混合料宜采用较大吨位的运输车运输，但不得超载运输。运输车的运力应稍有富余，施工过程中摊铺机前方应有运料车等候。运料车宜用帆布进行覆盖，防止运输时水分过多蒸发或遭雨淋。

3）再生混合料摊铺

再生混合料摊铺宜采用自动找平（钢丝绳引导的高程控制）方式的摊铺机进行摊铺。摊铺机应缓慢、均匀、连续不间断地摊铺，中途不得随意变换速度或停顿，摊铺速度宜控制在 2～5m/min，以防混合料离析。当发现混合料出现明显的离析、波浪、裂缝、托痕时，应分析原因，予以消除。

再生混合料的松浦系数应根据试验路段结果确定，摊铺过程中应随时检查摊铺层厚度及路拱、横坡。摊铺过程中的缺陷宜由人工局部找补或更换混合料，但须仔细进行，特别严重的缺陷应整层铲除，图 3-14 为正在行进中的摊铺机。

图 3-14　正在行进中的摊铺机

4）碾压成型

两种再生混合料碾压与成型比较见表 3-13。

两种再生混合料碾压与成型比较表　　**表 3-13**

乳化沥青冷再生技术	泡沫沥青冷再生技术
乳化沥青冷再生材料的单层压实后的最大厚度不宜大于 160mm，最小厚度不宜小于 80mm	泡沫沥青冷再生材料的单层压实后的最大厚度不宜大于 200mm，最小厚度不宜小于 80mm，当单层压实厚度大于 200mm 时应经试验路段确定各项施工参数
乳化沥青混合料不能分两层铺筑，因为持续地洒水会将下层上表面的集料上的乳化沥青洗掉。用稀释乳化沥青代替水也是不可行的，因为这可能导致表面形成沥青膜，这会加大分离的可能	与乳化沥青冷再生技术不同的是，在特殊情况下，泡沫沥青混合料可采用分层施工的方法。在第二层混合料铺筑时，第一层混合料的表面必须始终保持湿润，此时，层间的良好连接是可以实现的。 泡沫沥青混合料分两薄层进行铺筑时，需注意以下几点： 确定两结构层的各自厚度，应注意的是每个结构层的厚度必须超过颗粒最大粒径的 3 倍。通常第一层较厚，第二层则根据实际情况确定，但绝不应少于 100mm。 第一层混合料表面始终保持湿润、洁净，在下层混合料的施工过程中，应通过不停地洒水保持混合料表面湿润；同时上、下层的施工间距不应过大，并及时对下层混合料进行压实，以防止下层混合料的干燥

图 3-15 为钢轮压路机在碾压；图 3-16 为轮胎压路机在碾压。

图 3-15　钢轮压路机碾压

图 3-16　轮胎压路机碾压

钢轮压路机静压、钢轮压路机低频高幅压实、钢轮压路机高频低幅压实、轮胎压路机压实。视表面干燥情况决定是否洒水（泡沫沥青混合料）；稀释乳化沥青（乳化沥青混合料）。

5）养生

冷再生层在加铺上层结构之前必须进行养生，其主要目的是将再生层内的水分进行必要的蒸发，两种混合料养生的时间并不相同。

① 乳化沥青混合料养生：压实后，混合料密度的增加不足以确保对交通破坏的抵抗力；当粘结力增加至一定的强度时，混合料方可承受交通破坏，这取决于乳化沥青破乳所需要的时间，表面材料通常需要数小时，因为蒸发作用加速破乳；但是结构层深处的乳化沥青需要数天，通常在四个星期后，可获得完整芯样。

② 泡沫沥青混合料养生：压实一完毕，粘结力立即增加，使得泡沫沥青稳定材料结构层可以承受交通破坏，通常在两个星期后，可获得完整芯样。

当满足下列两条件之一时，可以提前结束养生：再生层可以取出完整的芯样或再生层的含水率低于 2%。

沥青路面就地冷再生的质量管理与检验，按照《公路沥青路面再生技术规范》JTG F41—2008 对沥青路面就地冷再生的要求，进行各类项目检测与质量评定。

2. 水泥稳定碎石基层冷再生技术

（1）施工工艺选择

1）就地冷再生特点

优点：就地冷再生水泥稳定碎石基层利用原路面，使用专用再生机械，按照设计的速度和厚度进行翻刨粉碎处理，同时加入一定规格数量的集料、掺合料（石灰、粉煤灰）、稳定剂（水泥、沥青），按照一定的配合比拌合、摊铺，碾压成型，养后生使其达到路面基层需求的承载力。

缺点：就地冷再生水泥稳定碎石采用维特根（德国）2300L 冷再生机，该机最大工作宽度 2.3m，最大拌合深度 400mm，技术不完善；再生水泥稳定碎石有砾石砂垫层、含泥量较大和三渣基层集料粒径偏大的情况；冷再生施工前必须配备水车同时对拌合材料进行加水；水车供水必须满足再生机作业时的用水要求；再生机铣刨刀重叠（图 3-17）间距太小，容易使再生骨料再次打碎，太大容易导致漏刨，施工质量不能保证。

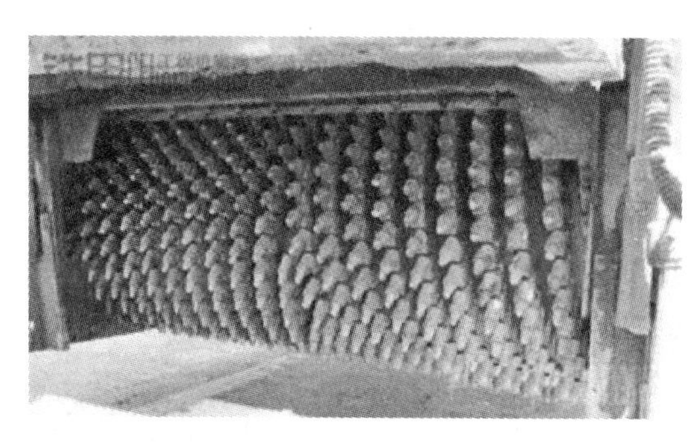

图 3-17　再生机铣刨刀

2）厂拌冷再生特点

优点：原路面使用专用再生机械，翻刨粉碎处理，运送至指定拌合场地，根据需要添加一定规格数量的新集料、掺合料（石灰、粉煤灰）、稳定剂（水泥、沥青），通过拌合机在常温下拌合形成新的冷再生混合料，再由运输车辆运至施工现场，摊铺、碾压、养生后，成为路面基层。

缺点：集料含水量、规格及单粒径筛分变化较大；运输时容易造成扬尘污染。

城镇道路在升级、改造中，往往因旧路整体强度不能满足行车要求，一般采用两种方案：一是加铺补强层，路面越做越高，横坡越做越陡；二是彻底翻挖路面结构层。以往旧水泥混凝土路面或沥青混凝土路面大修的传统施工方法多采取彻底翻挖路面结构层的改造方案，既浪费资源又污染环境，施工周期长，给当地居民带来生活和工作的不便。

就地冷再生技术采用专用的冷再生设备或铣刨、破碎机械，对沥青面层、混凝土面层、基层进行铣刨、破碎和筛分（必要时），掺入一定数量的新集料、掺合料（石灰、粉煤灰）、稳定剂（水泥、沥青）、水，经过常温拌合、摊铺、碾压等工序，一次性实现旧路面再生，充分利用旧路面翻挖下来的废料。

3）旧路路面集料性能评价

道路要进行改造，要将原路上材料进行再生利用，原路上的筑路结构一般为水泥混凝土、沥青混凝土、基层，要将这些结构铣刨、粉碎和筛分（必要时），究竟有多少旧路结构可以利用，这就需要对原路进行评价。

① 划一块 10m^2 左右路面取样试验段，将原有路面用破碎锤破碎成 0.4～0.5m 的碎块，再用建筑垃圾破碎机就地进行再粉碎，形成 0～40mm 的破碎粒料。

② 取样，在已破碎粒料的堆料中按规定的方法进行取样，做集料的筛分、针片状颗粒含量、含泥量、压碎值等试验，并对破碎粒料的性能进行评价。

③ 筛分试验，对破碎集料进行筛分试验，表 3-14 为某路路面破碎集料筛分试验结果。

某路路面破碎集料筛分试验结果表　　**表 3-14**

筛孔尺(mm)	通过率(%)	筛孔尺(mm)	通过率(%)
31.5	100	2.36	22.0
26.5	89.4	0.60	14.7
19.0	72.5	0.075	2.7
9.5	47.6	<0.075	5.0
4.75	38.0		

通过表 3-14 可知，该原有路面经破碎后形成的破碎粒料规格有一定级配且较均衡。最大粒径小于 31.5mm。

④ 集料压碎值试验，对破碎集料进行压碎值试验，表 3-15 为某路面破碎集料压碎值

试验结果。

某路面破碎集料压碎值试验结果表　　表 3-15

试样编号	使用前总质量(g)	压碎后筛余质量(g)	压碎指标值(%)	压碎指标平均值(%)	压碎指标总值(%)	标准值(%)
1	3000	2156	28.1	28.0	28.5	<30
	3000	2162	27.9			
2	3000	2156	28.1	28.3		
	3000	2146	28.5			
3	3000	2123	29.2	29.1		
	3000	2129	29.0			

试验数据显示，其压碎值满足某路基层石料要求。

（2）水泥稳定碎石基层冷再生配合比设计

为最大化利用现场旧路面材料，减少建筑垃圾外运，采用添加少量新材料的方式，就地冷再生水泥稳定碎石，形成新的道路基层。

1）确定水泥稳定粒料的强度、压实度，参照《公路路面基层施工技术细则》JTG/T F20—2015 中的相关要求：确定 7d 无侧限抗压强度不小于 2.5MPa，压实度不小于 97%。

2）确定集料级配组成，依据表 3-14 所示的某路路面破碎集料筛分试验结果，拟定新添加 5～10mm 石料，添加量为 10%；添加新材料后的级配组成见表 3-16。

某路路面基层添加新材料后的级配组成　　表 3-16

试样名称	配合比(%)	筛孔尺寸(mm)							
		31.5	26.5	19	9.5	4.75	2.36	0.6	0.075
		通过百分率(%)							
破碎石料	90	91	87.4	68.6	45.6	32.0	21.0	10.7	1.7
5～10mm 石料	10	100	100	100	99.8	34	3.6	1.1	0
合成级配		91.9	88.7	71.6	51.2	32.2	19.3	9.7	1.5
规定通过百分率(%)	上限	100	100	89	67	49	35	22	7
	下限	100	90	72	47	29	17	8	0
	中限	100	95	80.5	57	39	26	15	3.5

3）确定新组成混合料配合比用量

用 6%的 PO42.5 水泥与新旧材料级配组成的集料，以 5%～9%的含水量（1%的含水量递增）做混合料的最大干密度和最佳含水量测定；再以最佳含水量时的水泥与集料制备无侧限抗压强度试件（3 组九块），在规定温度下保湿养生 6d，浸水 24h 后做无侧限抗压强度试验，以统计法计算无侧限抗压强度，必须满足《公路路面基层施工技术细则》JTG/T F20—2015 中的相关要求，最终可以确定某路路面基层混合料配合比为水泥：原路粒料：5～10mm 石料：水=1：14.1：1.57：1.2。

（3）施工要点

1）冷再生施工过程

路面破碎（可以将沥青面层铣刨后另用）→碎石旧料平整→5～10mm 碎石摊铺平整→铺摆水泥→就地冷再生机拌合、摊铺、整型→养生。

2）主要施工机具及数量

移动式建筑垃圾破碎机 1 台、维特根 2500S 就地冷再生机 1 台、装载机 2 台、18～22t 双钢轮振动压路机（二轮压路机）1 台、25t 双钢轮振动压路机（三轮压路机）1 台、25t 胶轮压路机 2 台、平地机 1 台、挖掘机 1 台、水车 2 辆、破碎锤 1 台。

3）整理下承层

清除原道路（面层）基层表面的积水和杂物；各种检查井去除井框并降至拌合层以下 100mm，用钢板覆盖；做好管线保护，下承层凡强度不合格或有疑问的，应进行相应处理，确保下承层表面平整坚实。

4）试验段铺设

正式开工前，先铺筑 200m 的试验段，以确定松浦系数、压实机械的选择与组合，压实顺序，速度与碾压遍数，并进行施工配合比验证。

5）集料摊铺过程

原路面由破碎机破碎后，用平地机摊铺破碎的原路面粒料，并达到规定的厚度，不超过 250mm（太厚再生机的刀片翻不动），测量高程，达到设计要求，稳压用 6～8t 二轮压路机碾压 1～2 遍，使其表面平整并有一定压实度；

运送 5～10mm 碎石料，按计算好的石料数量及确定的倾倒部位，由专人指挥在每车堆放区域内倒料，采用平地机整平，量测高层，达到设计要求，用 6～8t 二轮压路机碾压 1～2 遍，使其表面平整并有一定压实度；

洒水闷料，对已整平的新旧集料层进行洒水闷料，时间不少于 24h，洒水应均匀，防止出现局部水分过多现象，严禁洒水车在洒水段内停留和掉头；

水泥摆放和撒布，按计算每袋水泥的纵横间距，在集料层上打白灰网格线，按网格线拆卸水泥，用刮板均匀摊开，水泥摊铺完后，表面应无空白位置，也无过分集中地点。

6）冷再生拌合

采用维特根 2500S 就地冷再生机进行拌合并派专人跟随，随时用钢钎检查拌合摊铺深度并配合再生机操作人员调整拌合摊铺深度，拌合摊铺深度应达到稳定层底并深入下承层 10～20mm，以利上下层粘结。

7）碾压与整平

根据试验段施工情况，确定压实机械的选择与组合，压实顺序，速度与碾压遍数，一般而言，18～20t 双钢轮压路机静压 2 遍（速度 1.5～1.7km/h），22t 三轮或双钢轮压路机高幅低频振压 3 遍以上（速度 1.8～2.2km/h），25t 三轮或双钢轮压路机低幅高频振压 3 遍以上（速度 1.8～2.2km/h），25t 轮胎压路机碾压 2 遍。

当混合料的含水量为最佳含水量（+1%～+2%）时，立即按压路机组合顺序在结构层全宽范围内进行碾压，应从路两边向路中心进行，若有超高处，应从低处向高处碾压。碾压时重叠 1/2 轮宽，需碾压 6～8 遍；碾压过程中，水泥稳定再生粒料层表面应始终保持湿润，经拌合摊铺整形的再生层，宜在水泥初凝前完成碾压，达到要求的密实度，同时没有明显轮迹；在碾压结束前，最后再用平地机进行一次修整，对局部低洼之处，不再找补，留置下一施工层处理。

8）接缝处理

横缝：同日施工的两个工作段的衔接处，应采用搭接；前一段整形后，留 5～8m 不进行碾压；后一段施工时，前段留下未碾压部分，应再加部分水泥重新翻拌铺平后与后一段一起碾压。

纵缝：施工中应尽量避免纵向接缝，在必须分幅施工时，纵缝必须垂直相接，不应斜接。

9）保湿养生

养生期不少于 7d，采用麻袋片覆盖并保持潮湿状态，养生期结束后立即进入下一结构层施工，禁止长期暴晒造成开裂，养生期间除洒水车外封闭交通。

（4）质量管理与检测

水泥稳定碎石冷再生基层属于新的结构形式，其检查项目和质量评定按照《公路工程质量检验评定标准》JTG F80/1—2017 进行。

通过选择合适的破碎机械和冷再生机并严格控制石料粒径，利用废弃路面旧料，能够生产出满足现行规范要求和级配要求的基层再生混合料，不仅主要性能技术指标完全能够满足现行规范要求，而且具有良好的路用性能，废弃料也能最大限度地加以利用，大大减少了新材料的用量，保护了资源，对创造资源节约、环境友好型的社会氛围，有着十分重要的现实意义。可以说水泥稳定冷再生技术在未来道路改扩建过程中，将越来越多发挥其作用。

3.1.3 微表处技术

1. 微表处工艺定义及工艺特点

（1）工艺定义

1）我国对微表处的定义

微表处是指用具有适当级配的石屑或砂、填料（水泥、石灰、粉煤灰、石粉等）与聚合物改性乳化沥青、外掺剂和水，按一定比例拌合而成的流动状态的沥青混合料，将其均匀地摊铺在路面上形成的沥青封层。（《公路沥青路面设计规范》JTG D50—2017）

2）国际稀浆封层协会的定义

微表处是一种由聚合物改性乳化沥青、集料、水和外加剂按合理配比拌合并通过专门施工设备摊铺到原路上，达到迅速开放交通要求的薄层结构。

3）目前国内公认的微表处定义

采用专用机械设备将聚合物改性乳化沥青、粗细集料、填料、水和添加剂等按照设计配比拌成稀浆混合料摊铺到原路上，并很快开放交通的具有高抗滑和耐久性的薄层。图 3-18 所示为微表处稀浆封层摊铺机在施工。

图 3-18 微表处摊铺机施工

（2）工艺特点

1）微表处工艺与其他类似工艺的区别

沥青路面常规罩面有沥青表面处治、微表处和稀浆封层，主要区别如下：

① 沥青表面处治：先喷洒沥青再撒铺集料，然后再碾压，注意是分开的；

② 微表处：是改性的稀浆封层，用的是改性乳化沥青，路面质量更好，开放交通更快。

③ 稀浆封层：乳化沥青和集料进行搅拌后摊铺到路面上或作为路面结构的粘层或封层。

沥青表面处治、微表处、稀浆封层都属封层罩面的范畴。

2）路面透层、粘层、封层的作用和适用条件

① 透层的作用和适用条件

使沥青面层与非沥青材料基层结合良好，在基层上浇洒乳化沥青、煤沥青或液体沥青而形成的透入基层表面的薄层。

② 粘层的作用和适用条件

为加强路面的沥青层与沥青层之间、沥青层与水泥混凝土路面之间的粘结而洒布的沥青材料薄层。

③ 封层的作用和适用条件

封闭表面空隙、防止水分浸入面层或基层而铺筑的沥青混合料薄层。铺筑在面层表面的称为上封层，铺筑在面层下面的称为下封层。

2. 微表处技术发展与使用

（1）微表处技术发展

微表处是在稀浆封层基础上发展起来的预防性养护方法。1920年德国技术人员发明原始稀浆封层，1950年美国正式出现稀浆封层设备；1986年国家交通部开始投入研发稀浆封层设备，并取得成功。随着材料的改进，70年代德国厂家将稀浆封层发展成微表处。80年代技术传到美国，90年代末传入我国。20世纪，特别是“十一”、“十二五”先后对道路养护做出重点规划。

微表处快速修复车辙技术是以聚合物改性乳化沥青为粘结料，借助专用的摊铺设备进行施工的一种冷拌沥青混合料不等厚度薄层摊铺技术，具有施工速度快、成本低、开放交通快、效果好等特点，可以迅速恢复和改善原沥青路面的平整度，提高防水性和抗滑性。微表处技术作为一种经济、快捷、有效的路面预防性养护技术，在我国高速市政快速发展的今天，起着至关重要的作用。

（2）微表处工艺选择

微表处混合料摊铺后可在较短的时间内开放交通，具体的时间因各个工程的实际情况而有所不同（通常12.7mm厚的封层在24℃以上、湿度50%以下时可在1h内开放交通，承受车轮碾压，但不可有刹车、起步或转弯）。

作为预防性养护技术的微表处也可直接用于新建道路的表面磨耗层，从而减少昂贵石料的使用，降低工程造价，显著降低早期水损坏的发生。

真正的全程环保：在常温下施工，没有毒烟雾、粉尘、噪声污染，没有废水外排适用范围。

1）防水：整个路面摊铺，增加防水面，阻止水分下渗。

2）耐磨：增加一个磨耗层。

3）提高防滑性：新路面增加摩擦。

4）提高路面平整度、美观度。

5）防止路面的老化与松散，从而有效地延长路面的使用寿命。

6）微表处还可以填补已经稳定的车辙。

（3）微表处适用范围

主要用于快速路及主干路、机场跑道的预防性养护及填补轻度车辙，也适用于新建设市政、城镇道路的面层抗滑磨等（图 3-19）。

3. 微表处工艺要求

（1）原材料

1）要求石料必须坚固、耐磨且是清洁的，石料的级配通常采用中粒式或粗粒式（JTJ E32/ES3），成型后的厚度一般为 5mm 或 10mm 左右。

图 3-19 微表处的应用

2）微表处所用的乳化沥青必须是经聚合物改性的，通常是采用 SBR（丁苯橡胶）胶乳，也可采用 SBS 改性，其残留物具有较高的软化点。在国际上对其要求不尽相同，但一般是采用 ISSA（美国微表处技术指南）的要求，不小于 57℃。

3）微表处混合料的设计在稀浆封层的基础上增加了 6d 的磨耗试验和碾压粘砂试验（采用 RLWT 车辙仪进行），来评估其抗水损坏能力及最大沥青用量，国外的调查显示微表处的使用寿命一般为 5～6 年，长的可达到 8 年。

（2）设计与试验

1）当用于填补车辙时还需要进行碾压变形测试。除此之外，微表处混合料的油石比可采用马歇尔法或维姆法确定。

2）对施工路面的要求：若施工对象出现路面病害，必须先行进行处理，才能进行微表处摊铺。

3）微表处厚度的确定可根据路面状况实施单层或双层摊铺，一般情况下：

① 交通量大、重型车多的约 10mm；

② 中等交通量约 7mm；

③ 交通量小、重型车少的 3～4mm。

（3）微表处综合技术

1）纤维微表处技术

纤维微表处与通俗微表处的区别主要是前者添加了纤维，纤维稀浆夹杂料能有效地改善沥青胶体布局，因为纤维的吸附、不变及多向加筋作用，能够较好地改善稀浆夹杂料的高温不变性、低温抗裂性、耐久性，可以一定程度上抑制和延缓反射裂痕呈现，提高了道路的利用寿命。

2）微表处修复车辙技术

微表处快速修复车辙技术是以聚合物改性乳化沥青为粘结料，借助专用的摊铺设备进行施工的一种冷拌沥青混合料不等厚度薄层摊铺技术，具有施工速度快、成本低、开放交通快、效果好等特点，可以迅速恢复和改善原沥青路面的平整度，提高防水性和抗滑性。

车辙横断面一般为下凹型曲线，其填补厚度为变量，这就需要混合料中骨料粒径按照辙槽的断面正态分布。用于微表处的摊铺机配置一个“V”形摊铺槽，在摊铺过程中混合浆体中各种粒径的骨料就会在“V”形摊铺箱内经搅拌按照厚度变化呈正态分布进行摊铺，同时在辙槽上方形成一定的预留拱度，为混合料经受行车荷载进一步压密做出预留。

4. 施工技术

根据室内试验和现场试铺，用快速同步施工型一体式摊铺机进行超薄磨耗层施工。并采取两种不同的碾压方式进行对比，确定合理的碾压方式。在施工工艺方面严格控制保证磨耗层沥青路面的施工质量。

（1）拌合与运输

按照标准的生产配合比对热料、矿粉及改性沥青用量进行控制。

根据目标配合比对拌合站的冷料仓进行标定，并经过热料仓筛分等进行验证，确保冷料输入量符合目标配合比的级配要求。

同步施工型超薄磨耗层沥青混合料的拌合时间以混合料拌合均匀、所有矿料颗粒全部裹覆沥青结合料为度。拌合时间为43～60s。

目测检查混合料的均匀性，及时分析解决异常现象。生产开始前，细致观察室内。试拌混合料，熟悉项目所用各种混合料的外观特征。生产中仔细观察混合料有无花白、冒青烟、结团成块、油饱和离析等现象，出现质量问题，作废料处理并及时纠正。

温度过高易产生沥青析漏，温度降低时又会给施工造成困难。应根据施工现场实际情况，将混合料出厂温度范围定为170～175℃。

在拌合站或现场取样进行马歇尔试验和抽提筛分试验，检验油石比、矿料级配和沥青混凝土的物理力学性质。施工结束后，对用拌合机搅拌各料总量，以各仓用量及各仓级配计算平均施工级配、油石比与施工厚度，和抽提结果进行校核。

（2）摊铺

摊铺前，按试验段方案确定的组装宽度组装摊铺机。

由质检员检测沥青混合料到场温度及外观质量是否符合要求，待摊铺机熨平板预热温度高于100℃后，立即组织现场参施人员进行摊铺作业，摊铺时，摊铺机机手垫好垫木，将检验合格的沥青混合料倒入摊铺机料斗，检查是否存在糊料、花白料等现象。

采用一体式摊铺机（如SUPERSF1800-2）进行超薄磨耗层沥青混合料摊铺作业，摊铺机配备有乳化沥青脉冲式喷洒设备，保证了施工过程中对路面乳化沥青的喷洒量及覆盖度，也减少了混合料装料车的车轮粘带，从而保证了路面的施工质量。乳化沥青喷洒量为0.6～1.2kg/m^2。摊铺温度不低于140℃，低于140℃废弃。

摊铺机缓慢、均匀、不间断地摊铺，确保摊铺的连续性和均匀性。车辆卸完料后快速离开，不得停留，等待卸料车辆迅速退到摊铺机前卸料，确保摊铺机摊铺过程中料斗内始终有料。摊铺过程中，摊铺厚度及标高由摊铺机用移动式自动找平基准装置控制。

摊铺速度控制在5～6m/min，输出量与混合料的运送量、成型能力相匹配，以保证混合料均匀、稳定、不间断地摊铺。摊铺机作业参数由试验段试铺确定，在施工过程中不得随意调整。

摊铺机作业时，安排 2 人负责机前两边端料，2 人负责机后平边，2 人指挥料车，防止料车遗料，设专人负责摊铺机前面遗料的清除。

对表面不平整、局部混合料明显离析的，由现场施工人员进行处理。摊铺机后设专人跟机，对局部摊铺缺陷进行人工修整，个别压碎骨料在初压后及时进行清除，用点豆法进行填补。在初压前，禁止一切人员在刚铺筑完尚未碾压的油面上行走。

压路机紧跟摊铺机碾压，由质检人员测温并记录。保证碾压温度满足设计要求。

摊铺机摊铺时，随时检查摊铺厚度，发现问题及时调整，并控制好摊铺速度。

用机械摊铺的混合料未压实前，禁止进入践踏。除机械不能达到的死角外，不得用人工摊铺沥青混合料。人工摊铺时必须按照规范要求进行。摊铺遇雨时，立即停止施工，并清除未压实成型的混合料。废弃遭受雨淋的混合料。

（3）碾压方式

碾压分初压、复压和终压三个阶段。碾压原则为："高频、低幅、高温、重压"。为了确保沥青混凝土碾压质量，施工时设专人测温控制碾压。

1）碾压方式工程实例一

① 初压：采用 2 台 VOLVO 钢轮压路机（14t）碾去静回振碾压 1～2 遍，碾压轮带搭接 20～30cm，碾压速度控制在 2 ～3km/h，每台压路机负责紧跟一台摊铺机。初压温度不低于 135℃。

② 复压：紧跟初压进行，采用 1 台 XP302 胶轮压路机（30t）碾压 3 遍，紧跟初压压路机进行碾压，胶轮压路机采用人工喷油形式，（植物油对水 3：1 进行调配），以不沾轮为宜，尽量减少洒油。碾压速度控制在 3～5km/h，复压温度不低于 125℃。

③ 终压：采用 1 台派克 CC422 钢轮压路机静压收光，碾压轮带搭接 20～30cm，碾压速度控制在 3～6km/h，碾压终了温度不低于 70℃。在终压过程中安排专人用 3m 直尺在横向、纵向检查路面的平整度，如发现不平整时，及时趁热用压路机补压，确保平整度良好。碾压终了温度不低于 70℃。

④ 试验结果：平整度平均值为 0.57mm，渗水平均值为 12.5mL/min，压实度平均值为 98.45%，构造深度平均值为 0.725mm，摩擦系数平均值为 67.5。

2）碾压方式工程实例二

① 初压：采用 2 台 VOLVO 钢轮压路机（14t）碾去静回振碾压 1～2 遍，碾压轮带搭接 20～30cm，碾压速度控制在 2～3km/h，每台压路机负责紧跟一台摊铺机。初压温度不低于 135℃。

② 复压：紧跟初压进行，1 台派克英格索兰钢轮压路机振压 3 遍，紧跟初压压路机进行碾压，碾压速度控制在 3～4.5km/h，复压温度不低于 125℃。

③ 终压：采用 1 台派克 CC422 钢轮压路机静遍收光，碾压轮带搭接 2.0～3.0cm，碾压速度控制在 3～6km/h，碾压终了温度不低于 70℃。在终压过程中安排专人用 3m 直尺在横向、纵向检查路面的平整度，如发现不平整时，及时趁热用压路机补压，确保平整度良好。碾压终了温度不低于 70℃。

④ 试验结果：平整度平均值为 0.513mm，渗水平均值为 57.1mL/min，压实度平均值为 98.5%，构造深度平均值为 0.735mm，摩擦系数平均值为 65.5。

通过两种碾压方式的试验数据比较，可以得出两种碾压方式的平整度、压实度、摩擦系数、构造深度等指标相差不大，但采用碾压方式一（即复压采用胶轮压路机）能够大幅度提高路面的防渗性能。故最终确定采用碾压方式一的机械组合方式进行超薄磨耗层的施工。

（4）压实成型要求

碾压段长度以温度降低情况和摊铺速度为原则进行确定，压路机每完成一遍重叠碾压，就应向摊铺机靠近一些，在每次压实时，压路机与摊铺机间距应大致相等，压路机应从外侧向中心平行道路中心线碾压，相邻碾压带应重叠 1/3 轮宽，最后碾压中心线部分，压完全部为一遍。

在碾压过程中应采用自动喷水装置对碾轮喷洒掺加洗衣粉的水，以避免粘轮现象发生，但应控制好洒水量。

不在新铺筑的路面上进行停机，加水、加油活动，以防各种油料、杂质污染路面。压路机不可停留在温度尚未冷却至自然气温以下已完成的路面上。

碾压进行中压路机不得中途停留、转向或制动，压路机每次由两端折回的位置，阶梯形随摊铺机向前推进，使折回处不在同一横断面上。

路边缘、拐角等局部地区压路机碾压不到的位置，使用小型振动压路机或人工墩锤进行加强碾压。

（5）接缝

1）横向接缝的处理

在将要搭接接头处用 3～5m 水平尺量测，查找接缝位置的不平整度，以不平整线最末端处设铣刨线，铣刨线必须垂直于路中线。

铣刨时须将铣刨线至施工结束位置间的新铺料全部刨除，同时又不得损伤下承层，铣刨后须清扫干净，不得留有浮沉及松散料，及时喷撒乳化沥青，接缝立面处人工涂刷乳化沥青。

接缝摊铺时，摊铺机机手要定好仰角，确保摊铺机铺的新铺面与原旧路面的松铺面高度基本一致。民工用热料及时将横向接头位置补料，确保压实后接头处饱满，光滑，平顺。

接缝碾压时，压路机应采取横向或缝呈 45°角碾压，同时人工以 3～6m 直尺找平，对于不平整处，指挥压路机进行碾压。

为保证横向接缝平整度，每道横向接缝设专职质量员负责，记录横向接缝处的摊铺机操作手、压路机操作手和质量负责人，项目部组织质检员定期对横向接缝进行检查，采用 3m 直尺检测平整度不得大于 2mm；针对检查结果，对摊铺机操作手、压路机操作手和横缝质量负责人进行奖罚。

2）纵向接缝的处理

施工前须在内侧车道已铺面层上，沿分道线的中线画出纵缝铣刨线并检查直顺度，以保证铣刨后的效果。铣刨后须清扫纵缝，做到无浮灰和松散料。

条件允许时，同一横断面的罩面尽量在同一天摊铺。摊铺时，用热料预热接缝，人工整平后用压路机进行纵向碾压。

铺筑前须安排专人对纵缝立面涂刷乳化沥青；摊铺时，宜将热料重叠在已罩面层上

5～10cm，再人工打扒子将多余的料清除，对纵缝打扒子时注意控制纵缝料的量，料少了将会出现一道黑印，外观难看；料多了将出现错台。因此该工程宜选用具有多年经验的工人，专门负责。

碾压时，压路机须先碾压紧邻接缝处新铺层 10～30cm，然后在碾压与此相邻的新铺层，之后跨缝碾压，以保证接缝位置挤压密实。

3.1.4 稀浆封层技术

1. 乳化沥青稀浆封层工艺

(1) 稀浆封层定义

乳化沥青稀浆封层同样属于表面处治路面的一种预防性养护施工方法。旧的沥青路面经常出现裂缝和坑洼，当表面受到磨损后，在路面上用乳化沥青稀浆封层混合料摊铺成薄层，并使其尽快固化，从而使沥青混凝土路面得到养护。它是以恢复路面功能为目的，防止进一步损坏的维修养护。

(2) 特点

乳化沥青稀浆封层是用适当级配的石屑或砂与乳化沥青、外加剂和水，按一定比例拌合而成的流动状态的浆状乳化沥青混合料，经均匀摊铺在路面上形成的沥青封层，简称SSC。由于这些乳化沥青混合料稠度较稀呈糨糊状，铺筑厚度较薄，一般在 30mm 以下，可以使磨损、老化、裂缝、光滑、松散等路面伤害处迅速得到恢复，起到防水、防滑、平整、耐磨和改善路面功能的封层作用。

新铺沥青路面，如贯入式、粗粒式沥青混凝土、沥青碎石等比较粗糙的路面表面做稀浆封层后，作为保护层和磨耗层，能显著提高路面质量，但不能起承重性的结构作用。实践证明，稀浆封层对密封表面裂缝、延迟松懈、提高抗滑性，不失为一种经济的多功能的路面铺筑方式。其发展十分迅速，现已在世界各地广为采用。阳离子乳化沥青的出现大大推进了稀浆封层的发展。

乳化沥青稀浆封层可用于城市道路预防性养护，也适用于新建市政道路的下封层、磨耗层或保护层。现在高速市政上也在使用。

聚合物改性乳化沥青用于稀浆封层后，由于其优良的抗老化性、高温稳定性、低温抗裂性，使沥青路面的使用性能大大提高，使用寿命大大延长，现已广泛用于高等级路面的稀浆封层，大大推进了稀浆封层筑路技术的发展。

用聚合物改性乳化沥青与适当级配的石屑或砂、外掺剂和水拌合而成的流态聚合物沥青混合料，经摊铺在路面上形成的聚合物沥青封层，成为聚合物改性乳化沥青稀浆封层，是路用性能更高的稀浆封层。

(3) 乳化沥青稀浆封层工艺原理

稀浆封层工艺原理是将乳化沥青、符合级配的骨料、水、填料及添加剂按一定的设计配比搅拌成稀浆混合料，均匀地摊铺在待处理的路面上，经裹覆、破乳、析水、蒸发和固化等过程与原路面牢固地结合在一起，形成密实、坚固、耐磨和道路表面封层，大大提高路面使用性能。

2. 稀浆封层与微表处对比

(1) 乳化沥青要求不同

稀浆封层采用未改性的不同型号乳化沥青，而微表处采用改性的快凝型乳化沥青；微表处用乳化沥青的残留物含量要求不大于62%，高于稀浆封层用乳化沥青不小于60%的要求，对残留物性质的要求也不相同。

（2）集料质量要求不同

微表处用集料的砂当量必须大于65%，明显高于用于稀浆封层时45%的要求，这说明微表处用集料必须干净；微表处用集料的磨耗损失不得大于30%，比稀浆封层用集料不得大于35%的要求更为严格，说明微表处要求集料必须坚硬、耐磨耗，以保证可以始终提供一个粗糙的抗滑表面。

（3）稀浆混合料设计指标不同

微表处必须能够快速开放交通，因此要求混合料满足成型速度和开放交通时间的黏聚力指标；与稀浆封层相比，微表处多使用于大交通量的场合，沥青用量不宜过大，因此必须通过粘附砂量指标控制最大沥青用量，以防止泛油的出现，而稀浆封层仅在用于重交通道路时才有这一要求。

微表处混合料浸水1h的湿轮磨耗指标高于稀浆封层，说明微表处混合料的耐磨耗能力优于稀浆封层混合料；微表处混合料还必须满足浸水6d湿轮磨耗指标，而稀浆封层没有该指标要求，这说明微表处混合料比稀浆封层混合料有更好的抵抗水损害的能力。

微表处可以用作车辙填充，因此对微表处混合料提出了负荷车轮碾压1000次后试样侧向位移不大于5%的要求，而稀浆封层没有这一指标的要求。稀浆封层不能用于车辙填充。

3. 稀浆封层的类型及选择类型

（1）分类

1）按照矿料级配来分

按照矿料级配的不同，可以分为细封层、中封层和粗封层，分别以ES-1、ES-2、ES-3表示。

2）按照开放交通的快慢来分

按照开放交通的快慢，可以分为快开放交通型稀浆封层和慢开放交通型稀浆封层。

3）按照是否掺加了聚合物改性剂来分

按照是否掺加了聚合物改性剂，可以分为稀浆封层和改性稀浆封层。

4）按照乳化沥青性能不同来分

按照乳化沥青性能不同，分为普通稀浆封层和改性稀浆封层。

5）按照厚度不同来分

一般按照封层的厚度不同，分为细封层（Ⅰ型）、中封层（Ⅱ型）、粗封层（Ⅲ型）、加粗封层（Ⅳ型）。

（2）稀浆封层选择类型

1）Ⅰ型适用于高等级市政路面下封层及轻型交通量道路的表面封层，碎石基层的透层和保护层，对于基层稳定的路面，可用作磨耗层。

2）Ⅱ型适用于中型交通量、路面平整度较好、路面贫油及轻微网裂路面，中封层不但可以治愈裂缝，还可以通过粗骨料形成骨架结构，修补面层的松散、开裂和老化，改善中等交通量道路和重交通道路的耐磨、抗滑性能。此结构还可以用于沥青路面或水泥混凝土路面的磨耗层或稳定类基层的封层。

3）Ⅲ型适用于高速市政预防性粗封层及重交通量普通道路的路面上，也可在半刚性基层和旧有街道上做双层铺设，即先做一层粗封层后，再加铺细封层。

4）Ⅳ型适用于在轻交通量的半刚性基层的乡道上封层及低等级市政路面，在交通量大的干线市政及高速市政上做表处层代替中修罩面。

5）改性乳化沥青稀浆封层具有很强的粘附性与胀缩能力，适合中国北部地区温差变化大的特点，能很好地起到防止水损害、延缓反射裂缝、延长使用寿命的作用。强调路面防滑性，需铺筑粗糙度大的路面，必须使用改性乳化沥青。

4. 稀浆封层的性能特点

（1）防水：稀浆混合料与路面牢固地粘附在一起，形成一层密实的表层，防止雨水或雪水渗入基层。

（2）抗滑：摊铺厚度薄，级配中的粗集料在表层分布均匀排布，形成良好的粗糙表面，摩擦系数明显增加，提高了路面的抗滑性能。

（3）耐磨：由于阳离子乳化沥青对酸、碱骨料都具有良好粘附性、抗剥落性、高温稳定性、低温抗缩裂能力，有效地延长路面的使用寿命。

（4）填充：乳化沥青稀浆混合料中有较多水分，拌合后呈稀浆状态，具有良好的流动性，能够起到填充原路面裂缝的和改善路面平整度的作用。

（5）恢复外观：因稀浆封层的铺筑厚度只有3～10mm，对损坏的路表面既起到恢复作用又改善外观。

（6）施工成本低：相对于热料摊铺而言，由于是常温施工，无须加热，而且施工速度快，节省人力、物力、财力，经济性好。

（7）不足：稀浆封层不能补救由于路基强度和稳定性不佳而引起的路面开裂和变形，也不能改善沥青路面引起的泛油，稀浆封层还需要早期养护，对原材料的适配性要求较高，对于不能封闭交通的路段、不能提供原材料的情况，不宜采用稀浆封层施工。

5. 稀浆封层材料及要求

稀浆封层用的材料主要有乳化沥青、骨料、填料、添加剂和水。

（1）乳化沥青

稀浆封层用的乳化沥青和聚合物改性乳化沥青应符合录用乳化沥青和聚合物改性乳化沥青的质量要求。对于高速市政或城市快车道上铺筑稀浆封层时，应选用优质乳化沥青或聚合物改性乳化沥青，以增加沥青和矿料之间的黏结强度。要求乳化沥青与矿料拌合后和拌合过程中不离析，对矿料裹覆性好，处于良好的流动状态，摊铺后又能快速凝结，开放交通。

稀浆封层采用的慢裂或中裂的拌合型乳化沥青，要求沥青或聚合物沥青含量在60%左右，最低不得小于55%。用于稀浆封层的乳化沥青一般是慢裂型的，目前使用以阳离子型主。

（2）骨料

骨料是稀浆混合料的重要组成部分，它形成了矿物骨架，通常可用于热沥青的石料均可用于稀浆封层，如石灰岩、花岗岩、玄武岩等。石料应洁净、坚硬、完全破碎、外观均匀。

（3）水

水也是稀浆混合料的重要组成部分，会影响混合料的工作特性，能饮用的水即可，非饮用水要做试验。稀浆混合料中的水来源于骨料中的水、乳化沥青中的水、添加的水。

（4）填料

填料被认为是矿料的一部分，可改善骨料级配，促进稀浆混合料的稳定性，调剂破乳速度，用量一般为矿物骨料的0.5%～2%，使用最多的填料是水泥，其次是石灰，这两种填料具有化学活性，也可以使用石灰石粉，但仅能调节矿料的级配。

（5）添加剂

添加剂的作用是调节拌合时间和破乳速度，与填料不同之处是可溶于水，不改变骨料级配。常用的添加剂有无机盐类和表面活性剂类。

6. 稀浆封层的技术要求

（1）拌合试验

将稀浆混合料的组成成分按一定比例混合搅拌，观察搅拌过程的现象，确定可拌合的时间，填料或添加剂的使用，检验乳化沥青和石料的兼容性，再判断是否可用于摊铺。此试验应在预计的施工期间最高气温下进行。

（2）粘结力试验

将稀浆混合料制成小圆饼的试件，在养护过程中的特定时间点，使用粘结力试验仪在试件表面做扭矩测试。要求可开放交通的最小扭矩为20N·m。

（3）湿剥落试验

判断混合料抗水破坏的能力。此试验采用完全固化的稀浆混合料进行水煮，判断沥青膜的保持率，合格的混合料应在90%以上。

（4）湿轮磨耗试验

此试验确定沥青最小用量。按照不同的油石比拌制稀浆混合料制成小圆饼的试件，经过特定程序养护后，在规定的压力下使用特定的橡胶管以一定旋转速度碾磨试件表面，要求碾磨后的损失量不超过规定值。

7. 施工工艺流程

稀浆封层是由专门的稀浆封层摊铺机自动连续作业完成的。从各种材料储存→供料（计量系统）→搅拌→出料→摊铺等，都由一台机械完成，一般10min即可摊铺1500～2000m^{2}以上（厚度6mm）。摊铺后的稀浆封层经过自然养生（乳液破乳、初凝、固化成型），24h就可开放交通；经车辆碾压形成沥青处治层（一般不需要压实机械碾压）。当气温较低、湿度大或封层厚度增加时，应适当延长开放交通所需要的时间。

（1）材料准备

1）骨料：制配沥青稀浆混合料的石料可以是轧碎的天然石，凡适合于热拌路面的骨料同样适合于稀浆封层，其级配要符合规范要求。

2）乳化沥青：稀浆混合料最终还是沥青混合料，在生产或检验乳化沥青质量前，首先应检查沥青的质量。

3）其他材料：适宜的加水量是保证混合料稠度和摊铺效果的前提；填料可改善稀浆的和易性及加快稀浆固化成型，其质量要求主要目测确定；添加剂用于调节混合料的破乳速度，其添加量根据施工现场实际情况而定。

（2）配合比设计

1）拌合试验：用来确定稀浆封层施工时的外来加水量，水的用量要保证拌出的稀浆稠度适宜，拌合时间不得少于 1min，又不能大于 3min。

2）油石比确定：稀浆封层的油石比可通过两组试验确定。

3）湿轮磨耗试验：用来确定最低用油量，浸水 1h 的磨耗值应小于 538g/m。

4）负荷轮试验：用来确定最高用油量，1h 的磨耗值应小于 538g/m。

（3）机械准备

国内经常使用的是一种德国产的稀浆封层机，该机主要参数为：矿料箱容积 $8m^3$；水箱容积 $1.9m^3$；乳液箱容积 $2.3m^3$；添加剂容积 $0.5m^3$；填料箱容积 $0.5m^3$；上车发动机功率（马力）65；摊铺宽度 2.5～3.8m；摊铺厚度 3～30mm。

（4）施工准备

施工准备工作先对原路面上的坑洞、边线破损等病害进行修补，坑洞较深时，分层填补并压实；对已有的裂缝预先进行灌缝处理；对大的壅包和车辙，预先进行铣刨和填补，泛油严重的区域做拉毛处理。封层前，修补的路面经目测已基本稳定。施工用的乳化沥青（如若使用改性乳化沥青，就属微表处）、矿料、水、填料和添加剂等一次备齐，并进行质量检查，运至施工现场。施工用的机械设备除一台稀浆封层机外，另准备两辆乳化沥青罐车、一台装载机和一辆工具车，所有这些设备均保持良好的工作状态。

1）封闭交通：先由交通安全管理部门将交通处于半封闭状态，配备必要的人员负责协助交警管理交通。

2）试验路段：为了保证施工组织的流畅，先修筑 100m 的试验路段，进一步验证配合比的合理性并对施工组织做出更合理的调整。

3）清洁原路面：清楚路面上杂物。

4）放样划线：根据路幅全宽，调整摊铺箱宽度，使稀浆封层机沿着路面标线行进。

5）封层机械就位：稀浆封层机开到施工起点，并调整好摊铺的宽度和厚度。

6）装料：根据施工顺序，将符合要求的矿料、乳化沥青、填料、水、添加剂等分别装入摊铺机的相应料箱（一般应全部装满），并应保证矿料的湿度均匀一致。

（5）摊铺

1）将装好料的稀浆摊铺机对准走向控制线，并调整摊铺箱的厚度与拱度，使摊铺箱周边与原地面贴紧；

2）操作手再次确认各料门的高度或开度；

3）开动发动机，结合拌合缸离合器，使搅拌轴正常运转，并开启摊铺箱螺旋分料器；

4）打开各料门开关，使矿料、填料、水几乎同时进入搅拌缸，并将预湿的混合料推移至乳化沥青喷出口处，乳液喷出；

5）调节稀浆在分向器上的流向，使稀浆能均匀地流向摊铺箱左右；

6）调节水量，使稀浆稠度适中；

7）当稀浆混合料均匀分布在摊铺箱的全宽范围内时，操作手就可以通知驾驶员启动底盘并缓慢前进，一般前进速度为 1.5～3.0km/h；

8）当摊铺机上任何一种材料用完时，应立即关闭所有材料输送的控制开关，让搅拌缸中的混合料搅拌均匀，并送入摊铺箱后，即通知驾驶员停止前进；

9）将摊铺箱提起，把摊铺机连同摊铺箱开至路外，清洁搅拌缸和摊铺箱；

10）查对材料剩余量。

（6）局部处理

混合料摊铺后，应立即进行人工找平，找平的重点是：起点、纵向接缝、过厚、过薄或不平处，尤其对超大粒径矿料产生的纵向刮痕，应尽快清除并填平。

（7）成型养护

乳化沥青的任何一种施工方法，都有一个破乳成型的过程，稀浆封层也不例外。养护时间视稀浆混合料中的水的驱除和粘结力的大小来判断。当粘结力达到 1.2Nm 时，稀浆混合料已初凝。所以刚摊铺好的稀浆封层属在养护成型期，应禁止车辆和行人进入，否则将带来不良的外观。如交叉口等确需立即开放交通，必须进行撒砂保护。

（8）当估计粘结力达到 2.0Nm 时，稀浆混合料已凝固到可以开放交通状态。

8. 施工质量管理

（1）稠度

稀浆混合料在进入摊铺箱后应保持良好的和易性。在实际施工中应根据实际情况对用水量做一些调整，以保证混合料合适的黏稠度。

（2）破乳时间

破乳过早常常是造成施工质量问题的重要原因。稀浆混合料应该在搅拌和摊铺过程中保持必要的稳定性，过早的破乳造成沥青结团、厚薄不均、刮痕等现象，而且对封层与原路的粘结非常不利；破乳时间过长会影响成型时间，解决的方法是调节水量或适当加入化学添加剂来实现对破乳时间的控制。

（3）接缝

应尽可能减少横向和纵向接缝，解决横向接缝问题可以采用：将油毡或铁皮放在头一车的结尾处，下一车摊铺时将摊铺箱置于其上，待摊铺后再将油毡或铁皮连同上面的混合料一起移走；从上一车终点倒回 3～5m 的距离开始下一车的摊铺。

起点的横向接缝，一般采取摊铺箱低速前移，终点的横向接缝应该采取人工整平。

应在干燥情况下进行施工，且施工的气温不应低于 10℃。

9. 工程实例

某市 2011 年对城市主干道病害较大的路段进行挖补后使用了稀浆封层技术。

（1）原基层损坏治理

将原基层损坏的部分，按矩形画出轮廓线，再挖槽修补，其纵边应与路中心线平行或垂直，槽壁垂直、顺直，并挖止稳定部位，将槽内物清理干净。小面积挖补时，先铺砌片石混凝土（或碎石混凝土），再铺装沥青碎石，然后铺装相应厚度的沥青混凝土，最后进行 10mm 稀浆封层。大面积挖补时，先做水泥稳定级配碎石基层，再铺装沥青碎石，然后铺装相应厚度的沥青混凝土，最后进行 10mm 稀浆封层。

（2）原破损旧路面挖补处理

原破损旧路面挖补处理，先将破损面层按矩形挖槽，按矩形画出轮廓线，修补轮廓线与路中心平行或垂直，槽壁应垂直顺直，并挖到稳定部位，将槽内物清除干净。挖槽厚度未超过 30mm 时，先铺装沥青混凝土，再进行稀浆封层。挖槽厚度大于 30mm，先铺装沥青碎石，再铺装相应厚度的沥青混凝土，最后进行稀浆封层。

采用ES-3型乳化沥青稀浆封层时，其厚度为8～10mm。稀浆封层混合料的类型及矿料级配，应根据处治目的、市政等级进行选择。稀浆封层的乳液可采用慢裂或中裂的拌合型乳化沥青。当需要减缓破乳速度时，可掺加适量的氯化钙作外加剂；当需要加快破乳速度时，可采用一定数量的水泥或消石灰粉作填料。稀浆封层的施工气温不得低于10℃。

（3）稀浆封层施工流程

1）彻底清除原路面的泥土、杂物等；

2）施画导线，以保证摊铺车顺直行驶，有路缘石、车道线等作为参照物的，可不施画导线；

3）摊铺车摊铺稀浆混合料；

4）人工修复局部施工缺陷；

5）初期养护；

6）开放交通。

3.1.5 其他类型稀浆封层

1. 纤维碎石封层

（1）技术特点

纤维碎石封层技术是指采用纤维封层设备同时洒（撒）布沥青粘结料和纤维及碎石，经碾压后形成新的磨耗层或者应力吸收中间层的一种新型道路建养技术。纤维碎石封层具有独特的网络缠绕结构，由于纤维本身具有高抗拉伸强度的特性，有效地提高了封层的抗拉、抗剪、抗压和抗冲击强度。纤维封层的独特结构，对应力具有较强的吸收和分散功能，能够有效地抑制反射裂缝出现，从而提高道路的使用寿命。

（2）适用范围

适用于沥青路面磨耗层，半刚性沥青路面的应力吸收层及旧水泥混凝土路面加铺层的应力吸收层等。

（3）优缺点

1）良好的应力吸收和分散能力

能够吸收路面裂缝处的应力或车辆荷载产生的局部集中应力，通过纤维封层的纤维交错分散，可以有效延缓路面裂缝的产生。

2）高耐磨性

由于沥青、纤维和碎石同步洒布，洒布后的碎石进入由纤维与沥青结合料形成的网状结构中，压实成型后碎石被结合料网状结构紧紧裹缚，能有效抑制骨料的滑移、脱落。

3）高防水性

由于纤维封层具有高弹性模量值，延伸力强，其抗拉强度远远大于温度变化带来的收缩应力，降低了面层的低温脆裂性，能够有效抑制沥青路面的低温收缩裂缝的产生，有效避免水损害。

4）高稳定性

纤维封层致密的网络缠绕结构以及起到加筋和桥接作用的纤维对前后两层沥青结合料油分的吸附，能有效阻止沥青的流动，起到高温稳定、增韧阻裂的作用。

5）施工快捷性

由于沥青、纤维及碎石撒布一次完成，施工速度快，缩短了开放交通时间，降低了对交通的影响。

2. 橡胶沥青同步碎石封层

（1）技术内容

橡胶沥青同步碎石封层是利用橡胶沥青作为粘结剂，在路面或桥面喷洒橡胶沥青和洒布碎石，再由轮胎压路机碾压，使粘结料与集料之间有最充分的粘附，形成保护原有路面或桥面的防水磨耗层、防水层或应力吸收层。

橡胶沥青同步碎石封层是在传统同步碎石封层的基础上采用了橡胶沥青作为胶结料，橡胶粉的加入能够明显地增加沥青的黏度，从而提高沥青抗高温变形能力；另外橡胶中含有大量的如抗氧剂、热稳定剂等，加入橡胶粉后形成的橡胶沥青具有较强的抗老化性能，可显著提高路面的抗老化能力，同时橡胶沥青具有优异的低温抗裂能力。

（2）技术特点

除具备传统同步碎石封层的诸多特点之外，橡胶沥青同步碎石封层还具有以下特点：具有较强的抵抗反射裂缝性能，作为应力吸收层可以有效延缓反射裂缝的出现；具有更好的封水性能，防止表面水渗透到路面结构中；橡胶粉的使用更加环保，实现资源的循环利用。

（3）适用范围

适用于城镇陆庆路、旧水泥混凝土路面改造的应力吸收中间层，新修低等级市政及村镇沥青面层、水泥混凝土桥面防水层。

3. 开普封层

（1）技术内容

开普封层是在碎石封层上进行微表处或稀浆封层罩面而形成的复合表面磨耗层。为了进一步提升路用性能，还可采用纤维碎石封层或纤维微表处进行施工，碎石封层粘结材料可以选用改性乳化沥青、橡胶沥青、SBS 改性沥青等多种材料。开普封层能够提供一个密实的表面，可以较好地稳固石料防止石料早期脱落，同时起到防水和抗滑的作用，能有效保护路面，延缓路面病害的发生，延长道路使用寿命。开普封层一般用于中低交通量市政新建工程的磨耗层和各等级市政预防性养护工程的罩面层。

（2）技术特点

1）开普封层结构以碎石封层为底层，然后加铺稀浆封层或微表处作为表层，这种结构结合了碎石封层和微表处两者的优点，在具有优良的抗滑性能和阻止反射裂缝能力的同时，可以有效地阻止路表水的下渗。

2）施工受气候的影响小，开普封层整个施工全部由专用设备完成，施工自动化程度高。

3）施工方便、速度快，对交通的干扰小。

4. 含砂雾封层

（1）技术内容

含砂雾封层的全称为沥青玛蹄脂薄浆封层。其主要组成材料为乳化沥青，精制的小粒径抗滑磨料，特殊聚合物和催化剂，采用工厂化集中生产的工艺，确保混合料配合比得到精准的控制。通过使用专用高压洒布设备，在沥青面层上形成较强密封性且具有一定抗滑性能的保护层，同时起到封闭路面微小裂缝、防止动水压力损害、细集料损失、油膜剥落、改善路面外观和延长道路使用寿命的作用，是一种新型沥青路面预防性养护技术。

（2）技术特点

含砂雾封层采用了特殊的聚合物作为改性剂，使其牢固耐磨，特殊的催化剂配方设计使其具有恢复交通快、早期强度高的技术特点。即使是在夜间使用，早期强度也可以得到有效保障。产品中无煤焦油等有毒有害的挥发性溶剂，绿色环保。此外，经过含砂雾封层处理过后的路面黝黑如新，封水效果优异。

（3）优缺点

1）工厂化：采用工厂化生产方式，一次将聚合物改性剂、添加剂、集料搅拌成成品，最大限度地保证产品质量，保证长期使用性能。

2）性价比高：工厂化的生产带来高效的施工组织和便捷的施工工艺，处理后的路面达到优良的养护效果，给人焕然一新的感官体验。

3）使用寿命周期长：特殊的聚合物改性剂配方，保证了产品牢固耐磨，能够达到两到三年的使用寿命。

4）恢复交通快：配方设计采用特殊的乳化剂和添加剂，提高早期强度形成时间，即使是在夜间使用，也可快速开放交通，特别适用于交通紧张的城市道路预防性养护工程。

5）绿色环保：不采用对环境有影响的挥发性溶剂，例如煤焦油等溶剂来促进早期强度的形成，对环境无害无污染。

（4）适用范围

主要用作城市道路、乡村道路和机场道路的沥青路面预防性养护。含砂雾封层属于预防性养护范畴，针对路面早期的泛白、老化、松散、轻微开裂进行处理，起到防止水的渗入，稳定松散集料和延缓路面老化的目的。

3.2　城市桥梁维修技术

3.2.1　支座病害与维修技术

1. 支座病害与维修原则

（1）常见城市桥梁支座的作用、功能和分类

桥梁支座是连接桥梁上部结构和下部结构的重要部件。它能将桥梁上部结构的反力和变形（位移和转角）可靠地传递给桥梁下部结构，从而使结构的实际受力情况与计算的理论图式相符合。

桥梁支座必须满足以下功能要求。首先桥梁支座必须具有足够的承载能力，以保证安全可靠地传递支座反力。其次支座对桥梁变形（位移和转角）的约束应尽可能地小，以适应梁体自由伸缩及转动的需要。此外，支座应便于安装、养护和维修，并在必要时进行更换。

支座可分别按变形的可能性、按所用材料或按结构形式三种方法分类。

按支座变形可能性可分为固定支座、单向活动支座、多向活动支座。

按所用材料可分为钢支座、橡胶支座、混凝土支座和铅支座等。

钢支座（细分为平板支座、弧形支座、摇轴支座和辊轴支座）：该类型支座的传力通

过钢的接触面，支座的变位主要通过钢和钢的滚动来实现。

橡胶支座（又可细分为板式橡胶支座、盆式橡胶支座、四氟板式橡胶支座）：该支座的传力通过橡胶板来实现。支座位移通过聚四氟乙烯板的滑动或橡胶的剪切来实现，支座转角则通过橡胶的压缩变形来实现。

按结构形式通常可分为弧形支座、摇轴支座、辊轴支座、板式橡胶支座、四氟板式橡胶支座、盆式橡胶支座、球形支座等。

（2）支座主要病害

支座病害主要有：橡胶超限裂纹、不均匀鼓凸、脱空、串位、钢支座构件开裂、锚固件及定位件失效、上下座板变形、钢板锈蚀、橡胶支座剪切超限、支座转角超限、滑移量超限、螺栓缺失、四氟板厚度不足、支座垫石破碎等。

（3）病害产生原因

1）设计原因。由于计算有误或设计经验不足等原因，造成支座布置、选型上的错误，从而在运营过程中出现受力和变形上的不足，最终导致出现压溃、钢件开裂、位移或转角超限等病害。

2）安装错误。型号错误、单向活动支座方向错误、联结板未及时解除、螺栓安装不牢或缺失。

3）支座垫石强度不够即落梁，导致垫石压溃。

4）支座底部未设粘结胶，或粘结胶未固化，导致支座串动。

5）垫石或上下底板脱空。

（4）病害处置原则

支座病害的处置应根据病害程度及类型分别进行处置，遵循以下原则：

1）及时性原则

发现病害应及时处置，避免因受力或变形能力不足对桥梁结构受力产生巨大影响，甚至危及运营安全。

2）一致性原则

应通过处置，使支座保持一致的受力性能和变形能力。

3）等寿命原则

如需更换，同跨、同批次支座，即使其中部分支座发生病害，也应同时更换，使之同寿命。

2. 支座维修技术

（1）垫石修复

轻微破损的垫石可简易处置，凿除松散部分，露出新鲜混凝土，用环氧砂浆修补。

垫石内含空洞具有压溃的危险，应高度重视，以内窥镜探明病害，用环氧树脂填充。可在四周用电钻各钻一孔，临时封闭其中两孔，由其中一孔以注浆泵向内注胶，至开放的一孔端有胶体出露，待胶体固化后再打开另两孔，采用相同方法从一孔注胶，另一端有胶体流出后封堵此孔，继续低压注胶持续 1min，最后封堵注胶口。

（2）脱空处置

支座脱空会引起支座局部受力过大，严重的会引起支座压溃，因此应及时处置。可采用压力注胶填充脱空部位，塞填不锈钢板的方法仅可用于应急，不能作为永久方法使用。

具体步骤：清吹脱空部位，用胶带纸或砂浆封闭开口部位，留两孔，两孔相距宜远，从一侧低压注胶，从另一孔溢出胶体后保持压力 1min 左右，待流出胶体稳定后再从溢胶口注胶，先前的注胶口溢流胶体稳定 30s 后停止注胶，胶体固化后修补四周即可。

（3）剪切超限

剪切超限的情况一般有以下几种原因：

1）设计选型不合理，支座不满足形变要求；

2）施工期支座初始承压期的温度处在极端温度，造成桥梁处在另一极端温度时形变超限；

3）遇到超过设计计算温度的极端温度。

第一种情形需要进行更换，更换方法见本节支座更换相关内容。

第二和第三种情形宜在病害支座所在跨采用同步顶升的方法顶起本跨或本侧桥梁（同步顶升方法参见本节支座更换相关内容），支座失压后会部分复位，必要时可取出支座人工协助复位，再放回原位粘牢。

（4）橡胶开裂

导致橡胶开裂主要有四个原因：橡胶老化、物理力学性能下降；橡胶材料不合格；制造工艺不合格；偏压或脱空导致的受力超限引起压缩变形过大。

可采用环氧树脂涂抹开裂处，阻止其进一步开裂，但需定期观察，如涂抹部位再次开裂，可刮除后再行涂抹。如果支座已发生较严重老化、钢板与橡胶层开胶等状况应及时更换支座。

（5）钢件生锈

应彻底除锈后刷涂防锈底漆，面干后再刷图面漆，面漆颜色应与原色一致。

（6）钢板翘曲

钢板翘曲多由支座脱空引起，如果翘曲尚未引起桥梁受力或变形受限，可以采用低压注胶的方式处置，否则应进行更换。

（7）钢件缺失

螺栓、螺母缺失应及时补充，螺栓缺失的情形较难处置，往往存在螺栓孔偏位、倾斜，导致螺栓无法入位，可采用变角电钻重新冲孔的方式复位，螺栓宜用胶体或环氧树脂固定。也可以采用钢板外钻孔植筋并与钢板联结的方式予以补强。

3. 支座更换技术

（1）结构顶升技术

当病害发展到影响桥梁安全时，需要及时进行更换。更换需要将桥梁上部结构抬升一定的高度，更换后再下降恢复原状，此过程需满足三个基本要求：

1）需整体顶升（降落）一跨或几跨桥梁上部结构，以维持上部结构的整体性，不使结构因产生过大内应力而受损；

2）需要不中断或尽量缩短中断交通的时间；

3）更换过程中顶升系统需保持稳定，确保操作人员安全。

基于以上条件，顶升设备需满足以下要求：

1）所有需顶升（回降）的点都必须同步；

2）顶升（回降）过程要平稳进行，可长时间保持固定的高度。

根据桥梁上部结构形式、梁重、支座类型、支座高度、病害类型的不同，目前采用存在多种顶升的方法，主要有气垫举升法、手动控制千斤顶协同作业法、电动控制串并联同步顶升法等，这些技术均存在一定的弊端，主要表现如下：

1）顶升同步性差，各个千斤顶（气垫）动作的不一致产生顶升行程的差异，造成各支撑点受力不均，使桥梁上部结构产生内应力，甚至影响结构安全；

2）可控性差，受操作者个体差异及机械制造水平及施工工艺的影响，顶升过程中各点协调性不够，容易发生各点高差超限、回程不到位，甚至个别千斤顶卡死等情况；

3）安全性差，操作不当会发生梁体损坏、梁体失稳、液压油泄漏伤人等事故。

基于 PLC 的计算机控制同步顶升更换支座技术是当前一种先进的更换方法，它采用计算机作为控制中枢，通过可编程控制器（Programmable Logic Controller，PLC）预先编制的功能模块，实现逻辑运算、顺序控制、定时、计数与算术操作等面向用户的指令，并通过数字或模拟式输入/输出控制各种类型的机械或生产过程。

同步顶升系统以总控台为控制中心，由数据总线连接各控制子站和液压系统，通过位移和压力传感器采集数据和传输指令，电磁阀在总控台指令下对油缸进行供油与回油，使油缸柱塞能够同步地进行顶出与回缩，从而使被顶梁体同步上升至所需高度，之后将已损坏支座更换为新支座，油缸再同步下降，恢复原状。

（2）工艺原理与系统

1）工艺原理

计算机控制的同步顶升系统是一种机、电、液一体化的复杂系统，它是基于微处理的控制器（PID 和 PWM 技术）接收从安装在油缸附近的与重物相连的传感器发出的信号，然后处理这些信息并发送控制信号到各油缸控制阀，打开或关闭这些高速控制阀来提升和下放重物，并且各提升点的同步误差保持在操作者设定的范围。

2）系统构成

系统由 PLC 控制器（总控台）、控制子站、数据总线、阀组泵站、油缸、位移和压力传感器组成。以四点顶升系统为例，系统组成如图 3-20 所示。

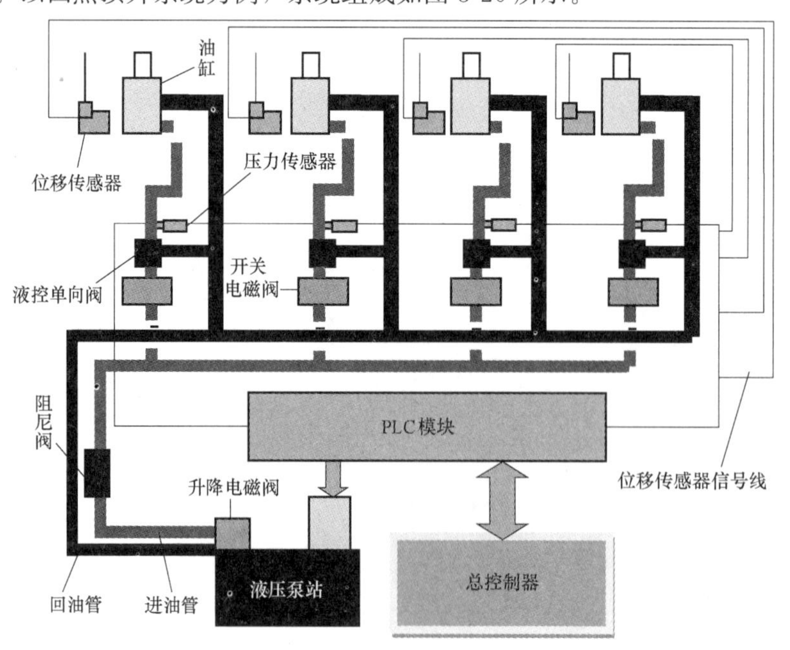

图 3-20　四点顶升系统工作原理

（3）各部件作用

1）总控制台

整个系统的控制中枢，由工控机和操作面板组成，由 PLC 模块接收数据，进行逻辑运算，发出指令给执行元件，再根据操作者输入指令通过数据总线发布指令，全过程采用工控机实时监控顶升过程中的数据，实时显示各点的位移和压力，交互性强。见图 3-21。

图 3-21 总控制台

2）阀组泵站

阀组泵站由液压泵站、升降电磁阀、开关电磁阀、液控单向阀等组成。

① 液压泵站为全系统提供液压动力。

② 升降电磁阀：一种控制油缸升降的电磁阀，由换向阀与安全阀、单向阀、节流阀组成。见图 3-22。

③ 开关电磁阀：开关式电磁阀由电磁线圈、衔铁、回位弹簧、阀芯和阀球组成，其作用是开启或关闭液压油路，通常用于控制换挡阀及变矩器锁止控制阀的工作。见图 3-23。

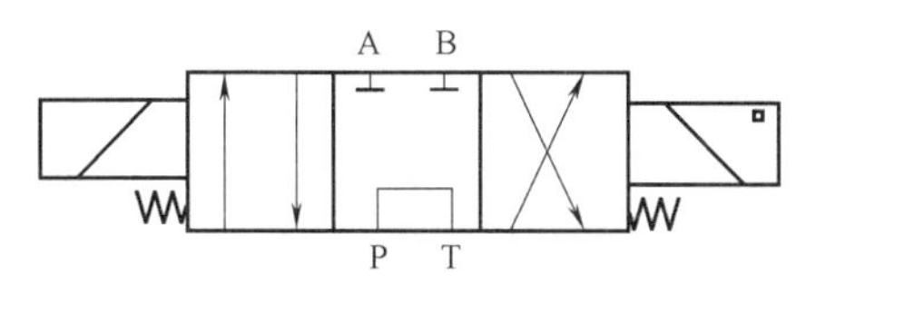

图 3-22 升降电磁阀

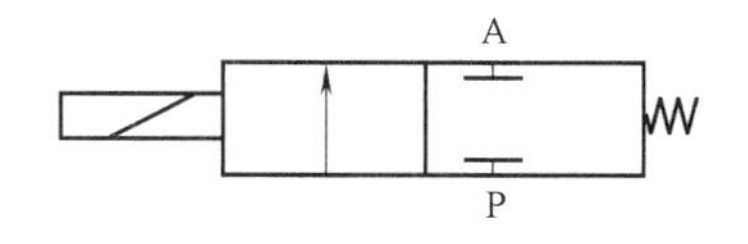

图 3-23 开关电磁阀

④ 液控单向阀：液控单向阀是一种反向开启可控的单向阀，属于方向控制阀，其除了当压力超过设定的弹簧开启压力时，允许油流自由通过外，还可以利用控制油路把在出口侧紧闭的阀芯打开，使油流逆向流动。见图 3-24。

3）液压油缸

液压油缸是整个系统的终端执行元件，一般由缸体、缸杆（活塞杆）及密封件组成，缸体内部由活塞分成上下腔。液压缸具有多种结构和不同性能。按其液压力的作用方式可分为单作用式液压缸和双作用式液压缸，单作用缸只是往缸的一侧输入高压油，靠其他外力使活塞反向回程。双作用缸则分别向缸的

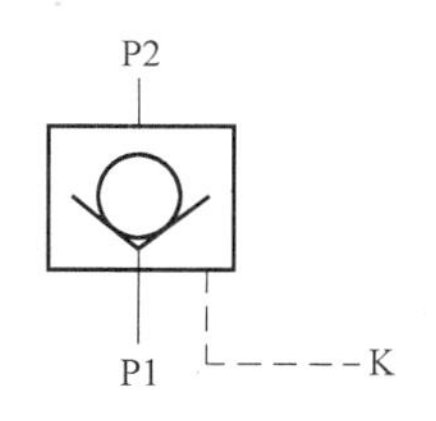

图 3-24 液控单向阀

两侧输入液压油，可以实现在计算机指令下可控伸缩运动。

4）位移传感器

位移传感器对负载位移量进行数据采集，并与PLC进行数据交换。

5）压力传感器

压力传感器对液压油缸内部压力进行数据采集，并与PLC进行数据交换。

6）信号线

信号线是传输指令和传感器采集信号的载体，为保持信号稳定，应采用屏蔽线缆。

（4）工艺流程

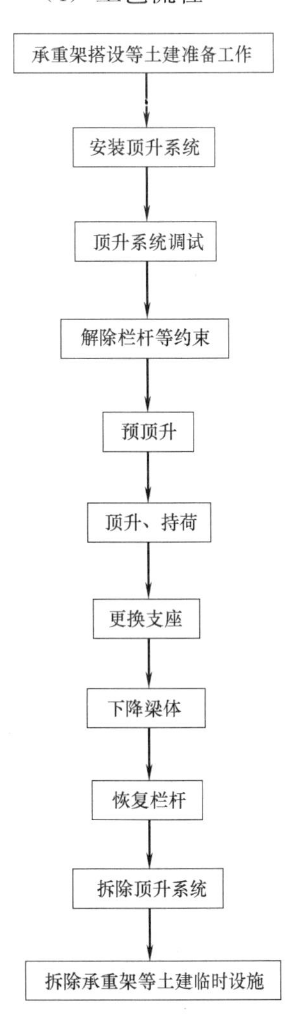

图3-25　顶升流程图

同步顶升工作流程图见图3-25。

（5）支座更换施工

1）承重架等土建辅助设施

油缸需放置在具有足够承载能力的基础之上。一般而言，当盖梁或桥台与梁底具有足够的建筑高度，可以安装油缸并方便施工，宜优先将油缸放置在盖梁或桥台之上。

当上部结构主梁与桥台或盖梁间的空间不足时，需另设结构安放油缸，根据桥梁结构、交通、桥下净空的不同可采用搭建承重支架、附着式承重架、扩大基础等方式解决。限于篇幅，以下仅讨论搭建承重架的方式。

承重支架具有搭拆方便、受力明确、施工快捷、可重复使用等优点。承重架的选择需根据顶升反力计算确定，满足强度、刚度要求，并验算其稳定性。为方便安拆及重复使用，通常采用模数式钢管支架，可根据桥梁净空灵活组拼各单元墩柱。此外，承重架基础亦需满足承载力要求，且基础尽量做到均匀、密实，如下部有承台或扩大基础，宜设置在其上。施工时可挖除承台之上的覆土，露出承台顶部，浇筑钢筋混凝土，作为支顶支撑基础，混凝土顶面必须水平。

为确保承重架整体稳定，钢墩柱承重架与桥墩之间要有可靠连接，同时，钢支柱之间也要以角钢等进行联结。图3-26为某桥承重架结构立面图。

2）解除桥梁约束

桥梁顶升前要解除可能的约束，这些约束既可能来自桥梁结构本身，比如栏杆、防撞墩、声屏障、支座上下钢板之间联结板等，也可能是由于施工原因引起的，比如跑浆、钢筋卡滞、丧失活动功能的抗震销棒等，如顶升城铁桥梁，尚需松掉钢轨扣件弹条。

3）顶升

将油缸放置在设计位置，如基础不平则需实现处理基础，当油缸本体高度与顶升高度之和小于梁底与盖梁（桥台）或钢支柱净空时，油缸顶部尚需加设一定高度的圆形钢板，最顶端再设置一块圆板橡胶支座，以此增大受力面积，降低梁底应力，并且消除梁体坡度

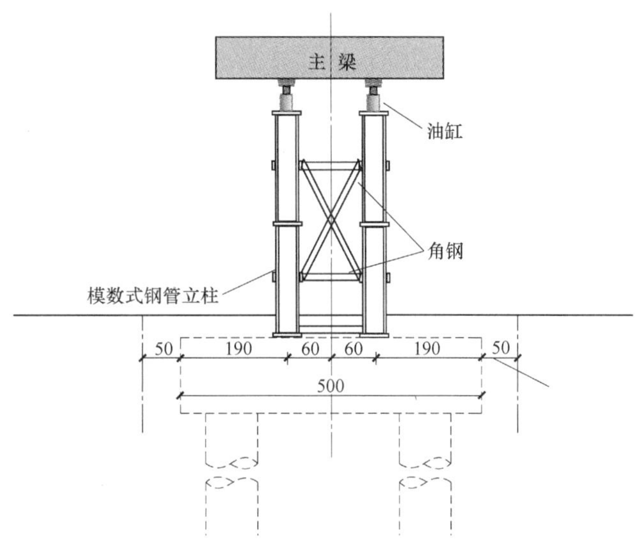

图 3-26 承重架立面图

及不平度造成的应力集中。油缸用限位销卡住，不使其脱位、滑动。

按顺序对号安装高压油管、位移传感线和压力传感线，用总线连接总控制台和分泵。

准备工作就绪后，确定液压和电路正确连接完毕，按顺序做如下工作：

① 准备工作

进入 PLC 同步顶升系统监控主界面，打开控制子站电源，连接各分泵，启动液压设备。

② 预顶紧

以快进模式使油缸柱上升，当橡胶板顶面顶到梁底且油缸压力达 5bar 之后，表示油缸已经顶紧梁底，但尚未使梁体升起，此时完成预定紧工作。

③ 正式顶升

选择油缸编号及分泵，打开液压设备，输入位移值，按下启动按钮，使油缸同步上升，顶起梁体。

顶升过程中分组监控油缸压力、梁位变化（包括结构变形）、承重架变形，随时测量梁体实际顶升数据，遇油缸压力异常变化（急剧增大或降低）、梁体变形等情况立即关闭系统，排除故障后方可继续顶升。见图 3-27。

图 3-27 同步顶升箱梁

4）更换支座

当顶升到预定位置后立即用钢板塞紧墩柱与梁体之间的缝隙，尽量不使油缸长时间负载。采用专门制作的扩张器配合扁钢钎、铁钩等将旧支座快速拆除。

用丙酮去除钢板上的铁锈，并擦拭干

净。采用环氧树脂粘贴支座，要求支座密贴、粘贴液充盈。

四氟板顶面均匀涂抹硅脂，粘贴前将上下钢板擦拭干净。

5）桥梁复位

支座粘贴完毕后，用高压空气清吹伸缩缝及梁底，不留任何约束梁底下落的东西。一切工作完毕后，再次启动同步顶升系统，收回液压油缸，使梁体复位。

6）恢复结构

桥梁复位后即可按要求恢复栏杆、防撞墩、铁轨扣件等结构。

7）设备拆解

顶升完毕后注意检查各设备元件状况，对漏油部位查清原因并拧紧，此后按照编号逐一拆解装箱，高压油管、信号线要盘好，用扎带扎牢，不散放。

3.2.2 支座维修工程实例

1. 工程概况

京周公路某桥，现况桥梁由新旧两桥组成，旧桥上部结构为两跨 C25 钢筋混凝土宽幅 T 梁，跨径 11.08m，每跨 3 片梁，旧桥宽 6.55m，下部结构分为桥墩与桥台，其中桥墩由钢筋混凝土扩大基础及墩柱组成，桥台为重力式，块石结构；新桥上部结构为一孔 C40 预应力混凝土 T 梁，跨径 22.2m，七片主梁，新桥宽 13.35m，下部结构钢筋混凝土扩大基础及桥台。新旧桥通过桥面铺装连为一体，全桥宽 19.9m。见图 3-28、图 3-29。

旧桥支座为简易油毡支座，新桥则为 GJZ200mm×350mm×42mm 板式橡胶支座，检测报告及相关资料表明：该桥旧桥部分油毡支座已完全老化、损坏，新桥部分支座也已发生剪切变形、鼓包等病害，且梁底支座钢垫板均有严重锈蚀，影响了桥梁的正常受力状况。

为维持该桥的正常使用，对该桥支座进行全部更换。

图 3-28 桥梁全貌

图 3-29 西侧桥台

2. 更换方案

采用计算机控制同步顶升系统将桥梁统一升高一定高度，之后拆除原有支座，将旧桥简易支座更换为 0.5cm 厚橡胶板，将新桥支座按原设计更换。

3. 顶升方案及其施工组织

（1）顶升设备布置

根据该桥桥型特点，每片主梁两端各设一个油缸，全桥共设置26个油缸（CLRG1506），这26个油缸分为5组，每组由一个子站（KLZZF）和分泵（ZE4440SE）控制，其中两侧桥台各设两组，每组5个油缸，旧桥桥墩处设一组，6个油缸，具体见顶升设备布置图（图3-30），5个子站负荷接近，便于同步操作。

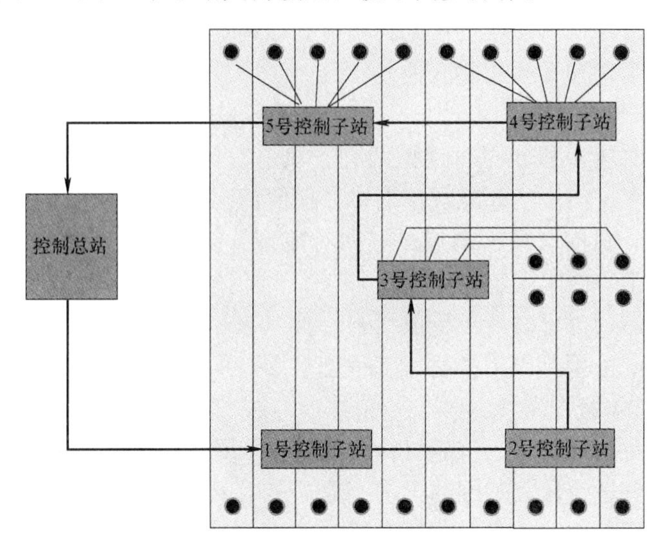

图3-30 顶升设备布置图

（2）支搭承重架

每个油缸由一个钢管柱支撑，C25混凝土基础，宽1.2m，厚20cm，支柱与桥台和墩柱之间用螺纹20钢筋连接，支柱之间则以10/8角钢联结。

（3）约束解除

约束该桥顶升的结构有桥梁两端的弹塑体伸缩缝、栏杆和步道结构，分别用气割和风镐解除伸缩缝位置的栏杆和步道，以破坏原结构最少为原则。

（4）顶升过程（略）

（5）更换支座

顶升前精确测量支座位置、四角顶部与梁底的高差，详细记录，并配图说明。

用电动冲击钻、扁钢钎将旧支座拆除，清理旧支座环氧砂浆，露出盖梁混凝土。用环氧砂浆修补盖梁及梁底破损处。

用环氧砂浆或环氧树脂粘贴支座，要求支座密贴、粘贴液充盈。

按照顶升之前测量的支座数据粘贴支座，确保梁体落位后各支座变形与更换前保持一致，避免因受力状况发生变化引起上部结构发生内力重分配并因此引起变形甚至开裂。

（6）桥梁复位

支座粘贴完毕后，取出伸缩缝位置的木楔，用高压空气清吹伸缩缝及梁底，不留任何约束梁底下落的东西。

（7）设备拆解

（8）恢复结构

桥梁复位后即可按要求恢复伸缩缝、步道和栏杆结构。

3.2.3 伸缩装置病害与维修技术

1. 伸缩装置分类

城市桥梁有多种伸缩装置，进行明确的分类比较困难。为便于叙述方便，本部分侧重于从传力方式及构造特点出发，将常见的城市变形装置分为对接式、钢制支承式、橡胶组合剪切式、模数支承式和无缝式共五种。

1）对接式伸缩装置

可细分为填塞对接型和嵌固对接型两种。填塞对接型伸缩装置是以沥青、木板、麻絮、橡胶、锌铁皮等材料填塞缝隙，伸缩体在任何情况下都处在受压状态，因此伸缩量一般都在40mm以下，目前已经不多见。嵌固对接型伸缩装置利用不同形状的钢构件将不同形状的橡胶条（带）嵌牢固定，以橡胶条（带）的拉压变形来适应梁体的变形，其伸缩体可以处于受压状态，也可以处于受拉状态。有W、SW、M、GQF-C等多种形式，该类装置用在伸缩量80mm及其以下的桥梁工程上。

2）钢制支承式伸缩装置

该型伸缩装置是用钢材作为跨缝材料，能直接承受车轮荷载的一种变形构造。种类繁多，构造复杂，能够适应较大范围的梁端变形。多用于钢桥，少量用于混凝土桥梁。常见的有钢梳齿板型和折板型。伸缩范围很宽泛，可达40～300mm。

3）橡胶组合剪切式（板式）伸缩装置

该型装置是利用橡胶材料剪切模量低的原理设计制造而成。设有上下凹槽，橡胶体内埋设承重钢板和锚固钢板，并设有预留锚栓孔，通过螺栓与梁端连成整体。依靠上下凹槽之间的橡胶剪切变形来满足梁体结构的相对位移。该型装置利用橡胶材料剪切模量低的原理设计制造而成。

4）模数式伸缩装置

模数式伸缩装置由橡胶带与异型钢（C型、F型、E型等多种），组成，两侧还有混凝土保护带，变形量可达80～2000mm。根据伸缩量的需要，可增加中钢梁和密封橡胶条的数量。此种变形装置伸缩范围大，适应范围广，牢固、耐久，是目前城市桥梁中应用最多的一种类型。

5）弹塑体伸缩装置

该型变形装置是利用特制的弹塑型复合材料灌入缝中，依靠弹塑体材料的弹性伸缩起到适应伸缩缝宽度变化的作用，适用于伸缩量不超过50mm的中、小跨径桥梁。

2. 伸缩装置主要病害

各种类型的伸缩装置病害类型也各有不同，大致归纳为以下几种：

（1）混凝土保护带开裂、破碎、钢筋裸露。此种病害主要发生于模数式和梳齿板伸缩装置中。

（2）型钢断裂、弯曲。主要发生在模数式、钢板式伸缩装置。

（3）缝间塞满杂物，造成伸缩受限。这种病害较常见，发生在模数式、梳齿板式、钢板式伸缩装置。

（4）中梁破坏，主要发生在模数式伸缩装置中。

（5）弹塑体材料剥落。

(6) 梳齿板钢板脱落和螺栓松动甚至缺失。

(7) 伸缩箱卡滞。发生在模数式伸缩装置中。

(8) 伸缩缝挤严。由于设计、安装、极端温度等原因引起的伸缩量过大，导致原始缝宽不满足梁体伸长要求。

3. 变形缝维修

(1) 钢类病害的维修

此类病害包含型钢断裂、弯曲；中梁断裂、伸缩箱卡滞、梳齿板缺失、螺栓松动等。

此类病害应视情况综合处置，一般病害可采用焊接方式予以恢复，焊接时应注意焊条与钢结构相匹配，断裂处应用砂轮磨出V形槽，深度10mm，宽度15～20mm，焊接要饱满、行车面尚应打磨平整。

型钢弯曲与其锚固钢筋开焊有关，首先将开焊钢筋补焊牢固，再通过气焊调整温差，使钢带直顺。如果弯曲由其下的伸缩箱卡滞引起，尚应首先解锁伸缩箱。

伸缩箱卡滞一般由两种原因引起，一种是伸缩装置出厂时伸缩体与箱套是临时点焊在一起的，安装时应将其解开，如果没有解锁而投入使用，就会发生伸缩受限。另一种是混凝土浇筑过程中箱套中流入了混凝土，阻碍了其正常伸缩。对于卡滞现象应及时处置，及时切开临时点焊位置，如果点焊位置无法解开，或者箱内混凝土不易取出，即应破除混凝土保护带混凝土，取出型钢部分，解除相应约束。

异型钢类伸缩装置的密封橡胶带（止水带），损坏后应及时更换。密封橡胶带的选择要满足原设计的规格和性能要求。

梳齿板的缺失应分析发生原因，如果由于齿板伸长受阻导致齿板顶起，在轮胎冲击作用下最终导致开裂直至丢失，则应首先解除卡滞因素，再用相同规格的齿板补焊，最后打磨平整。

螺栓松动应及时拧紧，若无法拧紧，可以用植筋的方式加固。

(2) 弹塑体剥落的维修

首先用钢钎清除破碎部分，露出新鲜面，用压缩空气进行全面清理，并保持暴露面干燥。采用与原弹塑体相同的材料和配比配置新料，严格计量。旧弹塑体应进行局部加热，并在浇筑新弹性混凝土之前在整个浇筑区（包括钢件）涂抹表面粘结剂。混凝土的各原材料应在不同容器中称量，并按照配合比进行混合。严格按照要求的温度和时间进行材料加热，之后将混合料均匀地浇筑到位，并及时用抹子抹平，待温度降低到环境温度时可放行交通。

4. 混凝土保护带维修施工

(1) 开槽

用小线弹出开槽范围，一般情况下保护带应全部更换，如破损范围比较小，该范围应略大于表面破损部分，以破除后切面直顺、无松散混凝土为度，破损范围不规则的，宜取直，切线范围成规则形状。以切边机沿线切缝，缝宽5mm，深度宜大于5cm，切除时以流水降温，废水应有效收集或引出，不得污染桥面。

(2) 拆除混凝土

切缝外侧用直木板顺缝压平，以风镐破碎保护带混凝土，临近切缝处要细心操作，不破坏切缝外侧部分。凿除时应最大限度减少对原有钢筋的损伤，尤其与混凝土锚固的主筋。推荐采用高压水铣设备进行无损拆除，此方式可以对混凝土进行精确破碎，且不会破坏钢筋及邻近混凝土结构，保持原钢筋的完整性，并有利于新旧混凝土的结合。

（3）安装

伸缩缝出场长度一般小于 12m，缝长大于此长度需要接长，应采用专用固定装置进行接长焊接，焊缝质量符合相关要求，并打磨平整。为便于调整，用小型龙门架吊装入位，每 3～5m 设置一道龙门架，通过倒链和撬棍精确调整伸缩缝位置，用短钢筋焊接固定。

安装时需根据预计浇筑混凝土终凝时间点上的梁体平均温度进行缝宽调整。计算公式如下：

1）温度变化引起的伸缩量

$$\Delta l_t=(T_{max}-T_{min})\alpha l$$

式中 Δl_t——温度变化引起梁体总的伸缩量（mm）；

T_{max}——本地区日最高气温（℃）（对于钢结构桥，取值应增加+10℃）；

T_{min}——本地区日最低气温（℃）（对于钢结构桥，取值应增加−10℃）；

α——膨胀系数，混凝土材料 $\alpha=10\times10^{-6}$，钢结构 $\alpha=12\times10^{-6}$；

l——相邻伸缩装置之间的长度（m）（多跨连续梁结构为各跨长度的总和）。

2）混凝土徐变及干燥引起的收缩量

$$\Delta l_C=\frac{\sigma_P}{E_C}\phi l\beta \qquad \Delta l_S=\varepsilon l\beta$$

式中 Δl_C——由于徐变引起的收缩量；

σ_P——由预应力等荷载引起的截面平均轴向力（MPa）；

E_C——混凝土弹性模量（MPa）；

ϕ——混凝土徐变系数（一般取 2.0）；

l——相邻伸缩装置之间的长度（m）（多跨连续梁结构为各跨长度的总和）；

β——混凝土收缩徐变的递减系数（表 3-17）；

Δl_S——混凝土干燥引起的收缩量；

ε——混凝土收缩应变。

混凝土收缩徐变的递减系数 **表 3-17**

混凝土的龄期(月)	0.25	0.5	1	3	6	12	24
徐变、干燥收缩的递减系数(β)	0.8	0.7	0.6	0.4	0.3	0.2	0.1

对处于养护维修阶段的混凝土桥梁，大多混凝土龄期已经大于数年（β 趋于零），梁体的收缩、徐变已经基本稳定，由徐变及干燥引起的收缩量可以忽略不计。

3）荷载变化引起梁头转角位移量

梁头转角位移量与梁体的高度、刚度、结构类型和荷载有关。对于大跨径的预应力混凝土桥、钢桥（或刚度较小的桥梁），应根据有关资料认真核算其位移量。

4）伸缩装置规格的选取

$$\Delta l_0=\Delta l_t+\Delta l_s+\Delta l_c+\Delta l_r$$

Δl_0——基本伸缩量；

Δl_t——温度变化引起梁体总的伸缩量；

Δl_s——混凝土干燥引起的收缩量；

Δl_c——混凝土徐变引起的收缩量；

Δl_r——可变荷载引起梁头转角位移量。

考虑到施工误差和一些其他因素的影响，设计伸缩量应对基本伸缩量增加 10%～30%的富余量。即：$\Delta l=(1.1\sim1.3)\Delta l_0$

伸缩装置的规格，应根据桥梁支座的类型进行选取。支座一端为固定而另一端为活动端的桥梁，其伸缩装置的规格，应按设计伸缩量进行选取；梁的两端均为活动端的桥梁，其伸缩装置的规格，应按设计伸缩量的 1/2 进行选取。伸缩装置的规格，应大于或等于选取值。

5）伸缩装置的安装定位

应按下式计算：

$$B=B_{min}+\Delta l_t^{+}+(\Delta l+\Delta l_0)/2$$

式中：B——安装宽度（mm）；

B_{min}——伸缩装置产品最小标准安装宽度（mm）。

$$\Delta l_t^{+}=(T_{max}-T_{set})\alpha l$$

式中：Δl_t^{+}——温度升高引起梁体的伸长量（mm）；

T_{set}——伸缩装置安装时的温度（℃）。

当在计算基本伸缩量时，加入了混凝土徐变和干燥引起的收缩量，伸缩装置的安装宽度应按下式计算：

$$B=B_{min}+\Delta l_t^{+}$$

对于梁端设计最大伸缩量小于 30mm 的异型钢类伸缩装置，为了便于更换止水带，最小开口宽度设置不应小于 30mm。

（4）植筋与钢筋绑扎

旧混凝土拆除后需根据原钢筋情况进行钢筋加强，应满足新伸缩装置的安装技术要求。锚固预埋件如有缺损，应按设计补植连接锚筋，连接筋与锚筋的搭接长度应符合焊接要求，严禁点焊连接。

补植连接锚筋的方法与要求：

1）在梁板上无筋处用电锤打孔，孔径大小比预栽锚筋的直径大 4～6mm，深度应大于锚筋直径的 15 倍。

2）用高压气体将孔内粉尘和水分清理干净。

3）植筋胶拌合后灌入孔内，将螺纹钢筋插入，植筋胶固化前不得触碰受力。

4）为了减少焊接温度对植筋胶强度的影响，锚筋焊点后要留有一定长度，在焊接时绑扎湿抹布减少热量的传导。

（5）浇筑与养生

保护带混凝土除应具有足够的抗压强度外，尚应具备足够的韧性，一般其抗压强度需在 C40 以上，且掺加钢纤维，或聚合物纤维。基于环保及质量控制的要求，宜采用商品混凝土或干拌混合料现场拌合的方法。

用硬塑料泡沫板进行充填；填塞伸缩缝，必要时用胶带粘接牢固，应认真检查，缝两侧严密分隔，确保无串通部分。

浇筑之前用清水充分润湿各槽面，但不留明水。混凝土在缝两侧交替入槽，从低向高顺序浇筑，采用振捣棒振捣，注意不得触碰硬质塑料。

在安装伸缩装置时，如浇筑混凝土不能完全充满（特别是异型钢类的支撑箱下），伸缩装置的承载能力和抗冲击能力都会降低，伸缩装置的使用寿命就会缩减，见图 3-31。

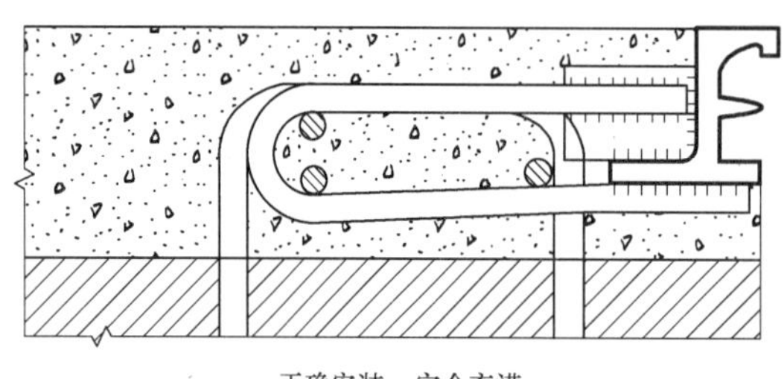

正确安装：完全充满

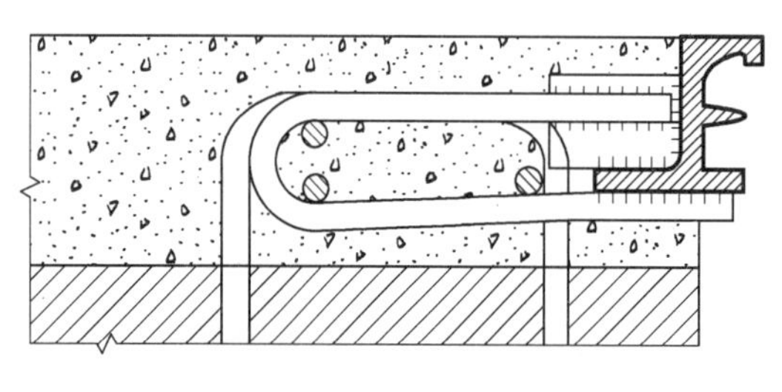

错误安装：型钢形成悬臂

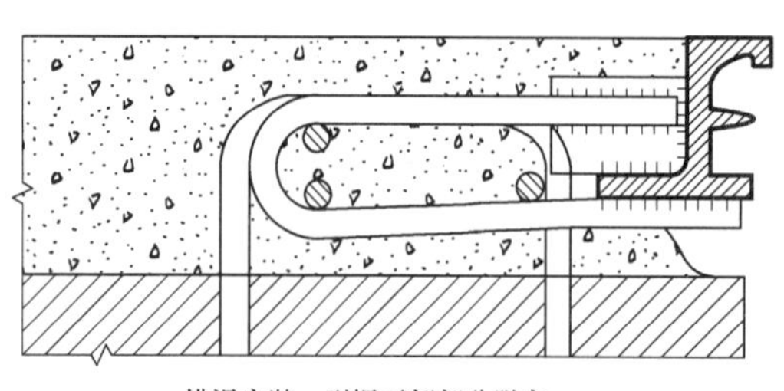

错误安装：型钢下部部分脱空

图 3-31　保护带混凝土浇筑示意图

浇筑完毕后用木搓搓平，其面应比两侧沥青顶面略高 1mm 左右，此后用塑料布或无纺布浸水覆盖，终凝前用铁抹子压光抹平，再次用无纺布浸水覆盖。

由于保护带混凝土较薄，因此当环境温度低于 5℃时单纯采用保温的方式难以满足强度增长需要，应采用蓄热法养生。

为尽快恢复通车，保护带多采用早强快硬混凝土，1h 抗压强度宜达到 20MPa 以上，2h 强度超过 30MPa，但弹性模量上升相对缓慢，因此在条件允许的情况下，尽量推迟开放交通时间。

3.2.4　伸缩缝维修工程实例

1. 工程概况

某桥共 9 跨，跨径布置为 3×27+(35+45.082+35)+3×27，两边各三跨 27m 预应力混凝土简支 T 梁，中间为三孔变截面钢混凝土组合连续箱梁。

新更换的桥面伸缩装置采用三维位移止水型模数式-80 型伸缩装置。保护带为 C50 补偿伸缩钢纤维混凝土，钢纤维含量体积率为 1.25%（98.125kg/m^3）。

（1）施工流程

交通导行→切缝（边缘贴胶带）→破碎旧保护带混凝土→安装伸缩缝钢梁→打孔、植筋→绑扎保护带钢筋网片→焊接固定→浇筑保护带混凝土→养护→安装伸缩缝内止水带→开放交通。

（2）施工步骤

1）拆除保护带混凝土

精确量测切缝位置，用白色记号笔画线标出，用切边机沿线切缝。用风镐拆除混凝土保护带结构，深度以梁的顶面为准，露出预埋件及连接钢筋，尽量保留原伸缩装置的预埋锚固筋。

2）安装伸缩缝钢梁

人工将伸缩缝钢梁放入槽内，用小龙门架将伸缩装置上的卡具环钩住，以调整伸缩缝平整度及平顺度。

空压机清吹保护带槽，聚苯乙烯泡沫板塞紧两梁之间的缝，漏缝处用砂浆补严。聚苯乙烯板延伸至伸缩缝钢梁间缝内 1～2cm。

伸缩装置调平采用下述方法：以 3m 长 20 号工字钢沿垂直于伸缩缝方向以 2m 间距排放，工字钢与缝两侧路面压紧，然后用 3m 直尺配合自制小门架逐段拉紧、调平，最后用铅丝与槽内钢筋绑扎牢固。

3）植筋

根据清理后钢筋缺失情况进行植筋。用电钻钻孔，孔径比钢筋大 3～4mm，孔位避让原结构普通钢筋。钻孔完毕后以高压干燥空气吹去孔底灰尘，将植筋胶由孔底灌注至约孔深 3/4 处，以插入接合钢筋后胶体充满整个孔洞为度。插入接合钢筋，适当转动，确保四周胶体均充盈，最后清除孔口多余胶体，在胶体终凝前，避免扰动接合钢筋。

4）绑扎钢筋

根据原保护带钢筋缺失情况补充必要的钢筋，且与原保护带钢筋绑扎及焊接，先点焊，后连续焊，随时量测伸缩缝钢梁的平顺度及高程，并据此调整电焊位置及顺序。

5）解锁、浇筑混凝土

全面检查伸缩缝钢梁的平顺度、直顺度、高程等项目，符合要求后解除出厂锁定，拆除垫板、楔片等多余附件。经验收合格后，浇筑保护带。浇筑保护带前，预留槽用空压机进行最后清理，再用水冲洗干净，使槽内周边浸透水，但不留明水。在浇筑混凝土前对伸缩缝两侧 1～2m 范围内路面用塑料布或其他材料覆盖保护，防止弄脏路面。在槽底及四周涂刷界面剂。对称浇筑混凝土，振捣密实，先用木搓子搓平，终凝前铁抹子压光。

6）养生

浇筑后用浸水无纺布覆盖，达到通车强度后撤除无纺布，恢复通车。

3.3 不开槽管道施工技术

3.3.1 技术概述

1. 技术优势与劣势

不开槽管道施工技术是指不开挖地层的情况下完成地下管道的敷设、更新、修复的工程施工技术，具有不需要地面建构筑物拆移、不影响地面交通，土方开挖量少、对环境干扰破坏小等优点；同时还能够消除雨季和冬季对开槽施工的不利影响。不开槽施工也有缺点，如需要事先探明施工范围内有无障碍物，混凝土管有无钢承插口防腐，钢管有无外防腐层损害等问题。

在繁华市区和管线埋深较深时，大多数情况下不开槽施工是比较合理的施工方法。在特殊情况下，例如在不破坏交通设施的情况下穿越道路、铁路、桥梁等建构筑物以及穿越河流等，不开槽施工可能是唯一一种经济可行的施工方法。

2. 综合技术

管道不开槽施工的管材采用较多的是抗压强度高、刚度好的预制管道，如钢管、钢筋混凝土管，也可采用其他金属管材、塑料管、玻璃钢管和各种复合管；断面形状多采用圆形，也可采用方形、矩形和其他形状。不开槽管道施工需要相应的管材、浆液减阻与加固、地面导向与监测等配套技术。

本节通过案例主要介绍小直径（微型）机械顶管施工技术、水平定向钻拉管施工技术、夯管施工技术三项较为常用的不开槽管道施工技术。上述三种技术或工法各自的特点对比见表3-18。

三种技术特点对比　　表3-18

施工工法	小直径(微型)机械顶管	水平定向钻拉管	夯管
工法优点	施工速度较快	施工速度快，周边影响小	施工速度较快，成本低
工法缺点	施工环节多，管理要求高，成本较高	控制精度较低，不适用于重力流管道	噪声大，城镇区域受限制
适用管道(材)	所有城市地下管道	柔性管道	钢管
施工精度	轴线水平位移±50mm	不超过0.5倍管道内径	轴线水平位移±80mm
施工距离	每次顶矩不宜超过50m	一次拉管不宜超过100m	不宜超过50m
适用地层	各种土层	各种土层	含水地层、砂卵石地层不适用

3.3.2　小直径（微型）机械顶管施工技术

1. 工程简介

（1）工程基本情况

本节介绍的工程为某城市支路污水管道顶管工程，起点W16号井，终点W18号井，全长70m。本工程顶管有关数据见表3-19。

工程技术参数　　表3-19

序号	顶进坑	接收坑	顶管长度(m)	管材	管道埋深(m)	设计最大顶力(kN)	所在土层
1	W16	W18	70	钢筋混凝土管(Ⅲ级)	4～5	5000	③-1亚粘土

本工程始发井和接收井情况见表3-20。

工作井情况　　表3-20

序号	编号	形式	长度(mm)	宽度(mm)	经过土层
1	W16	方形钢板桩顶进工作坑	4500	2500	①-1杂填土→①-2素填土→②亚粘土→③-1亚粘土
2	W18	方形钢板桩接收井	2500	2500	①-1杂填土→①-2素填土→②亚粘土→③-1亚粘土

钢筋混凝土管顶管：直径400mm，Ⅲ级，抗渗等级不小于S8，长约70m，采用顶进施工用钢筋混凝土管（DRCP Ⅲ）规格400mm×1500mm，《顶管施工法用钢筋混凝土排水管》JC/T 640—2010，管道的外观质量及几何尺寸应满足《混凝土和钢筋混凝土排水管试验方法》GB/T 16752—2006，管节间采用F-C型接口。

（2）地质情况

1）地形地貌

该路段基本处于岗地地貌单元，现场地形略有起伏，总体呈东高西低之势。

2）土层特点

根据勘探深度 16.0m 以浅土体其时代成因、岩性及其主要物理学性质，按照《公路工程地质勘探规范》JTJ 064—98 进行工程地质分层，划分成 3 个工程地质层。各土层工程地质特点如下：

①-1 层杂填土：杂色，表层多为 0.3m 左右混凝土地坪，下层为粘性土间杂较多碎石、砖块、煤灰渣及建筑垃圾，局部见生活垃圾，硬杂质含量 30％以上。该层各地段均有分布，层厚 0.50～2.80m，非均质，低强度。

①-2 层素填土：灰黄色，成分以粘性土夹杂少量碎石、砖块等杂质。该层部分孔缺失，其他场地内均有分布，层厚 0.50～1.80m，非均质，低强度。

②层亚粘土：灰黄色，硬塑，含铁锰质浸染，含次生粘土团块。场地内均有分布，层厚 2.00～5.00m，中高压缩性，低强度。

③-1 层亚粘土：褐黄色，硬塑，含铁锰质结核。场地内部分孔缺失，其他地块均有分布。顶板埋深 10.04～21.01m，层厚 2.10～7.30m，中高压缩性，中等强度。

③-2 层亚粘土：褐黄色，硬塑，均有软塑，含铁锰质结核。均有分布，未揭穿。最大控制厚度 8.20m，中压缩性，中等强度。

3）施工段土层情况

该段地质状况为地面以下 0.5m 处为杂填土，杂色，表层为 0.3m 左右的混凝土地坪，下部为粘性土间杂较多的碎石、砖块、粉灰渣及建筑垃圾，局部见生活垃圾，硬杂质含量 30％以上。地面以下 0.5～7.8m 为亚粘土，褐黄色，软塑状，含铁锰质结核。地下水位稳定在 1.0m。

2. 工程重点难点

施工场区为现状道路，北侧为某物流公司围墙，南侧邻近为居民小区围墙。周边居民较多，施工过程中需要少占地，控噪声且对环境影响小。

3. 主要施工工艺流程

见图 3-32。

4. 主要施工机具、材料及参数

（1）主要施工材料计划（表 3-21）

施工材料规格型号与数量　　表 3-21

序号	材料构件名称	规格型号	单位	数量
1	钢筋混凝土顶管	$\Phi400, L=1500, \delta=100$	节	48
2	钢筋混凝土顶管接头附件	$\Phi400$	套	48
3	C25 抗渗混凝土	C25	m^3	7
4	膨润土		t	15

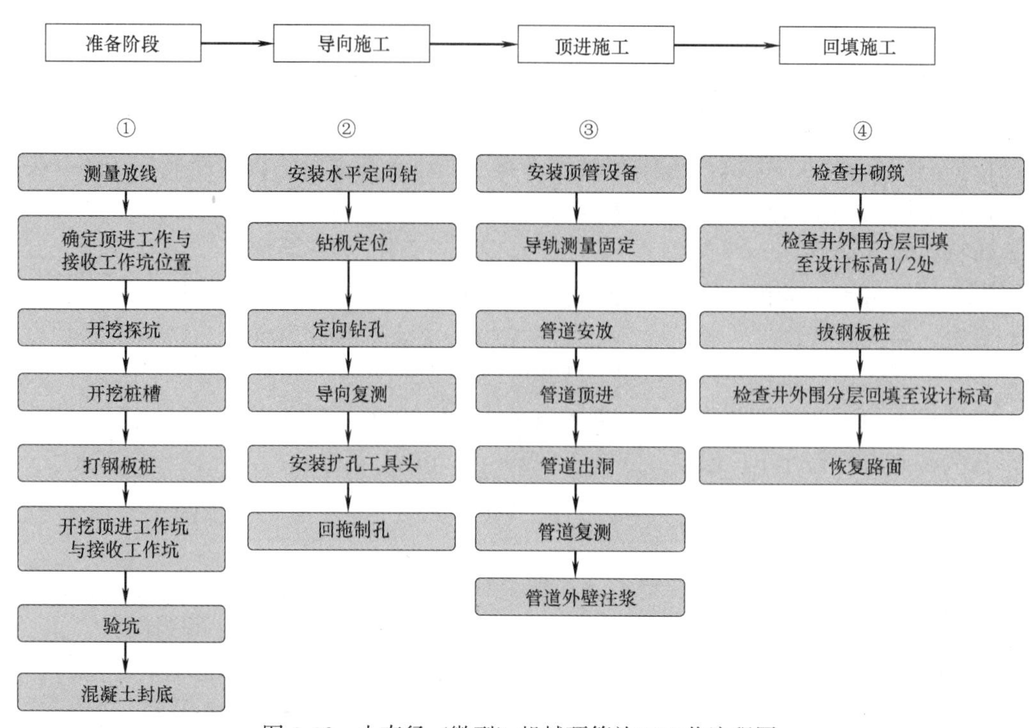

图 3-32 小直径（微型）机械顶管施工工艺流程图

（2）主要设备使用计划（表 3-22）

设备型号与数量 **表 3-22**

设备名称及型号	单位	数量	备注
水平定向微型钻孔机	台	2	
导向仪	台	1	
3t 龙门吊	台	2	
后座顶进装置	套	2	
泥浆槽	只	3	
钢板桩	根	210	
电焊机	台	2	
8t 吊车	台	1	
乙醛氧气	套	5	
液压油缸顶 100t	只	4	
压浆设备	套	1	
激光经纬仪	台	1	
水准仪 NA2	台	1	
挖土机 HD820	台	1	
泥浆泵	台	2	
水泵	台	4	
自卸汽车 10t	辆	2	
铁锹	把	12	
$50m^2$ 电线	m	300	

(3) 水平定向微型钻孔机

KDZJ-16000水平定向微型钻机是在工作井内实施导向铺管及回拖扩孔刀头的钻机。为了适用于各种狭窄的施工现场的布置，本设备分为两个单元：主机，动力站。该设备体积小且能力大，在均匀或混合土质层最大穿越长度达100m，最大施工管径800mm。

主机尺寸：设计上最大限度地降低对工作井内空间的占用，该机尺寸为2800mm×1600mm×1120mm。

动力站：37kW发动机，动力站通过高压软管与主机连接，为主机提供液压动力源。

采用双级伸缩油缸，缩小了钻机尺寸，油缸推拉力达100/55t。

钻机动力头采用双马达带动，最高扭矩可达16000N·m，转速为10r/min，可以很好地带动刀头切磨硬质地层等。

技术参数见表3-23

设备技术参数 **表3-23**

序号	项目	参数
1	发动机功率	37kW
2	最大扭矩	16000N·m
3	动力头最高转速	22r/min
4	动力头最高行走速度	700mm/min
5	钻杆长度	1m
6	钻杆直径	89mm
7	主机重量	3.5t

5. 施工进度计划

施工计划工期为20d。

6. 施工主要节点及方法

(1) 钢板桩井施工

1) 施工准备

施工前应认真熟悉图纸，与建设方沟通地下管线情况，进行测量放线，确定管道轴线和标高位置，对顶进工作坑（接收坑）位置放样，顶进工作坑平面净尺寸4.5m×2.5m，接收工作坑平面净尺寸2.5m×2.5m。工作坑及管道位置如图3-33所示。

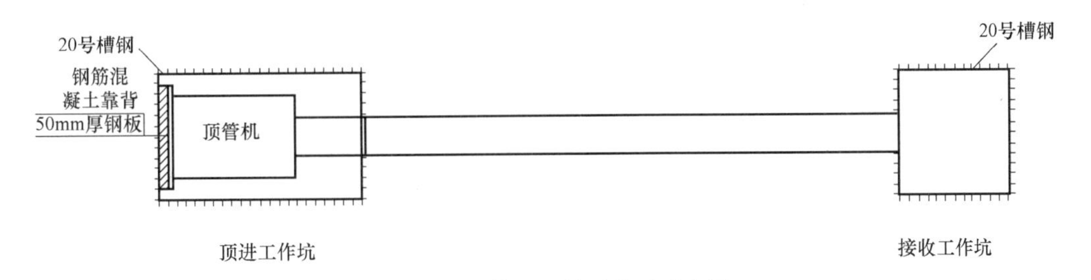

图3-33 工作坑及管道位置示意图

本工程管底标高较深，故本工程顶进工作坑和接收井采用钢板桩护壁钢板桩井，根据工作坑（接收坑）位置，沿工作坑（接收坑）中线十字方向人工开挖探槽探明地下管线，探槽开挖宽度 0.6m，深度至地面以下 1.5m 处。在确定地面以下 1.5m 范围没有障碍物后，沿顶进工作坑（接收坑）四边开挖钢板桩桩槽，拉森钢板桩需按相关设计要求打入顶进工作坑（接收坑）。

2）钢板桩的要求

对钢板桩来说，一般有材质检验和外观检验，以便对不合要求的钢板桩进行矫正，以减少打桩过程中遇到的困难。

外观检验：包括表面缺陷、长度、宽度、厚度、高度和平直度等项内容。

检查中要注意：对打入钢板桩有影响的焊接件应予以割除；割孔、断面缺损应采取措施予以补强；钢板桩有严重锈蚀的，应测量其实际断面厚度。原则上要对全部钢板桩进行外观检查。

材质检验：对钢板桩机械性能进行全面试验。包括钢材的化学成分分析，构件的拉伸、弯曲试验，锁口强度试验和延伸率试验等内容。每一种规格的钢板桩至少进行一个拉伸、弯曲试验。

3）钢板桩施工

本顶进工作坑（接收坑）采用密打钢板桩围护，钢板桩长度必须达到设计要求规定值，表面平整、无起拱扭曲现象；运输至现场后合理堆放，钢板桩堆放的地点，要选择在不会因压重而发生较大沉陷变形的平坦而坚固的场地上，并便于运往打桩施工现场。注意堆放高度不宜超过 2m，防止堆放产生的变形以及造成安全隐患。

装卸钢板桩宜采用两点吊。吊运时，每次起吊的钢板桩根数不宜过多，并应注意保护侧面免受损伤。吊运方式有成捆起吊和单根起吊，成捆起吊通常采用钢索捆扎，而单根吊运常用专用的吊具。

打钢板桩前要检查钢板桩的垂直度，弯曲的钢板桩要剔除纠正，钢板桩长度根据基坑深度按计算数据合理选取，打桩时首先要保证钢板桩入土的垂直度，入土深度要保证不得少于井深的二分之一。

钢板桩施工结束后，使用挖掘机开挖顶进工作坑（接收坑），顶进工作坑（接收坑）从地面算起间隔 1.5m 设钢围檩一道。挖至混凝土封底面上 200mm 停止开挖，使用人工修整至混凝土封底面标高。人工修整结束立即浇筑 C25 厚 200mm 混凝土封底。混凝土封底浇筑结束后，在顶进工作坑上架设龙门架起重设备，待混凝土达到 75%强度时，安装水平定向钻机及液压动力站等设备。

4）钢板桩拔除

工程完毕后即进行钢板桩的拔除。工程场地局限，故需采用专用的液压夹振动工具头替换挖掘机铲斗来进行钢板桩的拔除，即利用振动产生的强制振动扰动钢板桩周边土质，附加起吊力将钢板桩拔除。

钢板桩拔除后留下的桩孔，必须及时做回填处理，回填一般采用挤密法或填入法，所用材料为中砂。

（2）钻机安装

1）钻机吊装

钻机吊装时必须注意安全，由专人指挥，吊装现场划定安全区不得留有闲杂人员；钻机起吊前需对吊车和起吊索具进行检查。检查无误，将索具与钻机吊点紧密扣紧，检查牢固才可以起吊。钻机起吊时必须严格控制钻机离地高度，缓缓起吊和移动，起重臂下严禁站人，地面与井内人员保持通信线路畅通，紧密配合协调。

2）钻机就位

钻机吊入井位内，井内人员按事先标记好的钻机位置，指挥安放钻机。

3）钻机定位

对初步定位的钻机进行导向钻杆与管道轴线重合度，标高、坡度测量检查，并符合确认准确无误。

4）钻机固定

对钻机进行稳定加固，使钻机与井壁整体连接，并检查每一个连接点，确保牢固可靠。

（3）导向施工

1）顶进工作坑垫层混凝土强度达到混凝土设计强度的75%后，安装水平定向钻孔机，安装完毕测量钻机的轴线、坡度及钻杆的标高，所有指标符合设计要求后固定钻机。钻机固定完成后，在钻杆前端安装导向头，导向头内安装地磁测量探棒，确定导向头连接牢固开始导向钻进，钻进过程中应根据地磁导向测量的结果及时修正导向头的方向和标高，在导向头到达接收坑前需对接收坑坑壁钢板桩开洞。

2）导向施工控制

根据地形地貌确定导向头的控制方法；随时监控导向头方向和探棒温度变化，及时调整导向头的转动时点；合理确定转机顶推力、推进速度和导向头转动时间。

3）制孔施工

导向钻进进入接收坑后，拆除导向头，并安装制孔工具头，及时测量工具头的定位误差，在工具头的定位误差修正后进行回拖制孔。

回拖制孔时，注意钻机转动速度和回拖速度的控制，为保证孔道土质分布均匀，如遇到有土质较硬的或不明障碍物的施工段，应将回拖制孔工具头在该施工段来回拖拉，最大限度地保证孔道均匀。

4）制孔施工要求

制孔偏差标高应控制在±30mm，平面中心线在控制在±50mm。

制孔工具头应在进行定位修正达到控制要求以后才可回拖制孔。

制孔时对在导向过程中已经探明的土质不均匀部位，注意钻机转动速度和回拖速度的控制，以消除土质不均匀导致制孔偏位误差。

制孔施工不得间断，以防止因中途长期停置而导致摩擦力增加，造成制孔偏位。

制孔时必须不断地注入膨润土，以保持成孔的润滑和对孔壁的支撑，防止孔壁坍塌。

对于拖出的稀泥，由人工清出，顶进工作坑干化处理后，运出施工现场。

制孔中每班必须如实填写记录，记录中应包括制孔长度、土质变化、各种压力表数值、校正情况、机械运转情况及其他注意事项。

（4）顶管施工

1）准备工作

制孔成孔后，拆除制孔工具头，拆除水平定向钻机，根据管道设计标高、管道轴线和管道坡度安装钢制导轨、顶管后背墙、顶管设备。

2）顶管设备安装要求

贴紧工作坑壁浇筑钢筋混凝土后背墙，钢筋选用⌀16钢筋，后背墙尺寸为2m×2m×200mm，后背墙前加2m×2m×50mm钢板，后背平面要求垂直于管道中心线。

顶力设备为2×100t液压千斤顶，千斤顶行程$L=800mm$，与管道中心线对称布置。顶管施工时，顶力控制在2000kN以内。

使用43型钢轨作为顶管导轨，钢制导轨底部和两侧用钢板桩焊接固定，导轨安装的轴线、坡度和标高误差不得超过允许值。

3）管道顶进

顶管设备安装完成，进行导轨测量，导轨各项测量数值在允许以内，开始用龙门吊吊运管节。在前文水泥管前加带管帽将管道缓慢的推进土中，以确保管道不偏位。

4）管道顶进要求

顶管偏差高程控制在±30mm，平面中心线控制在±50mm左右；

首节管下到导轨上应测量其高程、轴线标高，确认符合设计要求后方可顶进；

管道顶进必须连续作业，以防止由于停顿时间过长，摩擦力增加造成“抱管”现象；

接口处橡胶止水圈必须放置到位并压紧，以防止管道漏水，其中心必须与所顶管节中心轴线一致；

顶管过程中随时观察千斤顶油压变化，保持两个千斤顶同步推进；

对于顶出的稀泥，由人工清出，接收工作坑干化处理后运出施工现场；

顶进中每班必须如实填写记录，记录中应包括顶进长度、顶力数值、测量记录、校正情况及其他注意事项。

（5）管道外壁注浆

1）注浆技术参数及施工工艺

由于扩孔时，原土层被扰动，故进行原土注浆加密处理，水灰比为0.8，注浆压力1MPa。当注浆压力保持1MPa，时间持续20min，不能再注入注水泥浆时，注浆完成。

注浆管采用40mm的PE材质注浆管，注浆的流量一般为7～10L/min。注浆采用自顶进坑管头向接收坑管尾注浆。

注浆使用的原材料及制成的水泥浆体应符合下列要求：

注浆用的水泥采用强度等级42.5（R）号普通硅酸盐水泥，受潮结块不得使用，水泥的各项指标应符合现行国家标准，并应附有出厂试验单。注浆时如使用的粉煤灰为磨细的粉煤灰。

浆体在凝固后，其体积不应有较大的收缩，制成的浆体短期内不应发生较大的离析现象。

2）注浆施工主要机具（表3-24）

注浆施工主要机具 **表3-24**

名　称	数　量
SYB50-50注浆泵	1台
储浆桶	1个
电缆	按施工要求确定
拌浆桶	1个
电箱	1个

3）注浆施工质保措施

施工前应根据设计要求，保证注浆量，对施工人员进行交底。

注浆压力、浆液配比应按设计要求派专人负责控制，严禁随意更改。

注浆采用强度等级 42.5（R）号普通硅酸盐水泥，水泥应保证不过期。其他辅助注浆材料符合设计要求。

施工过程中做好施工记录，包括压力、注浆量、浆液配比、材料质保书等各项工序指标。

严格按照方案中的注浆要求进行施工，掌握材料配合比，精心搅拌，浆液经搅拌均匀后再进行压注，并在注浆过程中不停顿地继续搅拌，浆体在泵送前要经筛网过滤。

注浆过程应连续均匀地进行。

发现管口处冒浆立即停止注浆，并设法封堵冒浆口，待浆液稍凝固后再补注。

注完浆后，必须先关注浆泵开关阀，待管内压力消失后才可以下管，注浆口要封堵好。

注浆工程系隐蔽工程，需如实、认真地做好原始记录。

（6）测量监测

地面监测主要是对地面沉降的监测，包括地下管线和相邻建筑物。由于顶管埋置较深，与地下管线的垂直间距有 2m 以上，根据历年来的经验，除加强沉降监测外，一般无须采用特别的地下管线及地面建筑物的保护措施，但由于临近居民小区及厂区围墙，需对小区影响范围及厂区围墙定期监测沉降及位移。

钻孔时，至少要有一名有经验的施工人员，随时观察土层和含水量情况，发现异常人员及时撤出，立即报告，等有关人员查明情况并采取了相关措施之后，再继续施工。

7. 工程结果

小直径（微型）机械顶管施工技术吸取了目前广泛使用的非开挖管道施工的各种方法的特点，是结合顶管和水平定向钻的技术优势而形成的一项专门的地下管道施工工艺，为了适应当前城市建设发展的需要，在考虑施工工艺时，要求施工机械和采用的方法与保障城市的正常运行相适应，最大限度地减少对城市生活的干扰。其主要特点为：（1）工作井、接收井工作宽度不得大于一个车行道的宽度，及工作宽度不超过 3m；（2）机械的用电量控制在 50～75kW 以内；（3）噪声一般控制在 75dB 以内，短时间控制在 90dB 以内；（4）出土以稀泥干化以后运出施工场地，而非泥浆运出，减小污染；（5）限制施工段长度，缩短工时占地时间，减少对市民出行的干扰。

3.3.3 水平定向钻拉管施工技术

1. 工程简介

（1）工程概况

本章节介绍的工程拟在穿越道路等障碍物时铺设强弱电套管，管材分别为 ϕ120、ϕ180 聚乙烯（PE）管，两种规格的水平定向管道共 4 处，穿越道路的水平定向管合计约为 235m。其中强弱电入地非开挖过路工程量详见表 3-25。

强弱电入地非开挖过路工程量 **表 3-25**

序号	桩号	长度(m)	孔数	备注
1	K1+010～K1+200	50	6 孔 180PE	其他区域为明挖
2	K1+200～K2+340	60	6 孔 120PE	
3	K1+340～K1+600	55	6 孔 120PE	
4	K1+600～K2+900	70	3 孔 180PE	

（2）施工场地条件

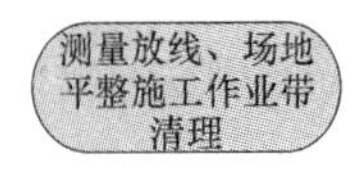

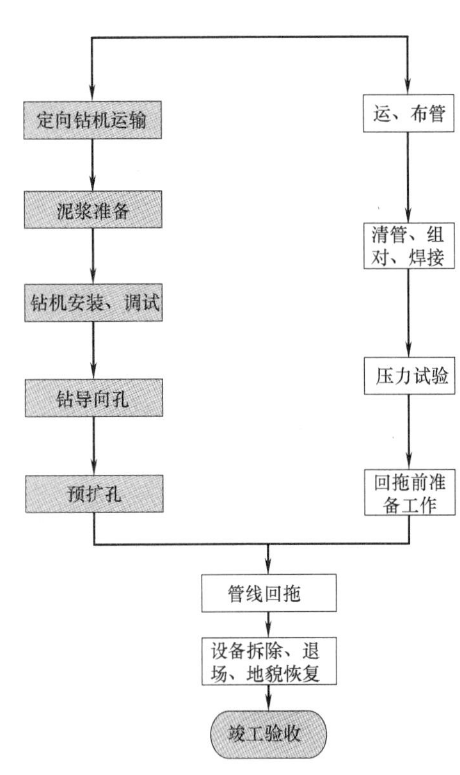

图 3-34　定向钻工艺流程图

1）地形地貌、土层特征

施工场地位于城市快速路沿线路段，为主要交通要道，交通繁忙，管网密集，埋深变化大，土层主要为填土层，适合非开挖施工。

2）场地管网分布情况

依据管线资料及现场调查发现，道路两侧分布有多条电信管、排水管道及给水管道等，均平行分布于道路两侧的慢车道及人行道上。

2. 工程重点难点

施工场地紧邻城市快速路，交通繁重，可以占用的施工场地小；既有道路下管线密集，施工作业难度大；施工场地位于城市，安全文明施工要求高。

3. 主要施工工艺流程

水平定向钻拉管施工过程一般分为三个阶段：第一阶段是按照设计路线尽可能准确的钻一个导向孔；第二阶段是将导向孔进行扩孔；第三阶段是将产品管线沿着扩大了的导向孔拖到钻孔中，完成管线穿越工作。

主要工艺流程见图 3-34。

4. 主要施工机具、材料及参数

（1）主要材料计划（表 3-26）

主要材料计划 **表 3-26**

序号	材料名称	型号	单位	数量	备注
1	聚乙烯管	ϕ180	m	510×1.02	1.02 为损耗系数
2	聚乙烯管	ϕ120	m	690×1.02	

（2）主要设备计划（表 3-27）

主要设备计划 表 3-27

序号	设备名称	规格型号	单位	数量	备注
1	铺管钻机	DDW-210	台	1	
2	铺管钻机	DDW-100	台	1	
3	导向探测仪	ECLIPSE	台	2	
4	管线探测仪	SUBSITE-70	台	1	
5	全站仪	JTS-225	台	1	
6	水准仪	DS22	台	1	
7	热熔电焊机	3HD/250	台	1	
8	塑料电熔焊机	DRJ	台	1	
9	电焊机	BX6-400	台	2	
10	塑料电锯	Φ200	台	2	
11	潜水泵	DN50	台	3	
12	潜水泵	DN100	台	4	
13	发电机	5kW	台	1	
14	发电机	15kW	台	1	
15	吊车	18t	辆	1	
16	平板车	25t	辆	1	
17	泥浆车		辆	2	
18	泥浆泵	7.5kW	台	2	

（3）钻机性能简介

DDW-210 水平定向钻机采用橡胶履带车载自行式组合，选用强劲功率的涡轮增压发动机，提供可靠的设备动力，扭矩大，独立的不停钻射流循环泥浆搅拌系统，钻机整体性能优越，效率高，可靠性好；适合市区和郊区多种工作环境。

5. 施工进度计划

施工进度视各标段工程合理需要合理安排，具体计划见表 3-28。

施工进度计划 表 3-28

序号	桩号	长度(m)	孔数	设备	工期
1	K1+010～K1+200	50	6 孔 180PE	DDW-210	3
2	K1+200～K2+340	60	6 孔 120PE	DDW-110	2
3	K1+340～K1+600	55	6 孔 120PE	DDW-110	2
4	K1+600～K2+900	70	3 孔 180PE	DDW-210	4

6. 施工主要节点及方法

（1）配置钻液

钻液在施工中起着非常重要的作用。钻液是指在钻进施工中用来与钻孔过程切削下来的土（或沙石）屑混合，悬浮并将这些混合物排出钻孔的一种液体，而泥浆则是钻液与钻孔中钻屑的混合物。钻液具有冷却钻头及保护其内部传感器的作用，同时也能润滑钻具，更重要的是可以悬浮和携带钻屑，使混合后的钻屑成为流动的泥浆顺利地排出孔外，既为回拖管线提供足够的环形空间，又可以减少回拖管线的重量和阻力。残留在孔中的泥浆可以起到护壁的作用。

在不同的地质条件下，需要不同成分的钻液，本工程的钻液由水、膨润土和聚合物组成。施工中水作为钻液的主要成分，膨润土和聚合物用作钻液添加剂。钻液的品质与钻屑的混合程度相关，所制造的泥浆的流动性和悬浮性越好，回扩成孔的效果越理想，工程施工的质量与安全的控制越稳定。

（2）导向

1）导向孔的钻进过程

导向钻进是铺管成功的关键环节之一，这个过程需要至少两名操作人员，一名钻机操作者操作钻机并控制钻具在地下的状况；另一名是定位探测仪操作员，负责监测、探测钻头在地下的走向和进尺情况。钻头上装有可发射无线信号的探头，它可穿过地层发出一种特殊的电磁波，操作员手中的探测器可以接受这些信号，经过处理后，让钻机操作者及时了解钻头目前的位置，显示的信号包括钻头走向、深度、造斜率和面向角等信号，以便及时调整钻头的方位，确保钻头按照事先设计好的轨迹钻进。钻机操作者可以在钻机上，通过仪表掌握钻进过程中施加给钻杆的压力和回转扭矩，在钻机仪表盘上，还可以看到来自探测装置反馈过来的一切信息，钻机操作者通过这些信息来调整钻头方位，操作台上的液压仪表和远距离信息显示仪表，就像操作的眼睛一样，可以随时观察孔底情况。

2）施工要点和施工注意事项

① 为确保本工程成功地完成定向钻进的导向工作，要严格按照设计规划好的穿越曲线钻进，主要是控制好钻进曲线不同位置的深度和造斜率，同时应尽量避免工程施工中途停钻。在不超过管道弹性敷设半径或钻杆弯曲极限的范围内，操作员应确保按设计的轨迹钻进。如果前一段钻进没有弯曲符合设计曲线，所出现的差值可以通过下一段来修正，并记录实际钻孔与钻孔的偏差，通过计算来调整钻进的参数。

② 设计钻孔轨迹时重点考虑以下影响因素：待回拖管线的材质、尺寸、曲率半径、钻杆弯曲极限、地层条件及地上、地下障碍物状况。

③ 导向孔钻进时，采用带斜面的非对称钻头。若一边旋转一边推进，钻孔呈直线延伸，即钻出一个直孔，若钻头只推进不旋转，由于地层给斜面钻头的反力的作用，使钻头朝斜面法线的反方向钻进，即实现造斜功能，钻出曲线或造斜孔。钻机操作人员根据地表的接收器探测出钻进参数（钻头的位置、深度、倾角和工具面向角等），判断钻孔位置与设计曲线的偏差，并随时进行调整，以确保穿越曲线按照设计的走向钻进。

④ 钻机配有控向探测仪器，其作用就是及时探测钻头在地下的实际位置，并将探测结果传输到地面接收显示器和司钻操作台上的远程显示器，司钻根据显示的数据进行方向调整和纠偏。

⑤ 在改变方向的过程中，钻孔的转角或转弯半径应该控制在一定的范围内，本工程PE管可不予考虑（$R=50D$，即导孔轨迹的弯曲半径应大于9m），只考虑钻杆的弯曲半径即可，使实际的钻孔曲线尽量平缓，以利于回拖。

⑥ 钻机场地准备好钻机到达现场安装调试完毕后，开始钻导向孔。导向孔的钻进质量或成败取决于下述因素：

a. 钻头实际的左右位置偏离、深度和最小离地间隙（或最小地面覆盖）。

b. 导向孔将提供实际的钻进土壤状况的资料，为正确决定预扩孔或回拖管子的工艺提供依据。

c. 完成的导向孔曲线应圆滑并逐渐转向，以便满足回拖管子的要求。

⑦ 为顺利完成导向孔曲线的钻进，应十分注意以下各点：

a. 正确地钻进第一根钻杆是非常重要的。先在钻头入土处挖一个小坑，使坑的平面与钻头进入方向垂直，并确信泥浆已经搅拌好已经具备开钻条件。

b. 钻头转向 6 点钟的位置，开动钻液泵。确信钻头喷嘴中有钻液流动。开始朝前推进并穿透地面保持钻头进入地面的斜度。第一根要没有任何转向直钻。

c. 接上第二根钻杆之前，要将这根钻杆转动并将钻头抽回入口坑，再将该钻杆旋转钻入地下。因为导向板总是大于钻头，这样重复钻进一次会形成更好的导向孔，并且可以在钻杆和孔壁间维持一个环形空间。

⑧ 钻进前都要确认泥浆泵开启，并观察压力表指示。应及时调整钻液流量，以便入口坑有泥浆流回，这有助于操作员判断环形空间是否仍然畅通。如果钻液压力表指向了最大值并停止在该位置，这可能说明钻头喷嘴堵塞住了。这时将钻头拖回将堵塞物清除。在清理喷嘴或卸下喷嘴之前，要确保钻机上泥浆压力已经卸掉。

⑨ 在钻孔的全程，定位员要决定钻孔的斜度、深度和与计划路径相关的实际钻孔路径。然后由操作员调整钻进位置来达到。在朝前推进至旋转的过程中，须密切注意遥控显示器上斜度的变化。

⑩ 对于任何一根钻杆，抽回再重复钻进有利于在钻孔中维持环形空间也有利于充分混合泥土，并且钻液可以流过整根钻杆。重复钻进技巧的运用有利于在导引孔中维持一个良好的环形空间。

⑪ 钻机操作员要注意观察，在出口坑没有钻液流出，意味着由于缺乏钻进经验或者使用了不适当的钻液，而导致了钻孔中环形空间的堵塞。随着钻孔长度延长，由于进入地下的钻杆摩擦力增加，从而旋转压力将会增大，旋转压力充分增大，可能是土层吸水并在钻杆四周膨胀的标志。如果这种情况发生，需要重新调整钻进泥浆和添加剂的性能和比例，或者重新钻导向孔。

⑫ 在整个钻孔过程中，必须时刻保证钻机操作员和定位员之间的良好的通信联系。

（3）预扩孔

1）预扩孔的工艺过程

预扩孔就是在实际铺设管线之前，经过一次或多次的扩孔来扩大钻孔的直径，以减小回拉铺管的阻力，确保施工顺利完成。最终成孔直径一般比管子直径大 100mm。

导向孔钻完成后，将钻头从钻杆上卸下，安装上合适的反扩孔钻头和分动器，然后在分动器后面接上回拉钻杆，进行扩孔钻进。扩孔的速度和地质及钻机的参数等因素有关，要选用合适的扩孔工艺参数才能顺利完成扩孔工序。

2）预扩孔的原则和需要注意的事项

预扩时，回扩头后面带的不是管子而是钻杆，钻杆是通过万向节与回扩头连接被拖入钻孔中的。

后面的钻杆安装之前，要确保钻机是被锁定的。

当扩孔完成，拉完足够的钻杆后，将钻机锁定，用液压管钳在出口点卸开钻杆接头，接上回扩头、万向接和钻杆转换连接杆。

按照安全操作步骤进行预扩。保持机组成员与操作员密切联系，确保整个连接过程的安全。

扩孔时视工作坑返浆情况，合理调配泥浆的黏度、比重、固相含量等技术参数。

（4）回拖管线

1）回拖管线的工艺过程

经过预扩孔后，才可以进行 PE 管的回拖工作，回拖管线时 PE 管在扩好孔的孔中是处于悬浮状态，管壁四周与洞之间由泥浆润滑，这样即减少了回拖阻力，又保护了管道少受损伤。经过钻机多次预扩孔，最终成孔直径一般比管子直径大 100mm，所以不会伤害 PE 管外壁。

先将拉管头与待铺管道连接起来，然后将拉管头与分动器连接，随着钻杆的回拉，管道慢慢进入孔内，直到完成全部管道的铺设。然后卸下扩孔钻头及分动器，取出剩余钻杆，取下拉管头，铺管工作完成。

2）回拖管线时的注意事项

回扩的过程中，主要是目标是将回扩头切削下的钻屑与钻液混合成泥浆，以便将泥浆排出，为新装管线提供足够的空间。

回拖的过程对于成功地完成一个钻孔是非常重要的，这时需要合适的性能和足够的钻液。

将回扩头与钻杆连接起来之前，检查万向节是否可用手自由转动。

拖头是锥形的封头，要求能承受回拖过程中将要承受的回拖力。

在回拖前、过程中和回拖之后，操作员和在产品管线一侧的机组成员之间要求保持通信良好。

回扩的速度不能够太快，回扩时需要时间切削地层并将切屑混合成泥浆。

拉管过程中为防止水及其他杂物进入待铺管道内，PE 管末端设 PE 端帽，与拉管头连接方式见图 3-35。

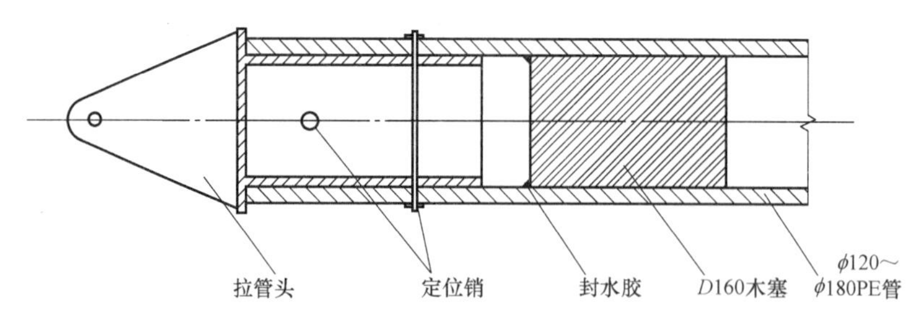

图 3-35　拉管头与 PE 管连接示意图

（5）泥浆

泥浆是定向穿越中的关键因素，被视为定向钻的“血液”，其主要作用是携带和悬浮钻屑并排到地表，稳定孔壁和降低钻进时所需的扭矩和推拉力，冷却和冲洗孔底钻具。泥浆的主要工艺性能是流变性和失水造浆性，现场控制的主要因素是泥浆的黏度、各种添加剂的配制以及泥浆的压力和流量。

1）泥浆性能的控制和调整

泥浆添加剂：为保证泥浆具有良好的流变性、高携砂性、固壁和润滑性能，在配出基浆的基础上，再按基浆重量的2‰～4‰比例加入各种泥浆添加剂，使用的泥浆添加剂有：增黏剂、固壁剂和润滑剂等。

黏度控制：根据穿越段地层情况，在钻导向孔阶段，泥浆黏度控制在35～45S；在预扩孔和回拖阶段，泥浆黏度提高5～10S；实际工作中，泥浆的黏度随土层的不同而变化，并选用不同的添加剂。

2）泥浆用量

定向穿越泥浆压力和流量的控制原则是高流量、低压力，通过调整高压泥浆泵的档位和转速、泥浆喷嘴的直径和数量、控制钻进和回拉速度等。造斜段：每方添加2包易钻+0.25L帮手+0.25L万用王。水平穿越段：每方添加2包易钻+0.5～1L万用王。按照工程情况计算，该工程需配制钻井液约90～100方，根据设计配方大约需要使用Hydraul-EZ易钻200包和3桶IVP万用王。现场准备5～6t的Hydraul-EZ易钻、3桶IVP万用王和部分帮手。

（6）PE管的保护、焊接及安装

1）PE管搬运、运输与存放

管材搬运时，必须用非金属绳吊装。

管材、管件搬运时，应小心轻放，排列整齐。不得抛摔和沿地拖。

搬运管材、管件时，严禁剧烈撞击。

车辆运输管材时，应放置在平底车上；直管和盘管均应捆扎、固定，避免相互碰撞。堆放处不应有可能损伤管材的尖凸物。

管材、管件运输途中，应有遮盖物，避免暴晒雨淋。

管材应水平堆放在平整的支撑物上或地面上。堆放高度不宜超过1.5m，当管材捆扎成1m×1m的方捆，并且两侧加支撑保护时，堆放高度可适当提高，但不宜超过3m。管件应逐层叠放整齐，应确保不倒塌。

管材、管件在外临时堆放时，应有遮盖物。

管材存放时，应将不同直径和不同壁厚的管材分别堆放。受条件限制不能实现时，应将较大的直径和较大壁厚的管材放在底部，并做好标志。

2）管道检验

管道的检验：除检查管道的合格证外，还要进行管道外观的检验，防止有划痕、破裂等。

管道切口表面平整，其倾斜偏差为管道直径的1%，但不得超过3mm。

3）焊接

在焊接过程中，操作人员一般应参照焊接工艺卡各项参数进行操作。但必要时，应根据天气、环境温度等变化对其作适当调整。

核对将要焊接的管材规格、压力等级是否正确，检查其表面是否有磕、碰、划伤，如伤痕深度超过管材壁厚的10%，应予以局部切除后方可使用。

用干净的布清除两管端的油污或异物。

将要焊接的管材置于机架卡瓦内，使两端伸出的长度相当（在不影响铣削和加热的情况下应尽可能短)，管材机架以外的部分用支撑物托起，使管材轴线与机架中心线处于同一高度，然后用卡瓦紧固好。

置入铣刀，先打开铣刀电源开关，然后再合拢管材两端，并加以适当的压力，直到两端均有连续的切屑出现后，撤掉压力，略等片刻，再退开活动架，关掉铣刀电源，切屑厚度应为 0.5mm 左右，通过调节铣刀片的高度可调切切屑厚度。

取出铣刀，合拢两管端，检查两端对齐情况，管材两端的错位置不应超过壁厚的 10%，通过调整管材直线度和松紧卡瓦可予以改善，管材两端面间的间隙也不应超过壁厚的 10%，否则应再次铣削，直到满足上述要求。

将加热板表面的灰尘和残留物清除干净（应特别注意不能划伤加热板表面的不粘层），检查加热板温度是否达到设定值。

加热板温度达到设计值后，放入机架，施加规定的压力，直到两边最小卷边达到规定值（0.1×管材壁厚+0.5）mm。

将压力减少到接触压力，继续加热规定的时间。

时间达到后，退开活动架，迅速取出加热板，其时间间隔应尽可能短。

将压力上升至规定值熔接压力，保证自然冷却，冷却规定的时间后，卸压，松开卡瓦，取出连接完成的管材。

4）注意事项

操作人员应遵循该工艺堆积和焊接工艺参数。

焊口的冷却时间可适当缩短，但应保证其充分冷却。

焊口冷却期间，严禁对其施加任何外力。

每次焊接完成后，应对其进行外观检验，不符合要求的必须切断返工。

冬期、雨期施工，应采取必需的防雨、防风、防冻措施。

7. 工程结果

水平定向钻拉管施工技术是一种环境影响小、工程造价低、施工速度快的非开挖施工技术，它具有实用性强、适用面广、效益好等特点。(1) 采用定向钻穿越施工时，地上功能能够正常使用。例如穿越公路、铁路时，可不阻断交通；穿越河流时，可保证河流畅通，不阻断通航、排洪。(2) 由于采用了非开挖施工，减少了大量工程土的开挖、运输和堆放，有利于环境保护。同时，也相应地减少了基础埋设、地面恢复等的费用。(3) 施工周期短、作业安全迅速、综合成本低，社会效益显著。在开挖施工无法进行或不允许开挖施工的场合，可用定向钻从其下方穿越。在城市建设高速发展的今天，避免重复开挖、修复所造成的道路拉链工程，具有较高的社会及经济效益。在未来的城市地下管线工程中，定向钻技术将得到越来越多的运用。

3.3.4 夯管施工技术

1. 工程简介

(1) 工程基本情况

本章节介绍了某市热力管线工程利用 TR600 夯管锤进行穿越城市道路的热力管线施工，该工程铺设一条 ϕ1020mm 钢套管，单根长度 70m。

(2) 地质情况

据本次钻探报告揭露，勘探深度内，场地地层结构由人工填土、第四系全新统冲积层、第三系及震旦纪组成。按其岩性及其工程的特性，从上到下划分为：

细沙：灰～灰黄色，湿～饱和，松散状。矿物成分以石英、长石为主。

中砂：灰～灰黄色，湿～饱和，松散状～稍密状。矿物成分以石英、长石为主。

砾砂：灰～灰黄色，饱和，稍密～中密状，强透水性，级配较好，矿物成分以石英、长石为主。

圆砾：浅黄色，饱和，稍密～中密状，强透水性，最大粒径 100mm，颗粒成分以石英、长石为主。

全风化千枚岩：黄色，全风化。亲水性较强，遇水易软化，手捏易碎散，稍湿，可塑状，具有丝绢光泽，可见千枚状构造，岩层已基本风化成土层，含未风化尽碎岩霄，可见原岩层理，干钻可钻进。为震旦系浅变质岩。

强风化千枚岩：黄色～灰白色，强风化。亲水性较强，具有丝绢光泽，千枚状构造，岩芯呈破碎块状，原岩结构明显，干钻不易钻进。

中风化千枚岩：黄色，中风化。具有丝绢光泽，千枚状构造，岩芯呈碎块～块状，岩石强度一般。

2. 工程重点难点

由于直接穿越城市道路，需保证穿越的方向与精度符合设计要求，不能对道路土层产生扰动，对路面不会造成任何破坏。加强现场管理，做好渣土处理工作，防止由于施工对环境造成影响。

3. 主要施工流程（图 3-36）

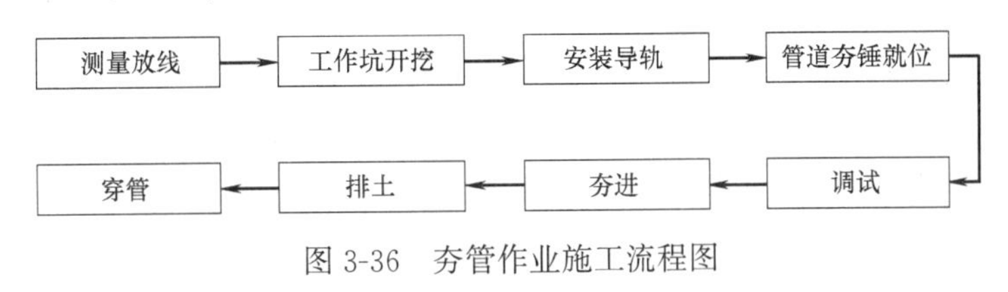

图 3-36　夯管作业施工流程图

4. 主要施工机具、材料及参数

（1）主要施工机具、材料及参数（表 3-29）

主要施工机具、材料及参数　　表 3-29

序号	设备名称	型号	数量	备注
1	气动夯管锤	TAURUS600	1	
2	空压机		1	21m^3
3	空压机		1	30m^3
4	汽车吊	徐工 QY20B. 5	1	20t
5	发电机		1	30kW
6	全站仪	中纬 ZTS600	1	
7	自卸汽车	豪沃 HOWO-7 重卡	1	6×4
8	挖掘机	小松 PC200	1	
9	水泵	50GW25-10-1. 5	2	1. 5kW

（2）气动夯管锤系统主要部件及作用（图 3-37）

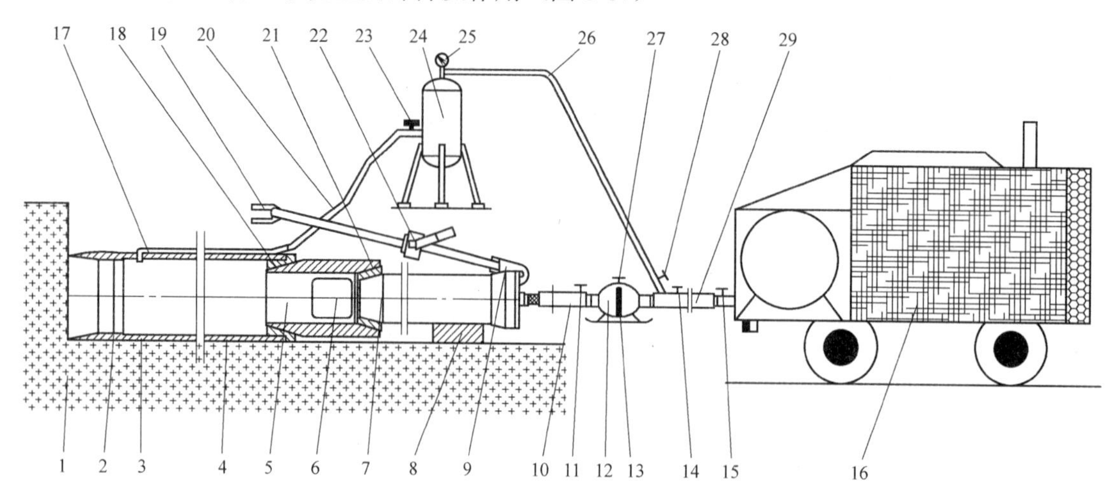

图 3-37　夯管锤系统的组装示意图

1—地层；2—切削头；3—钢管；4—垫木；5—出土器；6—出土窗口；7—夯管锤；8—滑车；9—钩子；10—高压气管；11—锤进气阀；12—注油器；13—示油窗；14—主进气阀；15—空压机排气阀；16—空压机；17—注浆硬管；18—夯管头；19—拉环；20—注浆软管；21—调节锥套；22—张紧器；23—注浆阀；24—储浆罐；25—压力表；26—进气软管；27—油量调节阀；28—注浆管进气阀；29—高压软管

主要部件作用：

切削头：又称管靴，焊接于钢管的前端，保护管口，减小切削面积，压实管外土层，减小土层对钢管外壁的摩擦力。

垫木：调整钢管及夯管锤的高度，使之保持在同一中轴线上。

出土器：传递夯管锤的冲击力，排出夯管过程中进入钢管内从钢管的另一端挤出的土。

夯管锤：提供铺管所需的冲击力。

进气阀：用于启动或关闭夯管锤。

注油器：由压缩空气将润滑油代入夯管锤中，润滑夯管锤中的运动部件，注油量可调，示油窗可观察其中的油量。

空压机：向夯管锤提供压缩空气和清除钢管内的土芯。

夯管头：防止钢管受锤击后管口扩径或损坏。

调节锥套：使夯管头、出土器和夯管锤与钢管直径间相互匹配。

注浆管：将泥浆或润滑液输送到钢管前端、管靴后部的通道。

注浆系统：由储浆罐、注浆管、气管、控制阀组成，可向钢管内外壁压浆减小摩擦阻力。

（3）夯管锤的结构

夯管锤系统中的主要设备是夯管锤（图 3-38）。

工作原理：压缩空气通过配气杆驱动冲锤在缸体中做往复运动，打击砧子夯击钢管。废气从减振器的排气孔排出。

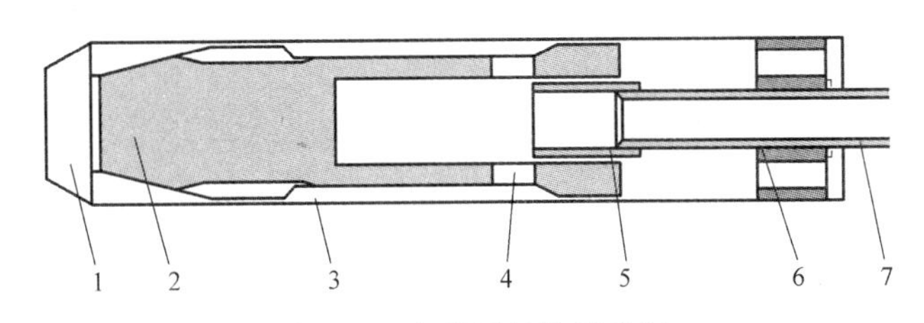

图 3-38 夯管锤结构示意图

1—砧子；2—冲锤；3—缸体；4—配气孔；5—配气杆；6—减振器；7—胶管

5. 施工进度计划

施工进度计划见表 3-30。

施工进度计划 **表 3-30**

序号	项目	计划用时	备注
1	测量放线	1d	
2	平整场地	2d	
3	铺滑道导轨	1d	
4	夯进	10d	
5	取土	15d	其中 10d 与夯进同步进行
6	恢复现场	3d	

结合实际情况，施工中如不遇较大自然灾害（如大风、大雨等）影响，计划 22d 完工。

6. 施工主要节点及方法

（1）场地平整

选择运输方便、平坦无障碍的一侧，修建施工便道。平整出夯管施工场地，以道路对侧作为接收场地。

（2）测量放线

据设计图纸和现场交桩放出穿越管段的中心线和夯进操作坑、接收操作坑的位置，打上控制桩。穿越管段中线应仔细调查管线资料并提前做好管线迁改保护工作，避开地下管线等障碍物。

（3）开挖夯进操作坑和接收操作坑

夯进操作坑应保证坑底长度为单根套管加长 3m，坑底宽度为管道宽度加宽 3m，上口长度及宽度根据深度及地质情况而定，深度根据设计管底埋深确定。在靠近套管入土的一侧挖出焊接作业坑，接收操作坑应保证坑底长度为单根套管加长 4m，坑底宽度为管道宽度加宽 4m，上口长度及宽度根据深度及地质情况而定，深度与夯进操作坑相同。根据地质情况和地下水位的不同，确定坑底的降水措施。对于易塌方的地质，应采取打钢板桩或临时支撑的方法以保证操作坑内的施工安全。

（4）施工设备及套管运输进场

夯管施工的主要设备为夯管锤和空压机、发电机、电焊机等，运输进场的套管长度应比设计穿越障碍的长度加长 2～3m。

（5）安装导轨

夯进操作坑挖好后，夯实找平后铺 20mm 渣石垫底层，铺设枕木或工字钢按照 800mm 的间距平行放置在工作坑的地基上，并固定好。布设导轨，用全站仪找平、找正，固定在枕木或工字钢上。导轨应按照设计要求的精度找正，用水准仪多点测量控制导轨的水平，根据需要的水平角度调节导轨的倾角。因为导轨的位置决定了套管及夯管锤的摆放位置，从而影响穿越的精度误差。

（6）首根套管吊运

将套管吊入夯进操作坑中放到导轨上，为防止套管的防腐层被破坏，应在套管与导轨之间每隔 2～3m 的距离放上弧形铁板，并在铁板上垫上胶皮，另外在第一根套管入土端的管口内外侧安装切削环。

（7）安装击帽

根据管径大小选择配套的击帽安装到套管上。

（8）安装夯管锤

将夯管锤吊入操作坑中与击帽连接后找正，使夯管锤、套管的中心线与设计中心线吻合。然后将夯管锤与空压机之间的管路连接好，启动空压机，打开操作阀，将夯管锤头部与击帽和套管固定紧后，关闭操作阀，检验夯管锤的方位与水平角，若偏差超过 0.5°需重新调整就位。

（9）试夯

打开操作阀，进行试夯，无异常后完全打开注油器阀进行正常参数夯管施工。

（10）夯进第一根套管

启动空压机，打开操作阀，夯管锤在起亚的作用下开始夯进套管。由于第一根套管夯进方向的准确性是关键，所以在第一根套管夯进 500mm 后，应认真测量一下套管的方位与水平角，角度偏差不超过 0.5°、轴线偏差不超过夯进长度的 1%时方可继续夯进 2～3m，再次校核钢管位置，继续采用“轻锤慢进”参数将第一根管夯入土层。若轴线偏差超过允许范围，应进行纠偏，将轴线偏差调整到允许范围后继续夯进工作，直到管头到达指定位置（管头留在操作坑外 0.6m 左右，以便和第二根套管进行焊接）。

一般所采取的纠偏措施：用人工在轴线偏差的相反方向将套管周围的清除，在轴线偏差的方向钢管外壁打楔子。

（11）套管前进阻力较大时进行清土

在套管夯进的过程中，发现套管前进的速度非常缓慢或停滞不前，施工人员应立即退出夯管锤，卸掉击帽，将套管内的积土清除干净后再安装击帽和夯管锤继续夯进。清土时，用高压水枪将套管内的积土冲出（采用该方法清土时，要在夯进操作坑的适当位置挖出集水坑，并将积水及时排除）；对于 *DN*1020 的大口径套管，也可用人工进入套管内进行掏土的方法将积土清除。

（12）第二根套管焊接和补口补伤

第一根套管夯到预定位置后，退出夯管锤，卸掉击帽，吊入第二根套管与第一根套管进行组对焊接和补口补伤，钢管之间采用 V 形焊缝焊接，焊接前，应检查两钢管的水平，此时完全打开注油器阀进入正常参数夯管，直至第二根管进入土层，校核导轨位置后，方可吊装第三根管，再校核钢管对接情况。

（13）夯管方向的控制

夯管的施工整个过程中，导轨的稳固性、方向正确性是最关键的因素。因此，轨迹的稳固应引起足够的重视。对于硬基底，可只填碎石，并捣密实。对软地层基底可浇筑混凝土垫层，宜先铺设0.2m厚的级配碎石再浇筑混凝土，以确保在夯管过程中，夯管锤的振动力不至于引起导轨下沉。其次，应正确安装导轨，保证导轨方向正确，导轨安装中心线水平与垂直位置允许偏差应小于5mm。

施工过程中遵循"勤测量、勤纠偏"原则，特别是开始的第一、第二根夯管过程，要加密校核次数，微小的偏差也需要及时纠正，否则出管时会将位置的偏差放大。

注意夯管锤工作参数的调整，特别是第一根管，应"轻锤慢进"夯入土层，同时，反复校核钢管方向。第一根管入土后，就基本决定了整条管道的方向，切忌因为赶工期而"重锤快进"，如造成重大工程失误导致返工反而会拖延工期。

（14）连续作业

夯管作业开始以后，要求连续进行，尽量减少作业间歇时间，且不宜中途停止。因为间歇时间过长，会造成土层和管外壁黏在一起从而增大摩擦力，使夯进阻力增大（本工程采取在管外壁涂抹润滑油脂的方式减小摩擦力）。

（15）清除套管内的积土

本工程采用机械和人工出土的方法进行管内出土。在夯进时，考虑到地下水丰富，计划前四节钢套管出土时保持头一节套管含土夯进，后三节管采用人工入管掏土。当夯管夯至中砂层时，为避免水量过多，水压过大，阻碍到正在机械取土的设备，造成钢套管下沉，始终保持头两节钢套管含土夯进及水泵降水，再通过卷扬机连接小型取土车，将后续钢套管内的土取出，有效地减少夯进压力及阻力，确保夯管作业正常运行及钢套管按设计轨迹夯进。

（16）抽水作业

针对此工程特点，预备两台水泵进行抽水作业，当出水量较大时，采用两台水泵同时抽水；当出水量较小时，采用一台水泵抽水。由于此地层沙砾较多，对水泵进行纱网包裹来防砂。

（17）打蜡、注浆减阻

由于夯管距离较长，在夯进前，先对钢套管外围进行打蜡，起到保护管道和减阻的作用，再在夯进阶段使用具有良好润滑能力的泥浆（掺入膨润土及外加剂）进行双重减阻。

7. 工程结果

本工程采用夯管施工技术时，有以下几项特点：（1）施工质量好。采用夯管法敷设障碍物下埋地管道，穿越精度和埋深能够满足设计要求；避免了因埋深不足而给管道安全运行留下的隐患，并且套管保护良好。（2）施工占地少。施工作业面由线缩成点，占地面积小，土方量小，操作简便；与同管径管线的其他施工方法相比，可节约施工占地。（3）施工效率高。不需要修筑大体积混凝土靠背墙，节约时间和工程投资；与明挖开挖方法相比，效率提高了很多。明挖开挖方法需要修筑旁通路，而且挖后要恢复路面，其养护及道路部门验收等工序耗时较长。（4）施工周期短。穿越铁路、公路、沟渠、建筑物等障碍物时，可避免或减少拆迁，缩短了施工周期。因为不开槽管道施工不影响交通，不破坏原有建筑，不仅节省了工程投资，还有较好的社会效益。

3.4 城市地下综合管廊现浇施工综合技术

3.4.1 施工技术概述

城市地下综合管廊是指建于城市地下用于容纳两种以上城市工程管线的构筑物及其附属设施，同时设有专门的检修口、吊装口、以及通风、防火、监测等多种系统。它可以把分散独立埋设在地下的电力、电信、热力、通信、给水排水、中水、燃气等各种地下管线部分或全部汇集到同一条管廊里，实施统一规划、统一设计、统一建设、共同维护、集中管理。

1. 城市地下综合管廊的分类

（1）干线综合管廊：用于容纳城市主干工程管线，采用独立分舱方式建设的综合管廊。主要功能为连接输送原站与支线综合管廊，一般不直接为用户提供服务。容纳的主要为城市主干工程管线。一般设置在机动车道或道路中央下方。结构断面尺寸大、覆土深、系统稳定、输送量大、安全度高、管理运营较复杂。可直接供应至使用稳定的大型用户。

（2）支线综合管廊：用于容纳城市配给工程管线，采用单舱或双舱形式的管廊。主要功能是将各种管线从干线综合管廊分配、输送至各直接用户。容纳的主要为城市配给工程管线，多设置在人行道下，一般布置于道路左右两侧。有效断面较小、结构简单、施工方便，设备为常用定型设备，一般不直接服务于大型用户。

（3）缆线管廊：采用浅埋沟道方式建设，设有可开启盖板但其内部空间不能满足人员正常通行要求，用于容纳电力电缆和通信线缆的管廊。多设置在人行道下，且埋深较浅，一般为1.5m左右。空间断面较小、埋深浅、建设施工费用较少，一般不设置通风、监控等设备，维护管理较简单。

2. 城市地下综合管廊的断面形式

（1）断面形式

城市地下综合管廊按照结构断面形式分为矩形断面和圆形断面两种形式。当采用明挖现浇或预制装配施工时宜采用矩形断面，施工方便，内部空间可以充分利用。在穿越河流、地铁时，如埋设深度较深，可采用盾构或顶管施工，一般是圆形断面。

（2）舱位数量

按照舱位数量可采用单舱、双舱、三舱、四舱、一体化及其他类型。单舱可采用矩形或圆形断面，一般为电、讯同舱；水、电、讯等同舱。双舱可采用矩形断面，一般热、水同舱（又称热水舱），水、电、讯同舱（又称水信舱）或水、电同舱（又称水电舱）带燃气独舱。三舱可以采用矩形断面，一般有高压电力独舱、燃气独舱等。四舱适用于管线量巨大情况。一体化结构设置适用于与地下空间、地铁结合情况。

3. 地下综合管廊的施工方法

（1）明挖现浇法

利用支护结构支挡条件，在地表进行地下基坑开挖，在基坑内施工做内部结构的施工方法。其具有工艺简单、施工方便的特点，但雨天、北方地区冬季无法施工；施工作业时间长，土方大，适用于城市新建区的管网建设。

（2）明挖预制拼装法

是一种较为先进的施工方法，要求有较大规模的预制厂和大吨位的运输及起吊设备，施工技术要求较高。特点是施工速度快，施工质量易于控制。

（3）浅埋暗挖法

是在距离地表较近的地下进行各类地下洞室暗挖的一种施工方法。埋层浅，地层岩性差，存在地下水，环境复杂等地区适合此法。在明挖法和盾构法不适应的条件下，浅埋暗挖法显示了巨大的优越性。它具有灵活多变，对道路、地下管线和路面环境影响性小，拆迁占地少，不扰民的特点，适用于已建区的改造。

（4）顶管（推）法

当管廊穿越铁路、道路、河流或建筑物等各种障碍物时，可采用这种暗挖施工方法。在施工时，通过传力顶铁和导向轨道，用支撑于基坑后座上的液压千斤顶将管线压入土层中，同时挖除并运走管正面的土体。适用于软土或富水软土层。适用于中型管道施工，但管线变向能力差，纠偏困难。

（5）盾构法

使用盾构在地层中推进，通过盾构外壳和管片支撑四周围岩，同时在开挖面前方用刀盘进行土体开挖，通过出土机械运出洞外，靠推进油缸在后部加压顶进，并拼装预制混凝土管片，形成隧道结构的一种机械化施工方法。该法具有全过程实现自动化作业，施工劳动强度低，不影响地面交通与设施；施工中不受气候条件影响，不产生噪声和扰动，其缺点是断面尺寸多变的区段适应能力差。

4. 管廊主体结构明挖现浇施工实例

（1）主体结构

×××城市地下综合管廊全长约 8km，采用明挖现浇钢筋混凝土框架结构，综合管廊标准段为三舱矩形断面布置（图 3-39），外尺寸 $B \times H = 10.8m \times 4.8m$，其中电力电缆舱位于管廊右侧，净尺寸 $B \times H = 2.9m \times 3.5m$；给水通信舱位于管廊中部，净尺寸 $B \times H = 4.4m \times 3.5m$；天然气舱位于管廊左侧，净尺寸 $B \times H = 1.9m \times 3.5m$；综合管廊顶板厚 60cm，底板厚 70cm，外墙厚度 50cm，中隔墙厚度 30cm，底板倒角与顶板倒角尺寸相同，均为 $B \times H = 100 \times 100mm$，另外还有各舱的吊装口、逃生口、进风口、排风口、出

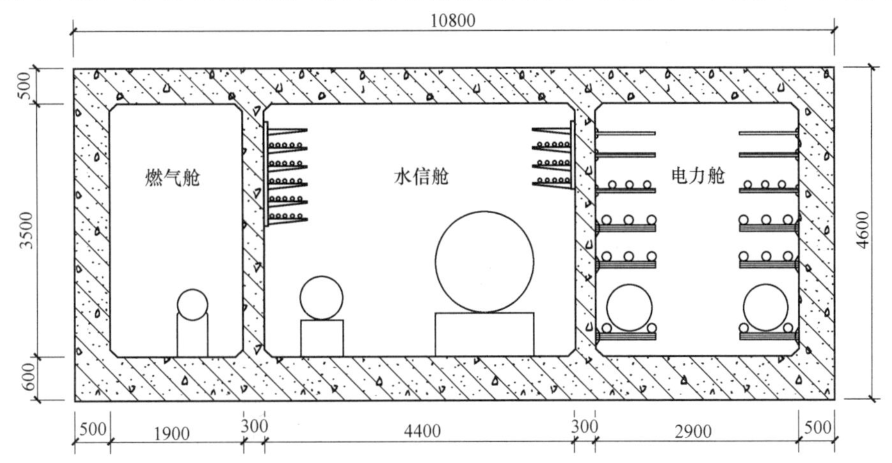

图 3-39　综合管廊横断面图

线井等附属设施。

（2）施工部署

管廊变形（沉降）缝长度一般25m左右，管廊外侧紧靠围护结构，设界面缝；模板只需要设立内模即可，底板模板主要是外墙内侧、中隔墙倒角及以上50cm部分的模板。

综合管廊结构混凝土在断面内分二次浇筑，第一次浇筑底板及墙倒角以上50cm部分，在该处设水平施工缝（图3-40），其中两侧外墙水平施工缝需预埋3mm×300mm镀锌钢板作为止水板，第二次浇筑侧墙、中隔墙及顶板。

由于工程全线较长且为该市市区首条管廊，为确定一种适宜的施工方法，整条管廊中除采用碗扣式钢管支架和木模支撑体系施工外，还采用了铝合金模板支撑体系、模板台车滑模施工技术施工城市地下综合管廊，现将三种施工方法逐一简单介绍。

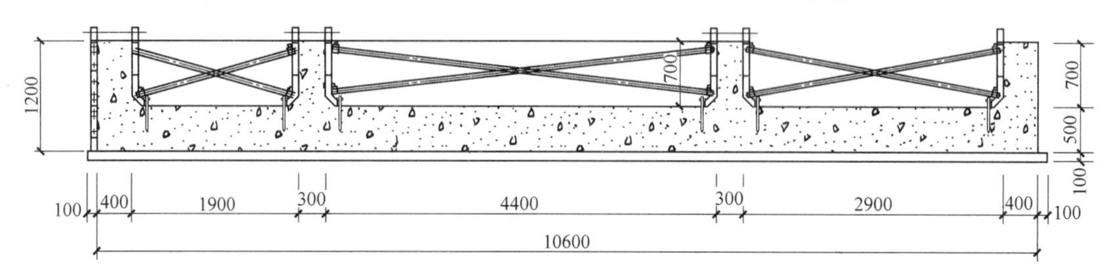

图3-40　综合管廊第一次分段浇筑示意图

3.4.2　碗扣式钢管支架与木模组合施工技术

1. 碗扣式钢管支架系列

碗扣支架的构件是定型杆件，其立杆是轴心受压杆件，横杆是通过立杆上定位碗扣双向支承立杆，减小立杆计算长度，从而充分发挥立杆抗压承载力。所有杆件均为ϕ48×3.5mm钢管。碗扣节点由上碗扣、下碗扣、立杆、横杆接头和上碗扣限位销组成，具体如图3-41所示。

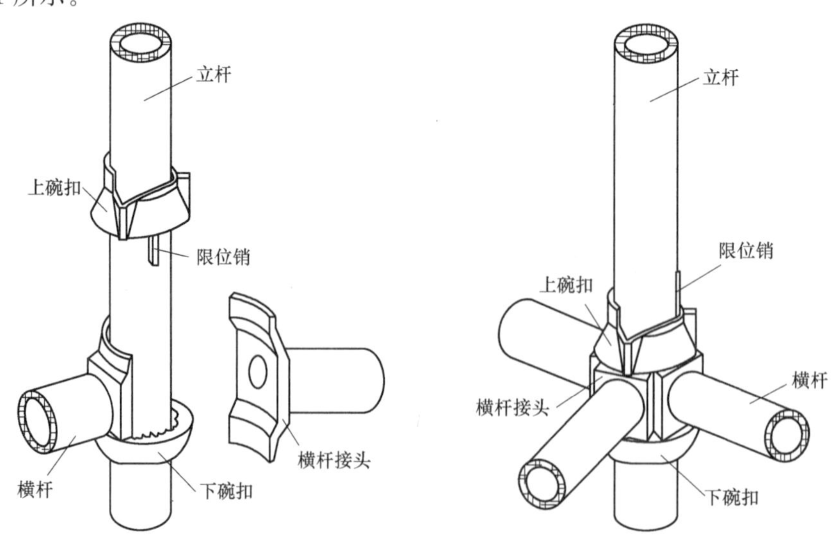

图3-41　碗扣支架节点示意图

2. 模板及支撑体系设计

(1) 底板模板及支撑体系

底板模板主要是外墙内侧、中隔墙倒角及以上 50cm 部分的模板，考虑到倒角斜向加强钢筋设置尺寸与水平施工缝中预埋 3mm×300mm 镀锌钢板不冲突，施工缝设置在底板倒角以上 50cm 处。

底板上外墙及中隔墙配模：即倒角尺寸加上延 500mm、倒角水平延长 100mm 组合成一块定型钢模板，定型钢模长度 2m，另配置 1m 长的定型钢模 4 块，钢模板面板厚 6mm；法兰采用 12mm×8mm 扁铁；竖肋采用 8 号槽钢纵向布置，竖向间距 300mm；筋板采用 10mm 钢板；主楞采用双 48.0mm、3.5mm 的双钢管横向布置，间距 450mm。

(2) 侧墙、中隔墙模板及支撑体系

管廊标准段外墙厚 500mm、中隔墙厚 300mm、外墙与中隔墙模板均采用 1220mm×2440mm×15mm 竹胶板，内楞采用 80mm×80mm 方木，间距 300mm，外梁采用 48.0mm×3.5mm 双钢管及 3 型扣件，对拉螺栓水平间距和竖向间距均为 60cm，同时采用可调顶托及钢管相互支撑。

(3) 顶板模板及支撑体系

管廊标准段管廊顶板厚度 600mm，模板采用 1220×2440×15mm 竹胶板，板底次楞采用 80mm×80mm 楞木，间距 300mm，托梁采用 48.0mm×3.5mm 双钢管，通过可调 U 形顶托传递竖向施工荷载支撑方式，在立杆底部采用可调底座，立杆纵距 0.60m，立杆横距 0.60m，水平杆步距为 1.5m。

3. 模板与支架施工技术要求

(1) 一般要求

1) 模板安装后应具有足够的强度、刚度和稳定性，能可靠地承受浇捣的混凝土重量、侧压力及施工中所产生的荷载。

2) 模板表面清理干净，涂水性脱模剂，不得有流坠；质量不合格模板或模板变形未修复的，严禁使用。模板接缝应严密，以防漏浆；在模板吊帮上不得蹬踩，应保护模板的牢固和严密。

3) 模板构造应简单、装拆方便，并满足钢筋的绑扎、安装及混凝土的浇筑、养护等工艺要求。

(2) 模板安装要求

1) 中隔墙模板采用 1000mm×2850mm 定型钢模板双面立设，侧墙模板采用 1000mm×2850mm 定型钢模板单面立设，侧墙、中隔墙钢模板面板厚度 6mm。

2) 放好控制线，然后进行模板的拼装，中隔墙模板边安装边插入穿墙螺栓和套管，穿墙螺栓的规格和间距在模板设计时应明确规定。

3) 根据模板设计要求安装墙模的拉杆或斜撑。一般内墙可在两侧加斜撑，若为外墙时，应在内侧同时安装拉杆和斜撑，且边安装边校正其平整度和垂直度。

4) 模板安装完毕，应检查一遍扣件、螺栓、拉顶撑是否牢固，模板拼缝以及底边是否严密。

4. 碗扣式钢管支架施工技术要求

(1) 对进入现场的碗扣式钢管支架及配件应按《建筑施工碗扣式钢管脚手架安全技术

规范》JGJ 166—2016相关要求进行验收，且随机抽样进行委托试验检测，检测合格方能使用。

（2）支架搭设顺序：底座→支架→横杆→连接杆→接头锁紧→横向钢管缩紧→脚手板→上层支架。

（3）管廊每个舱室横向设置左、右二个控制点，精确调出底、顶托标高。然后用明显的标记标明顶托的伸出量，以备校核。最后用拉线内插方法，依次调出每个顶托的标高，底、顶托伸出量一般控制在顶托全长的一半以内为宜。可调底座及可调托撑丝杆与调节螺母啮合长度不得少于6扣，插入立杆内的长度不得小于150mm。

（4）模板支撑架四周从底到顶连续设置竖向剪刀撑，中间纵横向由底至顶连续设置竖向剪刀撑，其间距应小于或等于4.5m，剪刀撑的斜杆与地面夹角应在45°～60°之间，斜杆应每步与立杆扣接。

（5）根据管廊标高，对支架上托进行找平测量，同时按设计要求调整好纵、横坡度以及支架的高度，然后安装纵向、横向分配梁。

（6）脚手架搭设完毕或分段搭设完毕，应按规定进行质量检查，形成书面记录，检查合格后方可交付使用。现浇管廊支架待结构强度达到设计要求后方可拆除，拆除的原则是：缓慢、对称、均匀，拆除顺序遵循先两侧、后中间。拆除现场必须设警戒区域、警戒标志，拆除顺序应按搭设顺序逆序进行，按先搭后拆、后搭先拆的原则自上而下逐步拆除，一步一清，不准采用踏步式拆法，支架拆除后及时转场。

3.4.3 铝合金模板及支撑体系施工技术

1. 铝合金模板特点与选择

（1）铝合金模板快拆体系操作轻便快捷，劳动强度低，效率高；外观美观整洁，模板涂刷特有的模板隔离层，现场施工质量更好；材质强度高，承载能力强，模板刚度大，不变形，不起鼓；周转次数远高于其他类型模板。

（2）铝合金模板全部采用定型设计，工厂生产制作，模板工程质量优；由于现场几乎没有制作加工工序，减少施工噪声，节能环保。

（3）管廊主体模板与支撑

采用铝模＋工具式支撑体系，铝模主材质为铝合金6061-T6，铝合金模板面板板厚4mm。支撑管采用钢管为A48×3mm，外撑管为A60×2.5mm工具式钢支撑。

2. 模板及支撑体系设计

（1）底板模板及支撑体系

底板模板主要是外墙内侧、中隔墙倒角及以上50cm部分的模板，考虑到倒角斜向加强钢筋设置尺寸与水平施工缝中预埋3mm×300mm镀锌钢板不冲突，施工缝设置在底板倒角以上50cm处。底板上外墙及中隔墙配模：倒角尺寸水平及垂直方向均外延100mm组合成一块铝合金模板，模板长度2800mm，同时配置1m长相同规格的铝合金模4块，铝合金模板面板厚4mm；另组合400mm×2800mm的水平铝合金模板，可组成底板模板（图3-42）。

（2）侧墙、中隔墙模板及支撑体系

主体侧墙及中隔墙厚度共有300mm、500mm两种规格，墙体高度为3.5m。侧墙及

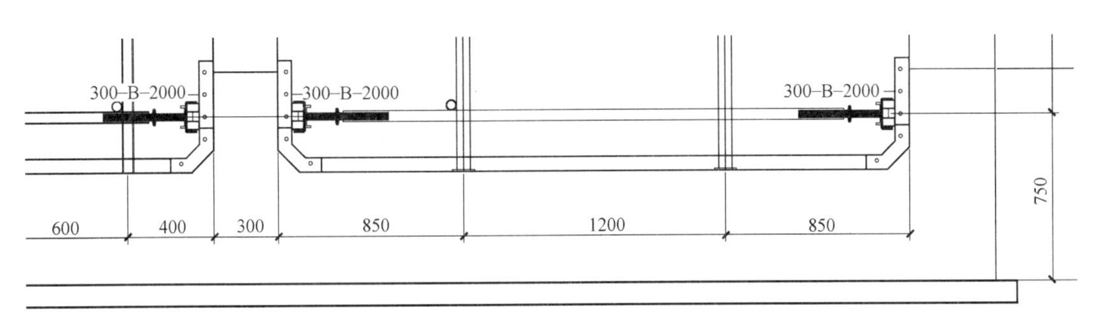

图 3-42 铝合金模底板模板

中隔墙模板标准尺寸 400mm×1100mm。超出标准板高度的部分，制作加高板与标准板上下相接。模板型材高 65mm，铝板材 4mm 厚。

1）模板处需设置对拉螺杆，其横向设置间距 800mm，纵向设置间距 800mm。对拉螺杆为 T18 梯形牙螺杆，材质为 45 号钢。

2）模板背面设置有背楞，背楞材料为 60mm×40mm×3mm 的矩形钢管。本工程墙面共设置 5 道背楞，间距为底板起（750+500+800+700+800)mm。

3）内墙在第二道和第五道背楞上加装可调斜撑，用来调整墙面竖向垂直度，斜撑间距根据墙面长度来定，间距应不超过 2000mm。

4）竖向支撑采用工具式支撑，两边侧墙单侧模板采用水平对撑加固，工具式支撑、水平对撑和纵向联系杆间使用扣件连接成整体来保证稳定性（图 3-43、表 3-31）。

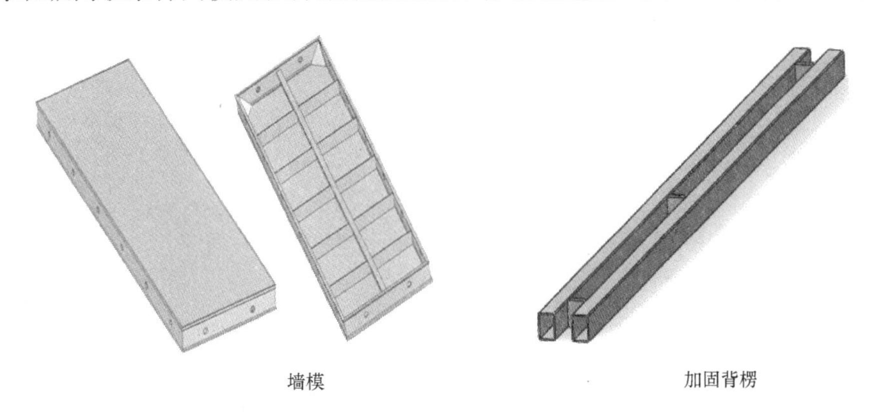

图 3-43 铝合金模墙模及背楞

侧墙、中隔墙模板具体设计参数表 **表 3-31**

序号	名称	规格尺寸	间　距
1	内墙模	标准长度 2800mm	—
2	加固背楞	双 60mm×40mm×3mm 矩形方钢	≤800mm
3	对拉螺杆	A18 高强对拉螺杆	≤800mm
4	长短斜撑		≤2000mm
5	水平对撑	ϕ48 钢管	≤800mm

（3）管廊顶板模板及支撑体系

主体顶板厚度 600mm，顶板标准尺寸 400mm×1100mm，局部按实际结构尺寸配置。

顶板型材高 65mm，铝板材 4mm 厚。顶板横向间隔不超过 1200mm 设置一道 100mm 宽铝梁龙骨，铝梁龙骨纵向间隔不超过 1200mm 设置快拆支撑头（流星锤），铝合金模顶板模板及支撑体系部件见图 3-44、表 3-32 所示，搭设成型后见图 3-45。

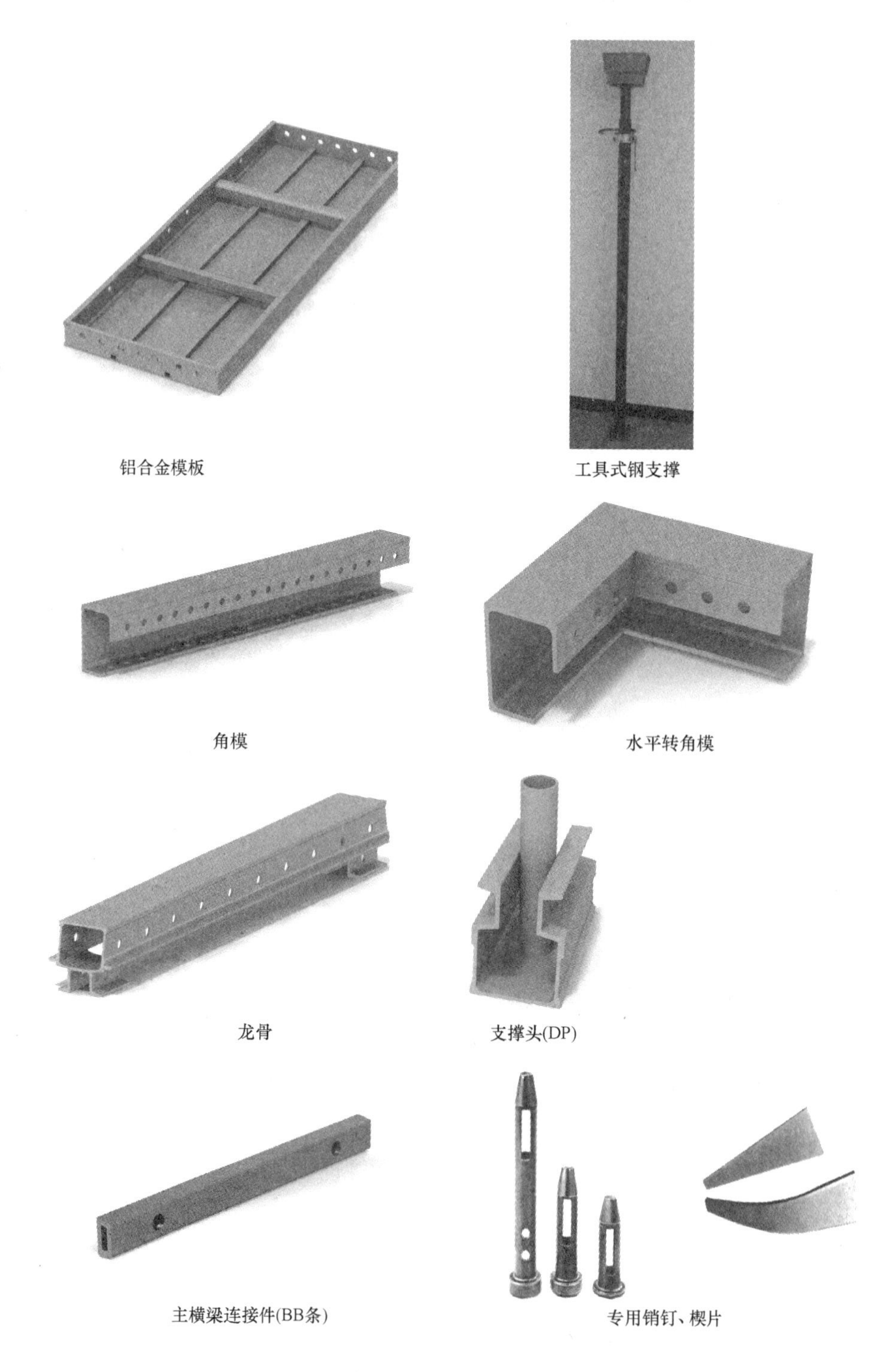

图 3-44　铝合金模顶板模板及支撑体系部件

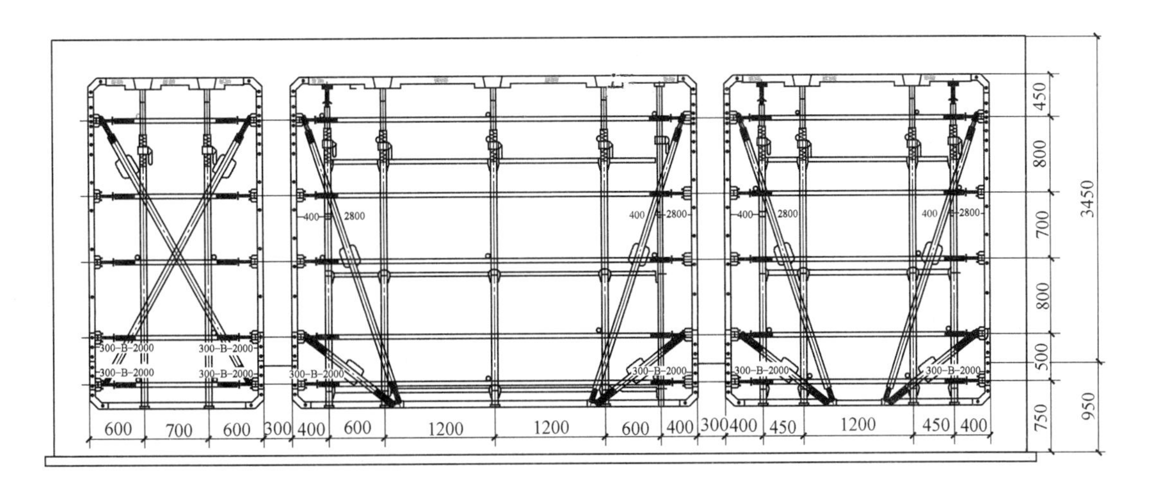

图 3-45 顶板模板及支撑示意图

顶板模板及支撑设计参数 **表 3-32**

序号	名称	规 格 尺 寸	间距
1	模板	标准尺寸 400mm×1100mm	—
2	龙骨	宽 100mm，标准长度 1000mm	1200mm(标准间距)
3	角模	宽 100mm，标准长度 3000mm	—
4	水平转角模	宽 100mm，L300mm×300mm	—
5	支撑头	宽 100mm，长 200mm	1200mm×1200mm(标准间距)
6	工具式钢支撑	内管为 A48×3mm，外管为 A60×2.5mm，底座焊接 120mm×120mm×6mm 的钢片	1200mm×1200mm(标准间距)

3. 铝合金模板施工技术要求

(1) 安装墙板及校正垂直度

1) 钢筋验收合格后，在钢筋上纵向间距每根穿墙螺杆位置，横向间距每根穿墙螺杆位置与墙体相同宽度的内撑，严格要求内撑表面上、下方向水平，左、右方向与墙线成直角，墙板安装前做好表面清理干净，涂抹适量的脱模剂。

2) 依据墙定位控制线，从端部封板开始，两边同时逐件安装墙板。

3) 安装过程中遇到墙止水螺杆位置，需要将螺杆两头穿过对应的模板孔位。

4) 墙板安装完毕后，需用临时支撑固定，再安装两边背楞加固，拧紧对拉螺杆。对拉螺杆的螺母拧紧力应适度，以保证墙身厚度。

5) 在墙模顶部转角处，固定线锤自由落下，线锤尖部对齐楼面垂直度控制线。如有偏差，通过调节斜撑进行调节，直到线锤尖部和参考控制线重合为止。

(2) 安装管廊顶板模板龙骨

1) 检查所有部位线锤都指向墙身垂直参考线后，开始安装平板龙骨。

2) 龙骨安装关系平板面平整，在安装期间一次性用单支顶调好水平。

3) 校对本单位平面板对角线。

(3) 安装管廊顶板模板及调平

1）平面对角线检查无误时，开始安装平面模板，为了安装快捷，平面模板要平行逐件排放，先用销子临时固定，最后统一打紧销子。

2）每个单元模板全部安装完毕后，应用水平仪测定其平整度及本层安装标高，如有偏差，通过模板系统的可调节支撑进行校正，直至达到整体平整及相应的标高。

（4）整体校正、加固检查及墙模板底部填灰

1）每个单元的水平及标高调整完毕后，需对整个平面做一次水平和标高的校核。

2）检查墙身对拉螺杆是否拧紧。

3）检查混凝土墙身模板底部是否用素混凝土填实。

4）把平面板清洁干净后刷脱模剂。

4. 铝合金模板拆除及管理

（1）铝合金模板拆除

墙模板应该从墙头开始，拆模前应先抽取止水螺杆。顶模板拆除时，每块模板每次都需用人先拖住模板，在拆除销钉，模板往下放时，应小心轻放，严禁直接将模板坠落。

所有部件拆下来以后立即进行清洁工作，用刮刀和钢丝刷清除污物，钢丝刷只能用于模板边框的清洁。现场依据具体情况，按就近、统一的原则，等舱内支撑水平杆拆除后用转运小车向下一工作面运送模板及相关物料。模板运到下一个安装点后，做好标识并按顺序叠放在合理的地方。分类合理地堆放模板，以方便下一工作面模板安装，防止模板安装工作出现混乱。

（2）铝合金模板物料管理

模板必须按规格及尺寸堆放，把模板分成 25 个一堆，按照编号整齐堆放在货架或托板上，以便于辨别；模板叠放时必须保证底部第一块模板板面朝上；所有的销子、楔子、连接件等构配件以及特殊工具应妥当地储存起来，在需要使用时再分发下去；以装箱单为依据检查构件，确保构件全部到位。

3.4.4 模板台车滑模施工技术

钢模台车施工工艺原理为将常规模板系统内的钢管支撑架替代为整体的钢桁架，悬挂大型钢模板，台车主桁架下部设置钢轨和牵引装置，在拆模状态下，确保台车钢模体系可以整体行走。立模和拆模时，实现钢模板的快速支设和快速脱模。钢模台车由行走系统、主桁架承重系统、模板系统、拆模装置等组成。

1. 台车的组成

台车主桁架承重系统由台车主梁和门架组成，构成主要的竖向力承受系统。每辆台车的总长度为 25m，为方便拆装和运输，纵向 5.0m 一节为单位，截面分 3 块，顶板 1 块，侧板 2 块；此套台车内模板设计不设对拉杆，顶板用][10 号槽钢加固；侧模采用 10 号双拼槽钢加固；顶板与侧模板间采用铰链连接拼装；台车骨架采用 H 型钢 150mm×150mm 螺栓连接组装；模板与台车连接采用伸缩杆、底托与螺旋千斤顶组合使用；所有拼缝板面采用公母头接法，法兰均须设置定位销，控制拼接时出现错台现象。

本工程台车分为三个台车：水信仓、电力仓、燃气仓，其中水信仓（图 3-46）：4m×3.5m 腔管廊 5m 截段行走台车总重约 6.5t，每延米重约 1.3t（轨道除外）；模板按管廊变形缝最大间距为 30m，即 5×6＝30m；一套重为 39t（台车端模除外）。

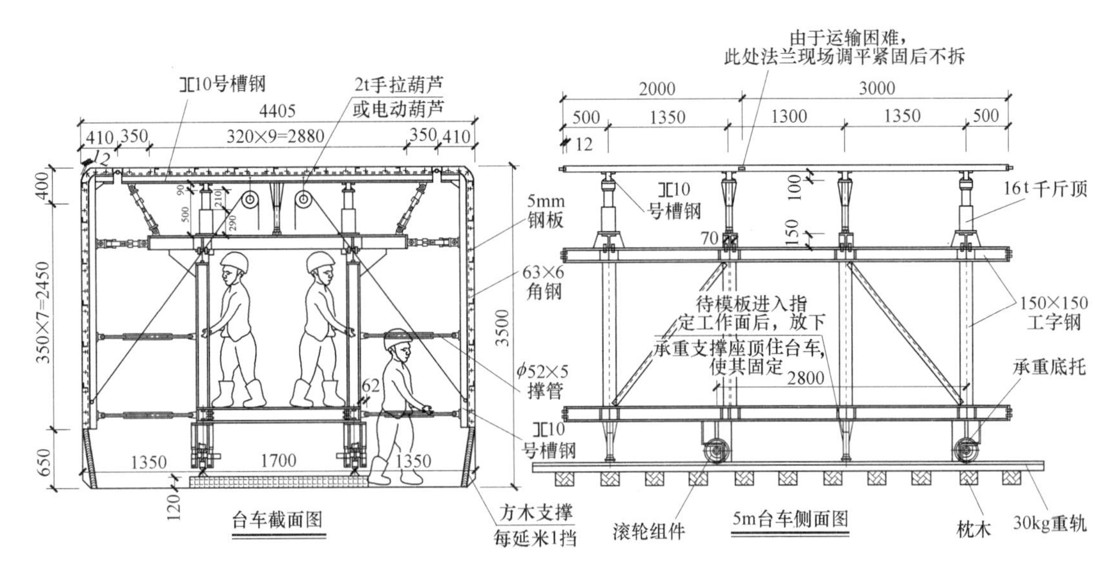

图 3-46 水信仓台车示意图

电力仓（图 3-47）：2.9m×3.5m 腔管廊 5m 截段行走台车总重约 5t，每延米重约 1.0t（轨道除外）；模板按管廊变形缝最大间距为 30m，即 5×6=30m；一套重为 30t（台车端模除外）。

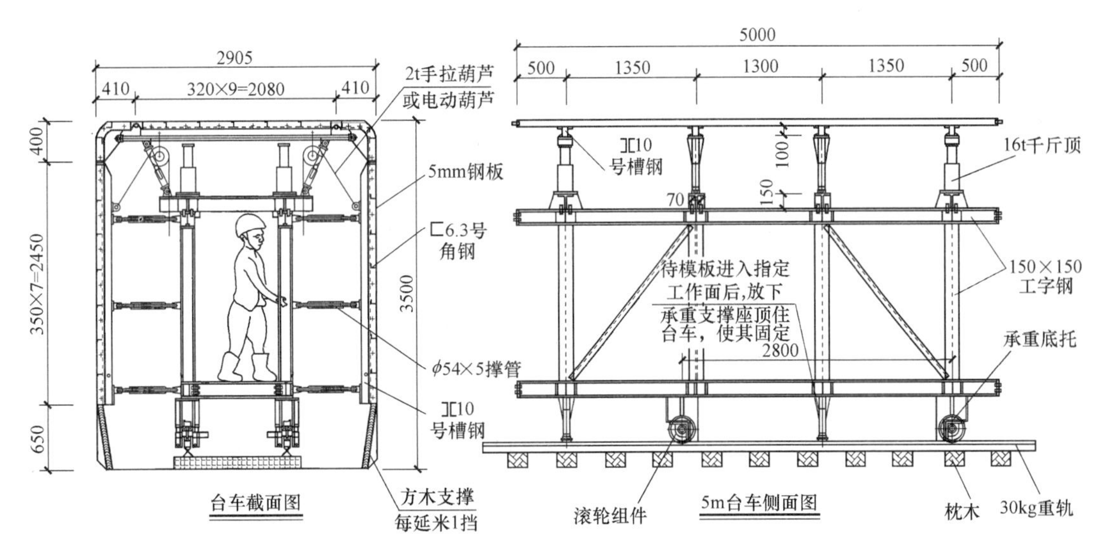

图 3-47 电力仓台车示意图

燃气仓（图 3-48）：1.9m×3.5m 腔管廊 5m 截段行走台车总重约 4t，每延米重约 0.8t（轨道除外）；模板按管廊变形缝最大间距为 30m，即 5×6=30m；一套重为 24t（台车端模除外）。

钢模台车在工厂加工完成后，运至现场，采用 25t 汽车式起重机和人工配合现行现场安装。安装顺序为：行走系统→台车主桁架→螺旋丝杆→内侧钢模板→顶板钢模板→紧固装置。支模时，台车行驶至浇筑节段，调整好位置，人工使顶板模板和侧模缓慢提升至支

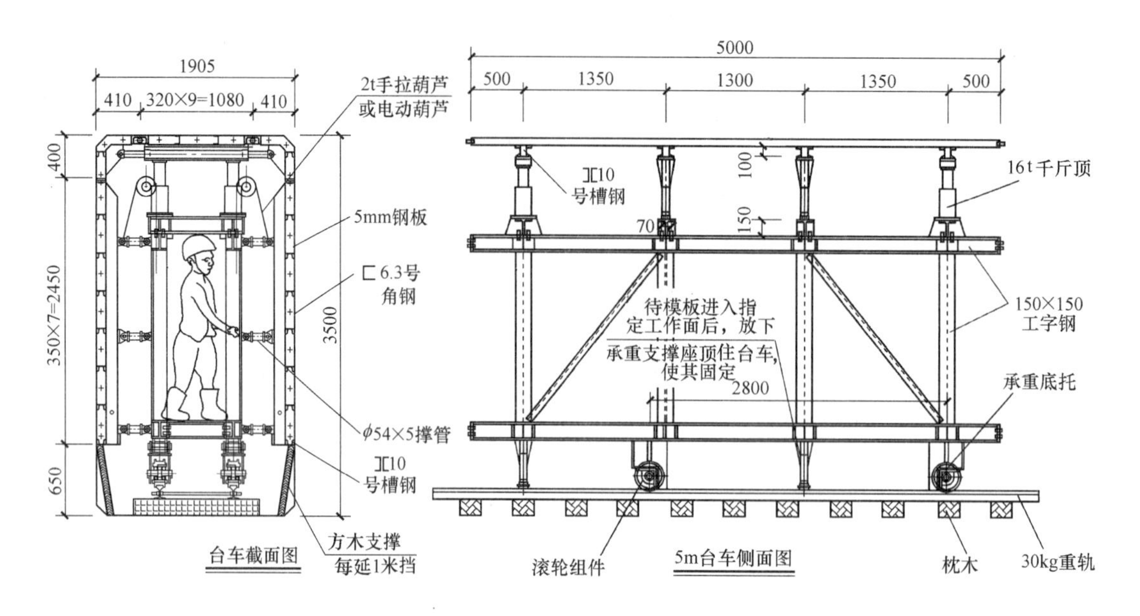

图 3-48 燃气仓台车示意图

模位置。模板就位后，紧固顶板和侧模的螺旋丝杆，插好固定插销，进入下一道工序施工。混凝土浇筑完成达到拆模条件后，拆除螺旋丝杆插销，启动油缸收回模板，拆模完成后驶入下一节段施工。

2. 台车的安装

（1）台车安装方法采用汽车吊吊装到基坑底安装。

（2）铺设轨道：枕木和钢轨必须符合要求，铺设后轨距误差控制在±10mm 以内；轨道与枕木必须用道钉固定，防止台车行走时发生危险；枕木间距不得大于 80cm，以免钢轨被压断。

（3）根据场地条件选择适当吨位的吊车，主件吊装用钢丝绳直径不小于 16mm。按先后顺序组装台车，组装中必须注意安全。

（4）安装质量的要求：因台车在出厂前已进行过厂内拼装调试，故在现场应顺利组装。确有因运输变形的情况应校正，尽量避免使用气割和电焊的方法影响安装质量，具体要求如下：全车所有螺栓必须齐全；所有模板连接处的定位销齐全；使用螺旋千斤顶必须在螺纹部分涂黄油保证旋转自由；电气系统安装必须是专业电工进行操作，确保安全操作；在安装丝杠时，要保证纵向同一排丝杠转向一致，以免操作时出现互锁现象。

3. 台车就位

（1）安装试车合格后，在确保台车上下、左右无障碍物的情况下，启动行走电机，操作台车前行至待施工里程。前后反复动作几次，使台车结构放松，停在正确位置，关闭行走电机，并在行走处打好木楔或使用阻车器，防止溜车。

（2）旋紧底梁下的螺旋支腿，硬确保底板落在坚实的基础上，在拆掉所有边模支撑丝杆一端绞销的情况下，调整台车位置，使台车中线对正隧道中线，旋下台梁下支腿并拧紧。

（3）在模型板外表面涂膜剂，安装堵头板，并加设必要的支撑。

4. 混凝土浇筑

综合管廊台车法施工分两个步骤进行，第一次施工底板及墙倒角以上 50cm 部分，该处施工采用常规施工方法，和上面两种施工方法相同，第二次浇筑侧墙、中隔墙及顶板，如图 3-49 所示，对称浇筑两侧侧墙及倒角混凝土，然后浇筑顶板。混凝土养护到规定时间，即可准备脱模，拆模时应先拆除堵头板和支撑，然后操纵边模微量外伸，使丝杆松动，拆除边模所有丝杆后，使边模收回，脱离成形表面，最后旋起底梁下螺旋支腿，取掉行走轮处的木楔或阻车器，操纵台车前行，至下一施工位置。

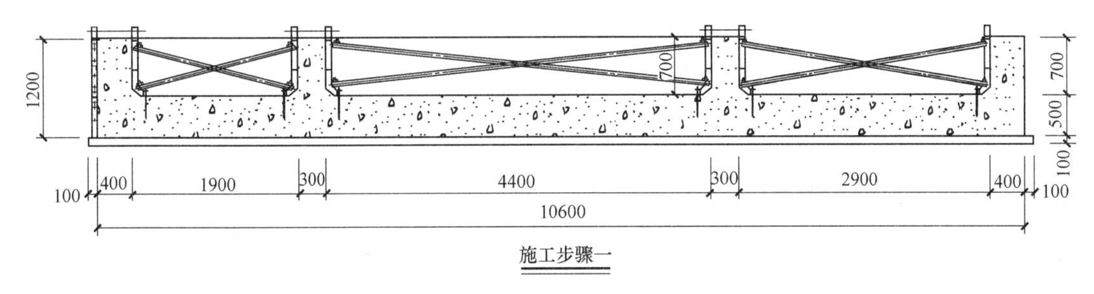

施工步骤一

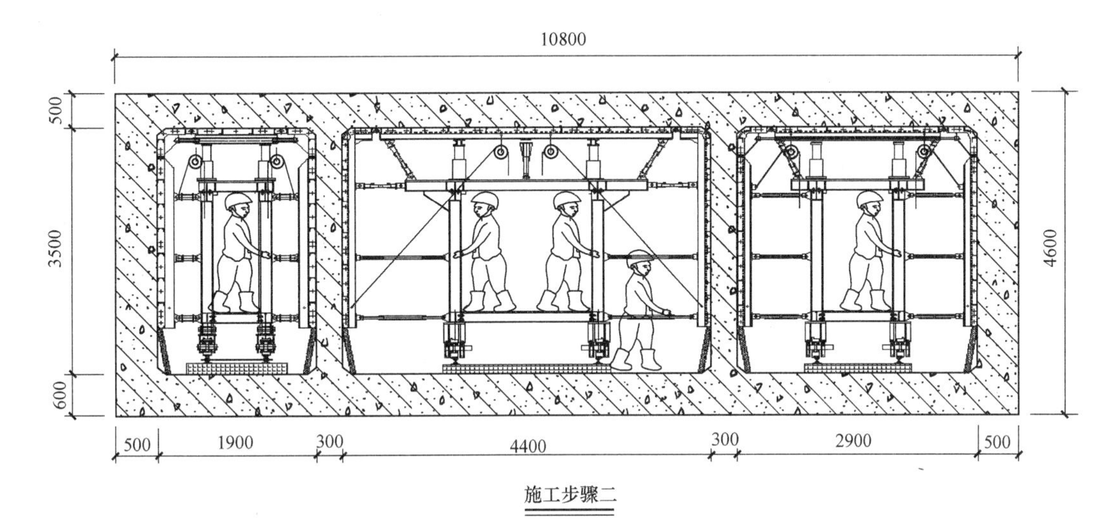

施工步骤二

图 3-49 综合管廊台车法施工示意图

3.4.5 预埋件与变形缝处施工措施

1. 预埋件处施工措施

碗扣式钢管支架和木模顶板预埋吊筋处施工措施：吊筋处的木模板开孔，安装预埋吊筋，然后用木条将缝隙填塞即可。

铝合金模顶板预埋吊筋处施工措施：吊筋处铝模板分两块设计，其中一块齐平，另外一块根据吊筋形状和大小预留开孔。

采用模板台车施工时，和设计洽商，在预埋吊筋处预埋一块钢板，拆模后在钢板上焊接预埋吊筋。

2. 施工缝及变形缝处施工措施

(1) 施工缝设置及措施

水平施工缝尽可能减少设置的数量，原则上分两次浇筑混凝土，设置一道水平施工缝，施工缝处设置镀锌钢板止水带，规格为厚 3mm、宽 300mm 带折边的镀锌钢板，需经电镀锌处理，电镀锌处理涂层厚度 10μm。镀锌钢板连接采用搭接焊，保证止水效果。施工缝处混凝土必须振捣充分，保证止水带与施工缝咬合密实，振捣时严禁振捣棒触及止水带。

（2）变形缝施工措施

变形缝采用中埋式钢边橡胶止水带，止水带沿底板、侧墙、顶板兜绕成环设置，并固定于专门的钢筋夹上，水平安装时止水带应呈盆形，绑扎在固定用钢筋框上，以防止止水带下面存有气泡，形成渗水通道；中隔墙变形缝中间用衬垫板填缝，两端密封胶密封，如图 3-50、图 3-51 所示。

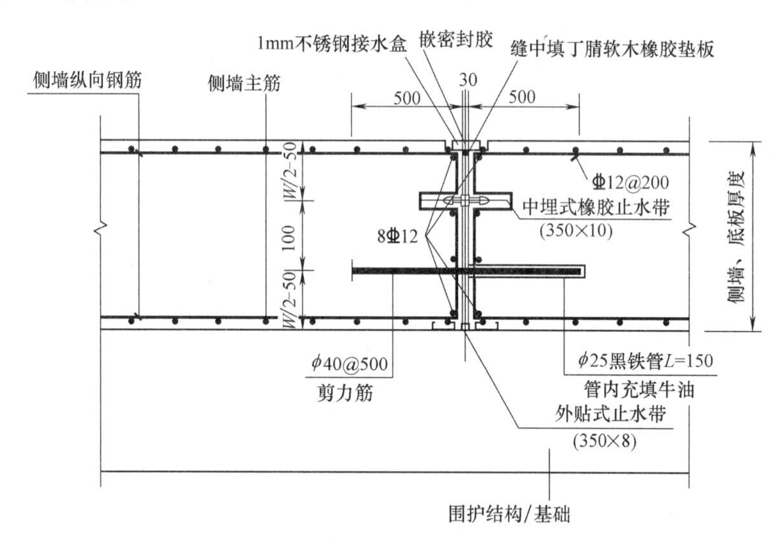

图 3-50　底板变形缝构造示意图

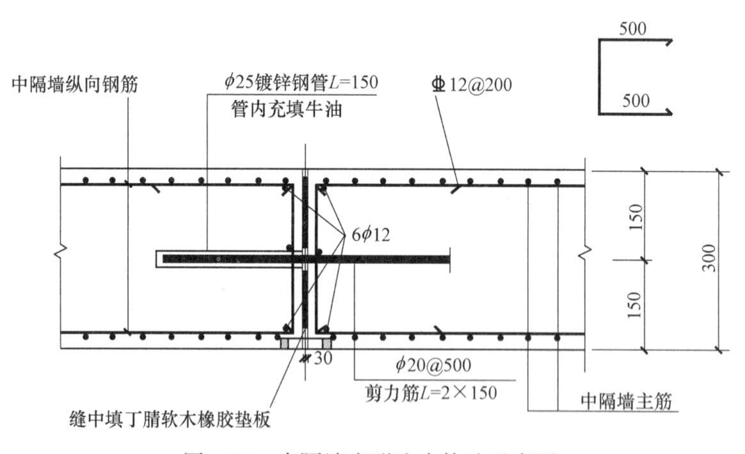

图 3-51　中隔墙变形防水构造示意图

3.4.6　三种施工综合技术对比

采用木模板与碗扣式钢管支撑体系、铝合金模板及支撑体系、模板台车滑模体系三种综合施工技术均可以满足城市地下综合管廊施工要求，每种技术各有特点。

三种施工方法的适用性及技术经济分析对比如下：

1. 木模板与碗扣式钢管支架体系

木模板与碗扣式钢管支架体系是一种比较常规的模架施工工艺，可以满足清水混凝土标准要求；施工要求低，适用性较强，适用于任何场合，由于在施工现场对模板和木楞进行加工，因此木工加工需要占用临时用地，同时碗扣式钢管支架的间距较小，使用的钢管也比较多，对施工现场作业人员要求较低。

2. 铝合金模板及支撑体系

铝合金模板及支撑体系是一种比较先进的施工工艺，模板刚度大，成型后管廊外观美观整洁，可以满足清水混凝土标准要求；操作轻便快捷、劳动强度低、效率高，周转次数较高；全部采用定型设计，工厂生产制作，现场几乎没有制作加工工序，减少施工噪声，节能环保；由于铝合金模板价格高，该体系适用于施工量较多，能够周转使用次数多的综合管廊项目。

3. 模板台车滑模体系

模板台车滑模施工技术造价在上述两者之间，对施工作业人员要求高，要求熟练工人，同时要求管廊断面固定，在一定范围内平直且坡度较小。

4. 技术经济对比（表 3-33）

以 25m 一段现浇综合管廊模板支架的施工投入进行分析，碗扣式钢管支架和木模一次投入约 30 万元，其中碗扣式钢管支架可多次重复使用，方木及模板按周转使用 3 次计算。

铝合金模板支撑体系则要一次投入 90 万元，理论上可以周转使用上百次，经分析认为周转使用 20 次后成本和碗扣式钢管支架接近。

模板台车一次投入约 60 万元，如果管廊在一定范围内平直且坡度较小，可以周转使用很多次，经分析认为周转使用 10 多次后成本和碗扣式钢管支架接近。

三种施工方法适用性及技术经济比较 **表 3-33**

施工方式	经济性	文明施工	施工周期	施工质量	技术要求
碗扣式钢管支架模板	初期投入低	较好	周期较长	较好	常规工艺，要求较低
铝合金模板支撑体系	初期投入高	很好，现场整洁	周期较短	很好，线形顺直，外观整洁	工艺严谨，对作业人员要求高
模板台车滑模施工	初期投入较高	很好，现场整洁	周期较短	很好，线形顺直，外观较整洁	对施工人员要求高

3.5 现浇水池施工抗裂防渗技术

3.5.1 水池结构形式与特点

1. 水池结构形式与特点

给水排水构筑物中的水处理和调蓄构筑物多数为水池，采用地下或半地下钢筋混凝土结构，特点是采用防渗混凝土，构件断面较薄，属于薄板或薄壳型结构，配筋率较高；结构要求具有较高抗裂、防渗性和良好的整体性。特别是水池的工艺辅助构件，结构特点是构件断面薄，结构尺寸要求精确。

钢筋混凝土结构水池形式与特点如下：

(1) 大容积

给水排水构筑物中的水处理和调蓄构筑物的设计容积通常超过 3000m³，代表性构筑物是净水厂的清水池，清水池可分为若干单元，每单元有效容积高达 15000m³。池体结构需要设置变形缝和后浇带，以减少池体结构出现裂缝，保证水池的防渗抗裂性能要求。

(2) 空间曲壳体

因处理工艺需要，给水排水构筑物中的水处理和调蓄构筑采用异型结构，有代表性的是净水厂中机械加速澄清池和污水厂的卵形消化池。机械加速澄清池通常采用双曲面、斜壁接直壁结构形式，模板支架、钢筋混凝土现浇施工技术难度较大（图 3-52）。卵形消化池采用空间曲壳体结构形式，采用无粘结预应力混凝土现浇结构，模板支架、混凝土浇筑、预应力施工具有较大技术难度。

图 3-52 加速澄清池曲面壳体结构混凝土浇筑施工

2. 施工工艺与池体防渗性能

给水排水构筑物中的水处理和调蓄构筑物的防渗性能要在现场满水试验合格的基础上进行合格验收；国家标准《给水排水构筑物工程施工及验收规范》GB 50141—2008 规定：水池应经满水试验，消化池和预处理池还应在满水试验合格基础上进行闭气试验；因此水池混凝土的密实性应满足防渗要求，不做其他防渗处理。

3. 现浇施工与预制装配施工

(1) 工艺对比

目前，国内外水池多数采用现浇混凝土施工，预制装配施工较少。一般情况下，容积较大（不小于 5000m³）矩形水池应采用混凝土整体现浇施工方式。圆柱形池体结构，当池壁高度较高（大于 15m）时宜采用整体现浇施工方式，支模方法通常采用防水对拉螺栓固定、高度小于 8m 时，辅以钢管支撑或地锚；高度超过 15m 时也可采用滑升模板等新型模架法。当池壁高度小于 15m 时可采用预制拼装施工，与现浇施工相比造价较高，但是具有施工占地小、施工速度快等优势。球形、卵形、碗形等空间曲面结构水池，需要采用无粘结预应力筋、曲面异型大模板、组合支架、连续浇筑混凝土等施工综合技术。矩形水池有时候也要采用预应力技术，以便达到池体结构荷载和防渗的性能要求。

整体现浇施工技术与预制拼装施工技术选考虑因素，除了造价、施工速度、施工用地等因素外，还需要考虑防渗混凝土的施工因素。

按照国家标准《大体积混凝土施工标准》GB 50496—2018 规定，水池现浇混凝土施工应属于大体积混凝土施工，特别是水池底板厚度可达 1.5m，一次浇筑宽度和长度可超过 30m。

（2）防渗混凝土浇筑基本要求

1）防渗混凝土的配合比、强度和防渗、抗冻性能必须符合设计要求，要经现场试验确定施工配合比；

2）应依据结构形式、受力特点、钢筋疏密等因素来决定浇筑工艺，混凝土入模应分层、分段，对称均匀，应防止布料集中或落差过大造成离析；

3）宜连续浇筑混凝土，少设置施工缝；设缝部位需设置止水带和止水板，缝部浇筑必须严密；

4）采用的振捣方式必须保证所有部位的混凝土密实；

5）混凝土养护应做到保湿、保温状态，连续养护不少于 14d；

6）整个构筑物混凝土应做到颜色一致、棱角分明、规则，呈现外光内实；

7）不得存在露筋、蜂窝、麻面、孔洞、夹渣、疏松、裂缝等质量缺陷。

（3）整体现浇水池防渗性能优于预制拼装水池

整体现浇施工体现了模筑混凝土自身防水的特点，而预制拼装施工缝部防渗混凝土浇筑质量管理难度要大，外面喷射施工砂浆或豆石混凝土的防渗性能不如模筑混凝土。

实践表明：整体现浇施工的水池防渗性能要明显由于预制拼装施工的水池。这是防渗水泥混凝土施工特点决定的。

3.5.2 防渗混凝土材料与配比

1. 混凝土防渗等级

普通混凝土成型后，其内部空隙和联通毛细管较多，水会通过这些毛细孔和毛细管渗透到另一表面。在混凝土中掺入膨胀剂、密实剂等，提高混凝土内部结构的密实性，减少混凝土收缩，从而提高其防渗性的混凝土称为防渗混凝土。

防渗混凝土通过提高混凝土的密实度，改善孔隙结构，从而减少渗透通道，提高防渗性。常用的办法是掺用引气型外加剂，使混凝土内部产生不连通的气泡，截断毛细管通道，改变孔隙结构，从而提高混凝土的防渗性。此外，减小水灰比，选用适当品种及强度等级的水泥，保证施工质量，特别是注意振捣密实、养护充分等，都对提高防渗性能有重要作用。

混凝土的防渗性用防渗等级（P）或渗透系数来表示，我国标准采用防渗等级。混凝土防渗等级按防渗压力不同分为 $P4$、$P6$、$P8$、$P12$。当最大作用水头与混凝土厚度的比值小于 10 时，应采用 4，即 $P4$；当比值为 10～30 时应采用 6，即 $P6$；当比值大于 30 时，应采用 8，即 $P8$。

2. 混凝土防渗试验

（1）混凝土的防渗等级应根据试验确定

防渗等级是以 28d 龄期的标准试件，按标准试验方法进行试验时所能承受的最大水压力来确定。《混凝土质量控制标准》GB 50164—2011 根据混凝土试件在防渗试验时所能承受的最大水压力，将混凝土的防渗等级划分为 $P4$、$P6$、$P8$、$P10$、$P12$ 和大于 $P12$ 等六个等级。相应表示混凝土防渗试验时一组 6 个试件中 4 个试件未出现渗水时不同的最大水压力。试配要求的防渗水压值应比设计提高 0.2MPa。

试配时应采用水灰比最大的配合比做防渗试验，见表 3-34。

防渗试验配合比的最大水灰比 **表 3-34**

混凝土强度等级 C	最大水灰比(%)		
	防渗等级 $P6$～$P8$	防渗等级 $P8$～$P12$	防渗等级大于 $P12$
$C20$～$C30$	0.60	0.55	0.50
$C30$ 以上	9.55	0.50	0.45

其防渗试验结果应符合下式要求：

$$P_t \geqslant P/10+0.2$$

式中 P——设计要求的防渗等级。

这里应说明的是：P 是新规范的防渗级别的表示方法，S 是老规范的防渗等级的表示方式。

（2）防渗试验方法

1）试件制备

每组试件为 6 个，如用人工插捣成型时，分两层装入混凝土拌合物，每层插捣 25 次，在标准条件下养护，如结合工程需要，则在浇筑地点制作，每单位工程制件不少于 2 组，其中至少一组应在标准条件下养护，其余试件与构件相同条件下养护，试块养护期不少于 28d，不超过 90d。试件成型后 24h 拆模，用钢丝刷刷净两端面水泥浆膜，标准养护龄期为 28d。

2）试验步骤

试件到期后取出，擦干表面，用钢丝刷刷净两端面，待表面干燥后，在试件侧面滚涂一层溶化的密封材料（黄油掺滑石粉）装入防渗仪上进行试验。如在试验中，水从试件周边渗出，说明密封不好，要重新密封。试验时，水压从 0.2MPa 开始，每隔 8h 增加水压 0.1MPa，并随时注意观察试件端面情况，一直加至 6 个试件中 3 个试件表面发现渗水，记下此时的水压力，即可停止试验。

注：当加压至设计防渗标号，经过 8h 后第 3 个试件仍不渗水，表明混凝土以满足设计要求，也可停止试验。

3）试验结果计算

混凝土的防渗标号以每组 6 个试件中 4 个未发生渗水现象的最大压力表示。

防渗标号按下列计算：

$$S=10H-1$$

式中 S——混凝土防渗标号；

H——第 3 个试件顶面开始有渗水时的水压力（MPa）。

注：混凝土防渗标号分级为：$S2$、$S4$、$S6$、$S8$、$S10$、$S12$，若压力加至 1.2MPa，经过 8h，第 3 个试件仍未渗水，则停止试验，试件的防渗标号以 $S12$ 表示。

3. 防渗混凝土的材料要求

(1) 水泥

1) 普通硅酸盐水泥，强度不低于 32.5MPa。

2) 采用低水化热水泥，水泥的 7d 水化热指标不高于 275kJ/kg，不得使用带有 R 字样的早强水泥。

3) 水泥的碱含量需满足每立方米混凝土中水泥的总碱量不大于 2.25kg。

研究资料表明：防渗混凝土中应优先使用普通硅酸盐水泥。矿渣水泥必须采取相应措施后才可使用在防渗混凝土工程中，这是由于矿渣水泥的泌水性较大，其泌水时在混凝土中形成通道，这对混凝土的防渗性及强度都很不利。

(2) 骨料

1) 粗骨料宜采用 5～31.5mm 级配均匀的机碎石，含泥量不得大于 1%。

2) 为减小混凝土的后期收缩，细骨料宜采用中粗砂，细度模数 2.5～3.0。

3) 砂的含泥量不得大于 3%。

实验结果显示：在混凝土中粗骨料颗粒的下面容易形成空隙，颗粒愈大则形成的空隙愈大，对防渗不利。混凝土中砂率不宜过大或过小。过大，会使骨料的总表面积及空隙率增大；过小，会降低混凝土的流动性，造成施工振捣不密实，影响防渗性。

(3) 粉煤灰

粉煤灰的级别不低于Ⅱ级，不得使用高钙粉煤灰。

(4) 外加剂

1) 外加剂应采用低碱、低水化热的外加剂。掺量不大于水泥质量的 5%。

2) 具有早强性能。

3) 采用高效减水剂。

4. 提高混凝土的防渗性能的方法

(1) 选取合适的混凝土添加剂

使用有加固防渗效果的混凝土的添加剂，例如甲酸钙、聚丙烯网状纤维、防渗纤维等。

工程用聚丙烯纤维。广泛应用于水池、导流槽、导流板等结构混凝土中。聚丙烯纤维的网状结构会在搅拌中得到破坏，形成单纤维，这些单纤维错综交杂，提高了混凝土的防渗漏性。

甲酸钙的使用。缩短混凝土初凝时间，并且增强混凝土的稳固性。

(2) 选择适当的水灰比

试验资料显示：水灰比过大时，混凝土中的毛细孔愈多，当然渗水性就愈大。通常情况下，当水灰比小于 0.6 时，毛细孔多封闭；当水灰比大于 0.6 时，则连续性的毛细孔显著增加，渗透性也变大。有试验资料证明：当水灰比从 0.6 增加到 0.63 时，渗透性几乎将增大了一倍。因此，防渗混凝土的水灰比不宜过大，一般应控制在 0.6 以下。

3.5.3 防渗混凝土技术

水池混凝土施工通常属于大体积混凝土，应依据设计要求和规范规定，在施工组织设计的基础上，编制防渗混凝土浇筑专项施工方案。主要技术内容应包括：

1. 划分浇筑部位、分次浇筑

(1) 合理设置施工缝

水池混凝土宜连续浇筑，尽可能少留置施工缝。但是受到工程具体条件的限制，现浇施工给水排水构筑物需分层浇筑，分次浇筑混凝土之间形成的缝隙便形成施工缝。从便于模板支架搭设和混凝土浇灌角度讲，设置施工缝是必要的。《给水排水工程构筑物结构设计规范》GB 50069—2002 规定：给水排水构筑物施工缝的位置宜留在结构受剪力较小且便于施工的部位，如池壁底部施工缝宜留在高出底板表面 500mm 或高出腋角 200mm 竖壁（导墙）上，顶部施工缝宜留在顶板下 200～300mm 竖壁上。

(2) 划分浇筑部位

敞口的水池，通常分为底板（导墙）、侧墙（挑檐）二次浇筑施工；设有盖顶的现浇钢筋混凝土与预应力混凝土水池，一般可分为池底（导墙）、池壁（柱）、池顶分 2 或 3 次浇筑施工；即底板一次，池壁（柱）和顶板一次，或者底板、池壁（柱）和顶板各一次。施工缝的位置通常由设计给出，按照现场条件和施工组织需要调整时，应征得设计同意，并制定施工方案和施工组织设计。由此可见给水排水构筑物施工工艺或施工流程确定的主要依据之一就是构筑物的变形缝和施工缝。

2. 施工缝施工

施工缝可采用钢止水板或遇水膨胀密封条，在不良地基条件下宜采用橡胶止水带；其接缝有多种形式，如凸凹缝、高低缝、平缝等。施工缝施工质量不合格会导致缝处渗漏水的隐患。如“凹凸”形施工缝从结构考虑较为合理，但是缝处施工难度大，质量较难保证：缝处混凝土凿毛时，极易将“凸”楞碰掉一部分，由此减少和缩短了渗水的爬行坡度和距离，从而产生渗漏水现象；另外凹槽中的水泥砂浆粉末难以清理干净，使在浇筑新混凝土后，在凹槽处形成一条夹渣层，影响新老混凝土的粘结质量，导致缝处渗漏。橡胶止水带主要是安装时很难保证其处于池壁截面中心；其次是二次浇筑前凿毛极易损伤止水带。

近些年给排水构筑物施工缝设计多采用钢板止水带，在很大程度上避免了橡胶止水带安装、保护存在的麻烦，减少了缝处渗漏的隐患发生概率。但是普通的钢板止水效果差且影响池壁抗剪能力，应采用特制的“]”形专业止水钢；且应使止水钢板位于池壁截面中心线上，止水钢板的“开口”朝向迎水面，钢板之间的焊接要饱满且为双面焊，搭接不小于 200mm。

缝处混凝土继续浇筑施工的质量关键是处理好界面，保证两次混凝土紧密结合，满足设计要求和规范规定。目前施工缝施工已有成套技术，技术关键是二次浇筑混凝土前，应清除缝处表面浮浆和杂物，铺设 20～30mm 厚 1∶1 水泥浆或界面剂、水泥基渗透结晶型防水涂料。

垂直施工缝要比水平施工缝处理更难些，第一次混凝土终凝后，宜用剁斧法将表面凿毛，清理松动石子；二次浇筑混凝土前，用压力水将缝面冲洗干净，边浇边刷素水泥浆或界面剂、水泥基渗透结晶型防水涂料。

施工缝采用遇水膨胀止水条（胶）时，其施工技术关键首先是选择止水条，止水条需具有缓胀性能，最终净胀率宜大于 220%；其次是保证其接缝密贴。遇水膨胀止水胶应采用专用注胶器挤出粘结在施工缝表面，均匀、连续、饱满，无气泡和空洞，止水胶固化前不得浇筑。施工缝还可视工程具体情况，在缝处的迎水面采取外贴防水止水带，外涂抹防水涂料或砂浆等做法增强施工缝防渗漏性能。

3. 浇筑施工保证措施

(1) 减少浇筑施工间隔

在选取商品混凝土站和运输能力以及安排，现场浇筑人员设备上，应保证混凝土从搅拌机卸出经过运输浇筑到下层混凝土压茬的间隔时间，不得超过规范的规定。

两层混凝土的间隔时间控制要求：当气温低于 25℃，不应超过 3h；气温高于 25℃时，不应超过 2.5h。水池底板或顶板面积大、厚度有变化时，应分组浇筑；而池壁混凝土应分层连续浇筑，每层厚度不大于 300mm。

(2) 采取合理的振捣方式

振动棒进行振捣时，混凝土分层振捣最大厚度不超过振捣器作用部分长度的 1.25 倍，且最大不超过 500mm；采用平板振动器进行振捣时，混凝土分层振捣最大厚度不超过 200mm。采用附着振动器进行振捣时，混凝土分层振捣最大厚度，要根据附着振动器的设置方式，通过试验确定。

振捣密实才能保证混凝土的防渗性，按规范规定选择机械振捣为主，人工插捣为辅的振捣方式时，一般都可以满足这一要求。考虑到水池预留孔、预埋管、预埋件及止水带等处的结构形状有差异，尺寸也较小，机械振捣难以操作，振捣时混凝土中的空气不容易完全排出，无法满足振捣密实的要求；因此这些部位在施工时，应在机械振捣的基础上，再辅以人工插捣，这样有助于混凝土中空气的排出，以满足振捣密实的要求。

(3) 加强混凝土养护

对浇筑后混凝土进行保温保湿养护有利于水泥的充分水化，降低混凝土的孔隙率和切断毛细孔的连续性。

因此混凝土浇筑完毕后，应根据现场气温条件及时覆盖和洒水；冬期施工，还要采用适当的保温措施。工程实践证明，防渗混凝土养护应至少 14d，以便减少温度裂缝，提高池体防渗性能。

4. 季节性的施工措施

(1) 避免冬期与热天施工

冬期施工时由于需要对混凝土原材料进行加热，而热天（指气温高于 30℃）施工由于气温和混凝土材料温度都比较高，这都会使混凝土的入模温度及凝结温度提高。混凝土刚凝结时是无应力的，此后温度升降，混凝土涨缩，在约束条件下就要产生温差应力，其应力值超过抗拉强度时，混凝土就产生裂缝，以至严重渗水或漏水，因此在可能的条件下尽量避开冬期及热天施工。

(2) 采取相应的控制措施

由于工程建设的需要，或整体工程混凝土作业平衡的需要，防渗混凝土完全避开冬期或热天施工常常是不可能的。不能避开时，应尽量降低入模温度，也就是降低凝结温度，降低温差，降低温差应力。

混凝土热天施工时，应根据气温的情况，采取降低材料温度，掺用缓凝剂及增加养护浇水次数等措施。这些都是为了降低混凝土凝结温度，降低温差应力，并提高养护效果。

冬期施工时，池壁模板应在混凝土表面温度与周围气温温差较小时拆除，温差不宜超过15℃，拆模后必须立即覆盖保温。拆模时混凝土的温度，比凝结温度已经降低许多，已存在温差。要求在混凝土表面温度与周围气温温差较小时拆除，以防在拆模过程中产生冷缩裂缝。这时的混凝土强度还没有达到设计规定的强度等级，所以拆模后还必须立即覆盖保温。

5. 技术组织保障措施

(1) 责任与分工

施工员或技术员应负责向作业工人进行技术质量交底，认真执行施工技术规范规定和技术组织措施，一边促使作业人员掌握必要的施工技术理论和操作规程的实际意义，树立质量意识，明确责任，自觉认真操作，确保工程质量。

施工员发现混凝土运输过程离析时，应明确要求再搅拌，保证坍落度适当。混凝土放料员负责对称均匀布料，混凝土泵车布料管口与混凝土浇筑面距离适当，防止混凝土下料集中、发生离析。混凝土浇筑振捣人员分块负责混凝土的密实，不出现漏振、渗水现象。

养护人员保证混凝土养护期经常湿润，不出现干缩裂缝。

(2) 有效的质量检查系统

从混凝土选料、配比、浇筑、养护以至满水试验、竣工，每一施工环节都要设置质量管理点，做好质量管理工作，形成一个完整的质量检验系统。

在施工规范中有规定的，施工方案和质量管理点应设置，重要的是专职质量员或检验人员去完成。质量好的工程是干出来的，不是检验出来的。施工作业人员与质检人员在确保工程质量上目标是一致的。质检人员协助操作人员认真执行规范和规程，认真执行技术组织措施，质量才更有保证，使防渗混凝土达到设计的防渗要求。只有这样，从技术和管理的各个环节入手，把握每个工序的质量，才能最终保证防渗混凝土的防渗性能。

3.5.4 水池裂缝成因与施工对策

水池混凝土浇筑有一次浇筑量大、持续时间长的特点，混凝土表面裂缝时有发生，这些裂缝必须加以处理，否则会造成对钢筋的腐蚀，进而引发渗漏，影响水池结构安全和使用功能。

1. 裂缝主要成因

(1) 裂缝类型

水池裂缝可分为应力裂缝、干缩裂缝和温度裂缝3类。在外力作用下，混凝土发生开裂，称应力裂缝；混凝土在硬化及使用过程中，因含水量变化引起的裂缝，称干缩裂缝；混凝土因温度变化而热胀冷缩过程中，产生温度应力而引起的裂缝，称温度裂缝。由于混凝土抗拉强度远小于抗压强度，极限拉伸变形很小，在外力、温度变化、湿度变化等作用下，容易发生裂缝。混凝土和钢筋混凝土发生裂缝会影响建筑物的整体性、耐久性甚至安全和稳定。

(2) 影响混凝土抗裂性能的因素

抗裂性是指混凝土抵抗干缩变形或温度变形而发生裂缝的能力。这些变形所引起的拉应力，如超过了混凝土的抗拉极限强度时就发生裂缝。也就是说，这些变形量超过了混凝土的极限拉伸应变值（一般称为极限拉伸值）时，混凝土就发生裂缝。因此，混凝土的极限拉伸值或抗拉极限强度越大时，它的抗裂性就越高。

影响混凝土材料抗裂能力的因素主要有混凝土极限拉伸、抗拉强度、弹性模量、徐变变形、自生体积变形、水化热温升、线膨胀系数、干缩变形等。

1）极限拉伸

混凝土极限拉伸是指在拉伸荷载作用下，混凝土最大拉伸变形量，它是对混凝土抗裂性影响很大的一个因素。混凝土极限拉伸与水泥用量、骨料品种与含量等有关，极限拉伸值越大，混凝土抗裂能力越高。

2）混凝土抗拉强度

混凝土抗拉强度是影响混凝土抗裂性能的重要因素之一。它主要由水泥砂浆抗拉能力、水泥砂浆与骨料的界面胶结能力，以及骨料本身抗拉能力组成。混凝土抗拉强度越高，混凝土抗裂能力越强。

3）混凝土弹性模量

混凝土弹性模量是指混凝土产生单位应变所需要的应力，它取决于骨料本身的弹性模量及混凝土的灰浆率。混凝土弹模越高，对混凝土抗裂越不利。

4）混凝土徐变

在持续荷载作用下，混凝土变形随时间不断增加的现象称徐变。徐变变形比瞬时弹模变形大 1～3 倍，单位应力作用下的徐变变形称为徐变度。混凝土徐变对混凝土温度应力有很大影响，对大体积混凝土来说，混凝土徐变愈大，应力松弛也大，愈有利于混凝土抗裂。

5）混凝土自生体积变形

在恒温恒湿条件下。由胶凝材料的水化作用引起的混凝土体积变形称为自生体积变形（简称自变），混凝土自生体积变形有膨胀的，也有收缩的。当自变为膨胀变形时，可补偿因温降产生的收缩变形，这对混凝土的抗裂性是有利的。当自变为收缩变形时，对混凝土抗裂不利。因此自变对混凝土抗裂性有不容忽视的影响。

6）混凝土水化热温升

混凝土水化热温升高、温度变形大，产生的温度应力也大，混凝土抗裂性就差。影响混凝土水化热温升的主要因素是水泥矿物成分、掺合料（或混合材）的品质与掺量、混凝土用水量与水泥用量等。

7）混凝土线膨胀系数

混凝土线膨胀系数是指单位温度变化导致混凝土长度方向的变形。混凝土线膨胀系数主要取决于骨料的线膨胀系数。

8）混凝土干缩变形

混凝土干缩变形是指置于未饱和空气中混凝土因水分散失而引起的体积缩小变形。影响混凝土干缩的因素主要有水泥品种、混合材种类及掺量、骨料品种及含量、外加剂品种及掺量、混凝土配合比、介质温度与相对湿度、养护条件、混凝土龄期、结构特征及碳化作用等，其中骨料品种对混凝土干缩影响很大。

2. 混凝土自身防裂对策

1）水泥

根据工程条件不同，尽量选用水化热较低、强度较高的水泥，严禁使用安定性不合格的水泥。

2）粗骨料

选用表面粗糙、级配良好、空隙率小、无碱性反应，有害物质及泥土含量和压碎指标值等满足相关规范及技术规范规定的。

3）细骨料

一般情况下应采用天然砂，宜用颗粒较粗、空隙较小的2区砂；所选的砂有害物质含量和坚固指标等应满足相关技术标准规定。

4）外掺加料

宜采用减水剂及膨胀剂等外加剂，以改善混凝土工作性能，降低用水量，减少收缩。

5）掺合料与外加剂

采用掺合料和混凝土外加剂，可以明显降低水泥用量、减少水化热、改善混凝土的工作性能和降低混凝土成本。

3. 提高混凝土的极限拉伸值或抗拉强度

（1）当抗拉强度较高或弹性模量较低时，极限拉伸值较大，而弹性模量则随着强度的提高而增大（实际上混凝土的强度增长率远比其弹性模量的增长率高），所以混凝土的极限拉伸率是随着强度的增长而有所增长的。故提高混凝土的强度时其抗裂性也可得到提高。

（2）在混凝土水灰比不变的条件下，水泥浆和砂浆含量较多时，其极限拉伸值也较大。因此，采用最大粒径较小的石料时，由于水泥浆和砂浆的含量较多，极限抗拉强度可得到提高。

（3）采用碎石配制混凝土比用一般卵石可提高极限拉伸值约30%；用轻质凝灰岩或陶粒配制的轻质混凝土，其极限拉伸值比普通混凝土可提高2～3倍。

（4）采用铁铝酸四钙含量高而铝酸三钙含量低的水泥，或早期强度较低，后期强度增长率较高的水泥，其极限拉伸值较大。掺用加气剂时可提高极限拉伸值近一倍；掺用纸浆（苇浆或木浆）废液减水剂时，则可提高约50%。

（5）充分的保湿养护或水中养护可使混凝土的极限拉伸值得到提高，抗裂性也相应地得到提高。

4. 正确使用混凝土补偿收缩技术

（1）在常见的混凝土裂缝中，有相当部分都是由于混凝土收缩而造成的。要解决由于收缩而产生的裂缝，可在混凝土中掺用膨胀剂来补偿混凝土的收缩。

（2）混凝土掺加微膨胀剂，形成补偿收缩混凝土。

（3）对膨胀剂应充分考虑到不同品种、不同掺量所起到的不同膨胀效果，且应通过大量的试验确定膨胀剂的最佳掺量。

5. 施工对策

（1）使用商品混凝土

1）混凝土拌制过程要求投料计量准确，保证搅拌时间。

2）混凝土运输过程中，车鼓保持在每分钟约6转，并到工地后保持搅拌车高速运转到4～5min，以使混凝土浇筑前再次充分混合均匀。

3）现场检测发现坍落度有所损失，可以掺一定的外加剂以达到理想效果；禁止任意增加水泥和水。

（2）预防裂缝施工措施

1）基础工程

① 基坑验收。对较复杂池体的地基，经验收合格后，方可进行下一步施工。

② 合理安排施工顺序。当相邻建构筑物间距较近时，一般应先施工较深的基础，以防基坑开挖破坏已建基础的地基；当建（构）筑物各部分荷载相差较大时，一般应施工重、高部分，后施工轻、低部分。

③ 对于地下结构混凝土，尽早回填土，对减少裂缝有利。

2）钢筋工程

① 施工中对钢筋品种、规格、数量的改变、代用，必须考虑对构件抗裂性能的影响。

② 钢筋绑扎位置、间距要准确，保护层厚度要准确，不得超出规范规定；钢筋表面应洁净，钢筋代换必须考虑对构件抗裂性能的影响。

3）模板工程

① 模板构造要合理，以防止模板间的变形不同而导致混凝土裂缝。

② 模板和支架要有足够的刚度，防止施工荷载（特别是动荷载）作用下，模板变形过大造成开裂。

③ 合理掌握拆模时机。拆模时间不能过早，应保证早龄期混凝土不损坏或不开裂；但也不能太晚，尽可能不要错过混凝土水化热峰值，即不要错过最佳养护时机。

4）混凝土浇筑

① 避免在雨中或大风中浇筑混凝土。混凝土浇筑时应防止离析现象，振捣应均匀、适度；加强混凝土温度的监控，及时采取防护措施，优化混凝土配合比。

② 加强混凝土的早期养护，并适度延长养护时间，在气温高、湿度低或风速大的条件下，更应及早进行喷水养护，在浇水养护有困难时，或者不能保证其充分湿润时，可采用覆盖保湿材料等方法。

③ 大体积混凝土施工，应做好温度测控工作，采取有效的保温措施，保证构件内外温差不超过规定。

④ 夏季应注意混凝土的浇捣温度，采用低温入模、低温养护，必要时经试验可采用冰块，以降低混凝土原材料的温度。

⑤ 浇筑分层应合理，振捣应均匀、适度，不得随意留置施工缝。

3.5.5 水池预防裂缝的设计构造

1. 结构设计

（1）合理的配筋（特别是构造配筋）

混凝土结构的配筋对于收缩值起一定的约束作用，提高混凝土的极限拉伸，可有效避免构造性裂缝的产生；双向配筋有时会忽略构造钢筋的重要性，会导致构造性裂缝发生概率增大。

（2）结构应尽量避免应力突变

设计应力求荷载分布均匀，尽量防止受力过于集中；结构断面突变也会带来应力集中，如因结构或造型方面原因等而不可避免时，应充分考虑采用加强措施。

(3) 基础与底板

1) 对大型组合型构筑物应采取调整基础的埋置深度，采用不同的地基计算强度和不同的垫层厚度等方法，调整地基的不均匀变形。

2) 大型水池底板与地基基础之间宜设置滑动层。

(4) 正确设置变形缝、结构缝、后浇带

1) 对体形复杂、地基不均匀、沉降值大的水池应严格控制变形缝位置与间距。

2) 应尽量使结构缝合并使用，构造要合理。

3) 后浇带应配合变形缝使用，缝的宽度选择要适当，底板后浇带见图 3-53。

4) 用膨胀加强带取代后浇带时，必须保证施工质量在控制状态。

图 3-53 水池底板后浇带

2. 设缝的条件与应用

(1) 变形缝

现浇钢筋混凝土结构的关键技术是防止有害裂缝产生，保证混凝土结构防水性能符合要求。为了使钢筋混凝土水池适应温湿度变化而引起的伸缩或地基的不均匀沉降，在水池的适当部位，根据需要单设或合并设置来防止或减少钢筋混凝土结构裂缝是工程实践中最常见的技术措施；变形缝需要贯通底板、池壁和顶板。

当构筑物平面尺寸超过规范的规定，因热胀冷缩的缘故，会导致在结构中产生过大的温度应力，需在结构一定长度位置设伸缩缝；伸缩缝的主要作用是避免由于温差和混凝土收缩而使结构产生严重的变形和裂缝。不同的结构体系，伸缩缝间距离不同，《给水排水工程构筑物结构设计规范》GB 50069—2002 规定：对于长度、宽度较大的大型水池，应设置适应温度变化作用的伸缩缝，伸缩缝间距一般为 15～20m；当超过 15～20m 时或浇筑施工需要，为减少结构温度裂缝，避免出现有害裂缝，应考虑设置伸缩缝，伸缩缝的间距可按规范的规定选用。

当构筑物的地基土有显著变化或承受的荷载差别较大时，应设置沉降缝加以分割。沉降缝的作用是避免由于地基不均匀沉降而使结构产生有害的变形和裂缝。构筑物的伸缩缝或沉降缝应做成贯通式，在同一剖面上连同基础或底板断开。伸缩缝的缝宽不宜小于20mm；沉降缝的缝宽不应小于30mm。

对于组合式、一体化的构筑物，因不同高度、不同地基条件的单体构筑物之间会产生差异沉降，通常采用贯通式沉降缝，即在同一剖面上连同基础或底板一起断开，设置特定形状的橡胶止水带（图3-54）或金属止水带，以减少差异沉降对连接部位的破坏。金属止水带用于温度高于50℃的环境条件下。

在有地震设防地区，构筑物要设有抗震缝，以利于结构抗震，基础可不断开。行业内通常将伸缩缝、沉降缝、抗震缝统称为变形缝。大型水池的长度、宽度超出规范的规定时，应按规范的规定，设置相应的变形缝。变形缝形式多样，其节点构造较为复杂，对于连续浇筑的混凝土水池来讲，施工技术要求较高。

图3-54 橡胶止水带

变形缝是钢筋混凝土水池设计与施工必须面对的技术问题，目前水池变形缝多采用橡胶止水带的变形缝，精心设计的各种类型的橡胶止水带可使水池变形缝在一定变形状态下不致出现裂缝，防止渗水，以满足不慎补漏的功能要求。

工程实践表明：变形缝技术也存在一些不足之处，主要问题是填缝材料和止水带选择不当；其次是橡胶止水带部位处理不当或变形缝部位混凝土浇筑质量不合格。这类问题都会造成缝部渗漏，直接影响构筑物使用功能和结构耐久性。而且，橡胶止水带存在老化问题，金属止水带易被酸、碱污水等腐蚀，这些也会影响构筑物使用功能和结构耐久性。

（2）后浇带

设置后浇带一定程度上可避免变形缝存在的上述不足之处。后浇带是指在现浇整体钢筋混凝土结构中，施工期间保留的临时性温度、收缩沉降的变形缝，属于一种混凝土刚性接缝。结构设计通常采用变形缝和后浇带的组合方式。

后浇带通常采用贯通式后浇带，即在同一剖面上连同基础或底板一起断开。根据工程具体条件，保留一定时间，在此期间早期温差及30%以上的收缩完成，再用比原结构提高一级的微膨胀混凝土填筑密实后成为连续、整体、无变形缝的结构。

《给水排水工程构筑物结构设计规范》GB 50069—2002规定：为了特定需要可不设变形缝，每隔20～30m设置1～2m宽的后浇带。以使混凝土在硬化过程中产生的收缩拉应力尽可能释放，减少或避免裂缝产生。

后浇带接缝形式有平直缝、阶形缝、企口缝，后浇带的断面形式应考虑浇筑混凝土后连接牢固，一般应避免留直缝。对于板，可留斜缝；对于梁及基础，可留企口缝，可根据结构断面情况确定。

采用何种类型的后浇带必须根据工程类型、工程部位、现场施工情况和结构受力情况而具体确定。与变形缝相比，后浇带减少了填缝材料及止水带存在的不足之处，有利于混凝土施工。但是，二次浇筑混凝土也存在施工质量问题；主要是微膨胀混凝土配比与浇筑施工质量控制。而且二次浇筑应在不少于42d之后进行，施工工期较长，需要工程施工方案中采取保障措施。

后浇带只能解决施工期间混凝土的收缩问题，并不能解决季节温差（湿差）所产生的温度应力问题；尤其对于调蓄类大型水池结构，随着使用时间的持续，后浇带部位的混凝土会发生开裂，致使水池渗漏。

（3）膨胀加强带

为避免后浇带施工存在的不足之处，尽可能实现混凝土连续浇筑；20 世纪 80 年代起，膨胀加强带技术得到开发；近些年来，在水厂建设工程实践中得到推广应用，成为解决超长结构钢筋混凝土收缩开裂的新技术。

膨胀加强带的技术原理是在类似后浇带部位混凝土中掺加适量膨胀剂（例如高效混凝土膨胀剂 UEA、CEA、AEA、FEA 等），通过水泥水化产物与膨胀剂的化学反应，使混凝土产生适量膨胀。高效混凝土膨胀剂 UEA 的主要成分是无机铝酸盐和硫酸盐，当 UEA 加入到普通水泥混凝土中，拌水后和水泥组分共同作用，生成大量膨胀结晶水化物——水化硫铝酸钙；这种结晶水化物使混凝土产生适度膨胀，在钢筋和临位的约束下，在混凝土结构中产生 0.2～0.7MPa 预压应力，这一预压应力可大致抵消混凝土在硬化过程中产生的收缩拉应力，使结构的收缩拉应力得到大小适宜的补偿，从而防止或减少混凝土收缩开裂，并使混凝土致密化，提高了混凝土结构的抗裂防渗能力。后浇带技术原理与组成见图 3-55。

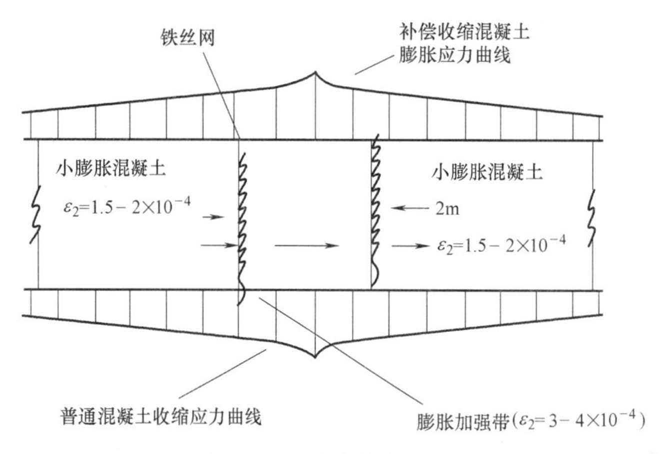

图 3-55　后浇带技术与组成

加强带设置在混凝土收缩应力发生最大的地方，通常是池体长度方向的中间位置，对于超过普通混凝土伸缩缝设置距离过长的且要求连续无缝施工的混凝土结构，可以在适当部位设置多条膨胀加强带。

工程实践证明：采用膨胀加强带，可以连续施工，避免后浇带施工周期长的弊病。从理论上讲，后浇带是采取完全“放”的方法来解决大面积、大体积钢筋混凝土收缩应力问题，从多年的工程实践中也证明了这点。但是加强带是采取“抗”的方法，膨胀加强带由于其本身的作用原理，在构筑物沉降差的控制上存在缺陷，这决定了其不可能完全取代后浇带。

有资料介绍：对设有膨胀带的超长结构工程十几年的跟踪观测发现，用膨胀带部位都不同程度地出现竖向温度裂缝，加之大型构建物的不均匀沉降也促使裂缝不断扩展。因此，变形缝、后浇带和膨胀带设置应依据工程具体条件选用（表 3-35），施工应按照有规范规定和设计要求组织施工。

设缝（带）条件与应用 表 3-35

类型	结构形式与组成	施工特点	主要缺点	主要适用
变形缝	主体结构断开、橡胶止水带连接，填缝材料密封	橡胶止水带安装、混凝土浇筑及填缝施工要求高	止水带易老化或腐蚀，施工技术难度大	伸缩缝、沉降缝、抗震缝
引发(诱导)缝	地基加强、主钢筋连接、橡胶止水带连接，填缝材料密封	止水带、钢筋安装，混凝土浇筑及填缝施工要求高	止水带易老化或腐蚀，施工技术难度大	伸缩缝、沉降缝
后浇带	钢筋连续、二次浇筑膨胀混凝土	支模、二次浇筑施工要求较高	施工周期长，施工难度较大	伸缩缝
膨胀加强带	钢筋连续、连续浇筑膨胀混凝土	不同配比混凝土连续浇筑需严格控制	不同配比混凝土浇筑，易混淆	伸缩缝

(4) 引发（诱导）缝

因现场条件限制，为满足建设工期和水厂整体运行的要求，在池体结构可设置引发（诱导）缝，来取代后浇带或伸缩缝。诱导缝不仅能解决混凝土在施工阶段因温差产生的收缩裂缝，还能调节水池在使用阶段产生的不均匀沉降和季节温差引起的变形和收缩。近年来，工程实践中采用引发（诱导）缝的工程实例常见诸报道。设计引发（诱导）缝中心通常与池中心重合，底板引发缝结构（图 3-56）设置需考虑现场施工条件，并经计算确定。诱导缝分为完全收缩或不完全收缩两种，前者纵向钢筋不连续布置，后者减半切断。

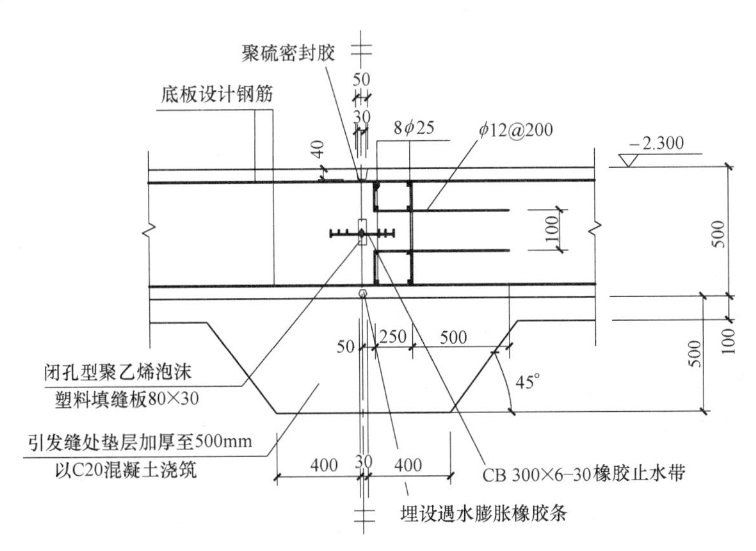

图 3-56 底板引发缝详图

工程实践表明：引发（诱导）缝同变形缝一样存在类似不足之处，主要问题是变形缝部位混凝土浇筑质量不合格会致使池体渗漏，直接影响构筑物使用功能和结构耐久性。

（5）变形缝、引发（诱导）缝、后浇带和膨胀带选用

当设计没有明确要求时，施工可参考表 3-34 进行选择。

3. 施加预应力技术

进入 21 世纪以来，国内给水排水构筑物工程推广应用预应力混凝土技术，以减少构筑物结构钢筋率或减薄池体结构（特别是池壁）的厚度，以有效防止混凝土裂缝。

《给水排水工程构筑物结构设计规范》GB 50069—2002 规定：预应力构件抗裂度应满足公式：$1.15\sigma_{ck}-\sigma_{pc}\leqslant 0$。预应力分为全预应力和部分预应力，前者在任何工况下，构件不允许出现裂缝，后者允许在可变荷载作用下出现截面消压乃至裂缝。

大型混凝土圆形或卵形构筑物，如污水厂的卵形消化池需采用无粘结预应力结构（图 3-57），以满足池体结构受力与密封要求。矩形水池采用预应力混凝土时，必须隔一定距离设置扶壁，将不利的悬臂结构体系的单向高位水压转变成双向水压；但扶壁与壁板的整体连接在设计施工中还是存在一些问题。在一般情况下，矩形水池的受力构件大都属于受弯或大偏心的受拉（受压）构件，依据《给水排水工程构筑物结构设计规范》GB 50069—2002 规定，除应满足承载能力极限状态下的强度要求外，在正常使用极限状态下，钢筋混凝土水池结构强度应按限制裂缝宽度控制。如果混凝土矩形水池的长度、宽度较大，其水平方向由温度应力作用产生的裂缝可用设置变形缝或采取其他措施来解决，且安全可靠，较为经济易行。当池壁为双向板或池体高度较小（小于 6m）时，无论考虑哪种工况，壁板的支座和跨中弯矩值都不太大，选择适当的壁厚和配筋，普通钢筋混凝土结构形式可满足强度和裂缝宽度限制的要求，且经济合理，没有必要采用预应力混凝土结构。

图 3-57 卵形消化池预应力施工

水厂处理工艺需要设计容积足够大的矩形水池，特别是城市供水厂的调蓄水池，池容积多在 10000m^3 以上；池壁高 6m 以上，池壁为单向板时，静力计算池壁的弯矩相当大；如采用钢筋混凝土结构形式，势必造成池壁加厚，配筋量加大。采用预应力混凝土结构，能明显减小池壁的厚度，较好保证池体结构整体稳定性。据资料报道：美国人 Steven R. Close 率先在矩形水池设计中采用预应力技术，使水池结构满足工艺运行的特殊要求。福建省龙岩污水处理厂生物池，矩形水池设计，长 78m，宽 46m，高 9.9m，壁板采用双向预应力，是我国目前采用预应力双向张拉设计方案中最大的水处理构筑物。

用预应力技术来解决水池结构温度应力难题被一些业内人士认为是从根本上解决水池裂缝问题的有效方法：当池体长度和宽度都较长时，不设温度变形缝，而在池壁、底板水平方向均施加预应力来解决温度应力问题；混凝土被施加预应力以后，混凝土本身受压，水池防渗性、耐久性会很大程度上得到提高。

有粘结预应力体系因具有承载力较高，抗疲劳性能好等优点，20 世纪 90 年代我国在给水排水构筑物中应用。但是有粘结预应力施工工艺较为复杂，工期长；锚固和灌浆使其在薄壁池体结构使用中也受到了限制。实际工程中发现传统的灌浆方法还会造成孔道内不密实，这也影响到结构的耐久性。目前我国给水排水构筑物普遍采用无粘结预应力技术，据有关资料报道，除全预应力结构，如消化池结构全部采用无粘结预应力外，在有闭气试验的给水排水构筑物常采用局部无粘结预应力技术，来提高构筑物抗渗漏性能。

市政工程项目施工管理

4.1 城镇道路综合改造工程的施工现场管理

4.1.1 工程简介

某城市景观大道工程道路全长约 10.2km，红线宽度 30～50m。双向 8～10 车道，按照城市主干路标准建设，主路设计时速 40～60km，辅路设计时速 30～40km。施工内容主要包括道路工程、排水工程、桥梁工程、交通工程、绿化亮化、照明与监控、管线提档升级等附属工程。该工程于 2015 年 6 月进场施工，2017 年 6 月完工验收，合同总造价约为 7.27 亿元，其中建安部分约 4.07 亿元，专项工程约 3.2 亿元，采用 BT 模式建设。工程线路图见图 4-1。

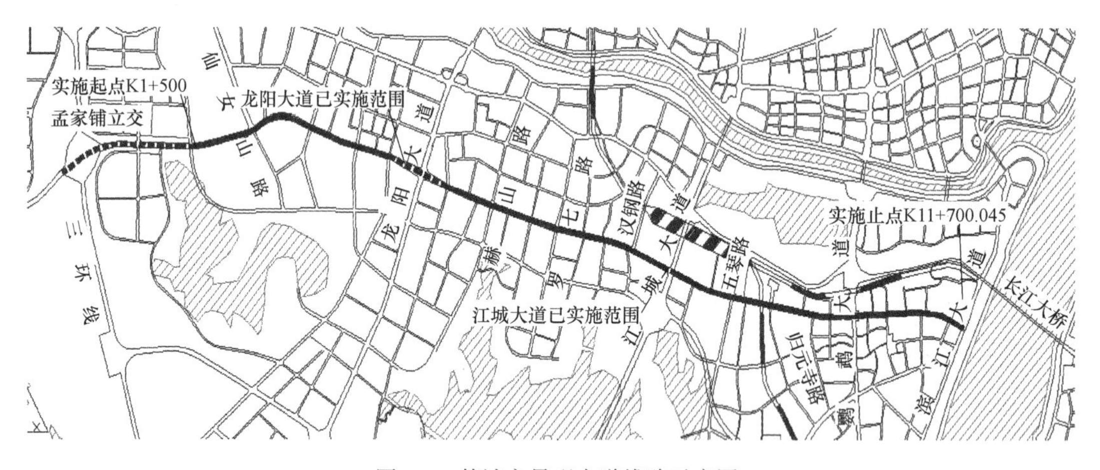

图 4-1　某城市景观大道线路示意图

该工程 BT 融资建设项目已由市城建可研〔2014〕39 号文批准建设，经该市人民政府批准采用建设－移交（即 BT）模式建设，采用公开招标方式。中标后负责组建 BT 项目公司（以下简称项目公司），项目建设模式如下。

项目公司须严格按照合同约定的技术标准和工期要求，对工程质量、进度、投资和安全、文明施工等负全部责任，按期保质地完成工程建设。

为确保工程顺利实施，项目公司须认真进行项目施工组织，合理安排施工计划。项目实施时，严禁项目公司转包 BT 项目和工程，未经项目建设方允许不得分包专业工程。

为有效控制工程投资，对工程重大变更（如工程范围、施工方案、技术标准、工程进度），BT 项目公司须取得项目建设方书面同意，并获得原审批机构的批准方能实施。根据经过批准的变更，投资规模可作相应调整。

项目建设方鼓励 BT 投融资单位通过优化设计和加强施工管理降低工程造价和缩短工期，并给予适当的奖励；对于超额完成工程质量要求的，项目建设方将给予适当的奖励。因 BT 投融资单位造成的工期延误，项目建设方将进行追偿。

该景观大道工程为现状道路改造提档升级工程，现状道路为城市主干道，呈东西走向，横穿城市中心，地下综合管网较为复杂，两侧商铺林立及部分住宅、企业用房等。景观大道工程施工过程中部分建（构）筑物占用了施工红线，需进行拆除，详见图 4-2。

图 4-2　景观大道周边环境

4.1.2　施工现场管理内容与难度

1. 施工现场管理内容

该城市景观大道工程施工内容包括 8 项分部的建安工程与 13 项分部的专项工程。

建安工程：道路、排水、桥梁、园林绿化、照明亮化、电车杆线、交通工程与公交站台新建等。

专项工程：强电迁改、弱电迁改、自来水迁改、天然气迁改、路灯迁改、公交站台迁改、空军军用光缆迁改、国防军缆迁改、市管监控临时迁改、区管监控临时迁改、公安专线临时迁改、园林迁改、地铁隧道监测等。

项目主要工程量见表 4-1 和表 4-2。

建安工程主要工程量　　**表 4-1**

序号	工程内容	工程量	序号	工程内容	工程量
1	道路(m^2)	26890	5	照明工程(m)	20000
2	排水(m)	5376	6	电车杆线(m)	9000
3	桥梁(座)	6	7	交通工程(m)	10000
4	园林绿化(m)	14000	8	公交站台新建(个)	24

专项工程主要工程量　　**表 4-2**

序号	工程内容	工程量	序号	工程内容	工程量
1	强电迁改(m)	9000	3	自来水迁改(m)	380
2	弱电迁改(m)	7800	4	天然气迁改(m)	100

续表

序号	工程内容	工程量	序号	工程内容	工程量
5	园林迁改(棵)	590	10	区管监控临时迁改(个)	48
6	公交站台迁改(个)	31	11	公安专线临时迁改(m)	5300
7	空军军用光缆迁改(m)	5000	12	路灯临时迁改(个)	350
8	国防军缆迁改(m)	1200	13	地铁隧道监测(km)	10.2
9	市管监控临时迁改(个)	64			

2. 施工重难点

(1) 施工单位众多，协调管理难度大

该景观大道工程分部工程较多，包含8项建安工程与13项专项工程，施工单位众多，建安工程和专项工程涉及大量交叉施工，施工协调管理难度较大。

(2) 地处中心城区，周边环境复杂

该景观大道工程地处市域繁华地段，现状道路两侧均为商铺与小区居民，项目实施过程中不可避免地给周边居民生产与生活带来影响，如何得到居民群众的理解是实施时需重点解决的问题。

该工程为升级改造工程，地下现状管线（强电、弱电、自来水、排水、天然气等）错综复杂，管线勘测图不足以反映现场真实情况。现状运行管网位于新建工程（建安工程、专项工程）施工区域内较为普遍，施工期间现状综合管网的运营安全与新建工程的施工质量同时确保难度较大。

(3) 多期施工、施工进度确保难度大

该景观大道现状交通流量较大，施工期间需具备正常的交通疏解功能，大部分路段均需多期施工，依据交通疏解审批文件，某交叉路口需分8期施工，每期施工时间不少于10d，施工进度面临压力较大。

4.1.3 交通疏导与现场围挡

该城市景观大道工程道路全长约10.2km，施工战线较长，现以A区段（周边环境最为复杂区域）为例对交通疏导与现场围挡进行具体阐述。

1. 交通疏导

A区段单线长度529m（含某地铁站范围220m）（图4-3）。

A区段隔离带花坛宽度由现状的4m调整为2.5m，辅道宽度由现状的6m调整为7.5m（图4-4、图4-5）。

A区段北侧有现状的公交车站，花坛中有架空的强电、弱电、路灯、电动公交线、交通监控、交通信号等管线，该段道路现状情况见图4-6～图4-11。

A区段北侧现状人行道与非机动车道中有强电管沟、弱电管沟、地铁专用电力、自来水与雨污水等管线。

A区段道路南侧与北侧情况类似。该区段现状管线与设计管线情况汇总如下（图4-12、图4-13）。

图 4-3 A 区段线路示意图

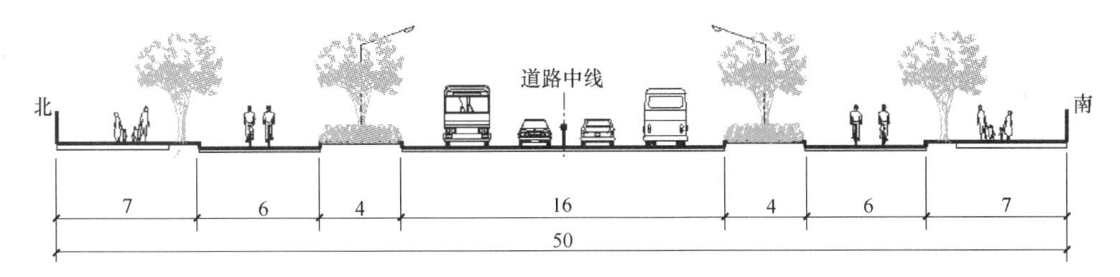

图 4-4 A 区段现状断面

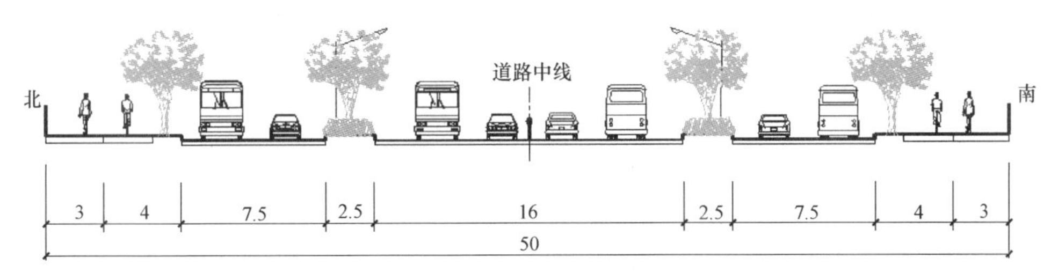

图 4-5 A 区段设计断面

图 4-6 A 区段道路北侧现状（1）

图 4-7 A 区段道路北侧现状（2）

图 4-8　A 区段道路北侧现状（3）

图 4-9　A 区段道路北侧现状（4）

图 4-10　A 区段道路北侧现状（5）

图 4-11　A 区段道路北侧现状（6）

图 4-12　A 区段现状管线断面图

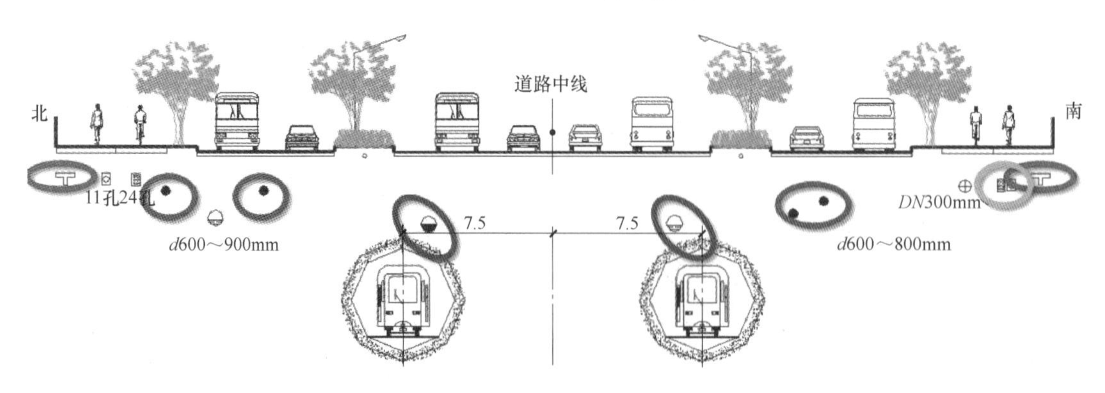

图 4-13　A 区段设计管线断面图

道路北侧：强电管沟废除新建；自来水管道废除新建；污水管道新建。

道路南侧：强电管沟废除新建；新建弱电管群；自来水管道废除新建；雨水管道新建。

结合现场情况，综合分析，A 区段施工交通疏解分为三期。

一期围挡（图 4-14）：绿化迁移、自来水、雨污水横穿人行道支管预埋，新建强电、弱电管群，架空的强电，弱电入地，路灯临时（永久）迁改，视频监控、公安交管迁改，人行道（含非机动车道）施工。

二期围挡（图 4-15）：自来水管道新建、辅道、花坛施工。

三期围挡（图 4-16）：雨污水、花坛、快车道施工。

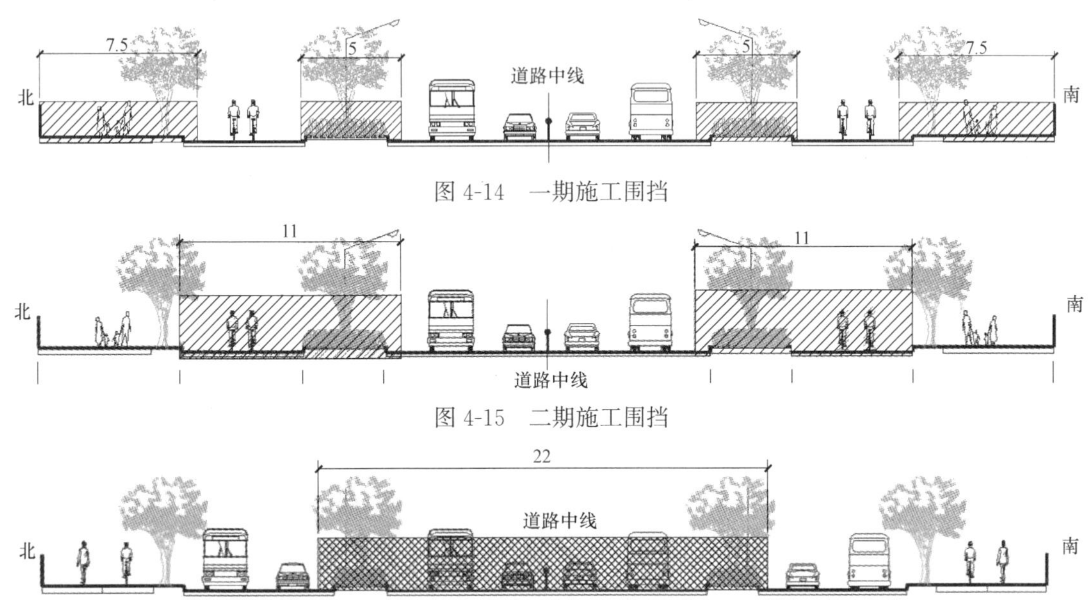

图 4-14　一期施工围挡

图 4-15　二期施工围挡

图 4-16　三期施工围挡

由于 A 区段内现存运行的公交车站，该区段分为两个施工阶段（图 4-17），第一阶段

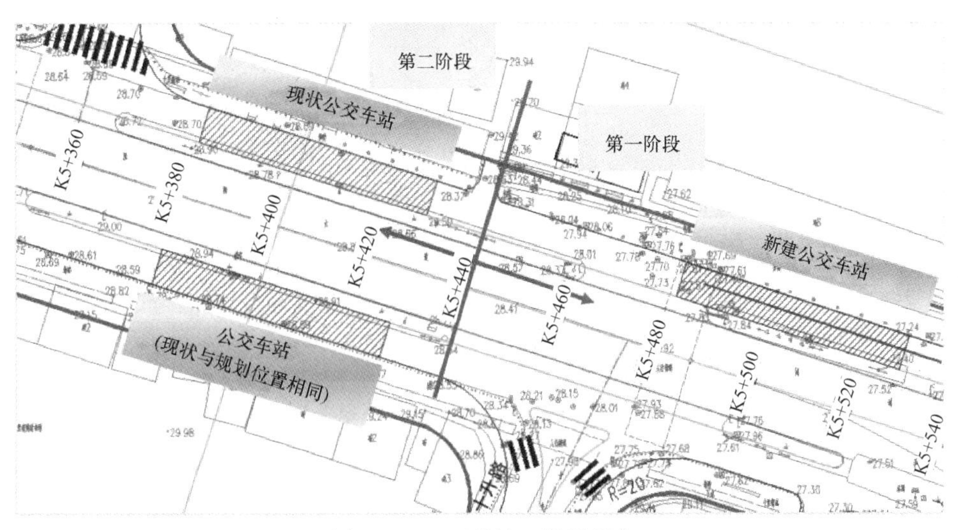

图 4-17　A 区段施工阶段划分

施工无公交车站区域，待条件具备，将公交车站进行迁移，然后进行第二阶段施工。

2. 现场围挡

按照城市建设有关安全文明施工的规定，该景观大道工程施工围挡采用统一规格（图 4-18），大部分路段采用全封闭形式；小部分特殊区域采用临时围挡灵活布置；路口、转弯处采用通透式围挡。

图 4-18　现场施工围挡

施工期间，在路口、急弯处设立明显的交通标志，提醒司机与行人注意交通安全，并设置交通疏导执勤岗，巡查施工控制区域内的交通安全设施，减少丢失与破坏，并负责相关设施的维修。

4.1.4　专业分包管理

该城市景观大道建安工程与专项工程均通过项目管理公司公开招标确定施工单位，建安工程中的桥梁工程施工采用专业分包形式。

桥梁工程包含六座人行天桥，桥梁采用钻孔灌注桩基础与钢箱梁主体结构，专业分包现场管理纳入总承包管理范围，专业分包管理主要包括组织机构管理与施工过程管理。

1. 组织机构管理

（1）专业分包单位进入施工现场后，首先提交专业分包方组织机构设置及人员分工情况。进场人员名册、照片、身份证、操作上岗证和职业资格证书原件、质量和安全证书等资料；特种行业有特殊要求的，需提供相关部门颁发的许可证等证照材料。

（2）项目部对上述资料进行查验，并对人员进行清点、核对完成后返还原件，留存复印件，并报项目公司备案。

（3）专业分包方施工队伍由其自行管理，项目部派专人指导检查。专业分包方施工人员需符合国家及地方有关用工的法律法规，同时需保障施工人员合法权益和身体健康，确保劳动工资及时发放。

2. 施工过程管理

（1）根据施工总体部署，进场施工前项目部与专业分包方明确项目施工内容、管理目标、安全、质量与进度等要求。对工程重点部位与关键工序进行技术、安全、质量、进度与文明施工等内容进行交底，并形成书面记录。

（2）项目部监督专业分包方施工组织设计与施工方案的实施情况，严格执行国家技术标准，根据工程进度，实行动态检查与控制。

（3）项目部监督、检查专业分包方的安全管理体系及安全措施，提出处理意见并督促落实，督促加强现场管理，确保安全生产。

（4）项目部严格监督、检查专业分包方的质量管理体系，检查质量标准的执行情况，对专业分包方施工的工程质量进行评价，并提出处理意见，分部分项工程施工完成后依据合同约定组织验收，加强施工过程质量控制。

（5）项目部根据合同约定材料供应的范围与品种，对专业分包方采购的材料质量进行检查、监督与控制。

（6）项目部监督、检查专业分包方使用的机具和设备的数量、质量情况，并按合同约定实行报验制度，确保其满足施工要求。

（7）项目部监督检查专业分包方是否落实项目公司有关文明、环境保护等施工要求。

4.1.5　施工现场管理与协调

根据BT模式和该工程的特点，项目管理公司对外行使“代业主”职能，对内行使“指挥部”职能，在组织上，实施项目总经理负责制。为加强对该项目的管理和控制，该城市景观大道工程施工前期，项目管理公司组织召开了多次项目实施策划会议，对现场施工管理进行详细的部署。主要内容包括项目管理组织机构，项目质量、安全、进度、成本、合同目标，项目工区划分，总平面布置与临时设施，施工技术方案重难点及拟采取的措施，质量、安全、进度管理难点及保证措施，专业分包工程等内容。该景观大道工程拟划分为三个施工工区，见图4-19。每个工区单独设项目管理机构，包含：工程部、总工办、质安部、机材部、内业组、行政办公室，然后下含各施工队，见图4-20。

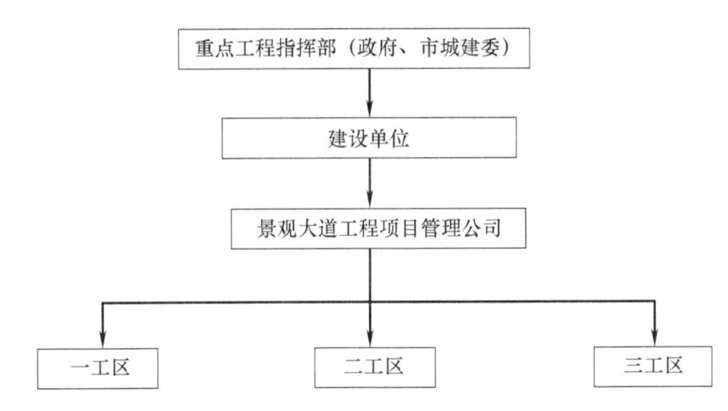

图4-19　项目公司组织机构框架图

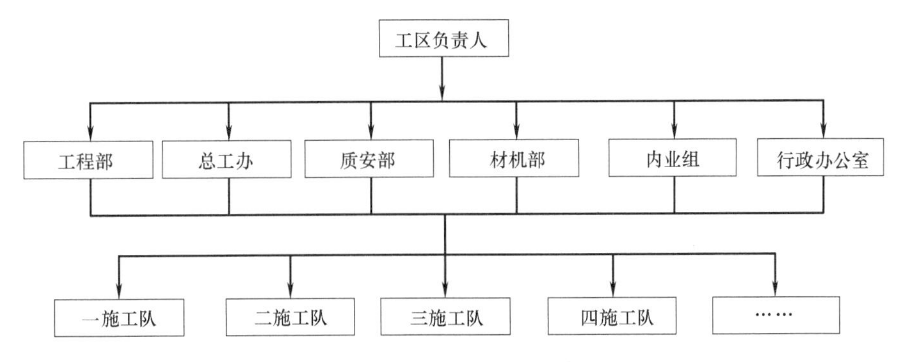

图4-20　工区组织机构框架图

BT建设模式是由项目管理公司负责项目资金筹措和工程建设，项目建成竣工验收合格后由建设单位进行回购、支付回购价款的一种融资建设方式。因此，原则上建设单位无权直接管理和干预实际生产，致使监理工程师在实际工作中的监督与管理权限变弱，施工现场管理以项目管理公司为主导，该景观大道工程现场进度管理，工程质量管理与安全管理均满足合同要求。

1. 进度管理

进度控制是一个动态编制和调整计划的过程，进度控制的目的是通过控制以实现工程的进度目标。进度控制的主要内容包括进度目标的分析和论证、编制进度计划、定期跟踪进度计划的执行情况、采取纠偏措施，以调整进度计划。该景观大道工程项目管理公司工程部专门负责进度控制工作。

该工程合同工期24个月，施工单位于2015年6月份进场，开始进行施工准备，2017年1月份全线通车，2017年6月30日主体工程通过竣工验收，基本满足了工期目标，进度管理管控措施主要有以下几方面。

（1）项目策划统筹考虑

该景观大道工程是系统性改造项目，施工内容众多，结合节点工期目标，项目筹划阶段确定将该工程划分为3个施工区，每个工区配置独立的组织管理机构，3个工区同步进行实施，确保施工进度。

依据先地下、后地上的施工原则，该工程21个分部工程实施过程中存在许多交叉作业，项目策划阶段进行了系统整体的策划，各分部工程的施工顺序与时间均进行了详细安排，各单位施工计划做到了高度融合。

（2）施工总体计划分解、细化

依据施工总体部署，各施工单位将总进度计划进行分解、细化至月，每月初将月进度计划分解、细化至周，进度计划做到了可以反映月、周、甚至每天需完成的工程量（表4-3）。

部分月季度计划 **表4-3**

区间	5月	6月	7月
××大道～××路	1. 人行道围挡施工(2116m)。 2. 园林绿化迁移(4232m^2)。 3. 雨污水、自来水支管施工，公安交管视频监控迁移(500m)，路灯迁改(240m)，电力迁改(240m)，电信、信息网络迁改(240m)	1. 雨污水、自来水支管施工，公安交管视频监控迁移(558m)，路灯迁改(289m)，电力迁改(289m)，电信、信息网络迁改(289m)。 2. 破除现状人行道(7506m^2)及渣土外运。 3. 人行道基层整理(1800m^2)。 4. 人行道垫层混凝土施工(200m^2)	1. 人行道基层整理(2748m^2)。 2. 人行道垫层混凝土施工(3200m^2)。 3. 人行道面层混凝土施工(1474m^2)。 4. 非机动车道垫层混凝土施工(3432m^2)。 5. 树穴石安装

（3）定期召开施工进度分析会、总结与优化

该工程重点指挥部（政府、城建委）每周均召开工作例会对施工现场进度进行统筹分析，发现偏差、寻找原因、制定解决措施并及时调整进度计划。B区段按照前期项目策划，先期施工辅道，然后进行机动车道施工。由于园林迁移方案审批滞后，导致辅道新建

1.5m 宽度范围内的园林绿化未能按时迁移，影响施工进度，项目管理公司经过现场踏勘，综合各施工单位意见，及时调整了施工部署，先期施工机动车道，然后进行辅道、管线施工，保证了该段道路的施工进度。

2. 质量管理

BT 项目建设中，政府虽然规定督促和协助投资方建立三级质量保证体系，申请政府质量监督，健全各项管理制度，抓好安全生产，但由于 BT 建设模式中政府只与项目管理公司发生直接联系，具体由项目管理公司负责落实，投资方出于其利益的考虑，项目的落实可能被弱化，建设质量可能得不到应有的保证。

该城市景观大道工程项目策划阶段确定了质量管理实行全面、全过程、全员管理的控制程序，划分为事前控制、事中控制与事后控制三阶段，并遵循以下八项原则：施工质量为关注焦点；领导作用；全员参与；过程方法；管理的系统方法；持续改进；基于事实的决策方法；与供方互利的关系。该项目质量管理体系如图 4-21 所示。

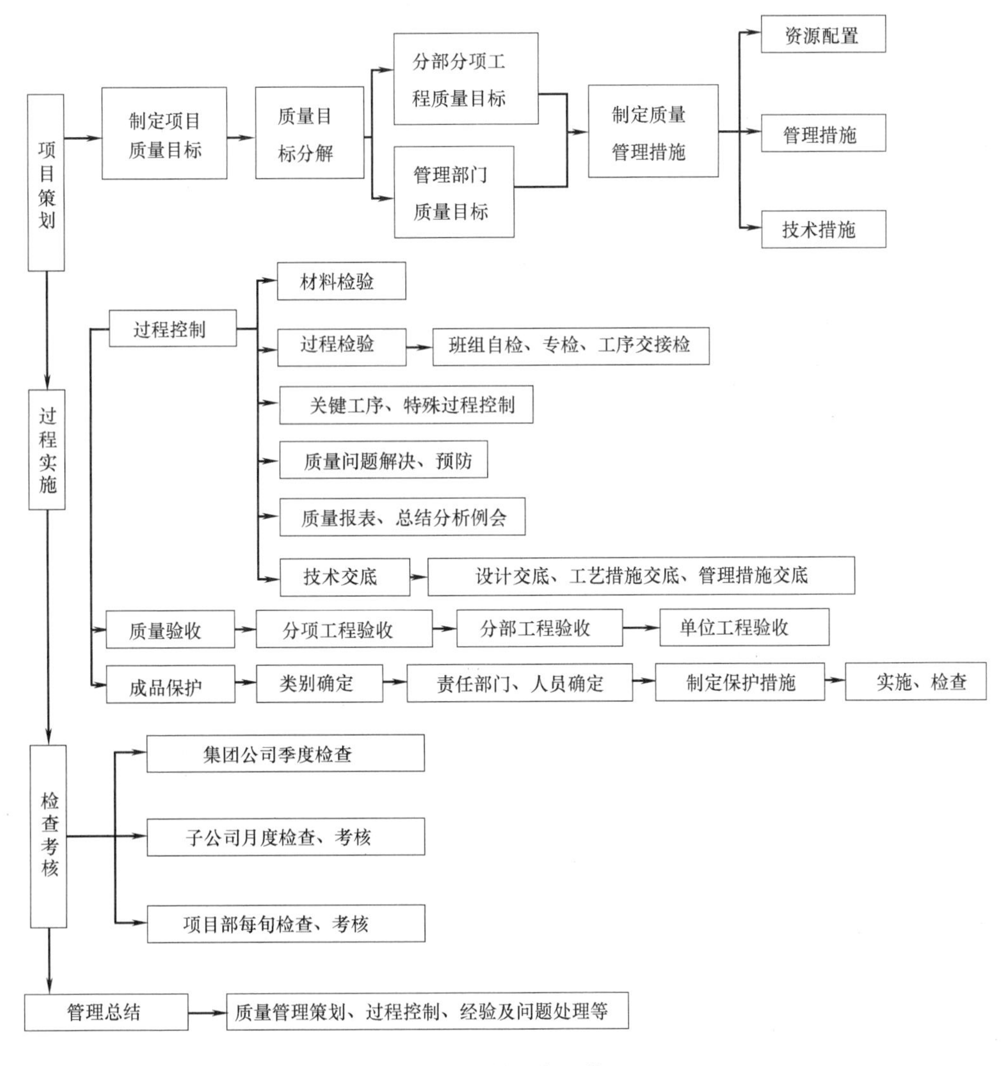

图 4-21 质量管理保证体系

项目实施过程中具体质量管理措施如下（图 4-22～图 4-29）。

（1）项目经理部设置质量管理组织机构，项目经理任质量管理小组组长，并设置专职质检工程师、施工班组设兼职质检员，保证施工作业始终在质检人员的监督下进行，质检工程师拥有质量否决权。

图 4-22　技术交底会议

图 4-23　排水沟槽放线开挖

图 4-24　沟槽回填人工夯实

图 4-25　碎石基层环刀试验

图 4-26　混凝土基层养护

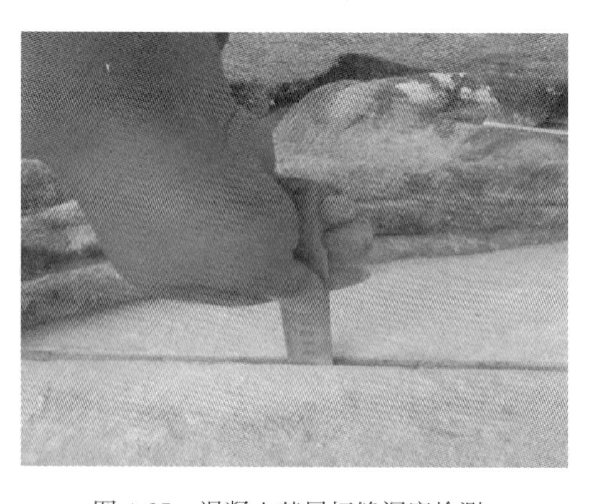

图 4-27　混凝土基层切缝深度检测

图 4-28 沥青混凝土面层摊铺

图 4-29 天桥桩基础钢筋笼检查

（2）分部分项工程施工前，项目技术负责人带领全体施工管理人员熟悉设计图纸，深入领会设计意图，确保施工过程标准化、规范化、程序化。并通过技术交底与技能培训，确保施工现场管理与作业人员严格掌握施工标准与工艺要求，施工期间技术人员跟班作业，发现质量问题及时解决。

（3）现场施工前，针对各分部分项工程、各施工工序编制详细的质量保证措施，建立质量奖罚制度。

（4）施工所用各种仪器、设备严格按照有关规定、标准进行定期检查和标定，确保计量检测仪器与设备的精度和准确度。

（5）工程材料事先检查，严把材料进场关。每项材料进场均需有出厂检验单，同时在现场进行抽查检测，确保工程材料满足施工质量要求。

（6）实行精细化施工管理，做好质量自检工作，自检由施工、技术、质检三方共同参与并记录，确保质量管理具有可追溯性。施工现场严格执行工程监理制度，作业人员自检、项目部复检合格后通知监理工程师检查签认，上道工序不合格严禁进入下道工序施工。

（7）施工过程中做好质量总结分析，针对现场出现的质量问题，及时召开质量总结分析会，查找原因，制定措施，形成标准化施工模块，避免后期出现类似质量问题。

3. 安全文明施工管理

该城市景观大道工程项目实施全过程完成了“安全事故为‘0’，事故负伤率＜1‰”的管理目标。

安全文明施工管理保证体系如图 4-30 所示。

安全文明施工管理具体实施过程如下（图 4-31～图 4-34）。

项目施工策划阶段建立了以项目经理、技术负责人、现场施工管理、班组长与作业工人的安全生产责任制，在施工过程中严格按照安全标准要求进行施工，严格落实各项责任。分部分项工程施工前同班组签订安全生产管理协议，将安全目标分解至各施工班组。

根据项目特点，开工前期编制专项施工方案并按程序进行审批。依据施工进度，项目部及时进行施工方案与安全技术交底，各分部分项工程、施工工序做到了全覆盖。

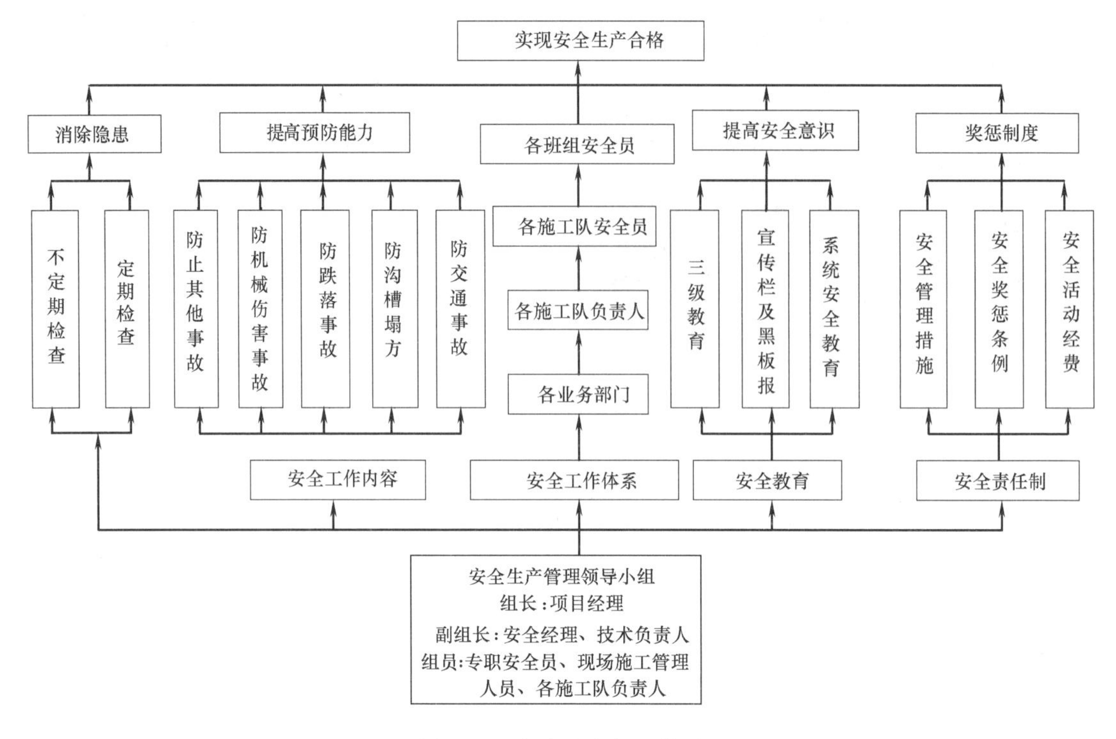

图 4-30　安全生产保证体系

施工过程中强化对安全生产目标的落实，项目部每季度对相关人员进行安全生产岗位责任制考核，每月进行专项检查、安全教育，定期进行安全交底；现场施工管理人员进行日常安全巡查，发现安全隐患及时整改，将安全事故消灭在萌芽阶段。

项目部成立了文明施工领导小组，项目经理任组长，各部室进行了明确分工，实行总平面分区管理，做到“设施标准、行为规范、施工有序、环境整洁”。

项目部每月对三个施工工区进行安全文明施工管理考核排名，设立奖罚机制，形成“拼、搏、赶、超”的施工氛围。

图 4-31　检查井安全防护

图 4-32　裸土覆盖

图 4-33 施工围挡清洗

图 4-34 洒水清洗、降尘

4. 现场管理不足

该城市某景观大道工程 2017 年 6 月 30 日顺利通过了竣工验收，取得了一定成绩，但现场施工管理仍存在部分不足之处。

（1）对各管线单位的协调管理力度、深度不足

该景观大道工程施工进度主要影响因素有征地征收与综合管网施工进度。综合管网中的新建自来水工程不在本次施工招投标实施范围内，属于水务集团投资建设，但实际与该城市景观大道工程同步建设，施工工序上自来水管道新建完成才能进行路面恢复，自来水新建管道的施工进度将严重制约道路排水工程的实施进度。项目策划阶段没有充分考虑自来水同步施工对其他分部工程施工所带来的影响，导致后期新建自来水工程严重影响其他分部工程的施工进度。进度影响主要体现在三个方面。

1）工序交叉问题，施工时发现新建自来水横穿管道和支管高程上制约着道路排水管道施工，协调变更处理方案耗费了大量时间。

2）交通打围、路面破除及恢复的费用问题，道路施工图纸中许多断面设计为铣刨加铺处理方案，而自来水管道新建需进行交通打围与路面破除、恢复。新建自来水管道中无路面恢复预算，为协调解决这些问题，耗费了大量的时间。

3）新建自来水管道的接驳、通水、支管对道路工程的影响，施工中曾多次出现道路施工单位正准备摊铺沥青，而新建自来水管道通水试压时出现了渗水点，自来水管道渗漏点修复需开挖路面，耗费了大量时间。

（2）安全、质量管理责任定位与分工有待提高

该景观大道工程包含 21 项分部工程，安全、质量管理责任应该覆盖到各分部工程，尤其是专项工程不能过多地依赖施工监理单位及各权属单位。根据工程规模，在项目策划阶段应明确总体安全、质量管理责任定位与分工，涵盖所有分部工程。

（3）文明施工重视程度不够

该工程参建单位众多，各单位施工水平参差不齐，经常会出现施工围挡不符合规定要求、车辆带泥上路等情况，有时候部分现场施工管理人员发现后仍心存侥幸，潜意识里认为这是自己的责任，对此类现象不管不问，大局意识不强。建议后期类似工程

从整体工程考虑，进场前期建设单方和各单位签订相关协议，所有单位必须服从主体单位统一调度管理，包括文明施工的管理工作。另外严格执行场地移交单制度，每个断面移交单必须有参建各方签字认可，谁的断面谁负责，加大对现场文明施工的管控力度。

(4) 制定合理的质量安全奖惩制度并严格落实

重视质量安全管理就会有成效，如果懒散敷衍、遇到问题睁一只眼闭一只眼，再完善的体系制度也毫无作用。通过该项目2年建设周期的质量安全管理情况，一致认为制定严格的质量安全管理奖惩制度并严格落实尤为重要。

公司有公司级的质量安全奖惩制度，项目部也应有自身的质量安全奖惩制度，并严格落实，尤其是类似这类综合性改造的项目。根据质量安全管理体系，每一级的管理人员均参与奖罚，把质量安全管理的责任传递到每一位管理人员身上，从制度上迫使每一位员工重视质量安全管理。

4.1.6 工程结果

2017年6月30日，该景观大道工程正式通过竣工验收。安全管理方面，该项目实施全过程完成了“安全事故为‘0’，事故负伤率＜1‰”的管理目标。质量管理方面该项目荣获2017年度×××市市政工程金奖。以该工程为背景的《提高市政道路级配碎石合格率》QC成果获得全国市政工程建设优秀质量管理小组二等奖；2016年荣获“市建设工程安全文明施工标准化示范项目”。2016年该市两家主要媒体分别全版报道了题为“60岁×××大道今年年底华美蝶变”与“六十岁×××大道年底华丽新生”的专题报道。

该工程的实施不仅改善了城市交通秩序，提升了城市形象，而且改善了投资环境，促进招商引资，为城市发展带来了新的机遇与巨大经济效益。

4.2 城市桥梁大修施工技术管理

4.2.1 工程简介

1. 工程概述

某市立交互通工程，定向左匝道Ⅳ中既有一座跨线桥，该桥位于匝道道路纵断面凸竖曲线顶部，桥头引道道路纵坡1.45%。桥梁跨径组合为2m×22m，桥面宽度9.5m（护栏0.5m+行车道8.5m+护栏0.5m）。上部结构采用后张法预应力现浇混凝土连续箱梁，横截面为带翼缘斜腹式单箱双室箱梁，顶板、底板厚均为200mm，跨中横隔板厚度300mm，混凝土强度设计等级为C50；下部结构桥墩采用140mm×1400mm方柱式单柱墩，混凝土强度设计等级为C40；桥台采用钢筋混凝土轻型桥台，混凝土强度设计等级为C30；基础采用混凝土钻孔灌注桩，混凝土强度设计等级为C30；支座采用盆式橡胶支座。跨线桥设计限高为4m，设计荷载为城—A级，地震基本烈度7度，2007年7月建成通车。左匝道Ⅳ及跨线桥平面布置如图4-35所示，左匝道Ⅳ跨线桥立面如图4-36所示。

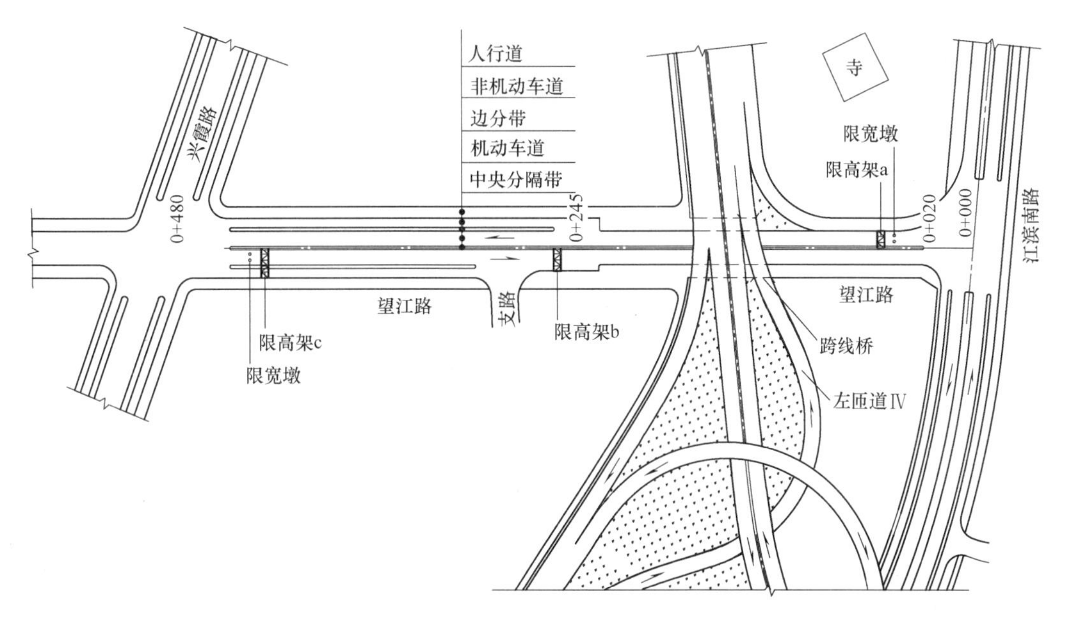

图 4-35 某市立交互通工程左匝道Ⅳ平面布置示意图

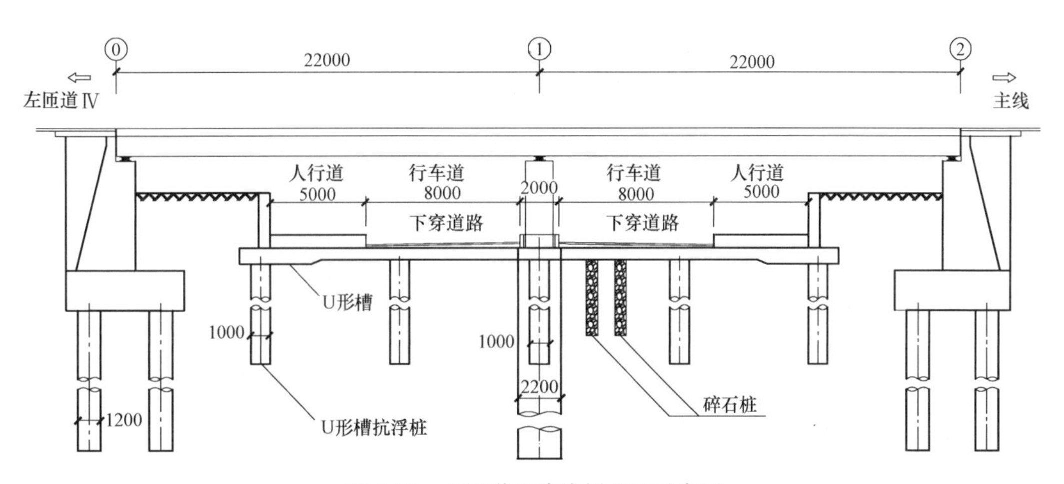

图 4-36 左匝道Ⅳ跨线桥立面示意图

该桥跨越立交互通工程内部的望江路（下穿道路，城市次干路），桩号 k0＋000～0＋245 道路横断面宽 28m（人行道 5m＋行车道 8m＋中央分隔带 2m＋行车道 8m＋人行道 5m），桩号 k0＋245～0＋480 道路横断面宽 42m（人行道 5m＋非机动车道 5m＋边分带 2m＋行车道 8m＋中央分隔带 2m＋行车道 8m＋边分带 2m＋非机动车道 5m＋人行道 5m），跨线桥位于望江路道路纵断面凹竖曲线底部，距离江滨南路 120m，道路纵坡为 4.7%，场地地质自上而下为厚 1.2m 中液限黏土（含有机质）、厚 3.8m 高液限黏土（含有机质）、厚 7.1m 细砂、厚 8m 卵石层、厚 1.3m 全风化花岗岩、厚 34m 强风化花岗岩、微风化花岗岩等。根据地质情况，望江路桩号 k0＋075～0＋245 段（跨线桥桥位处）的范围内，长 170m，设计采用 C40 钢筋混凝土 U 形槽式＋ϕ1000mm 钢筋混凝土钻孔灌注抗浮桩＋间距 1500mmϕ600mm 碎石桩结构，跨线桥实景如图 4-37 所示。

2. 桥梁损坏程度及原因分析

立交互通工程竣工通车后，望江路成为某镇通往江滨南路（主干道）的便捷通道，大量车辆在道路上通行。由于受桥梁净高限制，大型超高超重车辆从该下穿道路（望江路）通行时，跨线桥梁底被多次刮碰撞击，造成梁底较大面积损伤，如图 4-38～图 4-40 所示，具体损伤情况如下：

（1）箱梁底部混凝土存在较大面积被刮碰，损伤较严重，混凝土剥落面积较大，约 12m^2；

（2）梁底局部面积约 1m×1.5m 范围内的箱梁底板结构钢筋暴露、部分钢筋被切断（其中纵向主筋断裂约 13ϕ20mm），局部出现坑槽、孔洞；

（3）局部预应力波纹管被破坏，预应力钢绞线外露；

（4）桥台台身防震挡块受挤压，表层混凝土局部崩裂、剥落。

图 4-37　左匝道Ⅳ跨线桥立面实景图

图 4-38　箱梁底部混凝土大面积被车辆刮碰损伤实景图

图 4-39　箱梁底板结构钢筋暴露、部分钢筋被切断，局部出现坑槽、孔洞实景图

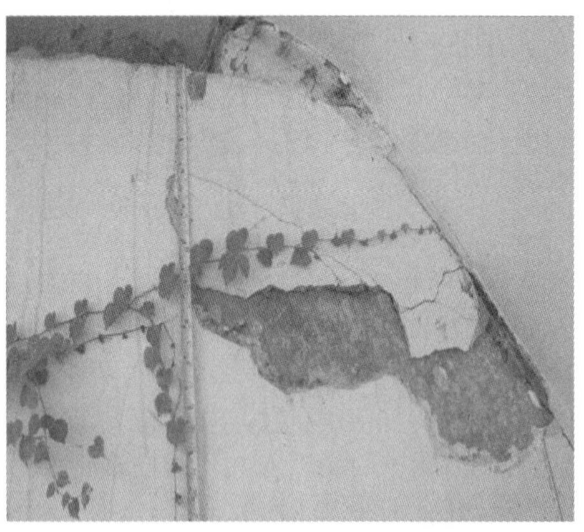

图 4-40　桥台混凝土挡块受挤压，表层局部崩裂实景图

根据《城市桥梁养护技术标准》CJJ 99—2017 的规定，该桥主体结构受损较严重，存在较大安全隐患，经评估，该桥的完好状态等级为 D 级（不合格）。造成跨线桥病害产

生的主要原因有：

（1）设计限高为4m，实测桥下净高为4.2～4.3m，净高无法满足车辆通行要求。根据《城市道路工程设计规范》CJJ 37—2012的规定，道路最小净高应符合表4-4的规定。

道路最小净高 **表4-4**

道路种类	行驶车辆类型	最小净高（m）
机动车道	各种机动车	4.5
	小客车	3.5
非机动车道	自行车、三轮车	2.5
人行道	行人	2.5

（2）虽然设置了限高标志牌，但由于通行的便捷性，大型超高超重车辆依然试图强行通行，导致发生车辆撞击桥梁事故，如图4-41、图4-42所示。

（3）桥梁设计与建造期间未充分考虑该道路在区域路网中的作用、道路通行能力和服务水平。

图4-41 车辆撞击桥梁事故现场图

图4-42 土方车货斗撞击桥梁事故现场图

3. 总体维修思路与方案设计

维修方案的选择除应对跨线桥结构损坏进行维修外，还应根据造成跨线桥损坏的原因、区域路网、道路服务水平等因素确定，并形成行之有效的综合治理方案。

（1）封闭道路禁止通行

由于该桥主体结构箱梁受损较严重，桥梁承载力有所下降，存在较大安全隐患，因此，在桥梁承载力未恢复及维修完成之前，对区域路网交通实施交通管制措施：

1）对左匝道Ⅳ实施交通封闭，禁止一切车辆通行，避免超重车辆通行进一步加剧跨线桥的损伤或造成桥梁坍塌事故。

2）对望江路（下穿道路）实施交通封闭，禁止一切车辆通行，避免超高车辆通行再次撞击跨线桥，产生更大的损伤或造成桥梁坍塌事故。

3）道路封闭期间，根据区域路网分布情况，规划区域交通组织，对车辆交通进行分流，完善交通引导标志牌，发布临时交通管制通告。

(2) 增设限高架及限宽墩

一般情况下，跨线桥均应设置限高标志牌。当桥梁净高不足时，虽然设置了限高标志牌，但同样无法杜绝超高车辆通行，超高车辆的强行通行是造成车辆撞击桥梁梁体，导致梁体损坏事故发生的原因。因此，根据实测净高值，该桥所跨越的道路（望江路）符合小客车行驶。为了从根本上杜绝超高车辆通行问题，必须在道路的迎车方向设置强制性限高架，并在道路上设置限宽墩，仅允许小客车通行。

(3) 限高架的设置与设计

1) 限高架的结构形式可采用图 4-43 的形式，其结构设计应符合下列规定：

① 限高架结构应具有足够的强度、刚度和稳定性。

② 限高架的设计荷载应与城市道路设计等级相适应，风荷载频率宜取所在地 1/50 的基本风压值。

③ 限高架的宽度应根据所处的城市道路横断面布置情况按下列规定确定：

a. 单幅路应按机动车道全幅宽度设置。

b. 双幅路（有中央分隔带）宜按每幅机动车道宽度设置。

c. 三幅路（有机非分隔带）宜按全幅机动车道及非机动车道幅宽设置。

d. 四幅路（有机非分隔带及中央分隔带）宜按每幅机动车道及非机动车道幅宽设置。

④ 限高架材料宜采用钢管或型钢桁架组合结构。

⑤ 限高架的外表面应粘贴或喷涂反光标志。

⑥ 限高架的横梁（门架）上应设置限高标志，必要时可同步设置红色闪烁灯、太阳能闪烁灯等诱导灯光。

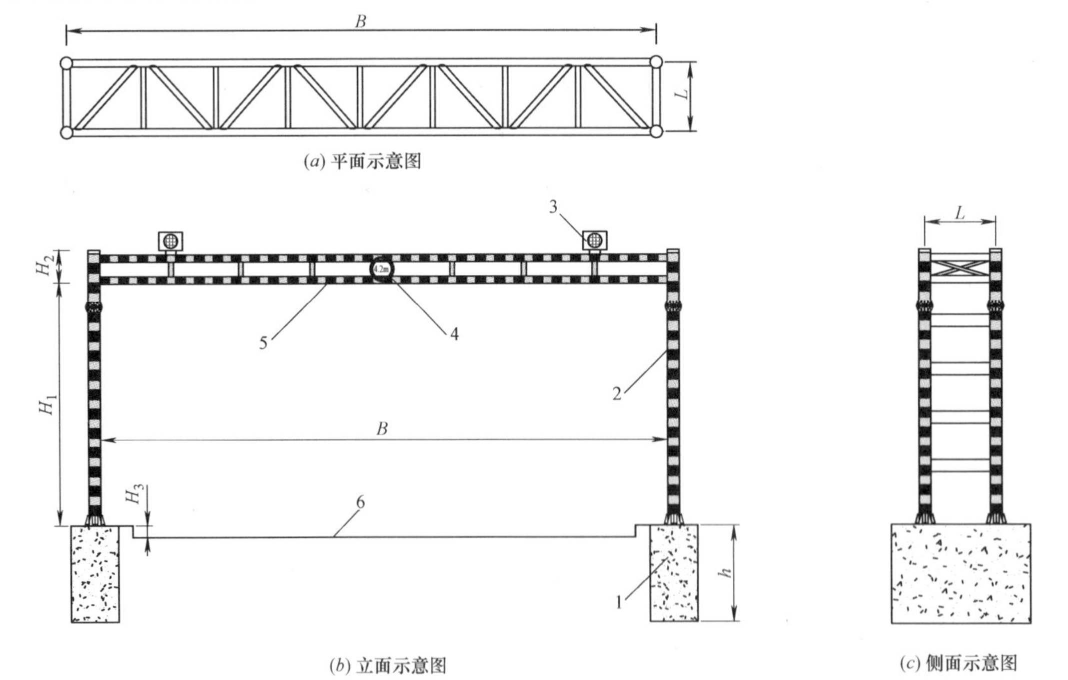

图 4-43 限高架结构形式示意图

1—混凝土基础；2—立柱；3—太阳能闪烁灯；4—限高牌；5—桁架梁；6—机动车道

2）限高架的设置位置应符合下列要求：

① 限高架应设置于迎车方向，与城市桥梁的距离宜不少于限高架高度的2倍。

② 当路段中无支路的情况下，限高架宜设置于路段交叉路口的入口处。

③ 当路段中有支路的情况下，限高架宜设置于路段与支路交叉路口的入口处。

④ 当在较长的路段中部设置限高架时，宜在路段的交叉路口处设置警示或绕行标志。

3）本项目限高架设计

本项目限高架采用无缝钢管桁架结构形式，沿道路方向门架宽1.5m，限高4m，基础采用C25混凝土扩大基础。立柱采用$\phi245\times8$mm钢管，桁架横梁采用$\phi152\times8$mm钢管，立柱与横梁通过法兰盘，所用钢材外表面均必须热镀锌处理，螺栓表面热镀锌350g/m^2，钢管钢板等热镀锌550g/m^2。横梁（门架）上方迎车方向设置限高标志牌一块，太阳能闪烁灯两盏，横梁及立柱外表面粘贴反光膜，以利于行车安全。限高架设计参数见表4-5。

限高架设计参数表 **表4-5**

编号＼项目	门架顶边缘至路面高（m）	门架净高（m）	门架宽（m）	单侧立柱重（kg）	横梁桁架重（kg）
限高架a	4.776	4.2	10.3	771.5	1938
限高架b	4.776	4.2	13.3	771.5	2419
限高架c	4.776	4.2	16.5	790.5	2919

（4）限宽墩的设置与设计

1）当限高架的设置仍无法满足控制超高车辆通行的目标时，可在限高架下的机动车道上增设限宽墩，限制车辆通行。相邻限宽墩的净距可针对需要限行的车辆宽度确定。机动车、非机动车设计车辆外廓尺寸应符合表4-6、表4-7的规定。

机动车设计车辆外廓尺寸 **表4-6**

车辆类型	总长（m）	总宽（m）	总高（m）
小客车	6	1.8	2
大型车	12	2.5	4
铰接车	18	2.5	4

注：1. 总长：车辆前保险杠至后保险杠的距离。
2. 总宽：车厢宽度（不包括后视镜）。
3. 总高：车厢顶或装载顶至地面的高度。

非机动车设计车辆外廓尺寸 **表4-7**

车辆类型	总长（m）	总宽（m）	总高（m）
自行车	1.93	0.60	2.25
三轮车	3.40	1.25	2.25

注：1. 总长：自行车为前轮前缘至后轮后缘的距离；三轮车为前轮前缘至车厢后缘的距离。
2. 总宽：自行车为车把宽度；三轮车为车厢宽度。
3. 总高：自行车为骑车人骑在车上时，头顶至地面的高度；三轮车为载物顶至地面的高度。

2）限宽墩材料宜采用钢筋混凝土。

3）限宽墩的外表面应粘贴或喷涂反光标志。

4）本项目限宽墩设计

为阻止大型超高车辆通行，本项目在望江路的双向行车道上分别设置 3 座 ϕ1000mm 圆柱式钢筋混凝土限宽墩，混凝土强度等级为 C30，柱距 2400mm，柱高 1600mm，埋深 600mm，外露高度 1000mm。限宽墩立面如图 4-44 所示。

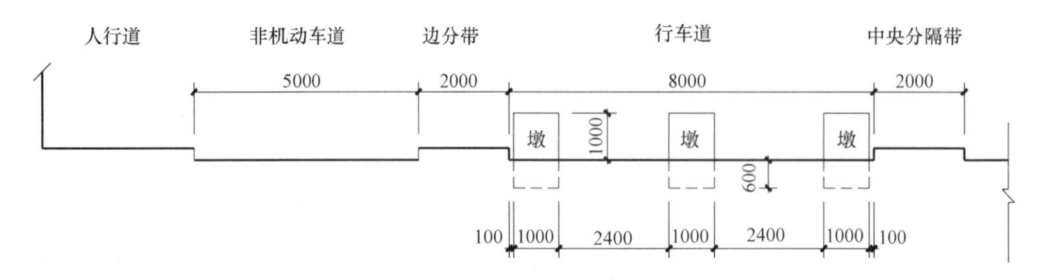

图 4-44　限宽墩立面设计图

（5）望江路上限高架与限宽墩的设置情况

根据望江路所处区域路网，结合道路的通行条件，在望江路上设置 3 处限高架及 2 处限宽墩，平面布置如前图 4-35 所示。

（6）桥梁维修方案选取与设计

1）维修方案比选

① 维修方案拟定

根据跨线桥所处区域路网及交通通行实现情况，拟定三种维修方案：

a. 方案一：在望江路（下穿道路）上设置限高架，禁止大型超高车辆通行，并对跨线桥进行维修。

b. 方案二：降低望江路（下穿道路）的路面标高，使桥下净高大于 4.5m，满足各型车辆通行需求，并对跨线桥进行维修。

c. 方案三：采用整体提升的方法抬高跨线桥的桥面标高，使桥下净高大于 4.5m，满足各型车辆通行需求，并对跨线桥进行维修。

② 方案比选

根据拟定的维修方案，结合工程施工难易程度、方案实施对区域道路现状条件的改变情况以及对区域交通影响程度、施工工期、成本等因素，对三种维修方案进行比选，见表 4-8。

维修方案比选　表 4-8

维修方案简述		道路现状条件改变情况	区域交通影响程度	实施难易程度	估计工期	工程造价	推荐方案
方案一	维修跨线桥，在下穿道路上设置限高架	保持既有道路现状条件，限制大型车辆从下穿道路通行	大型车辆可选择区域道路路网通行，对交通影响小	施工较易	2 个月	适中	推荐

续表

维修方案简述		道路现状条件改变情况	区域交通影响程度	实施难易程度	估计工期	工程造价	推荐方案
方案二	维修跨线桥，降低下穿道路的路面标高	下穿道路设计纵坡4.7%，坡长120m，竖曲线端点离江滨南路交叉口仅20m。满足各型车辆通行的桥下净高一般设计为5.0m，按此要求降低下穿道路路面标高时，纵坡将达到5.4%，对下穿道路的交通安全影响较大，纵坡大，也不适宜大型车辆通行； 下穿道路跨线桥段的结构为钢筋混凝土U形槽式，钻孔灌注桩基础。方案实施过程中，将对下穿道路的既有路基、路面、U形槽、排水系统等进行开挖与重建。施工难度大，恢复成本高	施工期间对下穿道路的交通影响大，通行安全性降低； 实施后各型车辆均可通行	施工难度较大	5个月	高	不推荐
方案三	维修跨线桥，整体提升跨线桥上部结构箱梁，提升桥面标高	左匝道Ⅳ设计纵坡为1.45%，坡长225m，最小平曲线半径$R=70$m，若按桥下净高5.0m抬高跨线桥桥面标高，同时调整桥头两端引道纵坡。调整后左匝道Ⅳ的纵坡为1.8%； 方案实施过程中，将对左匝道Ⅳ的既有路面、路基进行开挖与重建，对跨线桥墩台身、桥台背墙、支座（盆式橡胶支座）伸缩装置等进行拆除与重建。施工难度大，恢复成本高	施工期间对左匝道Ⅳ、下穿道路的交通影响大； 实施后各型车辆均可通行	施工难度较大	5个月	高	不推荐

综合考虑下穿道路在区域路网中的作用、区域交通环境、道路服务水平、道路交通安全、施工难易程度、施工工期、工程造价等因素，确定“方案一”作为跨线桥的维修方案。

2）桥梁维修方案设计

① 梁体加固设计

凿除箱梁底板破损混凝土；检查预应力钢绞线波纹管内浆体完好状态，对存在孔洞、裂隙的浆体补充注浆；对被切断的钢筋按原设计要求进行重新连接；采用C55水泥基灌浆材料灌注修补箱梁底板孔洞，采用M55聚合物水泥砂浆修补箱梁底板表层缺损；在箱梁底板修复处表面粘贴1～3层碳纤维布进行补强。粘贴碳纤维布设计方案如图4-45～图4-47所示。

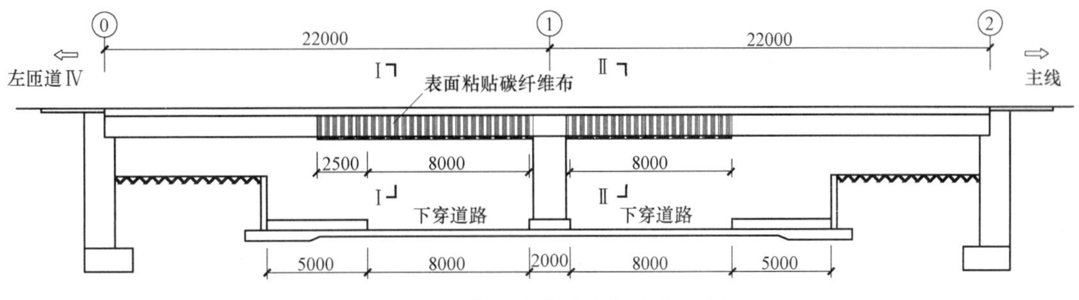

图4-45　梁体粘贴碳纤维布设计方案图

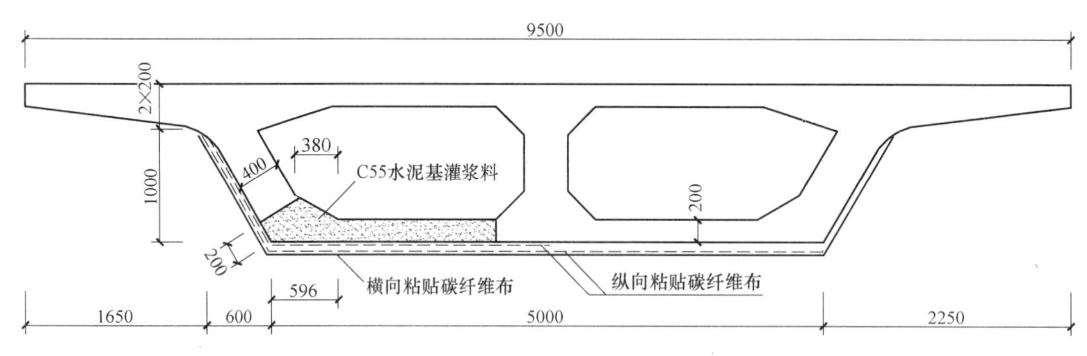

图 4-46 Ⅰ-Ⅰ断面

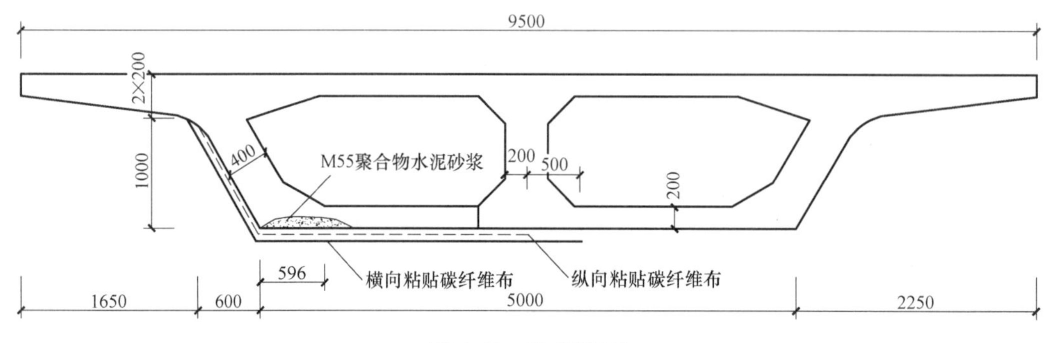

图 4-47 Ⅱ-Ⅱ断面

② 安全性检测

桥梁加固完成后，委托具有相应资质的单位对整桥进行安全性能检测，检测合格后开放交通。

4.2.2 施工方案编制

1. 施工方案编制的基本规定

(1) 定义

施工方案是指以工程中各专业工程的分部（分项）工程为主要对象单独编制的施工组织与技术方案，用以具体指导其施工过程。

(2) 施工方案编制的相关要求

1) 分部（分项）工程施工前应根据施工组织设计单独编制施工方案，施工方案的内容应包括工程概况、施工安排、施工准备、施工方法及主要施工保证措施等。

2) 施工方案应由项目负责人主持编制。

3) 专业承包单位（分包单位）施工的分部（分项）工程，施工方案应由专业承包单位的项目技术负责人主持编制。

(3) 施工方案审批的相关要求

1) 施工方案应由项目技术负责人审批，重点、难点分部（分项）工程的施工方案应由总承包单位技术负责人审批。

2) 专业承包单位（分包单位）施工的分部（分项）工程，施工方案应由专业承包单位的技术负责人审批，并由总承包单位项目技术负责人核准备案。

3）实行工程监理制的工程项目，施工方案应报请总监理工程师审查。

2. 本项目主要施工方案概述

根据本项目分部、分项工程的划分情况，该跨线桥维修工程应编制的施工方案有箱梁损伤修复、粘贴碳纤维布、限高架制作与安装等，下列主要对各分部分项工程的施工方法进行简要介绍。

（1）箱梁损伤与孔洞修复

1）材料

① 水泥基灌浆材料

水泥基灌浆材料是指由水泥、骨料、外加剂和矿物掺合料等原材料在专业化工厂按比例计量混合而成，在使用地点按规定比例加水或配套组分拌合，用于螺栓锚固、结构加固、预应力孔道等灌浆的材料。水泥基灌浆材料主要性能应符合表 4-9 的规定。

水泥基灌浆材料主要性能指标　　表 4-9

类别		Ⅰ类	Ⅱ类	Ⅲ类	Ⅳ类
最大骨料粒径（mm）		≤4.75			>4.75 且≤25
截锥流动度（mm）	初始值	—	≥340	≥290	≥650 *
	30min	—	≥310	≥260	≥550 *
流锥流动度（s）	初始值	≤35	—	—	—
	30min	≤50	—	—	—
竖向膨胀率（%）	3h	0.1～3.5			
	24h 与 3h 的膨胀值之差	0.02～0.50			
抗压强度（MPa）	1d	≥15	≥20		
	3d	≥30	≥40		
	28d	≥50	≥60		
氯离子含量（%）		<0.1			
泌水率（%）		0			

注：* 表示坍落扩展度数值。

混凝土结构施工中出现的蜂窝、孔洞以及柱子烂根的修补，当灌浆层厚度不小于 60mm 时，应采用第Ⅳ类水泥基灌浆材料。

② 拌合用水

本项目拌合水用量较少，选用饮用水。拌合用水应满足下列要求：

a. 水中不应含有影响水泥正常凝结与硬化的有害杂质或油脂、糖类及游离酸类等。

b. 污水、pH 值小于 5 的酸性水及含硫酸盐量（按硫酸根计）超过水的质量 0.27mg/mm^3 的水不得使用。

c. 不得用海水拌制混凝土。

d. 供饮用的水。

③ 粗集料

粗集料应选用耐久性好、强度高、质密的碎石或卵石，集料粒径5～10mm。

④ 聚合物改性水泥砂浆

聚合物改性水泥砂浆是指以高分子聚合物为增强粘结性能的改性材料所配制而成的水泥砂浆。承重结构用的聚合物改性水泥砂浆除了应能改善其自身的物理力学性能外，还应能显著提高其锚固钢筋和粘结混凝土的能力。承重结构用的聚合物砂浆分为Ⅰ级和Ⅱ级，其性能指标应符合表4-10的规定，并应按下列规定采用：

a. 板和墙的加固。当原构件混凝土强度等级为C30～C50时，应采用Ⅰ级聚合物砂浆；当原构件混凝土强度等级为C25及其以下时，可采用Ⅰ级或Ⅱ级聚合物砂浆。

b. 梁和柱的加固，均应采用Ⅰ级聚合物水泥砂浆。

聚合物改性水泥砂浆性能指标 **表4-10**

项目 \ 指标			类别	
			Ⅰ级	Ⅱ级
浆体性能	劈裂抗拉强度(MPa)		≥7	≥5.5
	抗折强度(MPa)		≥12	≥10
	抗压强度(MPa)	7d	≥40	≥30
		28d	≥55	≥45
粘结能力	与钢丝绳粘结抗剪强度(MPa)	标准值	≥9	≥5
	与混凝土正拉粘结强度(MPa)		≥2.5，且为混凝土内聚破坏	

⑤ 聚合物水泥注浆料

混凝土桥梁裂缝修补用聚合物水泥注浆料的性能指标应符合表4-11的规定。

裂缝修补用聚合物水泥注浆料的性能指标 **表4-11**

性能项目	浆体性能			注浆料与混凝土的正拉粘结强度(MPa)
	劈裂抗拉强度(MPa)	抗压强度(MPa)	抗折强度(MPa)	
性能要求	≥5	≥40	≥10	≥2.5，且为混凝土破坏

⑥ 钢材

普通热轧光圆钢筋采用牌号HPB300钢筋，普通热轧带肋钢筋采用牌号HRB335钢筋；钢筋质量应符合现行国家标准《钢筋混凝土用钢　第1部分：热轧光圆钢筋》GB/T 1499.1—2017和《钢筋混凝土用钢　第2部分：热轧带肋钢筋》GB/T 1499.2—2018的规定。

2）水泥基灌浆材料的配制与拌合

① 相关要求

a. 水泥基灌浆材料应按产品规定的用水量加水拌合，不得通过增加用水量提高流动性。

b. 水泥基灌浆材料的拌合宜采用机械拌合，也可采用人工拌合，拌合尚应符合厂家的使用说明要求。采用机械搅拌时，搅拌时间一般为1～2min；采用人工搅拌时，应先加入2/3的用水量搅拌2min，其后加入剩余用水量继续搅拌至均匀。

c. 现场使用时，严禁在水泥基灌浆材料中掺入任何外加剂、外掺料。

d. 根据设计的要求，也可按比例加入洗净的碎石（粒径 5～10mm），但最大加入量不得超过水泥基灌浆材料重量的 1/3。

e. 拌合地点宜靠近灌浆地点。

② 水泥基灌浆材料的配制强度应通过试配和试验确定。

③ 本项目使用的产品推荐用水量为每公斤灌浆材料 130～150ml。

3）箱梁损伤修补材料的选用

① 箱梁底板混凝土破损孔洞修补采用无收缩水泥基灌浆料，本项目选用第Ⅳ类水泥基灌浆材料。

② 箱梁底板混凝土表层局部缺陷修补采用聚合物改性水泥砂浆，本项目应选用Ⅰ级聚合物水泥砂浆。

③ 箱梁底板预应力筋露筋破损波纹管内孔隙注浆采用聚合物水泥注浆料。

4）箱梁底板孔洞修补施工方法

① 箱梁底板孔洞修补施工工艺流程如图 4-48 所示。

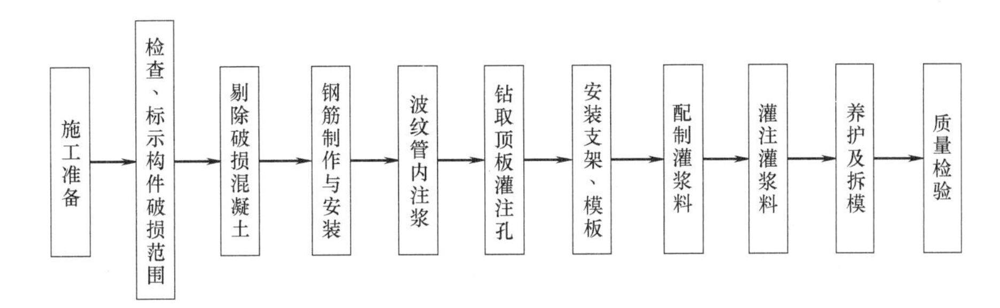

图 4-48　箱梁底板孔洞修补施工工艺流程图

② 施工准备

a. 施工作业平台采用满堂扣件式钢管脚手架，脚手架应有足够的强度、刚度和稳定性，其设计和施工应符合现行行业标准《建筑施工扣件式钢管脚手架安全技术规范》JGJ 130—2011 的规定。

b. 为减少构件在新旧材料有效结合前的荷载或变形，采取下列措施：

封闭交通减少车辆活载，减少作业人员、材料和施工机械等荷载在桥上行走或堆放；在箱梁底部中纵梁和边纵梁位置，距破损处最外边缘外 1m 处，采用 ϕ406×5mm 钢管结合千斤顶对箱梁进行临时支撑，以减少构件因自重作用产生的变形，确保加固过程的桥梁安全。

③ 检查、标示构件缺损范围

采用目视和锤击方法检查箱梁底部混凝土存在问题的范围，用标示笔画出，再用墨线弹出需要进行修复的范围，其形状应为规则的正方形、矩形或多边形。

④ 剔除缺损混凝土

a. 用砂轮机沿墨线对箱梁底板进行切缝，缝深按混凝土保护层厚度进行控制，严禁切缝时损伤钢筋，切缝应垂直于构件表面，以确保剔除破损混凝土时不损伤构件其他部位。

b. 采用人工凿打方法或小型电动工具（如电锤）剔除破损、酥松的混凝土，直至混凝土密实区域且原有钢筋未发生变形处，沿修补深度方向剔除垂直形状，当进行表面缺陷修补时，深度不应小于20mm。对结合面进行修整，使孔洞结合面与相应的构件轴线或表面垂直，全部结合面应充分凿毛处理，完成凿毛后，应采用钢丝刷等工具清除原构件混凝土表面松动的骨料、沙砾、浮渣和粉尘，并应采用清洁的压力水冲洗干净。

⑤ 预应力波纹管内注浆

a. 切除箱梁底板预应力筋破损的波纹管，剔除破损、酥松的原有水泥砂浆注浆材料，采用钢丝刷清除粘附在预应力筋上的水泥砂浆注浆材料，使裸露的预应力筋表面无污物、杂质。

b. 检查预应力筋波纹管内原有注浆料的饱满程度及工作状态，如发现波纹管内的原有注浆料不饱满、存在裂缝、与预应力筋或波纹管有脱离等缺损现象，应对波纹管内孔隙采用聚合物水泥注浆料充分灌注直至饱满为止。

⑥ 钢筋制作与安装

a. 切除变形钢筋，范围应延伸至钢筋变形区域以外100mm。

b. 钢筋牌号、规格应与原有钢筋牌号、规格相同。钢筋连接采用搭接焊接，两连接钢筋轴线应一致。双面焊缝的长度不得小于$5d$，单面焊缝的长度不得小于$10d$（d为钢筋直径）。

⑦ 箱内底板板顶砂浆带封闭施作

在箱梁底板孔洞处的底板板顶四周压抹出一条宽80mm、高50mm的聚合物改性水泥砂浆封闭环带，确保箱梁底板的浇筑厚度，也便于观察浇筑施工情况。

⑧ 钻取顶板灌浆孔

a. 钻孔前，应使用钢筋探测仪探测构件钢筋分布情况，钻孔应避开钢筋位置。

b. 箱梁底板孔洞处的箱梁顶板范围内，用取芯钻机从桥面向下钻取直径75mm的孔洞，间距不大于1000mm，孔洞用于灌注灌浆料及观察施工效果。

c. 孔洞须待养护完毕后再用灌浆料填充修补。

⑨ 安装支架、模板

a. 支设模板、支架，模板应支撑可靠、接缝应紧密，不得漏浆。

b. 模板采用木模板，支架采用扣件式钢管作为立柱支承。

c. 模板、支架均应具有足够的强度、刚度和稳定性，其设计和施工应符合现行行业标准《城市桥梁工程施工与质量验收规范》CJJ 2—2008、《建筑施工模板安全技术规范》JGJ 162—2008和《建筑施工扣件式钢管脚手架安全技术规范》JGJ 130—2011的规定。

⑩ 灌浆料的配制与拌合。

⑪ 灌浆料的灌注

a. 灌浆前，应清除模板上的碎石、粉尘或其他杂物，并应湿润基层混凝土表面，但不得有积水或明水。

b. 采用漏斗法将灌浆料从顶板的钻孔中高位灌入箱梁底模板，由于水泥基灌浆材料具有良好的流动性，依靠高位势能及自身重力自行流动，使灌浆料充分填充模板各个角落，满足灌浆要求。

c. 由于灌浆层厚度较厚，灌浆过程中应适当敲击模板，使灌浆料充分流动、厚度均匀。

d. 灌浆过程中应通过顶板的钻孔观察灌浆施工情况，确保灌浆效果。

e. 为确保灌浆效果，灌浆量控制在 1.1V（V 为底板孔洞实际体积）。

f. 灌浆过程中严禁采用振捣器振捣，脱模前应避免振动影响。

g. 灌浆过程中如出现跑浆、漏浆现象，应及时处理。

h. 灌浆时，日平均温度不应低于 5℃。

⑫ 养护

a. 灌浆完毕后，裸露部分应及时喷洒养护剂或覆盖塑料薄膜，加盖湿草袋或岩棉被（土工布）保持湿润。采用塑料薄膜覆盖时，水泥基灌浆材料的裸露表面应覆盖严密，保持塑料薄膜内有凝结水。灌浆料表面不便浇水时，可喷洒养护剂。

b. 灌浆材料应处于湿润状态或喷洒养护剂进行养护，养护时间不得少于 7d。

c. 冬期施工对强度增长无特殊要求时，灌浆完毕后裸露部分应及时覆盖塑料薄膜并加盖保温材料。起始养护温度不应低于 5℃。在负温条件时不得浇水养护。

d. 环境温度低于水泥基灌浆材料要求的最低施工温度或需要加快强度增长时，可采用人工加热养护方式；养护措施应符合现行行业标准《建筑工程冬期施工规程》JGJ/T 104—2011 的有关规定。

⑬ 拆模

a. 当水泥基灌浆材料强度达到设计强度 75%时，可进行模板、支架拆除施工。

b. 拆模后水泥基灌浆材料表面温度与环境温度之差大于 20℃时，应采用保温材料覆盖养护。箱梁底板孔洞修补后实景如图 4-49 所示。

图 4-49 箱梁底板孔洞修补后实景图

5）箱梁表层局部缺损修补施工方法

① 用标示笔和墨线弹画出箱梁表层局部缺损需要进行修复的范围，其形状应为规则的正方形、矩形或多边形。

② 用砂轮机沿墨线对箱梁表层局部缺损范围进行切缝，缝深按混凝土保护层厚度进行控制，严禁切缝时损伤钢筋，切缝应垂直于构件表面，以确保剔除劣质混凝土时不损伤构件其他部位。

③ 采用人工凿打方法或小型电动工具（如电锤）剔除劣质、酥松的混凝土，直至混凝土密实区域，沿修补深度方向剔除垂直形状，深度不应小于 20mm。对结合面进行修整，全部结合面应充分凿毛处理，完成凿毛后，应采用钢丝刷等工具清除原构件混凝土表面松动的骨料、沙砾、浮渣和粉尘，并应采用清洁的压力水冲洗干净。

④ 按产品说明书配制聚合物改性水泥砂浆，并对箱梁表层局部缺损进行修补。

⑤ 采用粘贴塑料薄膜或洒养护剂进行养护，养护时间不得少于 7d。

6）质量检验

① 模板、支架的制作及安装应符合施工方案的要求，应稳固牢靠，接缝严密。

② 钢筋检验

a. 钢筋进场时，必须按批抽取试件做力学性能和工艺性能试验，其质量必须符合国家现行标准的规定。

b. 钢筋安装时，其品种、规格、数量、形状、位置必须符合设计规定。

c. 受力钢筋以及新旧钢筋的连接接头形式、接头位置、接头质量应符合设计和国家现行标准的要求。

d. 钢筋表面不得有裂纹、结疤、折叠、锈蚀和油污，钢筋焊接接头表面不得有夹渣、焊瘤。

③ 灌浆料的配制必须符合设计及产品说明技术要求，灌浆料的强度等级必须符合设计要求。灌浆料施工期间，至少现场取样 1 组标准养护试件，留置不少于 3 组同条件养护试块。

④ 缺陷修补后，构件应表面平整，无裂缝、脱层、起鼓、脱落等，修补外表面与原结构表面色泽应一致。

（2）粘贴碳纤维布

1）材料

① 纤维复合材料

a. 纤维复合材料是指连续纤维按一定规则排列，采用胶粘剂粘结固化后形成的具有纤维增强效应的复合材料。结构加固用的纤维复合材料主要有碳纤维、玻璃纤维或芳纶纤维等。

b. 加固主要承重构件采用的碳纤维，应选用聚丙烯腈基（PAN 基）不大于 12k（1k＝1000 根）的小丝束纤维，不得使用大丝束纤维。碳纤维复合材料的主要性能指标应符合表 4-12 的规定。

桥梁加固用纤维复合材料主要力学性能指标 **表 4-12**

纤维类别＼性能项目			抗拉强度标准值（MPa）	弹性模量（MPa）	伸长率（%）	弯曲强度（MPa）	纤维复合材料—混凝土正拉粘结强度（MPa）	层间剪切强度（MPa）
碳纤维复合材	布材	Ⅰ级	≥3400	≥2.4×105	≥1.7	≥700	≥1.5 且为混凝土内聚破坏	≥45
		Ⅱ级	≥3000	≥2.1×105	≥1.5	≥600		≥35
	板材	Ⅰ级	≥2400	≥1.6×105	≥1.7	—		≥50
		Ⅱ级	≥2000	≥1.4×105	≥1.5	—		≥40

注：纤维复合材料的抗拉强度标准值是根据置信水平 C=0.99、保证率为 95%的要求确定。

c. 单层碳纤维布的单位面积纤维质量，不应低于 200g/m^2，且不宜高于 300g/m^2。受力加固时纤维布的条带宽度不应大于 200mm。

d. 本项目纤维复合材采用 300g/m^2 的Ⅰ级碳纤维布。

② 结构胶粘剂

a. 承重结构用的胶粘剂，宜按其基本性能分为 A 级胶和 B 级胶；对重要结构、悬挑构件、承受动力作用的结构、构件，应采用 A 级胶；对一般结构可采用 A 级胶或 B 级胶。

b. 承重结构（构件）加固用浸渍、粘贴纤维复合材料的胶粘剂的安全性能指标必须符合表 4-13 的规定。不得使用不饱和聚酯树脂、醇酸树脂等作为浸渍、粘贴胶粘剂。

碳纤维浸渍、粘贴用胶粘剂性能指标　　表 4-13

项　　目	性能指标
混合后初黏度(25℃)	≤4000MPa·s
触变指数 TI	≥1.7
适用期(25℃)	≥40min
凝胶时间(25℃)	≤12h
抗拉强度(MPa)	≥38
受拉弹性模量(MPa)	≥2500
伸长率(%)	≥1.5
抗压强度(MPa)	≥70
抗弯强度(MPa)	≥50
钢对钢拉伸抗剪强度(MPa)	≥14
钢对钢对接接头抗拉强度(MPa)	≥35
钢对钢 T 冲击剥离长度(mm)	≤20
钢对 C45 混凝土正拉粘结强度(MPa)	≥2.5,且为混凝土内聚破坏
不挥发物(固体)含量(%)	≥99

c. 粘贴纤维复合材料用的底层树脂（胶）与找平材料（修补胶）应与浸渍、粘贴胶粘剂相适配，其性能指标必须符合表 4-14 的规定。

底层树脂（胶）、找平材料（修补胶）的性能指标　　表 4-14

<table>
<tr><th rowspan="2">项　　目</th><th colspan="2">性能指标</th></tr>
<tr><th>底层树脂(胶)</th><th>找平材料(修补胶)</th></tr>
<tr><td>混合后初黏度(25℃)</td><td>≤600MPa·s</td><td>—</td></tr>
<tr><td>适用期(25℃)</td><td>≥40min</td><td>≥40min</td></tr>
<tr><td>凝胶时间(25℃)</td><td>≤12h</td><td>≤12h</td></tr>
<tr><td>钢对钢拉伸抗剪强度(MPa)</td><td>≥20,且为结构胶的胶层内聚破坏</td><td rowspan="4">符合配套结构胶的相关性能指标要求</td></tr>
<tr><td>钢对混凝土正拉粘结强度(MPa)</td><td>≥2.5,且为混凝土内聚破坏</td></tr>
<tr><td>钢对钢 T 冲击剥离长度(mm)</td><td>≤25</td></tr>
<tr><td>耐湿热老化能力</td><td>与对照组相比,其强度降低率不大于 12%</td></tr>
</table>

注：表中各项性能指标均为平均值。

d. 混凝土用结构界面剂宜采用改性环氧类界面剂。结构界面剂剪切粘结性能指标应符合表 4-15 的规定。

界面剂剪切粘结性能指标　　表 4-15

<table>
<tr><th>性能指标</th><th colspan="2">界面剂等级</th><th>28d 合格指标</th></tr>
<tr><td rowspan="2">剪切粘结强度(MPa)</td><td>A 级</td><td>≥3.5</td><td rowspan="2">且为混凝土内聚破坏</td></tr>
<tr><td>B 级</td><td>≥2.5</td></tr>
</table>

e. 本项目结构胶均选用 A 级胶。

2）箱梁外表面粘贴碳纤维布施工方法

① 箱梁外表面粘贴碳纤维布施工工艺流程如图 4-50 所示。

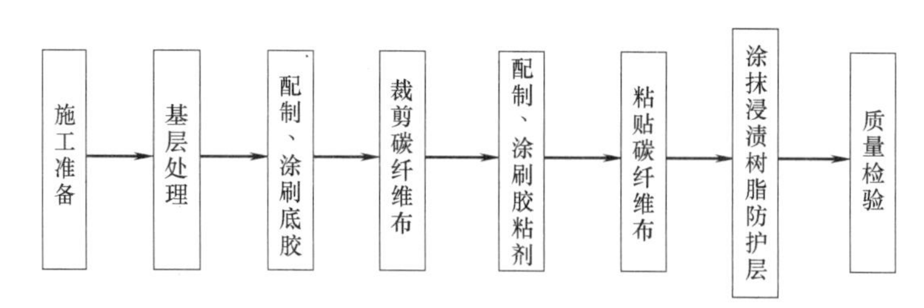

图 4-50 箱梁外表面粘贴碳纤维布施工工艺流程图

② 基层处理

a. 将混凝土表面剥落、疏松、蜂窝、腐蚀等劣化部分清除，并应进行清洗、打磨，待表面干燥后，应采用修补材料（胶）将混凝土表面凹凸部位修复平整。毛刺应采用砂纸打磨。当找平面用手触摸感觉干燥后，方可进行下一工序的施工。

b. 粘贴处凸角应打磨成圆弧状，凹角应采用修补材料（胶）填补成圆弧倒角，圆弧半径不应小于 20mm。

③ 涂刷底胶

a. 按产品说明书的比例将主剂与固化剂先后置于容器中，用搅拌器搅拌均匀。配制好的底胶料应严格控制使用时间。

b. 调制好的底胶应及时使用，应采用一次性软毛刷或特制滚筒将底胶均匀涂抹于混凝土表面，不得漏刷、流淌或有气泡。

c. 底胶固化后（固化时间视现场气温而定，以手指触感干燥为宜，一般不小于 2h）应检查涂胶面，毛刺应采用砂纸打磨平顺，磨损的胶层应重新涂刷。

d. 底胶固化后应及时进行下一道工序，若涂刷时间超过 7d，应清除原底胶，用砂轮机磨除，重新涂抹。

④ 粘贴碳纤维布

a. 雨天或空气潮湿条件下严禁施工。如确需在潮湿的构件上施工，应烘干构件表面或采用专门的胶粘剂。

b. 纤维复合材料粘贴宜在 5～35℃环境温度条件下进行，胶粘剂的选用应满足使用环境温度的要求。

c. 在待加固的混凝土表面按设计图纸放样，确定碳纤维布各层的位置。

d. 粘贴碳纤维布前，应对混凝土表面再次拭擦，粘贴面应无粉尘。

e. 按设计尺寸裁剪碳纤维布，裁剪的纤维布材应呈卷状妥善摆放并编号。已裁剪的碳纤维布应尽快使用。

f. 碳纤维布搭接长度不宜小于 100mm，搭接位置宜避开主要受力区。

g. 按产品说明书的比例将主剂与固化剂先后置于容器中，用搅拌器搅拌均匀。

h. 用特制滚筒将胶粘剂均匀涂抹于粘贴部位，搭接处或拐角部位应适当多涂。涂刷胶粘剂时，胶体不应流淌，胶体涂刷不应超出控制线，涂刷应均匀。

i. 粘贴立面碳纤维布时，应按照由上到下的顺序进行。用滚筒将碳纤维布从一端向另一端滚压，可沿同一方向反复滚压多次，除去胶体与碳纤维布之间的气泡，使胶体渗入碳纤维布，并渗出碳纤维布外表面，浸润饱满。滚压过程中不应产生静电作用。

j. 多条或多层碳纤维布加固时，在前一层纤维布表面用手指触摸感到干燥后，应立即涂胶粘剂粘贴后一层碳纤维布。

k. 当最后一层纤维复合材料施工结束后，应在其表面均匀涂抹一层浸渍树脂进行面层防护，并应自然风干。

l. 粘贴在混凝土构件表面上的纤维复合材，不得直接暴露于阳光或有害介质中，其表面应进行防护处理。表面防护材料应对纤维及胶粘剂无害，且应与胶粘剂有可靠的粘结强度及相互协调的变形性能。

3）质量检验

a. 采用敲击法或其他有效探测法检查纤维带与混凝土之间的粘结质量，有效粘结面积不应小于总粘结面积的95%。探测时，应将粘贴的纤维带分区，逐区测定空鼓面积。

b. 受力加固用纤维带与基材混凝土的正拉粘结强度，应进行见证抽样检验。其检验结果应符合规范规定。若不合格，应清除重贴，并应重新检查验收。

c. 纤维带胶层厚度δ应符合规定要求，对纤维布：$\delta=(1.5\pm0.5)$mm。

4.2.3 施工组织设计编制

1. 施工组织设计编制的基本规定

（1）定义

施工组织设计是指以工程项目为编制对象并用以指导施工的技术、经济和管理的综合性文件。它是工程项目施工的纲领性文件。

（2）施工组织设计编制的相关要求

1）编制原则

① 符合施工合同有关工程进度、质量、安全、环境保护及文明施工等方面的要求；

② 优化施工方案，达到合理的技术经济指标，并具有先进性和可实施性；

③ 结合工程特点推广应用新技术、新工艺、新材料、新设备；

④ 推广应用绿色施工技术，实现节能、节地、节水、节材和环境保护。

2）编制依据

① 与工程建设有关的法律、法规、规章和规范性文件；

② 国家现行标准和技术经济指标；

③ 工程施工合同文件；

④ 工程设计文件；

⑤ 地域条件和工程特点，工程施工范围内及周边的现场条件，气象、工程地质及水文地质等自然条件；

⑥ 与工程有关的资源供应情况；

⑦ 企业的生产能力、施工机具状况、经济技术水平等。

3）施工前应以施工内容为对象编制施工组织设计，施工组织设计的内容应包括工程概况、施工总体部署、施工现场平面布置、施工准备、施工技术方案、主要施工保证措施等，需要时可分阶段编制。

4）施工组织设计应由项目负责人主持编制。

（3）施工组织设计审批的相关要求

1）施工组织设计应经总承包单位技术负责人审批并加盖企业公章，需要时可分阶段审批；

2）实行工程监理制的工程项目，施工组织设计应报请总监理工程师审查。

3）施工组织设计应重点审核下列内容：

① 施工总体部署、施工现场平面布置；

② 施工技术方案；

③ 质量保证措施；

④ 施工进度计划；

⑤ 安全管理措施；

⑥ 环境保护措施；

⑦ 应急措施。

4）审核施工组织设计时，其合适性应满足下列要求：

① 施工总体部署、施工现场平面布置的合理性；

② 施工技术方案的可实施性；

③ 质量保证措施的可靠性；

④ 资源配置与进度计划的协调性；

⑤ 安全管理措施与有关工程建设强制性标准的符合性；

⑥ 环境保护措施的可实施性；

⑦ 应急措施的可实施性。

（4）施工组织设计的动态管理

施工组织设计应实行动态管理，具备条件的施工企业可采用信息化手段对施工组织设计进行动态管理，并应符合下列要求：

1）当工程设计有重大变更、主要施工资源配置有重大调整和施工环境有重大改变时，应及时对施工组织设计进行修改或补充；

2）施工作业过程中，应对施工组织设计的执行情况进行检查、分析并适时调整；

3）经修改或补充的施工组织设计应按审批权限重新履行审批程序。

2. 本项目施工组织设计概述

（1）工程概况

本工程为桥梁大修施工项目，工程内容包括箱梁结构破损修复、粘贴碳纤维布加固、增设限高架等。

（2）施工总体部署

1）主要工程目标

① 进度：总工期 1.5 个月（45d）。

② 质量：工程施工质量应达到合格以上。

③ 安全：无安全事故，无人员伤亡事故。

④ 环境保护

废水：不得随意排放，应经统一收集排入污水管网。

废渣：集中收集清理运至弃渣场（指定地点）排放。

废气：禁止焚烧废物，严格控制废气产生和排放。

噪声：严格控制施工噪声产生，合理安排施工作业时间，产生施工噪声较大的作业工序不得安排在休息时间或夜间施工。必要时应采取隔（消）声措施。

2）总体组织安排

组建项目部，确定组织机构及管理层级，制定管理制度，明确各层级的责任分工。

3）总体施工安排

① 工程特点：时间紧，任务重；社会影响较大；施工现场受干扰因素较少，交通运输便捷，物资供应便利等。

② 分部、分项工程划分

参照《城市桥梁工程施工与质量验收规范》CJJ 2—2008 的规定，本工程作为一个单位工程，分部、分项工程划分见表 4-16。

某城市桥梁大修工程分部（子分部）工程与相应的分项工程、检验批对照表　　表 4-16

序号	分部工程	子分部工程	分项工程	检验批	说明
1	地基与基础	扩大基础	基坑开挖、地基、土方回填、现浇混凝土（模板与支架、钢筋、混凝土）	6 个基坑	限高架
2	桥跨承重结构	支架上浇筑灌浆料梁（板）修补	模板与支架、钢筋、灌浆料、预应力钢筋（孔道注浆修补）	2 跨	箱梁修补加固
		粘贴碳纤维布	基层处理、涂刷底胶、涂刷胶粘剂、粘贴碳纤维布	2 跨	
3	附属结构		限高架（钢结构——制作、现场安装） 限宽墩（混凝土——模板、钢筋、混凝土）	3 座限高架 6 座限宽墩	限高架 限宽墩

4）总体施工顺序

① 施工队伍安排。投入 2 个专业施工队伍，分别承担箱梁破损修复（含粘贴碳纤维布）及附属结构的施工任务。

② 2 个专业施工队伍同时开展箱梁破损修复（含粘贴碳纤维布）及附属结构的施工工作。

③ 将限高架的钢结构部分分包给专业钢结构生产厂家定制。

④ 桥梁维修完成后，桥梁的承载力检测评估由具有相应资质的第三方检测机构完成。

5）施工进度计划

本工程项目计划总工期 45d，实际施工进度计划 45d，符合总工期目标要求，见表 4-17。

施工进度计划表　　表 4-17

分部工程	主要工序	工程量	持续时间	工期(d)									说明
				5	10	15	20	25	30	35	40	45	
箱梁损伤修复	施工准备	1 项	2d										脚手架搭设等
	底板混凝土剔除	1 项	3d										
	底板修补	1 项	5d										
	养护	1 项	7d										
	拆模	1 项	1d										强度达 75%

续表

分部工程	主要工序	工程量	持续时间	工期(d)									说明
				5	10	15	20	25	30	35	40	45	
粘贴碳纤维布	基层处理	1 项	2d										打磨、修补等
	涂刷底胶与检查	1 项	1d										
	粘贴碳纤维布	1 项	2d										
	场地清理	1 项	1d										
评估	承载力检测评估	1 项	2d										龄期达 28 天
附属结构	施工准备	1 项	2d										
	基坑开挖	6 座	3d										3 座限高架
	扩大基础	6 座	3d										除开挖工作外
	钢结构制作	3 座	35d										3 座限高架
	钢结构安装	3 座	2d										
	限宽墩	6 座	6d										下穿道路设置
竣工	竣工验收	1 项	1d										
	清理与开放交通	1 项	1d										

6）总体资源配置

确定主要资源配置计划，内容包括：

① 确定总用工量、各工种用工量及工程施工过程各阶段的各工种劳动力投入计划；

② 确定主要建筑材料、构配件和设备进场计划，并明确规格、数量、进场时间等；

③ 确定主要施工机具进场计划，并明确型号、数量、进出场时间等。

（3）施工现场平面布置

1）生产区：封闭交通后的下穿道路。

2）生活区：在桥下搭设临时帐篷，用于工地巡视值班与管理，其他就近租用民房。

3）办公区：租用民房。

4）临时便道：利用现有互通道路。

（4）施工准备

施工准备根据施工总体部署确定其内容，包括技术准备、现场准备、资金准备等。

（5）施工技术方案

各专业工程应通过技术、经济比较编制施工技术方案，其内容应包括施工工艺流程及施工方法。

（6）主要施工保证措施

1）进度保证措施

包括管理措施、技术措施等。

2）质量保证措施

包括管理措施、技术措施等。

3）安全管理措施

① 建立安全施工管理组织机构，明确职责和权限；

② 建立安全施工管理制度；

③ 安全目标进行分解，并制定必要的控制措施；

④ 编制安全专项施工方案目录及需专家论证的安全专项施工方案目录。

4）环境保护及文明施工管理措施

① 建立环境保护及文明施工管理组织饥构，明确职责和权限；

② 建立环境保护及文明施工管理检查制度。

5）成本控制措施

① 建立成本控制体系，对成本控制目标进行分解；

② 技术经济分析，并制定管理和技术措施。

6）季节性施工保证措施

制定雨期、低（高）温及其他季节性施工保证措施。

7）交通组织与管制措施

① 交通组织措施是指市政工程施工作业期间，为保障施工及周边路网交通有序，减少施工作业对交通的影响而制定的措施。

② 管制时间：40 天。

③ 管制事项

a. 甲方向通往乙方向的左Ⅳ匝道，禁止一切车辆和行人通行；

b. 望江路下穿段双向禁止一切车辆和行人通行。

④ 绕行路线

a. 甲方向通往乙方向的车辆和行人改道从某道路通行；

b. 途经望江路的车辆和行人可从交叉路口提前变道绕行。

8）构（建）筑物及文物保护措施

分析工程施工作业对施工影响范围内构（建）筑物的影响，并制定保护、监测和管理措施。

9）应急措施

编制应急预案，建立应急救援组织机构，组建应急救援队伍，储备应急物资和装备。

4.2.4 专项施工方案与技术交底

1. 专项施工方案

（1）定义

1）专项施工方案主要针对危险性较大的分部（分项）工程。

2）危险性较大的分部分项工程（简称“危大工程”）是指在施工过程中，容易导致人员群死群伤或者造成重大经济损失的分部分项工程。

3）危大工程专项施工方案是指施工单位在编制施工组织设计的基础上，针对危大工程单独编制的施工方案及安全技术措施文件。

4）《危险性较大的分部分项工程安全管理规定》（住房和城乡建设部令第 37 号）及《危险性较大的分部分项工程安全管理办法》（建质［2009］87 号文）对危大工程的施工管理工作做了详细规定。

5）危大工程及超过一定规模的危大工程的确定应符合《危险性较大的分部分项工程

安全管理办法》（建质［2009］87号文）的相关规定。

（2）专项施工方案的编制

1）危大工程施工前，应编制专项施工方案，其内容包括：

① 工程概况：危大工程的工程概况、施工平面布置、施工要求和技术保证条件。

② 编制依据：法律、法规、规范性文件、标准及图纸、施工组织设计等。

③ 施工计划：施工进度计划；材料、施工机具和设备计划；劳动力计划（包括专职安全生产管理人员、特种作业人员等）。

④ 施工方法：技术参数、施工工艺流程、施工方法与工艺要求、质量检验标准、检查验收等。

⑤ 施工安全保证措施：组织保障措施、技术措施、应急预案、监测监控措施等。

⑥ 计算书及相关图纸。

2）实行施工总承包的，专项施工方案应由施工总承包单位组织编制。危大工程实行分包的，专项施工方案可以由专业分包单位组织编制。

（3）专项施工方案的审查

1）由施工单位技术负责人审核签字、加盖单位公章，由总监理工程师审查签字、加盖执业印章。

2）危大工程实行分包并由分包单位编制专项施工方案的，专项施工方案应当由总承包单位技术负责人及分包单位技术负责人共同审核签字并加盖单位公章。

3）超过一定规模的危大工程的专项施工方案，施工单位应当组织召开专家论证会进行论证。实行施工总承包的，由施工总承包单位组织召开专家论证会。专家论证前，专项施工方案应当通过施工单位审核和总监理工程师审查。符合专业要求的专家人数不得少于5名。

4）专项施工方案经论证需修改后通过的，施工单位应当根据论证报告修改完善后，重新按前述的规定审批。

5）专项施工方案经论证不通过的，施工单位修改后应当重新组织专家论证。

（4）专项施工方案的实施

1）施工单位应当在施工现场显著位置公告危大工程名称、施工时间和具体责任人员，并在危险区域设置安全警示标志。

2）施工单位应当严格按照专项施工方案组织施工，不得擅自修改。

3）专项施工方案由于规划调整、设计变更等原因进行调整的，修改完成后，应当重新审查和论证。

4）危大工程施工时，施工单位应当对作业人员进行登记，项目负责人应当在施工现场履职。

5）项目专职安全生产管理人员应当对专项施工方案实施情况进行现场监督，对未按照专项施工方案施工的，应当要求立即整改或限期整改。

6）施工单位应当按照规定对危大工程进行施工监测和安全巡视，发现危及人身安全的紧急情况，应当立即组织作业人员撤离危险区域。

7）监理单位应当编制危大工程监理实施细则，对危大工程的施工实施进行专项巡视检查。

8）按照规定需要进行第三方监测的危大工程，建设单位应当委托具有相应资质的单位进行监测。监测单位编制的监测方案由监测单位技术负责人审核签字并加盖单位公章，报送监理单位审查。

(5) 验收

1) 按照规定需要验收的危大工程，施工单位、监理单位应当组织相关人员进行验收。验收合格的，经施工单位项目技术负责人及总监理工程师签字确认后，方可进入下一道工序。

2) 危大工程验收合格后，施工单位应当在施工现场明显位置设置验收标识牌，公示验收时间及责任人员。

3) 施工、监理单位均应建立危大工程安全管理档案，其内容如下：

① 施工单位建立的危大工程的档案内容包括专项施工方案及审核、专家论证、技术交底、现场检查、验收及整改等。

② 监理单位建立的危大工程的档案内容包括监理实施细则、专项施工方案审查、专项巡视检查、验收及整改等。

2. 技术交底

(1) 安全技术交底是指交底方向被交底方对预防和控制生产安全事故发生及减少其危害的技术措施、施工方法进行说明的技术活动，用于指导施工行为。

(2) 专项施工方案实施前，编制人员或者项目技术负责人应当向施工现场管理人员进行方案交底。施工现场管理人员应当向作业人员进行安全技术交底，并由双方和项目专职安全生产管理人员共同签字确认。

(3) 安全技术交底的内容

1) 工程项目和分部分项工程的概况。

2) 施工过程的危险部位和环节及可能导致生产安全事故的因素，针对危险因素采取的具体预防措施。

3) 作业中应遵守的安全操作规程以及应注意的安全事项，包括材料的正确使用、机械和工具设备的安全操作规程、施工工艺流程、施工方法与工艺要求、质量检验标准、检查方法、安全防护措施、常见问题及预防措施、组织纪律与应急预案等。

4) 作业人员发现事故隐患应采取的措施。

5) 发生事故后应及时采取的避险和救援措施。

(4) 安全技术交底应采用书面方式进行，应有书面记录，交底双方应履行签字手续，书面记录应在交底者、被交底者和安全管理者三方留存备查。

3. 本项目限高架吊装专项施工方案概述

根据《危险性较大的分部分项工程安全管理办法》(建质〔2009〕87 号文) 的规定，采用起重机械安装限高架的分项工程属于危险性较大的分部分项工程。施工前，施工单位应编制专项施工方案，下文主要就施工方法进行简要介绍。

(1) 限高架设置情况及现场条件

1) 为防止车辆撞击跨线桥，在望江路 (下穿道路) 上设置 3 座限高架，其平面布置详见前文的相关内容。

2) 望江路 (下穿道路) 的道路横断面宽度有 28m、42m 两种形式，其横断面组成分别为人行道 5m+行车道 8m+中央分隔带 2m+行车道 8m+人行道 5m、人行道 5m+非机动车道 5m＋边分带 2m＋行车道 8m＋中央分隔带 2m＋行车道 8m＋边分带 2m＋非机动车道 5m＋人行道 5m。

3）现场交通条件便捷，车辆可从区域路网方便地到达指定地点（望江路）。

4）跨线桥及限高架实际净高均约为 4.2m，基本可满足运输车及汽车起重机通行，如某型号起重量 35t 级汽车起重机，整机全宽、全高分别为 2750mm、3540mm，支腿全伸纵向 5.975m、横向 7m。

（2）限高架的设计参数

钢管组合门架式限高架，每座限高架均由 3 个构件组成，其中立柱 2 件、桁架横梁 1 件。限高架的设计参数详见前文的相关内容。可知，限高架构件最重为 2919kg，最长桁架构件为 16.5m，离地最大高度为 4.8m。

（3）限高架的运输

限高架构件由钢结构工厂生产完成后，用专用运输车运至施工现场，由于构件较长，在工厂吊运及运输过程中均应采取防止构件变形的措施。

（4）起重机的选择

1）由于现场条件较好，起重机类型可选择汽车起重机（以下简称“吊车”）。

2）起吊方式选择。一般情况下，吊车的起吊方式为侧方（左右两侧）、后方起吊。根据现场条件，吊装限高架构件可利用行车道，采用侧方起吊方式，这样可采用起吊重量较小的吊车。

3）吊车起吊位置

起吊时，吊车和运输车分别并行位于左右两幅道路上；吊车位于设置限高架的道路路幅中间；运输车位于另一侧分幅道路上，并尽量靠近吊车一侧。吊车起吊位置平面布置如图 4-51 所示。

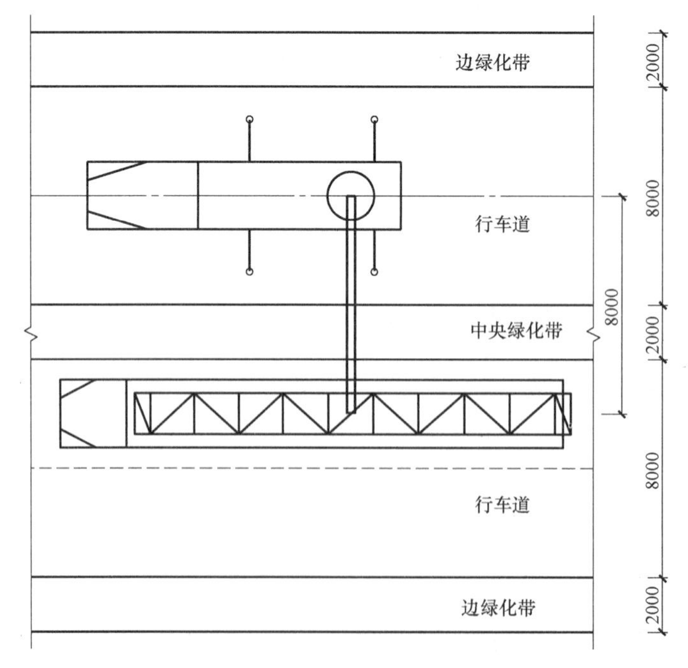

图 4-51　吊车起吊位置平面布置示意图

4）构件吊点设置

限高架桁架最长为 16.5m，为减少桁架吊装时发生变形，起吊时共设置 6 对吊点，最大吊点间距为 3.4m，最外侧吊点钢丝绳与构件平面夹角为 60°，经计算，吊钩至桁架顶面的距离为 13.25m，构件吊点设置如图 4-52 所示。

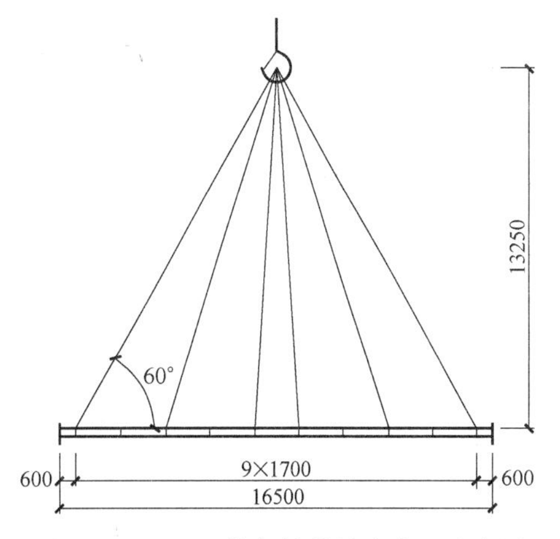

图 4-52 16.5m 桁架构件吊点布置示意图

5）吊车起重量选择

吊车的起重能力与吊车起吊时的位置、回转工作半径、起吊臂长、吊臂角度、起吊方式等因素有关。

由图 4-51 可知，起吊时，吊车与构件的水平距离为 8m，即吊车的工作半径不小于 8m；由图 4-52 可知，当构件的最外侧吊点钢丝绳与构件表面夹角 60°时，吊钩至桁架顶面的距离为 13.25m；限高架离地最大高度为 4.8m；当吊车吊臂底端距地面高 $h_0=1.8$m，吊具高度 $h_1=1.5$m 时，经计算，吊车臂长为 19.47m，吊车安装桁架作业如图 4-53 所示。

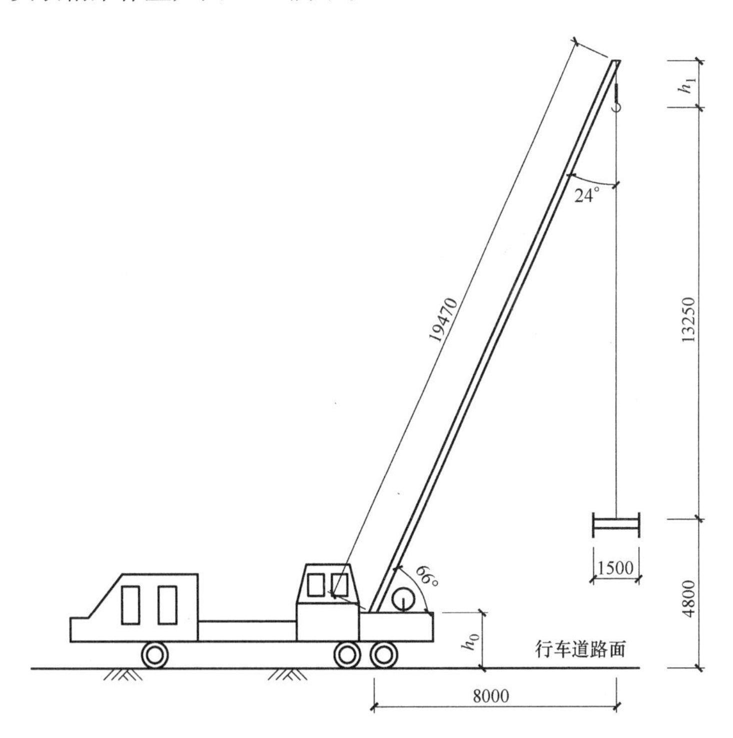

图 4-53 吊车安装桁架作业示意图

限高架最重构件桁架的重量为 2.92t；根据某型号 16t 汽车起重机额定起重能力（表 4-18）查得，当吊车工作半径为 8m，臂长 23.5m 时，起重能力为 5.15t；当吊车工作半径为 10m，臂长 23.5m 时，起重能力为 4t。可知，某型号 16t 汽车起重机可用于该项目的吊装工作。

某型号 16t 汽车起重机额定起重能力表　　表 4-18

工作半径(m) \ 臂长(m)	10.0	17.0	23.5	主臂角(°)	23.5+副臂 8
3.0	16.0			75	2.5
3.5	16.0	10.0		72	2.5
4.0	14.0	10.0		70	2.3
4.5	12.4	10.0		65	1.9
5.0	11.1	10.0		60	1.5
5.5	9.9	9.2	5.5	55	1.15
6.0	8.85	8.5	5.5	50	1.0
7.0	6.8	6.7	5.5	45	0.8
7.5	6.0	6.0	5.5	40	0.55
8.0	5.35	5.4	5.15	35	0.45
9.0		4.45	4.65		
10.0		3.7	4.0		
12.0		2.6	2.9		
14.0		1.9	2.2		

注：支腿全伸，两侧或后方起吊。

（5）限高架安装施工方法

1）准备工作

① 清理场地，规划车辆进出方向。

② 检查处理吊车工作半径范围内的妨碍吊车作业的物件，特别要确保作业范围内无高压、低压电缆影响。

③ 检查复核基础顶面的标高、尺寸、地脚螺栓的完好情况等。

④ 按施工方案的要求，现场施划吊车、运输车停放的位置及吊车支腿的位置。

2）吊车就位

吊车应停放至事先施划好的位置，车头朝向应正确，禁止采用前方起吊。

3）运输车就位

运输车应行驶至事先施划好的位置，停车后解除构件紧固装置，等待吊装。

4）安装立柱

按施工方案的要求，将钢丝绳在立柱的指定位置系好，吊车起吊后，缓慢移动至基础上方，徐徐下落就位，当立柱准确就位好后，拧紧螺栓螺母。

5）搭设脚手架

当立柱安装检查合格后，在立柱周边搭设脚手架，以便桁架横梁的安装施工工作，脚手架的搭设应符合相关规范的规定。

6）安装桁架横梁

① 按施工方案的要求，将钢丝绳在桁架的指定位置系好，吊装可采用兜底吊。同时系好牵引绳索。

② 试吊。由于构件较长，现场需进行试吊。将构件吊离运输车 200mm 后停止上升，此时，对吊车的工作状态、构件变形及完好情况、钢丝绳的张紧均匀情况等进行检查。如无发现问题，静止 5min 后，开始吊运工作；如发现问题应及时下落处理。

③ 吊装。试吊成功后，既可开始吊装作业。吊装过程中，应派专人牵拉牵引绳索，防止桁架自由摆动。

④ 安装就位。由于桁架较长，就位工作可能较困难。当桁架下落至立柱顶 200mm 时停止下落，同时缓慢调整桁架的姿态和位置，使其接口法兰盘与立柱接口法兰盘基本对齐，然后徐徐下落至立柱顶 50mm 左右，对准法兰盘螺栓孔，可先在一端临时安装 1～2 个螺栓后，调整另一端的法兰盘螺栓孔，对准后临时安装 1～2 个螺栓，最后使用撬棍微调精准就位，检查无误后，可松卸部分起重力，使桁架法兰盘压紧立柱法兰盘，同时将螺栓预拧紧，检查限高架立柱及桁架的状态，如未发现问题时，吊车可松钩、落钩，最后按对称、均衡的原则拧紧螺母。

4.2.5 工程节点控制

1. 总目标及其分解

(1) 总目标以实现施工合同约定的竣工日期为最终目标。

(2) 总目标先按单位工程进行分解，各单位工程的施工进度计划均应满足总体施工进度要求，同时考虑各单位工程之间的相互关系及其交工顺序，制定单位工程交工目标。

(3) 单位工程再按分部工程进行分解，结合各分部工程的先后施工顺序，在满足单位工程的施工进度计划条件下安排施工进度，制定完工目标。

(4) 较繁杂的分部工程还应分解成子分部工程，较大子分部工程再分解成分项工程或施工工序，并相应地制定分部（子分部）工程、分项（工序）工程的完工目标。

(5) 将专业分包的施工项目纳入各相应的单位工程、分部（子分部）工程的施工进度计划目标控制体系。

(6) 根据工程的具体情况，可按阶段性目标和时间目标，制定完工目标。

2. 工程节点设置

(1) 按工程阶段性目标设置工程控制节点。

(2) 按时间目标设置工程控制节点。

(3) 按专业施工项目或分部（子分部）工程施工目标设置工程控制节点。

(4) 按关键线路上的工程项目施工目标设置工程控制节点。

3. 工程节点控制

(1) 一般情况下，工程节点控制均采用年、季的时间目标制定控制性计划，按月、旬（或周）的时间目标制定实施性作业计划。

(2) 较繁杂的工程项目，宜以单位工程或分部（子分部）工程作为控制性节点目标加以控制。

(3) 以实施性作业计划的完成保证控制性计划目标的实现，以分部（子分部）工程的完工保证单位工程节点目标的实现，以单位工程节点目标的交工保证总目标的实现。

4. 保证措施

(1) 跟踪各节点工程的实施进度，如进度滞后，应分析原因，及时调整。

（2）及时处理工程变更事项，以免因工程变更周期长影响施工进度。

（3）及时解决征地、拆迁和民事干扰问题。

（4）及时掌握施工作业班组的每日完成工作量、施工现场发生的干扰因素、班组内部人员及组织机构变动情况，发现问题及时处理与调整。

（5）及时组织工、料、机等各种资源的供应。

5. 进度计划调整

（1）跟踪进度计划的实施情况，当发现进度计划滞后或施工受到干扰时，应及时排除干扰并采取调整计划措施。

（2）施工进度计划的调整必须依据施工进度计划实施效果并经检查审核后进行，其调整的目标为不影响总目标的如期实现，调整的原因可能由于工程量的变化、发生工程变更或工程停工或材料供应中断等资源供应问题、施工班组变动、各分项工程进度不均衡等。

（3）调整的方法

1）增加流水作业施工项目的资源投入，加快施工进度。

2）改变流水作业方式为平行作业方式，增加施工班组及周转材料等投入。

3）调整作业时间或变更施工方法，加快施工进度。

6. 本项目工程节点设置与控制

（1）工程节点设置

1）按工程阶段性目标设置工程控制节点

箱梁损伤修复、粘贴碳纤维布、承载力检测评估、钢结构制作与安装等。

2）按时间目标设置工程控制节点

① 至工期 20d 时，完成箱梁底板修补。

② 至工期 25d 时，完成碳纤维布粘贴。

③ 至工期 35d 时，完成钢结构制作。

④ 至工期 40d 时，完成承载力检测评估与竣工验收。

3）按专业施工项目设置工程控制节点

箱梁修复工程、限高架工程。

4）按关键线路上的工程项目施工目标设置工程控制节点

箱梁损伤修复、粘贴碳纤维布、承载力检测评估、钢结构制作与安装等。

（2）工程节点控制

1）按时间目标进行控制。

2）按分部（子分部）工程的完工目标进行控制。

4.2.6 工程结果

1. 工程验收

（1）工程质量验收应按检验批、分项工程、分部工程、单位工程的顺序进行。

（2）工程验收应符合现行行业标准《城市桥梁工程施工与质量验收规范》CJJ 2—2008 的规定。

（3）桥梁加固工程检查与验收应按设计文件及《城市桥梁结构加固技术规程》CJJ/T

239—2016 的规定执行。

（4）工程施工过程的验收记录（包括隐蔽工程）及竣工验收的相关资料应按《建设工程文件归档规范》GB/T 50328—2014、《建设电子文件与电子档案管理规范》CJJ/T 117—2017 的规定及时归档。

2. 工程结果

（1）安全和功能性试验

1）同条件养护试件的抗压强度代表值均大于设计值 55MPa。

2）通过桥梁动、静载试验分析表明桥梁整体状况良好，满足城—A 级荷载等级的通行要求。荷载试验实景如图 4-54 所示。

图 4-54　桥梁动、静试验加载实景图

（2）竣工验收

工程完工后，经验收认为本项目所使用的材料符合规范和设计要求，灌浆料强度满足规范和设计要求，通过桥梁安全和功能性检验（动、静载试验）评定桥梁承载能力符合城—A 级荷载等级，各分部、分项工程、检验批质量验收合格，桥梁实体外形观感质量符合规范和设计要求，质量管理资料齐全有效，单位工程验收质量合格，符合开放交通条件。跨线桥加固后立面如图 4-55 所示，限高架、限宽墩实景如图 4-56 所示。

图 4-55　左匝道Ⅳ跨线桥加固后立面示意图（表面未涂装前）

图 4-56　限高架、限宽墩实景图

（3）后续管理工作

该跨线桥桥梁结构的设计使用年限为 50 年，经维修加固后其设计使用年限不变。当使用年限达 30 年时，应重新进行可靠性鉴定，如桥梁结构工作正常，可继续延长其使用年限。

对使用胶粘方法或掺有聚合物材料加固的结构、构件，应定期检查其工作状态，第一次检查时间不应迟于 10 年。

4.3 柔性管道施工与质量管理

4.3.1 城市地下管道的病害与原因分析

地下管道被视为城市的生命线，随着新建设城镇发展与老城区改造，城市地下管道建设正在呈现升级改造局面，管线建设和运行管理正在向集成化和现代化发展。同时，因地下管线损坏导致路面沉陷、坍塌、涌水等事故时见媒介报道，现有地下管道状况也在引起社会各界的关注。

据地下管线行业学会收集的资料，业内人士对城市地下管线状况分析如下：

1. 给水管网

给水管网承担着向城市居民生活、工业企业生产等输送各类用水，以保证城市正常运转的功能；这些用水的水质、水压都有较高的标准要求。为保障高层建构筑物用水，给水管网应具有良好的密封性和耐压性，中压以上管道采用钢管、铸铁管，低压管道可选用塑料管。有的城市还采用预应力混凝土管、现浇混凝土管、PCCP管作为中低压输水管道。

由于规划设计、施工和运行维护环节有缺失，加上长期运行管道的腐蚀，管道及管件都有不同程度的渗漏；此外，原给水管道材质和设计标准偏低，长期运行的管线有堵塞、腐蚀、管体强度降低等问题，亟待修复或更新。

2. 排水管网

城市污水管网连接着居民用户和机关厂矿单位，城市给水和污水相当于人体的动静脉一样，关系着城市系统的运行状况和人民生活水准。城市污水具有一定的污染性，需要经过处理设施处理后排入地表水体或循环使用；污水管道内的杂物或生活废品，经化学反应后产生污泥附着于管壁，因此需要定期清理污水管道。污水管道多数为重力流，管道内存在一定的空间易产生有害气体和可燃气体；污水管道腐蚀和堵塞状况要比给水管道严重得多。多年运行的污水管道也会存在不同程度管体损坏、渗漏，不但会污染周边土壤，严重时会造成周边管线损坏，致使道路沉陷、塌陷。

城市雨水管线是城市防洪排老的重要设施，大气降雨、降雪经地表径流排入城市雨水管线，排入河道进入江河。雨水管道功能要求尽快将地面水排走，保持道路交通安全和人们生活安全；同时雨水流入管道内的杂物容易堵塞管道，因此雨水管道管径和坡度较污水管道要大些；如遇强降雨，雨水管道常处于压力流状态，这是目前许多大城市采用承压雨水排放系统的原因。初期雨水携带地表一定的污染物，具有一定的污染性，雨水干管需要设置污水截留系统。长期运行的雨水管道会有杂物淤积，树木须根侵入，必须及时或定期清理，以保持畅通。

由于我国西北部降雨较少，雨水管道时常处于低水流状态。城市地下施工时会忽略对雨水管线的妥善保护，雨期来临时会管道破坏，引发道路沉陷等事故。

我国城市雨水管道建设理念是允许管道在井室部位有一定渗流，雨水管道砖砌检查井通常不抹面，雨水管道通常采用混凝土方沟、混凝土管、预应力混凝土管。近年来大量塑料管材用于雨水管道，管径超过600mm时，由于设计和施工方面存在缺失，也引发较多的运行中管道损害事故。

3. 供热管网

供热管网供居民区和机关事业厂矿冬季采暖和生产用热水或蒸汽。平行布设的供水管、回水管和管件组成的热网是城市运行的基础设施。

供热管道分为蒸汽官网和热水管网；供热管道敷设可分为地沟埋设和管道直接埋设两种方式。供热管网属于高压、高危管道，所用管道材质均为钢管，管道保温层和防腐层基本上实现了工厂化。

由于规划设计、施工和运行维护的缺失，长期运行的热网也存在不同程度渗漏，会造成蒸汽、热水泄露对行人和环境造成危害。

4. 城市燃气管线

随着环保意识增强，城市推广管网供燃气包括天然气和煤气，取代传统的烧煤和烧油方式，不但污染小，而且安全、方便。在新建城镇和中小城市中，燃气管网普及到已经可以同给水排水管网道媲美的程度。

燃气管道属于高压、高危管道，管道发生漏气会引发大货、爆炸等事故。因此现行《城镇燃气设计规范》GB 50028—2006 规定：中、低压燃气管道宜采用聚乙烯管、钢管等，次高压以上燃气管道应采用钢管和铸铁管。

5. 电信线缆管道

随着城市用电强度增加及各种较高负荷用电设备使用，城市电力管线的输送电压一般在 10kV 及以上，电流为交变电流。交变电流的自身特性，决定了电力管线输送电的过程中会产生电磁波；与其他管线间距较小时，会影响其他管线正常运行，尤其是电信管线。

近些年来，城市供电线缆入地工程施工多采用拉管施工 M-PP 管道，采用直埋敷设或排管敷设的方式。城市中繁杂无序的架空电线网正在消失。

有资料报道：拉管方法施工非常适用于钢管、塑料管的城市管道，敷设不用开槽，可以安全实现穿越施工。但是，拉管施工会造成对现有临近管道的伤害，引发道路沉陷。

据有关统计资料：2018 年上半年国内城市地下管道相关事故 64 起，包括地下管道破坏事故 35 起，占比 54.69%，城市道路路面塌陷事故 19 起，占比 29.69%。按事故类型划分，管道泄漏事故数量最多，占事故总数的 46.55%。各类事故中造成地下管道破坏的事故数量为 35 起，分别为供水管线事故 18 起，燃气管线事故 10 起，排水管线事故 4 起，供热管线事故 3 起。

供水管线泄漏事故涉及的管材主要为钢管、铸铁管和聚乙烯管道；燃气管线泄漏事故涉及的管道为钢管和聚乙烯管；排水管线泄漏事故涉及管道为双壁波纹管和聚氯乙烯管；供热管线泄漏事故涉及的管道为钢管。

上述这些管道泄漏的直接原因有：管道焊缝被拉裂造成泄漏；管道接口变位导致管道密封失效；管壁裂缝造成渗漏；管道竖向变形过大、管道密封结构被破坏造成泄漏。间接原因有：附近有建构筑物施工工地，路面下有构筑物推进施工。分析认为：临近施工引起地层变位，继而引发管道渗漏，严重者会导致路面下沉、塌陷，影响城市居民正常生活和出行交通。

应该说造成城市地下管道渗漏事故的原因是多方面的，既有管线规划设计因素的缺失，也有管道施工质量问题，还有管道的管理运行、维护维修方面存不当之处。

有关资料分析结果表明：管道病害问题主要发生在采用钢管、塑料管、铸铁（钢）管的柔性管道，属于管道施工质量问题主要发生在柔性管道连接及回填施工环节。

4.3.2 柔性管道与柔性接口

1. 柔性管道内涵

国标《给水排水管道工程施工及验收规范》GB 50268—2008 关于刚性管道、柔性管道的概念是鉴于目前工程实践经验与事故教训。在结构设计上，柔性管道需考虑管道承受荷载发生变形时管周土体产生足够的抗力，抗力约束管道的变形，起到与管道共同承担荷载的作用；柔性管道失效通常由管道的环向变形过大造成；而刚性管道则不考虑管道和弹性抗力共同承担荷载。

刚性管道、柔性管道、刚性接口和柔性接口的术语参考了《管道工程结构常用术语》CECS：8396 和《给水排水工程管道结构设计规范》GB 50332—2002 的有关条文。

《顶管技术规程》中关于柔性管道的定义：管道结构刚度与管周土体刚度的比值 $\alpha_s<1$ 的管道

$$\alpha_s=\left(\frac{E_P}{E_d}\right)\left(\frac{t}{r_0}\right)^3 \tag{4-1}$$

式中：E_P——管材的弹性模量（N/mm²）；

E_d——管侧土的变形综合模量（N/mm²）；

t——管壁厚度（mm）；

r_0——管道计算半径（mm）。

工程实践中，柔性管道包括钢管、铸铁管、塑料管；刚性管道主要是混凝土管、预应力混凝土管、缸瓦管。

在工程施工过程中，涉及管道基础处理与沟槽回填压实等方面，刚性管道与柔性管道的施工要求大不相同；柔性管道的回填材料与压实度都有严格的要求，相比较而言，刚性管道的回填材料与压实度的要求要低一些。

鉴于目前国内埋地管道，特别是小口径城市给水和排水管道工程设计与施工资格要求低，专业人员配置差，在工程建设的质量管理与城市管道运行要求方面存在很大差距。因此，2018 版《给水排水管道工程施工及验收规范》GB 50268 引入刚性管道、柔性管道的概念，是完全有必要的；该规范从施工工艺和验收标准方面都做出严格的规定。

2. 柔性连接（接口）

柔性管道接口能承受一定量的轴向线变位和相对角变位的管道接口，如用橡胶圈等材料密封连接的管道接口。管道柔性连接管道用橡胶垫圈进行密封，依靠管壁或外壳来连接成一体，以适应管道的基础竖向沉降变位和水平向偏转，可减少管道渗漏的概率。

与管道刚性连接方式如焊接、法兰、丝扣连接相比，柔型接口具有连接方便、严密牢固、性能可靠的优点。

3. 柔性管道和柔性接口管道的应用

柔性管道在外力或自重作用下产生弹性弯曲变形，利用这种变形，改变管道走向或适应高程变化的管道敷设方式。

柔性接口采用橡胶圈带实现管道的密封，实现管道连接，管道可在一定程度上变位，以适应基础土层的变形。

柔性接口采用橡胶止水带可用于刚性管道或刚性接口管道的变形缝，以满足管道沉降或伸缩变形要求。

除了管道安装工艺要求考虑选择柔性管道和柔性接口管道外，在工程设计与施工主要考虑减少管道基础地层变位对管道密封效果的不利影响。

下文以一个工程实践为例，仅从城市地下柔性管道安装敷设的角度探讨管道工程施工技术与质量管理问题；不涉及管道连接方式及连接质量问题。

4.3.3 实例给水管道施工方案

1. 工程简况

(1) 工程简介

某市景泰苑小区新建给水管道工程，起点位于某市第三水厂南侧的给水厂泵房，终点为景泰苑小区南门内调压站，管线沿线长 1.43km，设有 5 座阀门井和 4 个流量计井。管道采用为直径 600mm 和 800mm 焊接钢管，管道埋深 3.0～3.5m；管道沿着城市主干道路，敷设在绿地下，穿过清水河沙滩和沿河次干道道路，设计采用开槽敷设施工法。

(2) 施工工艺流程（图 4-57）

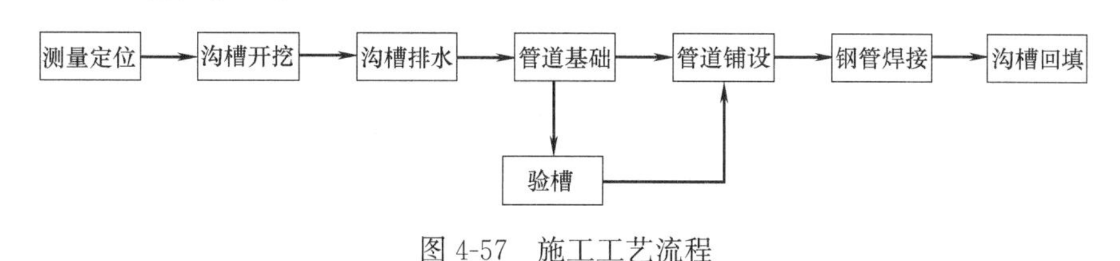

图 4-57 施工工艺流程

2. 降水与排水施工

根据现场地质水文状况，对于地下水丰富的地段，采用轻型井点降水方法，将地下水位降至沟槽底部以下至少 0.5m，以便沟槽开挖和管道安装，确保开槽施工的稳定和安全。

设计给出轻型井点降水的水力半径，轻型井点井管间距 1.6m，平面采用单排线型布置在沟槽两侧。

(1) 井管长度计算

$$H \geqslant H_1 + h + IL + 0.2 \qquad (4\text{-}2)$$

式中：H_1——井点埋设面至槽底距离；

h——降低后的地下水位至槽底的最小距离，取 0.5m；

I——地下水降落坡度取 1/4；

L——井点管至要降低水位点的水平距离。

本例计算出井管长度为 8m，不包括滤管长度。

(2) 井点施工流程

挖井点沟槽→敷设集水总管→冲孔、沉设井点管→灌填砂滤料→井点管同集水总管连接→安装抽水机组→连接集水总管→试运行。

(3) 井点管安装

采用冲水管冲孔后沉放井管；启动高压泵，将高压水压入冲水管从冲嘴中喷出；采用 5t 履带吊车，吊起冲水管，对准孔位，垂直贴近土面后进行冲孔；井点冲孔孔径不得小于300mm，井点冲孔深度应比滤管底深500mm以上，冲孔至要求的深度以后，沉放井点管。

冲孔完毕，关闭高压水泵；迅速提起冲水管，立即把井点管垂直居中放入孔中，至规定深度以后，吊住并加以固定；随即用中粗砂灌入孔中，灌砂完毕，松掉井点管；根据冲孔孔径和深度计算灌砂量，实际灌砂不得小于计算灌砂量的95%，应使砂完全包住滤网井管下沉后，及时进行相关的检查。

(4) 系统安装

轻型井点系统的主要设备由井点管、连接管、集水总管和射流泵等组成；把每根井管接入总管，总管再接入离心泵；总管与井管之间采用塑料软管连接，不产生扭折，使相互之间伸缩有余地；泵体与总管的连接应保证严密，严防漏气；管路系统的连接部分无渗水、漏水现象。

(5) 检验标准

井管有效率应达到95%以上，且连续5根井管内的失效井管不得超过2根，相邻的2根井管不得同时失效。

确保总管的布置的稳固性，连接处无漏水、漏气；总管与泵体连接处保持水平。

3. 沟槽开挖

井点降水两周后，挖土机进场作业。

(1) 开挖方式

沟槽采用放坡开挖，断面设计如图4-58所示。开挖坡度可以视土质情况适当调整，但坡度不得大于1∶0.5。挖土采用机械和人工结合的方法施工；施工机机械运转范围设置围护标识；机械挖土时设专人指挥，安全员负责施工现场安全监督和检查。

(2) 基槽处理

沟槽挖土，随挖随运，及时外运至规定地点；距离沟槽边5m内不得堆土，以减少沟槽壁的侧压力。为保证槽底土的强度和稳定，施工时不得超挖，也不能扰动；为防止扰动槽底土层，机械挖除控制在距槽底土基标高200～300mm处采用人工挖土、修整槽底。

若有超挖和遇障碍物清除后，应按照设计要求处理；设计无要求时，可采用砾石砂填实，不得用土回填。

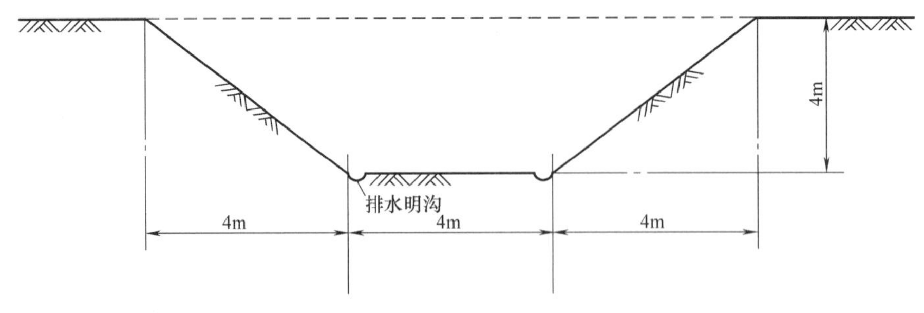

图4-58 沟槽断面

(3) 沟槽排水

为导正开挖的沟槽内无水作业直到施工完成，沟槽排水盲沟是井点降水的辅助措施。首先在沟槽外两侧填筑土坝，尽量减少地面上的雨水等流入沟槽内；另外在沟槽底两侧设置排水盲沟，每 50m 处设置集水坑，并配备足够数量的污泥泵和潜水泵等设备进行抽水，确保沟槽内无积水。

4. 管道基础

(1) 验槽

开槽管道施工沟槽开挖至设计标高时必须经过验槽合格，方可进行下道工序。验槽目的在于验证基础土层承载力是否满足设计要求和开挖施工质量。设计要求：管道基础持力层承载力特征值大于 80kPa 时，可直接再铺厚 200mm 粗砂垫层作为管道基础，垫层的压实度为 90%（轻型击实标准）。

(2) 局部回填

当基底扰动软化时，需在砂垫层加铺 200mm 厚 1∶1 砂石垫层；当基底处于淤泥、卵石等不良地层时，必须按照设计要求挖除后换填级配砂石或二灰混合料，分层夯实时，每层厚 300mm，夯实后压实度不小于 95%（轻型击实标准）；若软弱土层较厚无法清除时，可采用抛块石挤淤处理。

(3) 挖接口坑

管道基础在接口部位，应预留凹槽，深度宽度满足管口焊接和阀门安装作业要求。接口完成后，随即用相同材料填实。管道基础在井室之间应保持顺直，管道基础和垫层的验收质量标准应符合 GB 50268 等相关规范的规定。

5. 管道敷设

(1) 吊管入槽

钢管内外防腐层在运输、排管不得损坏；采用尼龙带吊装，确保钢管不变形、防腐层不被破坏。先在地面进行排管试拼，在试拼好的钢管接口处做好记号，并做好记录，做出组对计划。钢管下井组对时，严格按计划排管，即按试拼好的次序进行组对。

采用履带吊车下管，吊具采用尼龙吊带和管端卡具，以保护钢管防腐层，严禁在地面拖拉钢管。

为减少沟内焊接，钢管地面焊接成段或其他短距离移动时，用吊车或专用炮车将钢管吊起加持牢固，人工推拉移动。

(2) 安管前准备工作

1) 将管段进行标注并清理干净，管身、坡口等在安装前清理干净。

2) 管节外观检查

在钢管下管前检查有无变形情况，管口尺寸有无超标，如有不合格的部位必须修补合格后方可下管。

检查前一节钢管的管口有无变形情况，管口尺寸有无超标，如有不合格的部位必须修补合格后方可组对。

6. 钢管连接

(1) 组对安装

1) 工艺流程

管身、坡口清理→钢管管口质量及尺寸检查→修口→沟槽与管道基础检查→人工调正→上一节钢管的管口检查→开槽埋管中心线检查→对口→调正钢管的对口位置→点焊。

2) 管中心线检查

组对前对前一节钢段的管中心线进行检查，确认其偏差在允许范围内后方可接口组对。

3）调正设备

准备好对口器或其他调正钢管位置用的液压千斤顶等辅助设备。

4）修口

钢管对口之前必须首先修口，使钢管端面的坡口、钝边、圆度符合质量标准要求。施工现场焊件的切割和坡口加工采用氧乙炔焰切割，用磨光机将凹凸不平打磨平整。

5）对口

对口之前应检查管道垫层，对口时使钢管内壁齐平，使用液压对口器进行组对。严禁使用火烤或用大锤锤砸进行对口。管子对口应垫牢固，不得强力对口。

6）质量标准

对口时，内壁应平齐，内壁错边量不得超过 2mm。

（2）点焊

1）焊接工艺流程

先点焊、打底焊接，然后定位焊、氩弧焊结封面；地面使用自动焊机；沟槽内人工焊接。

2）点焊

钢管对口检查合格后进行点焊。点焊焊条采用 E43 系列焊条；点焊时，应对称施焊，其厚度与第一层焊接厚度一致。钢管的纵向焊缝处不得点焊。

3）点焊质量标准

点焊长度为 80～100mm，点焊间距不大于 400m，点焊完成后用角磨机将焊口两侧打磨成缓型斜坡。

（3）定位焊

1）由执业资质合格的焊工施焊。

2）焊接定位焊缝时，采用与根部焊道相同的焊接材料和焊接工艺。

3）定位焊缝的长度为 50～100mm，间距为 250～300mm，保证焊缝在正式焊接过程中不致开裂为准。

（4）氩弧焊

1）焊缝检查

焊道正式焊接前，应将定位焊缝进行检查，当发现缺陷时，应处理后方可施焊。

2）引弧与熄弧

接过程中引弧，熄弧都要求在坡口内和焊道上，不可在母材上随意打火，防止电弧擦伤母材。

3）起弧和收弧

施焊过程中注意起弧和收弧的质量，多层焊时层间接头位置应错开；按焊接作业指导书中给定的焊接参数进行施焊，不得随意改变。

（5）纵向焊接

1）对口时管节纵向焊缝错开距离大于 300mm；每条焊缝宜一次连续焊完，当因故中断焊接时，再次焊接前应检查焊层表面，确认无裂纹后，方可按原工艺要求继续焊。

2）与母材焊接的工卡具材质应与母材相同或同一类别号，焊接工艺、焊材与正式焊接相同，拆除工卡具时不要损坏母材，拆除后应将残留焊疤打磨修整至于母材表面齐平。如低于母材处应补焊，并做表面检查合格。

3）管道焊接时，管内应防止穿堂风，影响焊接质量。焊缝检查有不合格处要进行返修，同一部位返修次数不宜超过两次，并应有返修措施。

4）焊缝焊完后，在管内焊缝一侧 50mm 处打上焊工钢印。

（6）基本技术要求

1）对称焊接，逐次堆高直至要求焊高。

2）焊缝需焊透，不得有失渣、漏焊等焊接缺陷。

3）焊缝严禁有裂缝现象。

4）以先打底，后盖面形式。

5）每一次盖面之前必须清渣处理。

7. 沟槽回填

（1）回填准备工作

1）管线结构验收合格后方可进行回填施工，且回填尽可能与沟槽开挖施工形成流水作业。

2）管道和井室主体结构验收合格后，及时安排工力进行回填，以避免晾槽过久造成塌方，挤坏管道或管道接口。

3）回填时沟槽内的积水要及时排除，严禁带水回填。

（2）回填与压实

1）不得回填淤泥腐殖土及有机物质，填土中不得含有垃圾、砖碎块、粒径大于 100mm 的石料，大的泥块要敲碎。

2）沟槽回填土要分层夯实，回填施工按排管顺序向一个方向推进。

3）沟槽分区与压实度要求见图 4-59。

4）回填时管道两侧的复土应分层整平夯实，卸土时不得直接卸在管道接口上，也不得单侧卸土，防止引起管道的走动。

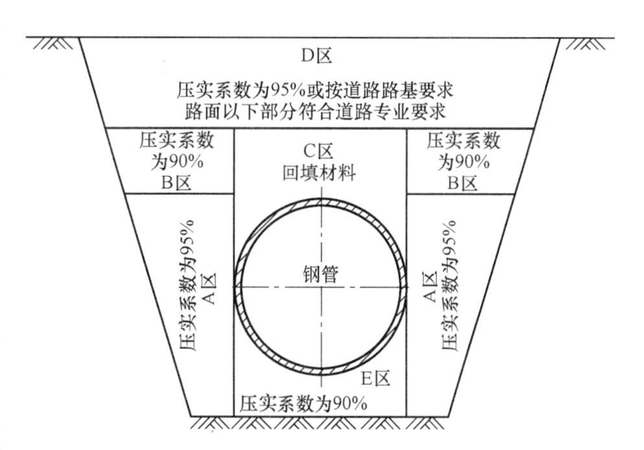

图 4-59　回填压实度（系数）要求与分区示意图

5）自下而上，分层回填，两侧均衡上升。管道两侧回填高差不超过 200mm。

6）回填分层进行，管道两侧和管顶以上 500mm 用木夯夯实，每层虚铺不大于 300mm；管顶以上 500mm 至地面用蛙式打夯机夯实，每层虚铺厚度 200～250mm；应做到夯夯相连，一夯压半夯。

7）沟槽回填从管线、检查井等构筑物两侧同时对称回填，确保管线及构筑物不产生位移，必要时可采取限位措施。

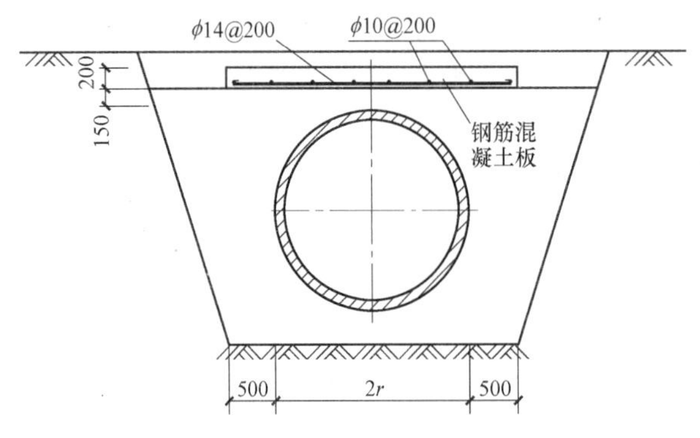

图 4-60　管道与钢筋混凝土隔离板示意图

（3）道路范围内回填

位于道路范围内的管道，为防止道路荷载对钢管的重压破坏，设计采取了隔离加固措施，即在管道上部150mm处设置厚度为200mm的C20钢筋混凝土板，如图4-60所示。

按照上述回填与压实作业要求，回填至钢筋混凝土板位置停止，钢筋混凝土板施工达到设计强度后，按照道路结构施工要求进行路面施工。

（4）回填时质量保证措施

1）在现场设土工试验室，以便随时掌握回填土的含水量及压实密实度。

2）回填前清除槽内杂物，排除积水，回填土的含水量必须符合要求；当回填土的含水量过大时，根据天气、现场情况，采用晾晒或掺拌石灰粉的措施，以达到回填土的最佳含水量。

3）为了避免井室周围下沉的质量通病，在回填施工中应采用双填法进行施工，即井室周围必须与管道回填同时进行。待回填施工完成后对井室周围进行2次台阶形开挖，然后用9%灰土重新进行回填。

4）管顶以上0.5m范围内用人工夯填，每层压实厚度不大于150mm。管顶1.5m以上用推土机配合压路机进行回填。

5）分段回填时，相邻段的接茬应呈阶梯状，且不得漏夯。

6）每层回填完成后必须经质检员检查、试验员检验认可后方可进行下层回填工作。

8. 质量保证措施

（1）质量保证体系

1）质量责任制

使责任权利、工程质量与经济效益挂钩，建立由项目经理领导，项目技术负责人中间控制，责任工程师、质检员基层检查的三级管理系统。

2）质量意识教育

树立“百年大计，质量第一”的思想，使每个施工人员意识到质量、效益是企业的生命，只有创造优质的工程，提高经济效益，提供优质的服务，才能提高自身的竞争力。

（2）质量管理制度

1）坚持样板制

施工操作要注重工序的优化、工艺的改进和工序的标准操作，通过不断探索，积累必要的管理和操作经验，提高工序的操作水平，确保操作质量，每个分项工程在开始大面积操作以前做出示范样板、并得到监理的认同后，统一操作，以保证质量目标实现。

2）坚持三检制

施工队设专检人员，每道工序都要坚持自检、互检、交接检，否则不得进行下道工序。

3）方案交底先行制

每道工序施工前要组织进行各级技术交底。各级交底以书面形式进行，并有文字记录，因技术措施不当或交底不清而造成质量事故的，要追究有关人员的责任。同时做好质量检查和技术复核工作，做好隐蔽工程验收和分部分项的质量评定工作。

4）施工挂牌制度

主要工序在施工过程中要在现场实行挂牌制，注明管理者、操作者、施工日期，并做相应的图文记录，作为重要的施工档案保存。因现场不按规范、规程施工而造成质量事故的，要追究有关人员的责任。

（3）过程控制措施

1）施工过程中，严格执行自检、互检、专检制度。

2）把质量问题消灭在萌芽之中，当出现不合格分项、分部工程时，由公司总工程师组织现场技术人员对不合格品进行研讨，找出产生不合格品的因素，并制定不合格品的纠正措施及预防措施，不可把不合格品流入下道工序。

3）如不合格分项工程流入下道工序要追究项目经理、责任人的责任。

（4）沟槽开挖保证措施

1）进场时由测量人员仔细校核水准点及坐标点，并按照相关规范建立施工控制网。沟槽开挖前将水准点引至开挖区域，并校核无误后才进行开挖，开挖中随时控制开挖高程、挖后及时校核槽底高程。

2）沟槽开挖时，槽底的宽度应为管外径＋0.5m（有支撑沟槽需另加支撑尺寸），应严格控制沟槽宽度和基底高程，不得超挖或扰动基面。槽底不得受水浸泡。挖至距设计高程200mm位置停止机械挖掘，防止超挖，同时采用人工抄底，仔细找平，保证槽底坡度。

3）开挖沟槽的质量标准：槽底松散土、淤泥、大石块等杂物必须清除，保持槽底不浸水。

（5）材料与附件保证措施

1）管道、管道附件、阀门必须有制造厂的质量证明书。对于进场的管材及焊条，要做好进场的检验工作，对于合格的要做好严格保护措施，防止碰撞等原因造成材料损坏，对于不符合产品要求其退场。

2）管道、管件及阀门在使用前应按设计要求核对其规格、型号、材质；管子、管件在使用前要对外观进行检查，要求无裂纹、重皮等缺陷。

3）所有管材有材质标记，没有材质标记或标记模糊不清者不得使用。管道组成件应对材质进行复查。

4）对阀门进行强度试验和密封试验，不合格者不得使用。阀门强度试验压力不得小于阀门公称压力的1.5倍，试验持续时间不少于5min，以壳体填料无渗漏为合格，密封试验以公称压力进行，以阀瓣密封面不漏为合格。

5）试验合格的阀门，应及时排尽内部积水，并吹干、关闭阀门，封闭出入口，并填写“阀门试验记录”。

6）法兰密封面应平整、光洁，不得有毛刺及径向划痕；螺栓及螺母的螺纹完整，无伤痕、毛刺等缺陷，配合良好，无松动或卡涩现象；非金属垫片质地柔韧，无分层或老化变质现象。表面无折损、皱纹缺陷，其尺寸和法兰密封面相匹配。

（6）管道安装保证措施

1）管道接口后，复核管道的高程和直线，使之符合设计要求。

2）质量标准：管道应顺直，管底坡度应符合设计要求，不得有倒落水。管道蝶阀、三通严格按照设计图施工。

（7）焊接保证措施

1）对所用焊接材料的规格、型号、材质以及外观进行检查，均应符合图纸和相关规程、标准的要求。

2）现场焊工必须持证上岗，现场有人负责监督检查焊工是否严格按照焊接工艺技术要求进行操作，保证焊接质量。

3）焊接完成后进行外观检查，焊缝不得存在未焊满、根部收缩、表面气孔、夹渣、裂纹和电弧擦伤等缺陷。

外观检查合格后进行无损检测，并由专业检测单位提供焊缝无损检测报告。

4.3.4 管道渗漏事故与质量管理缺失

1. 管道渗漏事故描述

×××小区新建给水管道工程竣工保修期内，清水河绿地管段发生两次渗漏事故。现场抢修人员将水管渗漏部位检测定位，将渗漏管道挖出，发现管道侧面有裂缝，裂缝周围有挤压变形迹象。修理工人用抱箍进行抢修，以满足小区及周围居民生活用水。

2. 事故分析

建设单位负责人牵头，并有设计单位、施工单位、监理单位、钢管供应厂家有关负责人组成事故处理小组，并委托第三方检测单位对管材、焊口等取样进行检测、试验。处理小组成员及有关专业人员经过现场勘察，查阅工程设计图纸、施工方案、施工日志及施工过程音像资料，查看了抢修施工记录和过程音像资料及第三方出具的检测报告，分析了管道设计、施工等方面存在的问题。依据国家标准《给水排水工程管道结构设计规范》GB 50332—2002 和《给水排水管道工程施工及验收规范》GB 50268—2008 等，分析认为管道渗漏原因主要是施工质量问题。

3. 事故原因分析与认定

（1）回填材料不符合设计要求和规范规定

设计要求和施工方案都要求："不得回填淤泥腐殖土及有机物质，填土中不得含有垃圾、砖碎块、粒径大于 100mm 的石料，大的泥块要敲碎"。但是现场挖出的回填土含有粒径达到 160mm 的带有棱角石块。

（2）带水回填造成管道回填压实度不符合设计要求和规范规定

设计要求和施工方案都要求："回填时沟槽内的积水要及时排除，严禁带水回填。"但是，现场施工日志和检查记录表明：因井点降水系统故障和降雨，局部管道回填过程中产生泡槽和串水现象。为防止漂管引发安全事故，施工队继续回填，填土含水率过大，回填压实困难。管道两侧和管顶的压实度检测记录结果为不合格。

（3）管道的变形率严重超标

管道的现场变形率测定值 17%超出《给水排水管道工程施工及验收规范》GB 50268—2008 第 4.5.12 条规定值 3%，且没有进行处置措施。

4. 管道返修

按照施工合同约定和检测鉴定结论，施工单位编制了《渗漏管段返修施工专项施工方案》，按照规定获得批准后实施。

渗漏管段返修施工流程：管道胸腔及管顶回填土用人工挖出运到弃土场；对挖出的管道移除，处理管道基础并更换新管材；从附近存土场选择细沙土和粉质粘土作为回填土料；经试验段回填试验取得的施工参数后，人工进行回填，分层压实。回填后24h进行管道变形测量；管段试验合格后投入运行。

5. 对责任人处理

（1）施工方未严格执行专项施工方案，质量管理有缺失；依据有关规定对项目部负责人和有关责任人分别进行处罚。

（2）未按照国家标准《给水排水管道工程施工及验收规范》GB 50268—2008 第4.5.12条规定，进行管道变形检测和控制，建设方、施工方、监理方在质量管理上有缺失，负有不可推脱的责任。当地质量监督机构和建设主管部门对责任单位和责任人分别做出处罚。

4.3.5 应汲取的教训

1. 柔性回填施工质量关系到管道安全运行

柔性管道，如本工程实例的钢管回填施工质量直接影响到管道的安全运行。回填材料符合设计要求和规范规定。回填土料中含有的大粒径石料或其他有锐角（棱）硬质块料会挤压破坏管壁，从而引起管道渗漏，造成事故。

《给水排水管道工程施工及验收规范》GB 50268—2008 明确规定：管基有效支承角范围内应采用中粗砂填充密实，与管壁紧密接触，不得用土或其他材料填充。沟槽回填从管底基础部位开始到管顶以上500mm范围内，必须采用人工回填；管顶500mm以上部位，可用机具从管道轴线两侧同时夯实；每层回填高度应不大于200mm。管道位于软土地层以及低洼、沼泽、地下水位高地段时，沟槽回填宜先用中、粗砂将管底腋角部位填充密实后，再用中、粗砂分层回填到管顶以上500mm。

2. 严禁带水回填

《给水排水管道工程施工及验收规范》GB 50268—2008 明确规定管道不得带水回填，特别是柔性管道沟槽严禁带水回填。其原因在于：带水回填，土料含水率高，导致回填压（密）实度达不到设计要求和规范规定，形不成管土共同受力体系来承受上部荷载，直接影响到管道运行安全。本工程实例的施工方案也有这方面要求，但是过程管理缺失造成质量事故。

3. 柔性管道的变形率是回填施工质量主控项目

《给水排水管道工程施工及验收规范》GB 50268—2008 规定：柔性管道的变形率不得超过设计要求，钢管或球墨铸铁管道变形率应不超过2%，化学建材管道变形率应不超过3%。管壁不得出现纵向隆起、环向扁平和其他变形情况。

柔性管道回填至设计高程时应在12～24h内测量并记录管道变形率。当管道变形超标时应采取如下处理措施：

（1）钢管或球墨铸铁管道变形率超过2%但不超过3%时，化学建材管道变形率超过 3%但不超过 5%时：挖出回填材料至露出管径 85%处，管道周围应人工挖掘以避免损伤管壁；挖出管节局部有损伤时，应进行修复或更换；重新夯实管道底部的回填材料；选用适合回填材料按 GB 50268—2008 第 4.5.11 条的规定重新回填施工，直至设计高程。

（2）按规定重新检测管道的变形率。

（3）钢管或球墨铸铁管道的变形率超过 3%时，塑料管道变形率超过 5%时，应挖出管道，并会同设计研究处理。

柔性管道的变形率是回填施工质量主控项目，必须 100%检验合格，否则此分项工程质量不合格，不能进行下道工序。

4.4 燃气管道穿越施工风险管理

4.4.1 工程概述

1. 工程环境条件

某天然气输送分配管道，高压 A，采用 ϕ711×14.3mm 直缝螺旋焊接钢管，标段长度 865m；其中垂直穿越城市外环东路和铁路运输专线段长 137m。穿越铁路段覆土 7.2m，穿越外环东路段覆土 5.9m。外环东路为城际快速路，上下 6 车道。专用铁路为 60kg/m 轨型钢轨，混凝土道枕，沉降要求较为严格。穿越施工范围土质自上而下为人工填土、杂填土、粉质粘土、粘质粉土、卵石层，地下水为层间滞水，施工场地不具备井点降水条件，设计采用全断面注浆止水技术和洞内输排水辅助技术措施。

施工范围已探明管线有：直径 500mm 污水管、2500mm×2000mm 雨水方沟、直径 400mm 中水管、直径 800mm 上水管、直径 300mm 燃气管道。但是仍有未探明管线，特别是军用线缆和其他障碍物。应采用封堵导流措施。

为保证铁路运输专线和城际快速路运营安全，施工前建设单位组织有关单位进行了专项设计方案的专家论证会。就提出的初步设计方案进行技术安全经济风险对比分析，结果如下（表 4-19）：

专项设计方案风险对比分析表　　表 4-19

施工方法/考虑因素	施工技术难度	环境风险辨识	施工风险辨识	施工成本分析	备注
人工顶管法	顶距长，顶力大	需加竖井，控制地层变位	处理障碍物难度大	适中	管道内排水
暗挖法	不用加竖井，施工长度适当	控制地层变位，洞内强制通风	处理障碍物难度较小	较高	封闭止水与洞内排水
盾构法	占地大，施工设备投入大	地层变位小	挖断线缆风险大	最高	其他标段开槽施工
机械顶管法	顶距长，管口强度不够	地层变位小	挖断线缆风险大	次高	其他标段开槽施工

2. 穿越施工专项设计方案

依据论证意见，穿越施工专项设计方案简述如下：

（1）暗挖隧道，圆形开挖断面直径 3.44m，净尺寸直径 2.84m，暗挖隧道长 320m，其余为开槽敷设，全长 502m。

（2）在隧道内顶推 ϕ2200mm 钢筋混凝土管，管材为钢承口，加强级。

（3）在隧道初衬混凝土与混凝土管外壁之间间隙填充水泥砂浆。

（4）在混凝土套管内安装 *DN*711mm 钢管。

（5）施工竖井

1）设始发和接收竖井各一座，位于永久检查井位置，供暗挖、顶管和燃气管道安装共用：始发井 6m×5m×9.65m，接收井 5m×5m×9.9m，位于外环东路辅路的人行道外，结构深度 12.9m。夜里出土，白天维持社会交通，井口需搭设临时刚便桥。

2）竖井需无水作业，施工严禁设竖向施工缝，横向施工缝设置在八字上 300mm 处，内置 300mm×3mm 止水钢板。

3）竖井采用锚喷护壁即喷锚倒挂施工法，格栅钢架、内外双层钢筋网、喷锚 C25 混凝土共同组成联合支护系统，内设钢盘撑和钢角撑。井口设置一道 800mm 高（宽）现浇混凝土冠梁。

（6）暗挖隧道下穿现况交通设施保护措施

1）全断面注浆加固，厚度不小于 1.5m。注浆后土层达到指标：渗透系数小于 100mm/s，无侧限抗压强度大于 0.8MPa。

2）洛阳铲超前探测。

3）信息化施工

① 施工监测由总承包单位负责。

② 建设单位经招标程序选择第三方检测，监测单位提前进场进行观测，暗挖施工期间进行实时观测至圆涵就位。根据观测所取得的数据，模拟成变形曲线；整理分析报告有关各方。

③ 设计单位在工程设计图纸及资料中对监测项目和监测频率提出具体要求。

4.4.2 施工风险辨识与防范对策

1. 施工风险评估

施工单位依据专项设计和承包合同，在施工组织设计基础上编制了穿越施工专项方案。方案编制是在专项施工风险评估的基础上进行的。参照有关规范的规定，本工程的专项风险等级划分标准如表 4-20 所示。

专项风险等级标准 表 4-20

可能性等级 \ 严重程度等级		一般	较大	重大	特大
		1	2	3	4
很可能	4	高度Ⅲ	高度Ⅲ	极高Ⅳ	极高Ⅳ
可能	3	高度Ⅱ	高度Ⅲ	高度Ⅲ	极高Ⅳ
偶然	2	高度Ⅰ	高度Ⅱ	高度Ⅲ	高度Ⅲ
不太可能	1	低度Ⅰ	高度Ⅰ	高度Ⅱ	高度Ⅲ

专项风险等级分为四级：低度（Ⅰ级）、中度（Ⅱ级）、高度（Ⅲ级）、极高（Ⅳ级）。

本工程施工风险源与等级评估按照施工流程：竖井施工→隧道暗挖→管涵顶推与间隙注浆→钢管焊接与试验→管道安装依次进行，风险评估主要考虑地质条件、环境保护要求、对交通设施的影响、对地下管线危害、人身伤害等评估指标，评估指标的分类、赋值标准参照有关标准和地方的管理办法。结果见表4-21。

工程施工风险源与等级评估情况统计表　　表4-21

序号	施工项目名称	评估分值R	风险等级	对策
1	竖井施工	35	Ⅲ（高度风险）	危大专项施工方案
2	隧道暗挖	40	Ⅲ（高度风险）	危大专项施工方案
3	管涵顶推与注浆	25	Ⅱ（中度风险）	专项施工方案
4	钢管焊接	25	Ⅱ（中度风险）	专项施工方案
5	管段试验	25	Ⅱ（中度风险）	专项施工方案
6	管道安装	25	Ⅱ（中度风险）	专项施工方案

竖井喷锚护壁施工和隧道暗挖（台阶法）施工属于高度风险，必须依据《危险性较大的分部分项工程安全管理办法》编制专项施工方案，通过有官方组织的专家论证。

2. 施工风险与控制措施

竖井喷锚护壁施工风险应从两方面进行控制：一是开挖过程不得挖断线缆，稳妥处置不明障碍物；二是施工过程及时喷锚支护、钢撑封底与内撑安装，隧道暗挖（台阶法）施工风险控制。一方面是确保开挖不得挖断线缆，稳妥处置不明障碍物，防止初次支护未封闭状态下掌子面（围岩）坍塌风险；另一方面是控制暗挖施工期间的地表沉降及隆起超过控制值，由于开挖断面多，体系转换、断面过渡期间的安全质量管理。

暗挖隧道结构为格栅钢架锚喷混凝土的初次支护结构，隧道开挖轮廓线为圆形，设计要求采用“台阶”法施工。上半断面开挖的台阶长度不能超过3m，采用小导管超前支护并注浆；下半断面施工要及时成环将结构封闭。竖井和隧道施工风险等级均属于高度风险，必须精细施工，严格控制，防范风险发生。隧道施工风险控制措施如表4-22所示。

隧道施工风险与控制措施一览表　　表4-22

序号	作业内容	控制措施
1	前期调查和坑探	收集周边工程施工记录、事故记录，委托物探、现场坑探制定保护措施和标示
2	开马头门	①马头门注浆加固，并密排格栅，同时应做好防排水设计
		②对于浅埋段应加强地表沉降、拱顶下沉等观测，开挖前应进行预加固，开挖短进尺
3	开挖作业	①超前探测，仔细观察掌子面确认无线缆再开挖，禁止超挖、防止冒顶
		②在浅埋段、掌子面变化处、注浆效果差时，开挖时采用“短进尺、多循环，初期支护紧跟掌子面”的原则进行施工，初期支护应紧跟掌子面，环环相扣；尽早封闭
		③开挖时机械与人工配合，减少对掌子面的扰动
		④应分段仔细检查开挖的土体，发现不明物体应通知专门人员辨识
		⑤弧形开挖预留核心土法、台阶法施工，工序多，各施工工序之间应连贯，开挖后应及时进行初期支护及临时支护，并尽早封闭成环

续表

序号	作业内容	控制措施
4	支护	①隧道开挖前先施工超前小导管棚对掌子面进行预加固
		②严格按照设计要求，掌子面开挖后及时封闭初期支护，形成完整的受力体系
		③在掌子面稳定性较差时，初期支护完成后，仰拱应紧跟施作，尽快形成初期支护闭合环
		④钢架安装应确保两侧拱脚必须放在牢固的基础上，安装前应 将底脚处的虚渣及其他杂物彻底清除干净；脚底超挖、拱脚高程不足时用喷射混凝土填充，及时做锁脚锚杆
		⑤初次支护后及时填充注浆，防止地面变位超标
5	监控量测	①施工监控量测应在第三方监测指导下，同点测量
		②根据监控量测、观察的结果，变形超过允许值时，应采取有效的加固措施
6	防坍塌的培训	①保护线缆的重要性和注意事项
		②坍塌事故的危险性
		③防止事故发生的对策及注意事项
		④发生险情时的应急措施

4.4.3　风险防范措施与实施

1. 环境风险控制措施

本工程采用暗挖台阶法施工隧道初衬，采用锚喷护壁法施工竖井，采用顶管法推进混凝土管套管，采用钢管穿入套管，采用弹性敷设法施工，施工方法多、交接面多，工程实施风险性随着施工流程而减弱。

（1）开挖前保护工作

土方开挖前应按照施工方案及设计要求进行地质超前探测（一般3～5m为一循环），并做好探测记录。对影响范围内的雨水、污水、燃气及热力等管线进行详尽的调查，包括位置、埋深、结构形式、直径及管内流量等。对于影响车站主体或附属结构的管线，采取改移；对于不影响车站的结构，在施工影响范围内的管线进行必要的加固。防止施工破坏管线或产生过大沉降出现裂缝而漏水，影响隧道施工的安全。

施工风险控制重点放在隧道暗挖施工项目作业，施工过程控制与实施。

（2）防止开挖过程中挖断线缆

1）施工项目进场后，派专人收集周边工程施工记录、事故记录；并委托当地测绘单位对现场进行物探，对探明的地下管线进行现场坑探验证，并做出明显的标示。

2）对直径500mm污水管、2500mm×2000mm雨水方沟进行导流保护。

3）对直径400mm中水管、直径800mm上水管、直径300mm燃气管道分别与权属单位制定保护措施。

4）开挖前先用洛阳铲进行超前探测。

5）开挖面先观察确认后作业。

6）对挖出的线缆及时采取有效措施进行保护，并与权属单位采取稳妥的处理措施。

2. 施工过程风险控制

（1）竖井与马头门施工风险控制

由施工竖井进临时横通道的马头门是暗挖结构的最薄弱部位，易发生坍塌，本车站马头门开挖数量多且尺寸大，故马头门施工是重点之一。

马头门施工采用从上至下分部进行，待竖井临时封底或永久封底后根据监控量测信息，待支护结构沉降。收敛稳定后方可进行马头门施工。

竖井初支在横通道拱部上密排 3 榀格栅，在被开洞侧井壁横通道初支两侧各 0.1m 处设置 4 根纵向连接筋，与密排格栅形成暗梁与暗柱。

在井壁上放出横通道开挖外轮廓线的位置，并标出超前小导管的位置。拱部小导管采用 ϕ42mm 钢焊管，长度 4m，环向间距 300mm，水平打入超前注浆加固地层。

由马头门拱顶格栅开始由上至下破除竖井环向格栅（破除高度以首层洞室一半高度，方便开挖上导坑进洞为宜），连立三榀格栅钢架，焊接纵向连接筋，将井筒格栅水平、竖向断开，钢筋与第一榀格栅钢架焊接牢固，拱部及侧壁挂钢筋网喷射混凝土。

（2）隧道开挖与地面下沉风险控制

本工程暗挖施工风险从两方面、两个阶段进行了控制。两个方面控制：一方面是暗挖施工期间控制路面沉降及隆起；一方面是由于暗挖工法多，开挖断面多，体系转换、断面过渡期间的控制。两个阶段控制：开挖阶段防止挖断线缆和地下障碍物的不当破坏；支护阶段控制掌子面坍塌和及时背后注浆。

暗挖隧道施工时引起地面下沉的原因主要有地下水土的流失，隧道施工时围岩应力释放底层变形。隧道施工时底层变形主要是开挖后未支护时的应力释放以及后期由于初支背后有空隙或初期支护基础承载力不足引起；而地下水土的流失除了地下水自身流动的原因外，地下管线保护不当产生漏水也是一个重要因素。鉴于隧道上方地面现况交通以及地面建（构筑）筑物、地下管线的重要性，控制隧道地面沉降及隆起是自身风险控制的重点，应严格遵守“管超前、严注浆、短进尺、强支护、紧封闭、勤测量、速反馈”的技术要领。

1）上台阶正常开挖 5m 以后，再进行下台阶开挖；马头门处的纵向连接筋应与竖井格栅用 L 形钢筋连接焊牢。为便于格栅连接，上导洞（台阶）施工格栅，要提前预埋加强筋，加强筋与下导洞（台阶）钢筋焊接牢固。

2）如遇到拱部土体自稳性较差的地段，应按设计要求对拱部土体打设超前小导管、长管进行土体预加固止水。小导管打设须在喷射混凝土完成后进行，初支施作时预埋套管。根据不同的地层采用不同的导管，一般情况下，拱部为砂层时采用 ϕ42 钢花管，拱部为卵石层时采用 ϕ25 钢花管，长度根据打设原则确定；为保证注浆效果，防止注浆过程中工作面漏浆，小导管超前注浆前，上台阶开挖工作面采用挂单层网片（150mm×150mm，ϕ6mm 网片）锚喷封闭掌子面。锚喷厚度 50mm。探明掌子面的前方存在残留水或较长时间的停工或工序转换时，要全断面采用挂单层网片（150mm×150mm，ϕ6mm）封闭掌子面。锚喷厚度 80mm。

当地层或风险工程变形达到橙色预警值时，要全断面采用挂单层网片（150mm×150mm，ϕ6mm）封闭掌子面。锚喷厚度 80mm。

遇到较差底层时，为了保证工作面稳定，应及时喷射混凝土封闭掌子面。在开挖掌子面拱顶打入小导管进行超前注浆加固支护；对于洞门位置，采用超前支护加固，为防止掌子面的土体坍塌，采用小导管超前支护并注浆加固。

小导管采用外径 ϕ42mm，t=3.25mm 钢焊管；小导管间距两榀或一榀打设一次，沿隧道纵向搭接长度为 1m，环向间距 300mm；如遇见特殊底层或拱顶距离既有管线（构筑物）较近时，可根据现场情况一榀打设一次。主体下层小导洞拱顶采用单排小导管注浆超前支护。打设范围为起拱线以上或拱顶大于 120°范围，下穿重要建（构）筑物及管线时、暗挖结构侧墙位于砂卵石地层时可采用小导管侧向超前注浆；若全断面为砂层则应根据现场情况扩大打设范围，保证工作面稳定。

3）选取有资质的施工队伍进行封闭层施工。直径 48mm 钢管，长 6m，管壁开注浆孔；注浆采用水泥浆（水灰比 0.5～1）或者水泥砂浆（配比 1∶0.5～3），浆液须填充满钢管，注浆压力根据管长度、地层情况及设计确定，为保证填充效果可加入少量微膨胀剂。

4）格栅间距遵循设计要求。过交通设施时将格栅间距由 750mm 减至 500mm，不宜过小，防止管棚侵入开挖轮廓；施作过程中应实时跟踪、监测管棚钻进精度。

5）在每一循环土方开挖前，现场当班技术员必须对现场的作业安全条件进行自检，填写“暗挖工程作业面土方开挖动土令”并向作业班长签发，作业工班只有在接到当班技术员的土方开挖动土令后方可进行土方开挖作业；土方开挖要严格按照设计要求控制每一循环的开挖步距；容许误差严格遵循规范及设计的要求。土方开挖过程中，当班技术员应加强对掌子面地层情况的观察和记录，与地勘资料进行对比分析。

6）土方开挖后应锚喷临时封闭掌子面（50mm 厚），及时施作初支，避免土体长时间裸露。严格控制格栅加工、进场质量。现场格栅首榀验收合格后方可批量生产，投入使用，首榀试拼容许误差必须符合规范及设计要求。

进场格栅存放应垫高，雨雪天气应覆盖；格栅安装要严格控制法兰连接质量，确保每个螺栓拧紧，法兰盘处主筋帮焊到位，以满足等强连接原则。

格栅内外侧交错设置，环向间距按照设计要求设置。纵向连接筋与格栅主筋焊接连接。纵向连接筋分段连接采用搭接焊，搭接长度满足规范及设计要求。

严格控制进场钢筋网焊接质量。布置原则按照设计要求并应与隧道断面形状相适应，并与格栅、连接筋牢固连接；搭接不小于一倍网格。

锁脚锚管下料、加工应按照设计要求。打设原则应按照设计要求。管内压注浆液应按照设计要求。

7）混凝土喷射用料用至具有资质的实验室进行试验合格后，按照试验室给出的配合比进行喷锚。

格栅喷锚过程中，喷锚料应同时拌制，确保格栅架设完成后能够及时喷锚施工，保证工序衔接，但应注意喷锚料不宜过早拌制堆放在现场。锚喷施工应分段、分片、由上而下进行，喷射过程中应及时修整喷射混凝土表面。开挖时超挖、掉块或者坍塌的部位应用锚喷填充。

初支施作时要严格按照设计要求埋设初支背后回填注浆管。初支拱顶喷混凝土较厚，为防止喷得过厚因自重回落，在钢格栅架立完施喷前，用垫块将拱部格栅拱架与土体之间及大管棚之间的空隙垫实，然后施喷，并紧跟回填注浆。开挖时，超挖或者出现坍塌的部位要预埋初支背后回填注浆管；在上半断面施工时，拱脚处会有浮渣或虚土，如处理不好，往往会造成上部结构下沉，为此需在此拱脚处打锁脚锚管，并注浆固结，同时为减小拱脚处的压力后拆除。

根据施工步序，每个台阶设置锁脚锚管，每处打设 1 根，在下穿重要管线及地下建（构）筑物时，每处可打设 2 根。

8）封闭成环后及时进行初支背后的回填注浆，注浆距开挖工作面 5m，封闭掌子面，对后方一衬背后进行注浆加固，浆液采用水泥浆，注浆压力控制在 0.3～0.5MPa。待贯通后，用雷达全线探测，发现不密实的地段及时补充注浆，根据监测情况，变形发生黄色预警时，进行多次初支背后注浆。

暗挖段背后注浆段采用 42mm 钢焊管，注浆孔沿隧道拱部即边墙布置，环向间距为：起拱线以上 2m，边墙 3m；纵向间距为 3m，梅花形布置，注浆深度为初支背后 0.5m。

初支封闭成环后，应自拱顶打设垂直探测管（一般 2m 为一循环），探明拱顶土层情况及水位情况，做好详细的探测记录，探测管长度根据地层、水位情况现场确定。

9）初衬混凝土强度达到设计强度的 100%时，在底拱防止砂层，利用竖井后背后顶推混凝土管；套管预留注浆孔环向间距小于 3m，纵向间距小于 5m。套管与初衬结构间的间隙浆液采用微膨胀水泥浆。

（3）加强监控量测工作，切实做到信息化施工

施工监测与第三方监测同点同测，测点布置见图 4-61。

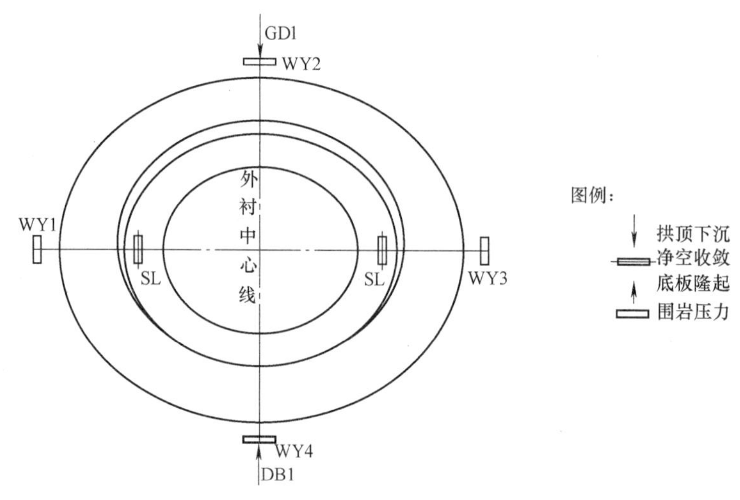

图 4-61　隧道内监测断面与测点布置

加强施工工程的监控量测，把对地面沉降的控制落实到每一个关键工序。对所有观测数据，均实行信息化管理，并由富有经验的专职人员根据不同的观测要求，绘制不同的数据曲线，记录相应表格，预测变形发展趋势，及时反馈并进行施工调整，确保安全施工。

对特殊施工节段，应加密测点布置和加大监测频率。对所穿越交通设施应确定监测控制值，并制定相关的保护方案。

4.4.4　施工过程监控量测

1. 工程施工部署

（1）施工准备阶段工作内容

进场勘察、设计交底后，编制施工组织设计与穿越施工专项方案。

穿越施工专项方案分别按照《危险性较大的分部分项工程施工安全管理办法》和穿越交通设施安全安全管理有关规定进行专家论证。

制作现场平面控制网和地表沉降测点、工作井冠梁水平位移测点和支撑应力测点埋设；并随着工程的进度进行隧道拱顶下沉测点、净空收敛测点、底部隆起测点和掌子面压力测点的布设工作。

（2）施工过程

施工竖井土方锚喷护壁施工和暗挖隧道开工。见图 4-62。

图 4-62　施工竖井照片

暗挖隧道施工实现贯通，见图 4-63。

图 4-63　暗挖隧道贯通

（3）顶推混凝土套管

（4）工作竖井支撑被拆除

（5）初衬与套管间隙珠江填充施工

（6）钢管安装施工

2. 监测方案与实施

（1）监测项目及控制值

1）实际监测项目

根据设计要求并结合现场情况，第三方监测对整个穿越过程进行监测，实际监测项目及控制值见表 4-23。

监测项目及控制值一览表 **表 4-23**

监测项目	控制值
地表沉降	±30mm
冠梁水平位移	±30mm
支撑应力	设计未定
拱顶下沉	±30mm
净空收敛	±20mm
掌子面压力	设计未定

2）实行报警制度

监测报警值按控制值的 60％作为预警值，80％作为报警值；参照地方标准《地铁工程监控量测技术规程》规定进行确定，见表 4-24。

预警与报警 **表 4-24**

预警级别	预警状态描述
监测预警	“双控”指标(变化量、变化速率)均超过监控量测控制值(极限值)的 60％时，或双控指标之一超过监控量测的 80％控制值时
监测报警	“双控”指标均超过监控量测的 80％控制值时，或双控指标之一超过监控量测的控制值时

（2）监测仪器与精度控制

沉降观测采用水准法，国家二等水准测量精度，观测精度±1mm，读数至 0.1mm；水平位移采用全站仪法，国家二等测量精度，读数至 0.1mm。

依据监测项目及其技术要求，项目部所使用的观测仪器及主要精度指标见表 4-25。

观测仪器及主要精度指标 **表 4-25**

序号	监测项目	仪器型号		分辨率或精度
		主测	配套	
1	地表沉降	DINI12 精密电子水准仪	铟钢尺	0.3mm/km
2	冠梁水平位移	索佳 NET05X 型全站仪	光学棱镜	±0.5，±(0.5mm+1ppm)
3	支撑应力	ZXY-2 型频率接收仪	JT-60 应变计	≤0.06％F·S
4	拱顶下沉	DINI12 精密电子水准仪	铟钢尺	0.3mm/km
5	净空收敛	JSS30A 数显收敛计	—	0.1mm
6	掌子面压力	ZXY-2 型频率接收仪	TYJ-20 型振弦式土压计	≤0.06％F·S

（3）控制网与测点布置

1）基准点的埋设

鉴于本工程测区范围内未见有市级基标点，按照监测方案采用测区独立高程系进行沉降监测。基准点应埋设在施工影响范围 30m 外地基坚实稳定、通视条件好、利于标石长期保存与观测的位置，采用地表深埋方式制作。

根据现场条件制作 3 个基准点并建立独立高程控制网，基准点主要埋设在施工影响范围外 30m 的绿地土中。

2）基准点埋设并稳定后建立本工程的独立高程控制网；监测过程中每次使用时进行稳定性检查或检验。

3）地表沉降测点

依据监测方案沿隧道纵向共布置7个监测断面，每个断面7个测点，共布置了49个地表（路面）监测点和3个深孔监测点。

4）工作竖井冠梁水平位移测点

按照方案要求工作竖井冠梁水平位移测点分别布置在3号工作竖井四边的中点上，合计4个测点，使用电钻钻孔后，埋入带有反光贴片的钢筋柱，并用水泥胶固定好。采用精密全站仪极坐标法观测。

5）支撑应力测点

支撑应力测点布置在工作竖井四角的斜撑上，每层钢支撑布置4个测点（每个测点为1对应变计），采用频率读数仪测量。

6）隧道拱顶下沉测点

按照方案要求沿隧道走向共布置7个监测断面，每个断面1个测点，合计7个测点；测点埋设在隧道竖直中心线拱顶处，采用水准测量方法观测。

7）隧道净空收敛测点

同拱顶下沉测点布置在同一断面上，每个断面布置一对监测点；测点埋设在隧道水平中心线两端，采用收敛计观测。

8）隧道围岩压力测点

同拱顶下沉测点布置在同一断面上，每个断面布置3个监测点；测点分别埋设在隧道竖直和水平中心线两端，采用频率读数仪测量。

3. 监测总结

（1）监测数据结果

结果表明：各测点在穿越施工期间的变化值不大，3号工作坑及监测的地表区域内未发现不稳定迹象；地表沉降、工作竖井冠梁水平位移、拱顶下沉、净空收敛和底部隆起累计变化值均未超过控制指标；支撑应力和掌子面压力两项，设计未给出控制值，相关规范也未明确控制值。

（2）典型监测点的累计历时曲线分析

1）道拱顶下沉历时曲线见图4-64，测点在整个观测周期内变化值都不大，从最后一次观测数据看累计沉降值在2mm以内，说明隧道开挖后的支护结构强度和稳定性较好。

2）隧道净空收敛历时曲线见图4-65，从曲线分析可以看到：各测点在整个变形观测期内的变化值不大，说明隧道支护结构自身变形较小，稳定性较好；从隧道贯通后的最后一次观测数据看，各测点的累计变化值都在1mm以内。

3）隧道底部隆起测点沉降历时曲线见图4-66，从图中可以看出，隧道开挖过程底部隆起变化值都不大，表明隧道暗挖施工过程中施工工序合理、结构封闭及时，因而土层变位的控制较好。

4）隧道围岩压力历时曲线见图4-67，从曲线分析可以看到：隧道在开挖过程中围岩土体对支护结构产生一定的压力，随着隧道初支结构的强度和稳定性增强，压力变化速率逐渐减小并趋于平稳，个别测点在变化周期内有一点波动，但波动值并不大；从隧道贯通后的最后一次观测数据看，各测点的累计变化值都在 0.02MPa 以内。

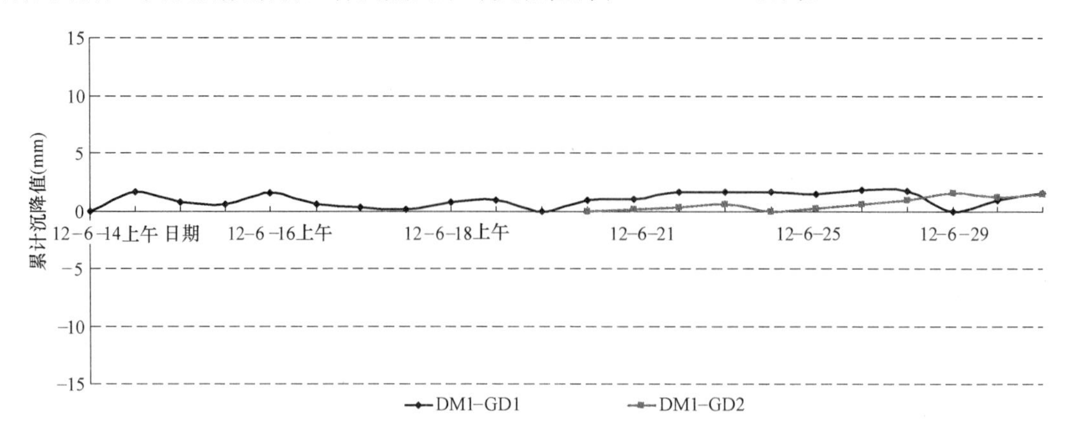

图 4-64　拱顶累计变化历时曲线图

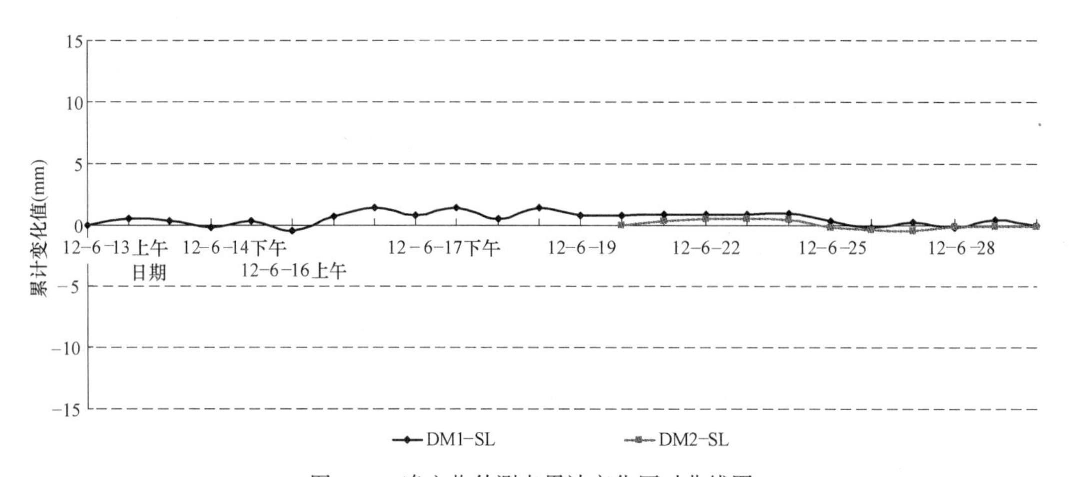

图 4-65　净空收敛测点累计变化历时曲线图

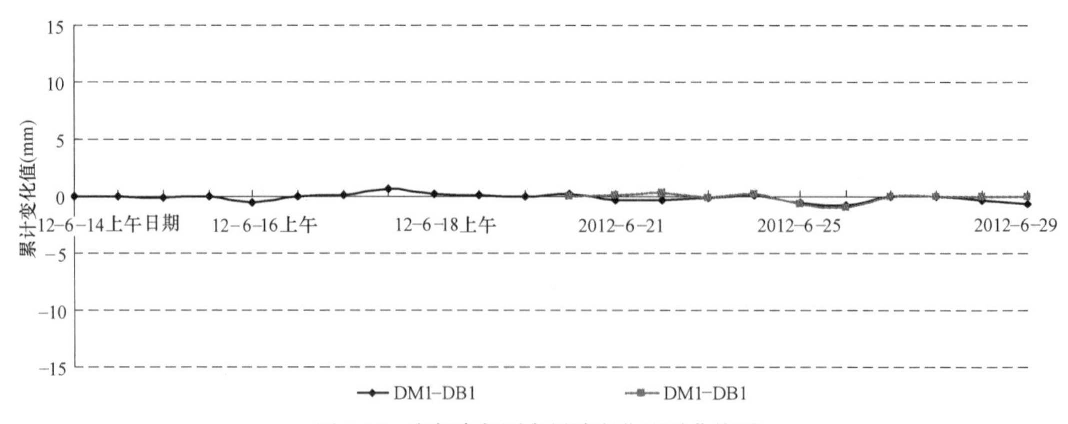

图 4-66　底部隆起测点累计变化历时曲线图

（3）竖井围护监测累计变化历时曲线分析

1）工作竖井冠梁水平位移历时曲线见图 4-68，从曲线分析可以看到：各测点在整个

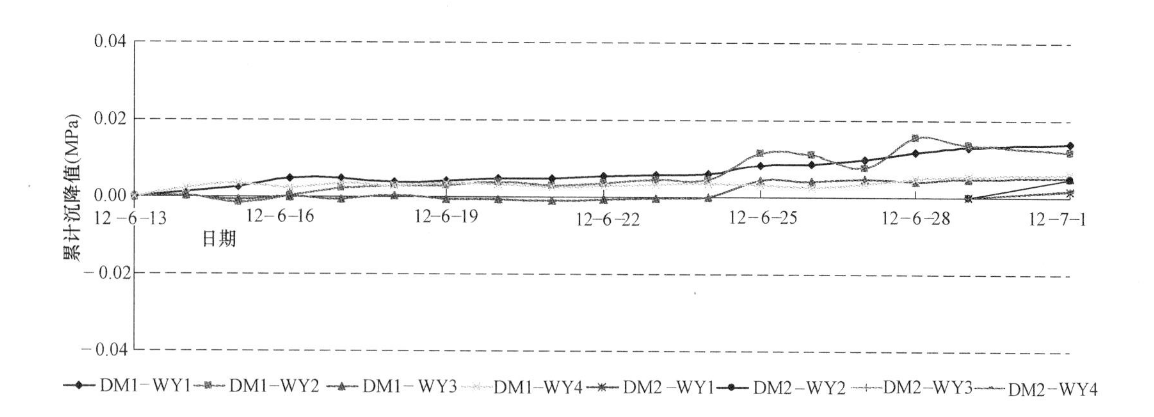

图 4-67　围岩压力累计变化历时曲线图

观测周期内变化都较平稳，说明工作竖井开挖完成后围护结构的稳定性较好。从最后一次观测数据看，各测点的累计变化值都在 4mm 以内。

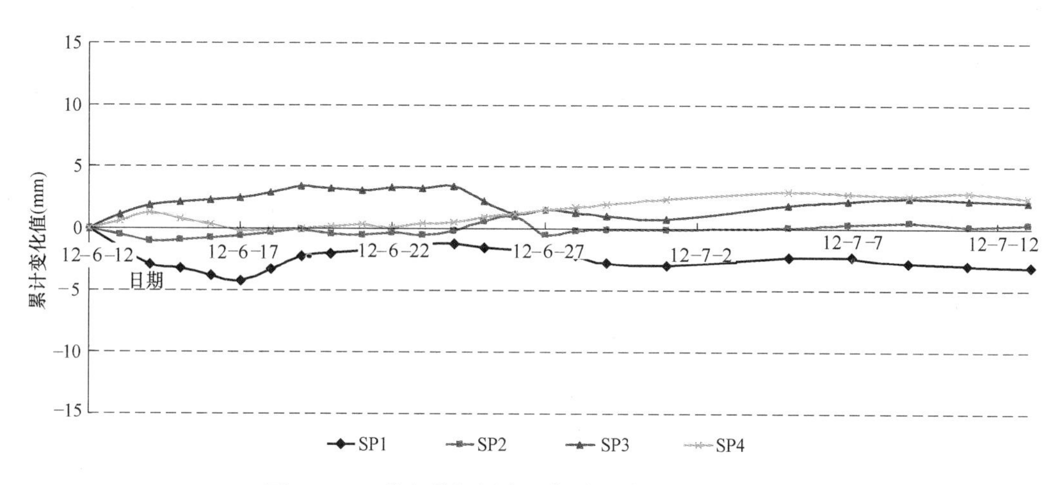

图 4-68　工作竖井冠梁水平位移累计变化历时曲线图

2）工作竖井冠梁水平位移历时曲线（图略），从曲线分析可以看到：各测点在整个观测周期内变化都较平稳，说明工作竖井开挖完成后围护结构的稳定性较好。从最后一次观测数据看，各测点的累计变化值都在 4mm 以内。

4.4.5　工程结果

1. 开挖过程顺利

开挖过程发现的线缆及时采取了保护措施，并在规定时间内请权属单位派人到现场商定处理措施。

对遇到的废弃砖混构筑物，经过检测鉴定，采取了拆除措施。

2. 竖井施工风险得到良好控制

第三方监测结果表明：工作竖井围护结构变更为锚喷倒挂结构是可行的，深度超过 5m 时，内设角撑和对撑是必要的。从工作竖井冠梁水平位移测点的监测数据看，其累计变化值都远远小于控制值。根据业内惯例和以往类似工程监测经验，支撑应力测点变化值也不大。表明在工作竖井开挖完成后，围护结构的变形较小，工作竖井处于安全状态。

由于工作竖井的大小、开挖深度、开挖土质情况等的不同，工作竖井钢支撑受力状况也不同，特别是北京市依据住建部有关规定对超过 5m 深的基坑都要求进行监测；因此在工程实践中，设计方应提供经过验算后的支撑应力变化控制值，以便为各方提供准确、完整和定量的监测数据分析信息。

3. 交通设施沉降得到预期的控制

工程影响范围内地表沉降变形观测数据表明：施工过程地面沉降值和沉降速率都在控制值范围内。监测数据分析表明：从隧道内部拱顶下沉、净空收敛、底部隆起测点的监测数据看，其累计变化值都小于控制值。根据业内惯例和以往类似工程监测经验，掌子面压力测点变化值也不大。表明在暗挖穿越过程中，隧道支护结构的变形较小，隧道护涵处于安全状态。但是隧道贯通面附近（特别是隧道中线部位）的施工交叉会造成对上方土体变位较大，因此建议在今后类似穿越工程地下贯通点的选择要充分考虑地面具体情况。

由于隧道断面的大小、隧道埋深、开挖工程地质和水文条件件等的不同，隧道受到的掌子面压力大小也不同，北京市有关规定对暗挖工程都要求进行监测；因此在工程实践中，设计方应提供经过验算后的掌子面压力变化控制值，以便为各方提供准确、完整和定量的监测数据分析信息。

4. 环境保护方案实施效果好

（1）施工前应掌握施工地段内的工程地质水文地质条件，现场水、电、运输、排水条件和地上、地下建（构）筑物的结构特征、基础做法与高程等，据此编制施工组织设计。

始发竖井与接收竖井中，进出土体的洞口四周宜根据实际情况与选定的不开槽工法要求进行土体加固并对洞口设置易于装、拆的临时封堵设施。

施工中应根据选定的工法采取必要的土壤加固、减阻、填充浆液施工。并符合下列要求：

加固土层用的注浆液应依据土层种类通过试验选定。采用水玻璃、改性水玻璃注浆加固时应取样进行注浆效果检查。注浆压力宜控制在 0.15～0.3MPa，最大不得超过 0.5MPa。注浆稳压时间不得小于 2min。注浆后，应据注浆液种类及相应加固试验效果，确定土层开挖时间。一般 4～8h 后，方可开挖土层。

（2）减阻浆液宜采用触变泥浆。使用膨润土配制触变泥浆，应测定其胶质后，通过试验确定水、膨润土和碱的质量配合比。触变泥浆配制后，应静置 12～24h 方可使用。

填充浆液宜采用水泥粉煤灰浆液。浆液应搅拌均匀，无结块。注浆压力应根据管顶以上覆土厚度确定，一般宜控制在 0.1～0.3MPa，砂卵石层中为 0.1～0.2MPa。注浆量按计算管壁与土层间隙量的 150%控制。

施工中应建立管道方向偏差调整、注浆效果等控制信息系统，并指导施工；应依据监控测量方案进行管道施工监控与测量。

施工中，应对每工作循环进行量测、监控、纠偏并记录，保持进尺时间、长度，机械运行状态，管道中心线、高程动态变化等原始记录完好。

4.5 供热竖井专项施工及事故风险处置

4.5.1 工程简介

1. 工程设计

某市居民小区新建供热管道，工程起点位于北城西路现状 *DN*1000 热力外线，在现况管线上开设 *DN*600 分支，在北城西路与锦屏路交叉路口处折向沿锦路屏北侧向西敷设，终点为小区热交换室。管线全长 1018m，设计采用直径 *DN*600 钢管，一供一回，工作压力 1.6MPa，直埋敷设，管道埋深 2.5m。

现况 *DN*1000 管道敷设在通行地沟内，地沟采用浅埋暗挖方法施工，隧道结构为马蹄形，拱顶、直边墙、平底板，复合衬砌结构形式，断面尺寸 4400mm×2800mm。

工程起点位于北城西路路口，设置 6500mm×5500m×12500mm 热力小室 1 座。新建管线两侧为现况树木和市政管道，地面交通不能断行，无法进行明开槽施工，采用锚喷支护方法施工。小室为复合衬砌结构形式，初期支护为圈梁＋格栅钢架＋连接筋＋钢筋网＋C25 喷设混凝土联合支护，初衬厚度为 250mm，二衬结构为模筑 C30、P8 混凝土，厚度 250mm，外包 LDPE 防水层，防水层厚度为 1.5mm。

小室初期支护作为工作竖井，进行现况地沟结构破除施工，工作竖井到底后进行二衬结构施工。竖井平面尺寸 7000mm×6000mm，开挖深度 12.8m（图 4-69、图 4-70）。

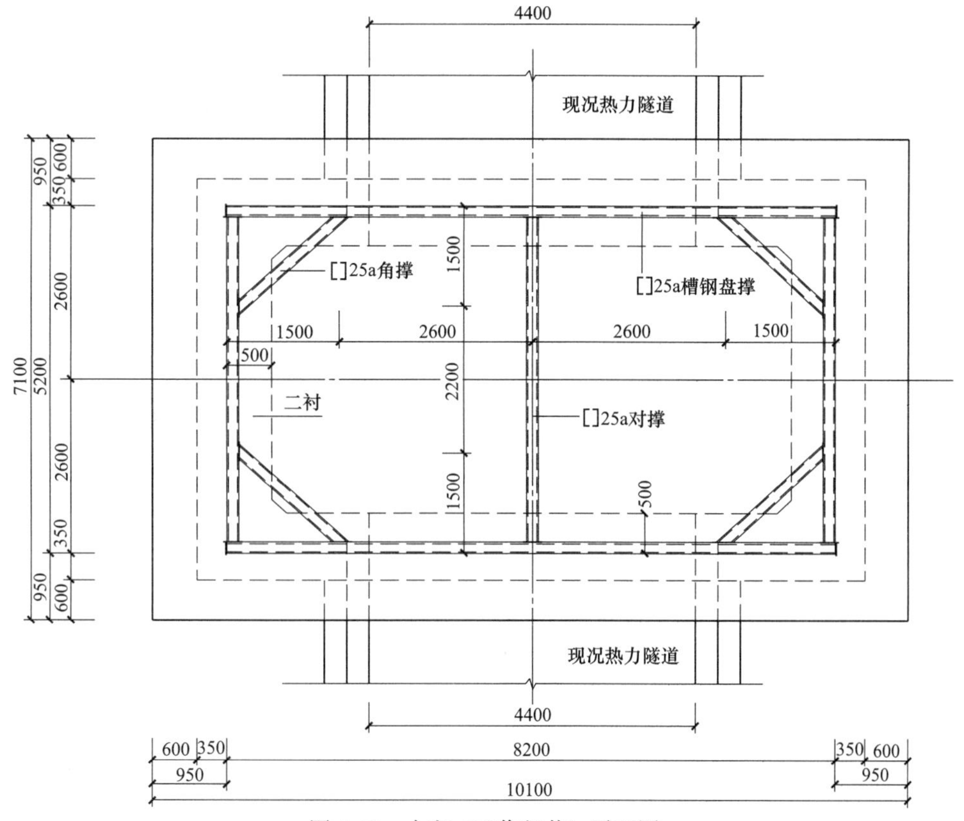

图 4-69 小室（工作竖井）平面图

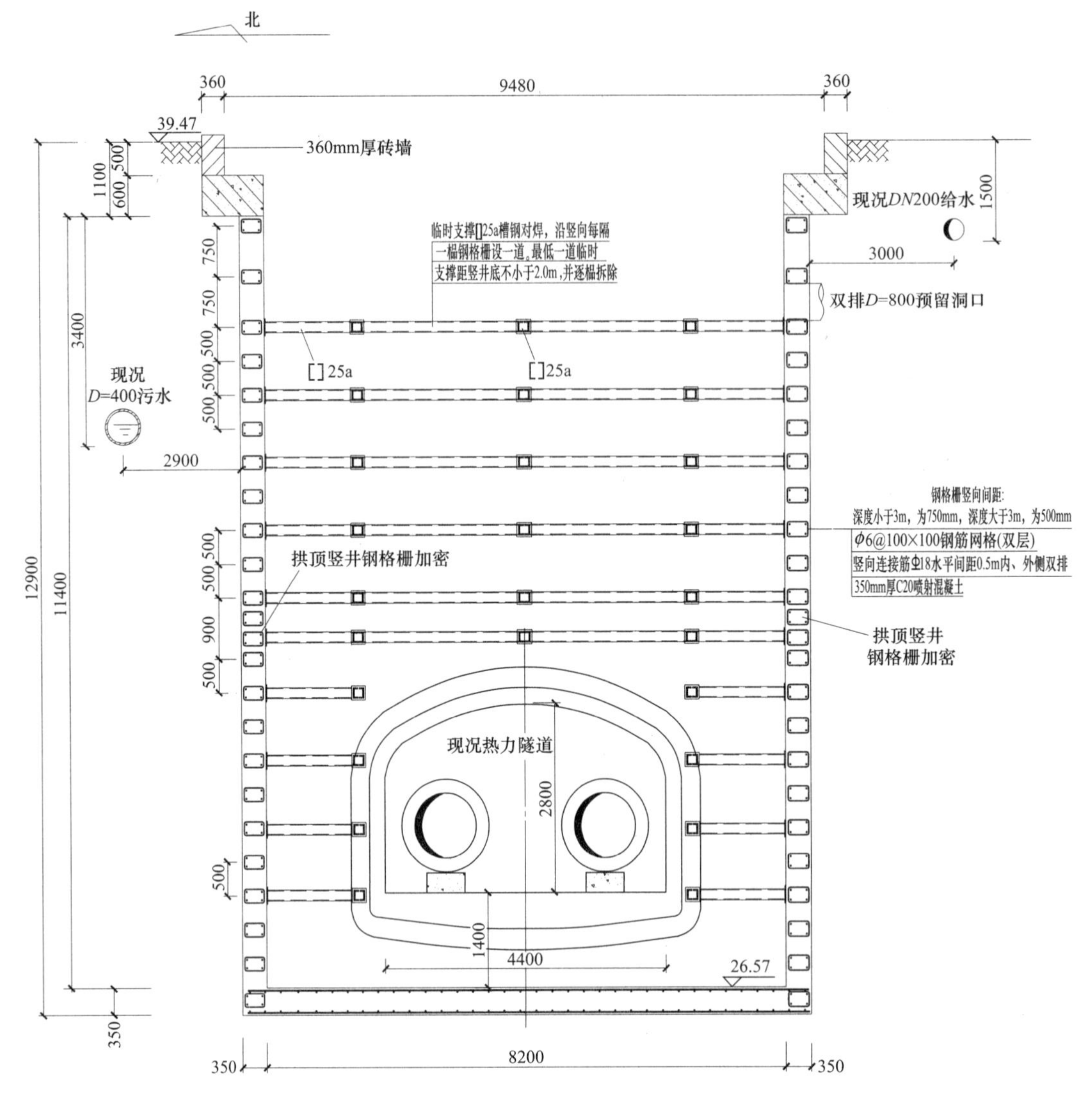

图 4-70　工作竖井断面图（单位：mm，高程单位：m）

工作竖井两侧有管线 2 条：

（1）*DN*200 给水管道（球磨铸铁管）1 条：位于竖井南侧，平行于新建热力管道，与竖井初期支护净距 3.5m，埋深 1.5m。

（2）*D*=400 污水管道（钢筋混凝土承插口管）1 条：位于竖井北侧，平行于新建热力管道，与竖井初衬结构净 2.9m，埋深 4.5m。

2. 水文、地质条件

根据勘察所揭露岩土资料，施工竖井围岩包括：人工堆积的房渣土①层；第四纪沉积的砂质粉土、黏质粉土②层，黏质粉土、粉质黏土③层，重粉质黏土、粉质黏土③1 层及粉砂、细砂④层，卵石⑤层。见图 4-71。

地下水较为丰富，共分二层：第一层为上层滞水，埋深约 3.0m；第二层为台地潜水，埋深约 10.0m。施工竖井底部位于第二层台地潜水之下。

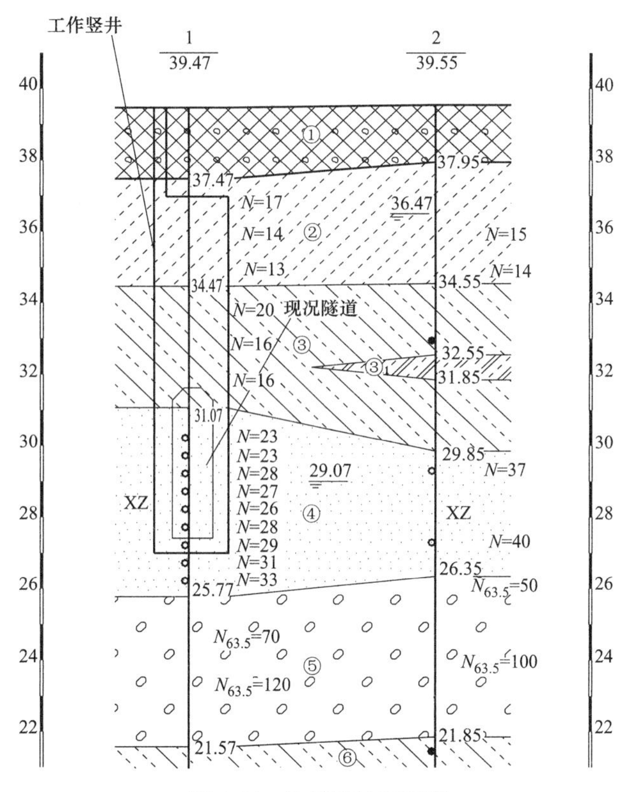

图 4-71 地质结构剖面图

3. 工程难点和分险分析

经过现场调查，结合以往工程经验分析，本工程工作竖井施工难点和风险如下：

(1) 竖井结构位于含水地层，且场地没有降水条件，需要采取竖井内注浆止水措施，保证无水作业条件。如何在砂卵石层进行注浆，保证止水效果成为竖井施工成败的关键，注浆效果不佳，将会在竖井内造成流土、流沙，造成竖井和周边地面下沉，影响周边管线运营和交通安全。

(2) 竖井结构所处地层稳定性差，倒挂井壁施工有较大的难度；在破除现有地沟结构施工期间，工作竖井结构不能封底，容易造成底板突涌和竖井结构下沉，井壁稳定性有较大的风险。因此，合理确定竖井开挖顺序、及时架设支撑，做好竖井与现况拆除结构的连接，保证体系转化的有效和稳定成为竖井施工安全控制的关键和难点。

(3) 工作竖井位于现况道路红线范围，除已知的给水、污水管道外，还可能存在其他地下管线或构筑物，对结构施工和安全造成影响，因此，施工前还需要采取坑探、物探等措施确定其他地下管线的位置和深度，分析可能产生的影响，并采取相应的技术措施。

(4) 竖井位于交通道口，行人和非机动车量较多；施工前需要办理占路手续，现场设置围挡和警示标识，封闭施工；白天应设专人维护社会交通，减少施工对周边的影响。

4.5.2 工作竖井施工

1. 工作竖井工艺流程

工作竖井工艺流程见图 4-72。

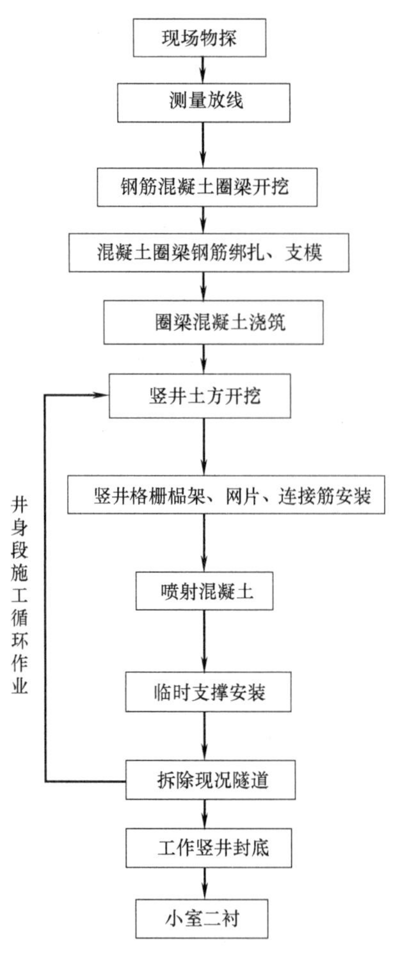

图 4-72 工作竖井施工工艺流程图

竖井锚喷倒挂施工设计参数见表 4-26。

竖井支护设计参数 表 4-26

项目		材料及规格	结构尺寸
初期支护	超前小导管	ϕ32×3.25,L=3m	竖井环间距 1m,竖间距 1m
	钢筋网	ϕ8,100mm×100mm	双层钢筋网,四周铺设
	喷射混凝土	C25	厚度 350mm
	格栅钢拱架	主筋 HRB400,25mm	深度小于 3m 间距 750m;深度大于 3m,间距 500mm
支撑	锁扣圈梁	模筑 C25 钢筋混凝土	600mm×950mm
	型钢角撑	[ ]25a 槽钢对口焊接	间距 1～1.5m
	型钢对撑	[ ]25a 槽钢对口焊接	沿井的长度,中间设一道

2. 锁口圈梁

圈梁为现浇钢筋混凝土结构，要求圈梁与锚喷结构连为一体，共同受力。圈梁钢筋绑扎完成后，打入竖井竖向连接筋，竖向连接钢筋间距、在梁内锚固长度不小于 800mm。见图 4-73。

圈梁模板采用组合钢模板拼装，混凝土采用商品混凝土。

圈梁混凝土强度达到30%设计强度后，锁口圈梁上砌筑挡水墙并高出现况地面50cm，安装安全护栏并挂密目网封闭，护栏高出地面1.2m。

3. 竖井土方开挖

待圈梁混凝土强度达到90%后进行基坑土方开挖。人工分层分块挖土，垂直运输采用25t吊车。土方开挖顺序由上至下、对角开挖的方式进行，严禁同层贯通挖土。开挖步序与格栅安装步序相适应，每一循环挖深等同于钢格栅间的距离，开挖土方吊装出后立即装车运弃，严禁在槽边堆积，造成基坑支护结构受力过大。见图4-74。

施工竖井进尺必须严格控制，开挖完成后及时进行支护封闭，做到各工序衔接紧密，连续施工。

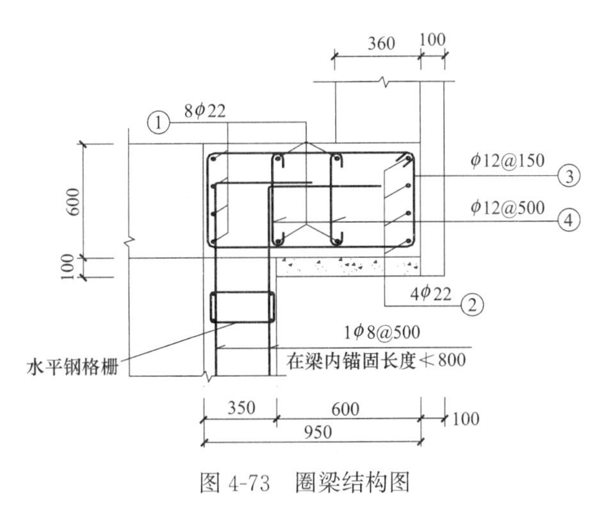

图4-73 圈梁结构图

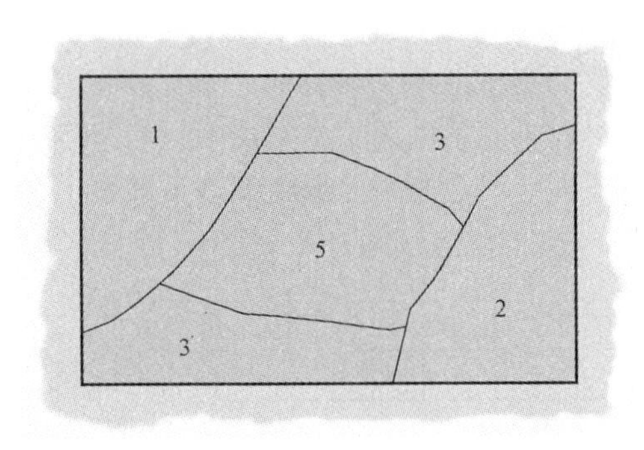

图4-74 工作竖井分部挖土顺序平面

4. 钢格栅制作和安装

格栅钢架和网片由工厂进行预制加工，运至现场安装。钢筋格栅分段制作，钢筋均双面满焊成型，焊接长度不小于5d。各单元钢构件拼装用螺栓连接，螺栓孔眼中心间距公差不超过±0.5mm。格栅钢架加工后先试拼，检查有无扭曲现象，沿格栅钢架周边轮廓拼装偏差不应大于±30mm，格栅钢架平放时平面翘曲应小于±20mm。见图4-75。

格栅钢架安装工艺流程图见图4-76。

格栅钢架安装前应清除竖井井壁上的虚碴及其他杂物。钢架在开挖作业面组装，各节钢架间以螺栓连接，主筋采用帮条焊连接，实现接点处的受力连续性。

格栅之间采用ϕ18纵向连接筋，间距为1m，沿主筋内外两侧梅花形交错布置。格栅钢架与土层之间用混凝土块楔紧；格栅钢架安装完成后，将钢筋网与钢架主筋绑扎牢固，铺设平整，第一层铺设好后再铺设第二层，每层钢筋网之间应搭接牢固，搭接长度不应小于200mm。

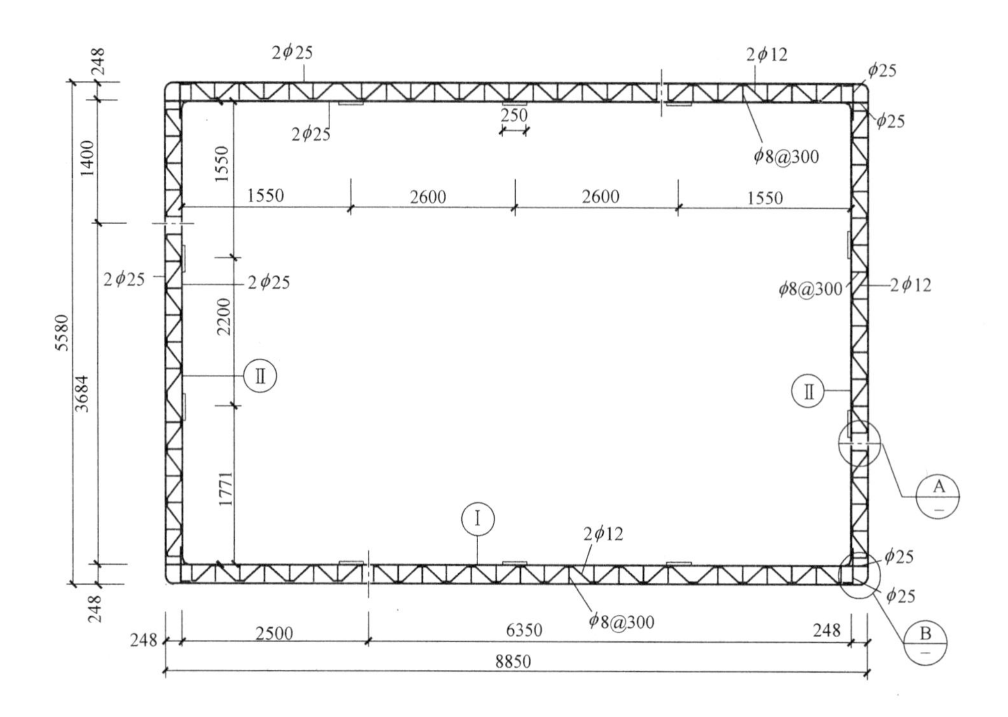

图 4-75　施工竖井格栅钢架组装图

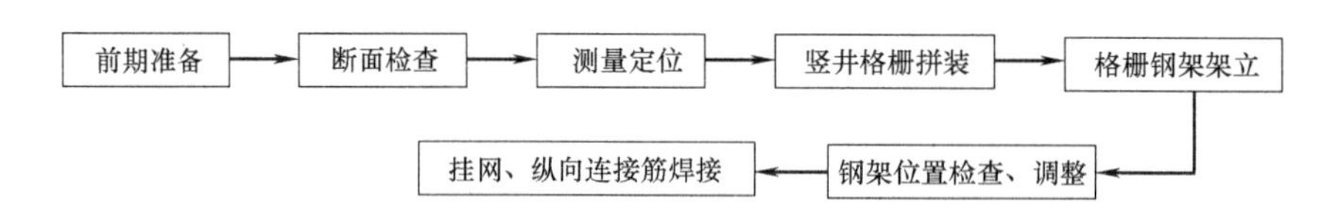

图 4-76　格栅钢架安装施工工艺流程图

5. 喷射混凝土

格栅钢架安装完成后，及时施作喷射混凝土，封闭支护结构。本工程中喷射混凝土采用湿喷混凝土。喷射混凝土过程中进行钢筋网的挂网喷射混凝土。湿喷混凝土施工工艺流程见图 4-77。

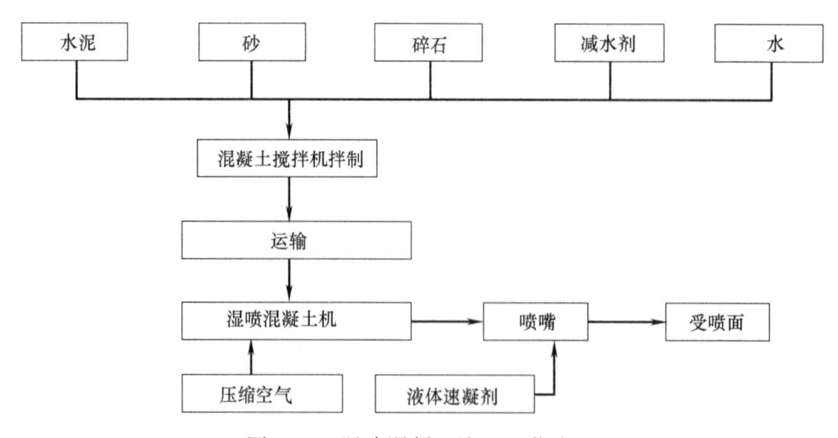

图 4-77　湿喷混凝土施工工艺流程

初喷混凝土紧跟竖井开挖面，复喷前先按设计要求完成注浆小导管、钢筋网和格栅的安装工作。喷射混凝土分层喷射，竖井井壁一次喷射厚度为70～100mm。后一层喷射在前一层混凝土终凝后进行，若终凝后1h以上再次喷射混凝土时，受喷面应用风、水清洗。

喷射施工前先进行试喷，合格后再投料喷射施工；并按规定喷射大板，制作检验试件。

每次喷混凝土完毕后，及时检查厚度，若厚度不够需进行补喷达到设计厚度。禁止将回弹坠地回收料作为喷射料使用。

6. 工作竖井内支撑安装

施工竖井深度较深，施工时，竖井内增设对撑和角撑，从而提高竖井的稳定性，支撑按水平格栅每隔一榀设置一道。

由于竖井马头门部位不宜设置对撑，保留角撑，马头门上方盘撑竖向间距适当减小。竖井盘撑为2根⊏25a槽钢对扣焊接。

7. 隧道马头门洞口加强环

针对竖井内开马头门风险较大，在洞口设置加强环。其做法是：竖井初衬施工时在马头门上1m范围连续设置3榀榀架，底部连续设置2榀榀架，拱顶榀架与拱底榀架间隧道马头门外侧30cm处设置构造柱。构造柱宽50cm，厚与初衬墙等厚，采用Φ25钢筋四根，分别锚入榀架内35d，箍筋为ϕ12间距20cm。

8. 竖井底板混凝土

竖井开挖至基底后，及时进行封底。竖井井底采用“底板钢筋＋喷射混凝土”的结构，底板钢筋为ϕ14@200×150钢筋网格（双层），喷射C15混凝土，喷射厚度为250mm。喷射混凝土前一定要复核高程，准确无误后才能进行底板钢筋与钢格栅竖向连接钢筋的焊接、混凝土喷射。

4.5.3　地下水控制措施

1. 全断面帷幕注浆止水措施

勘察报告显示施工场区地下水位埋深10m，工作竖井底板位于地下水位以下，施工过程底部需要采用全断面帷幕注浆止水技术措施，在工作竖井内采用钻机进行深孔注浆。注浆深度现况地面以下8～15m的范围，注浆加固范围为竖井初衬外2m。注浆方法见图4-78。注浆施工流程见图4-79。

全断面超前预注浆采取双层钻管钻进，后退式注浆。即注浆孔一次钻到底，由孔底向外分段注浆，每个分段长0.3～0.5m。

作业采用双液电动注浆机压注，注浆压力为0.3～0.7MPa，按单管达到设计注浆量作为结束标准；当注浆压力达至设计终压不少于20min，进浆量仍达不到注浆终量时，亦可结束注浆。注浆结束后，将管口封堵，以防浆液倒流管外。工作竖井含水层为细砂、中砂层，为保证止水和加固效果，采用水泥水玻璃双液浆。水泥本身的凝结和硬化主要是水泥水化析出凝胶性的胶体物质所引起的，在硅酸三钙的水化过程中产生氢氧化钙，当加入水玻璃后，水玻璃马上与新生成的氢氧化钙反应，生成具有一定强度的凝胶体水化硅酸钙。

水泥-水玻璃双液浆：水泥浆水灰比宜为1：1～1.5：1，根据现场地质条件，经过试验确定双液浆配比，水泥浆与改性水玻璃浆液体积比宜为1：1～1：0.5。浆液配比见表4-27。

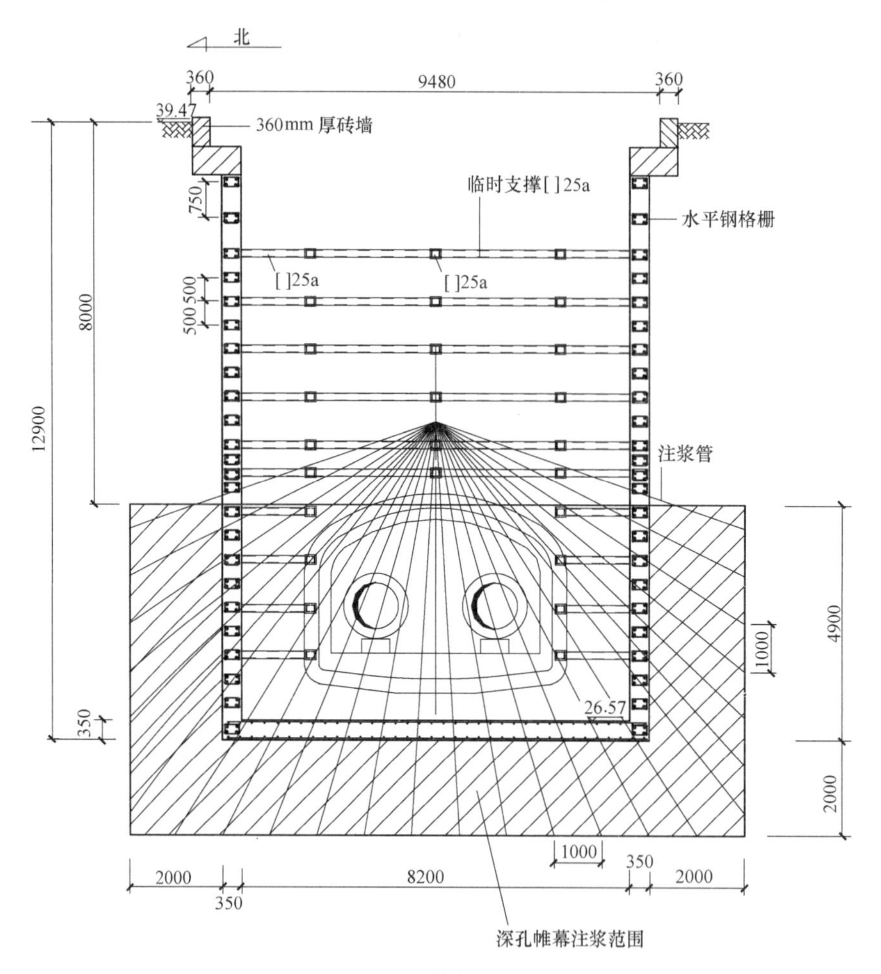

图 4-78　注浆加固施工图

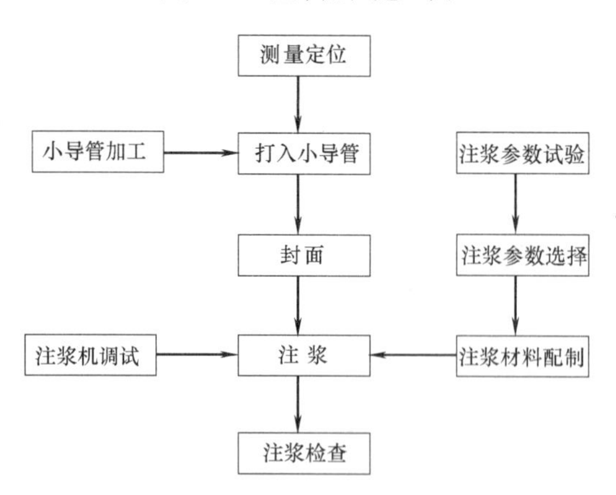

图 4-79　全断面注浆止水工艺流程

注浆为分段回抽注浆法施工，一般回抽步距为 0.3m，注入顺序从外围到中心、间隔对称进行施工，注浆时相邻孔位应错开，交叉进行。当压力突然上升或突然下降或从孔壁溢浆，应立即停止注浆，分段注浆量应严格按设计进行，跑浆时，应采取措施确保注浆量满足设计要求。

水泥水玻璃浆液配合比 表 4-27

名称	每方用量(kg/m³)			重量比		
	水泥	水	水玻璃	水泥	水	水玻璃
水泥-水玻璃双液浆	375	375	630	1	1	1.68

单根结束标准：注浆过程中，压力逐渐上升，流量逐渐减少，当压力达到注浆终压，注浆量达到设计注浆量的80%以上，可结束该孔注浆；注浆压力未能达到设计终压，注浆量已达到设计注浆量，并无漏浆现象，亦可结束该孔注浆。所有注浆孔均达到注浆结束标准，无漏注现象，即可结束注浆。

由于注浆压力较大，注浆时做好路面沉降观测工作，路面沉降量主要是路面隆起量，当路面隆起量超过设规范规定时，应立即停止注浆，改注其他孔位，只要浆液能够均匀扩散，控制一定的注浆压力和注浆量，就能有效地控制路面沉降量。

2. 排水措施

为保证工作竖井施工安全，在竖井范围内设置1个ϕ500×1000mm的集水坑，集结竖井内可能渗出的泥水，并用潜水泵抽出。

4.5.4 衔接部位施工措施

在工作竖井开挖过程中，需要拆除现有地沟结构，确保竖井稳定、现况地沟结构（含管道）的安全，具体施工安全技术措施如下：

（1）当竖井初期支护接近现有地沟拱顶时，现况隧道顶部1.0m范围工作竖井格栅密排。

（2）现况隧道顶部竖井开挖前，在现况隧道两侧超前打设小导管（ϕ32×3.25mm钢管，长度L=3m）；压注水泥-水玻璃浆液加固土体，注浆压力0.3～0.4MPa，注浆效果检查合格后方可进行工作竖井开挖。

（3）沿工作竖井井壁水平打设注浆锚管，注浆锚管端头与格栅钢架焊接，沿注浆锚管向土体压注水泥浆，以加固土体。注浆锚管间距1.0m，梅花状布置。

（4）现况地沟必须分部切割拆除，每次切割长度不大于1.5m，切割完成后，竖井与现有地沟初期支护结构采用连接筋及时进行焊连接，双层连接筋间距500mm。喷射混凝土后结构表面平顺过渡，不影响二衬结构施工。

在分步破除现有地沟混凝土时，首先切断土层中的注浆管；破除地沟拱部初支混凝土，保护好防水卷材；按照施工设计在现有地沟结构混凝土面用水钻打孔、切块；弃块用门式吊车提升至地面堆土场。

地沟破拆距离满足一品格栅钢架安装后，立即进行井壁开挖和支护施工；同时停止破拆大规模作业。

（5）破拆现有地沟结构，应在井壁初衬施工完成后24h内，完成下一榀初衬施工距离内结构的破拆。

（6）破拆作业的振动不得影响井壁开挖和支护。井壁开挖与支护、现有地沟破拆两道工序交叉作业，自上而下破除现有地沟在施工竖井范围内混凝土结构，并预留衔接钢筋，施工完成新建结构和就有结构的衔接，做好防水施工，满足竖井与现有地沟内热工安装的作业要求。

（7）竖井内搭设作业平台：在竖井内采用钢管式脚手架搭设拆除施工作业平台。脚手架搭设完毕后，顶部满铺 50mm 木板，设置 1.2m 防护栏杆，并挂设防护网。

（8）对现况 *DN*1000 热力管道采用搭设钢护棚的方法进行保护，防止掉落的混凝土块砸伤管道。

4.5.5 竖井初支施工安全风险处置

1. 初支施工安全风险描述

（1）情况描述

施工单位采用水钻钻孔进行破拆作业，由于竖井内空间狭小，破除施工进展缓慢；为加快施工进度，破拆施工开始第 2 天中午，施工队伍自行采用风镐进行凿除作业。

第 3 天上午交接班时，发现从井壁初期支护喷射混凝土的水平施工缝处有地下水开始渗出；由于水量不大，施工单位继续拆除旧沟施工。

下午，施工监测显示：竖井井壁水平位移观测点出现了较大的数值，同时地表沉降观测点沉降速率达到 2.6mm/d，并且有持续增加的趋势。发现情况后，及时向项目经理进行报告。

项目经理立即召集有关方面人员到场进行商议，为保证竖井初期支护结构的安全和稳定，项目部决定暂停施工，采取封闭工作面、加强监测和保护现况管道等应急处理措施。

（2）采取应急措施

1）立即将竖井初支作业面迅速喷射混凝土封闭；

2）将已完成的初支结构架隔榀设置临时工字钢对撑；

3）从现有地沟内加强支撑架，保护现有管道防止最下面井壁初支结构下沉，造成井壁滑落，造成竖井坍塌重大安全事故；

4）封锁保护现场，维持现场安全秩序。

5）及时疏散附近人员和车辆，在距陷坑周边 3m 以外拉起警戒线；

6）加密监测频率；竖井沉降、收敛和现况地沟变形的监测频率为 1 次/h。

采用加固井壁初支、加强现有管道保护等排除事故隐患措施后，取得了明显的效果：竖井井壁水平位移观测数据变化趋于平缓，地表沉降观测点沉降速率恢复到 1.5mm/d。表明工作竖井结构渐趋稳定。

2. 安全风险成因分析

由有关方成立的风险处置小组在对现场情况勘察监测的基础上，组织专家进行事故风险成因分析和应急处置方案论证；专家会议分析认为主要成因有：

（1）含水砂层注浆止水效果未能达到设计要求

初支结构出现渗水，说明全断面注浆的效果没能达到设计的要求，在含水砂层中，水泥-水玻璃双液浆的固结时间、扩散半径变化较大，容易在注浆孔端头形成注浆盲区，从而导致注浆加固范围局部不满足设计要求。在地下水的作用下，一部分地下水沿着注浆薄弱面渗入到井壁，产生渗流，同时带出细颗粒，影响施工和结构安全。

（2）临时支撑安装不及时

由于喷射混凝土早起强度不能达到设计强度，工作竖井是依靠格栅钢架自身的刚度抵抗土压力，容易发生变形。因此，工作竖井临时支撑的及时架设对于竖井结构的稳定，控制结构变形有着重要的作用。

由于基坑面积小，破拆施工和吊运混凝土块不方便，施工队实际仅进行角撑安装，没有及时安装临时对撑，导致竖井初支结构向内侧位移量增大且变形较快。

（3）现有结构破除方法不合理

施工方案中为了减少振动对结构的影响，确定采用静力破拆方法。施工队考虑成本因素和以往工作经验，实际采用风镐凿除，导致初支结构振动增大，以致在含水砂层施工的初支结构稳定性受到危害，加速了井壁周围土体变形和增加了工作竖井初支结构下沉。

3. 事故风险处理措施

（1）风险性增大

项目技术人员通过现场巡视检查，发现缝隙仍有渗漏，液体有砂粒，分析认为由于仍存在水土流失的情况，如果不进行仔细处理，在后续的工作竖井开挖中仍有可能发生竖井下沉、变形甚至坍塌的可能。

（2）经论证，项目部决定采取地层加固、导水、封底等技术措施：

1）对施工影响区内地下管线进行检查，确认管线状态安全，并加强对管线变形、运行状态的监测。

2）对渗水部位采取设管引流措施，即在渗水点进行引孔，插入端头带滤网的导水管进行导流，一方面杜绝土颗粒流失，另一方面改善竖井受力状况。

在竖井开挖过程中，如发现侧墙渗水，在插打小导管注浆过程中，在渗水处插入PVC排水短管，短管插入段应设过滤网。阻水和导排水相辅相成，可提高初期支护的稳定性。

3）加强地层注浆加固和止水。根据地层情况进行现场注浆试验，确定适宜的水泥-水玻璃浆液配合比、凝结时间、浆液扩散半径和注浆压力，并加强检查。根据注浆实际效果，并调整注浆孔的间距和角度，增加注浆孔，杜绝注浆盲区的发生。采用两次注浆技术，并适当提高注浆压力，第一次压注水泥浆，注浆压力不超过0.7MPa，第二次注浆采用水泥-水玻璃双液浆，注浆压力不超过1.0MPa。

4）使用静力破拆技术，配置水钻和钢筋切断机具；依据现有地沟的结构特点和作业空间，实现划分板块，弹出墨线；按照墨线钻孔、分割；提高破拆能力和速度；尽量减少破拆作业对初支结构的不利影响。对原地沟的钢筋混凝土结构，采用水钻钻孔、金刚石碟式锯片切割，将预定的原混凝土全部拆除；实行分段分块作业，切除时控制切割深度和避免伤及保留的结构部分。实践表明采用切割和钻孔组合作业是有效的。

5）竖井到底后，要及时进行封底，先沿现况地沟方向放置型钢对撑，控制竖井结构变形。封底前要进行底板加固和止水注浆，防止涌水涌砂，保证底板施工安全。

4.5.6 工程结果

1. 成效

对事故风险处置的应急措施取得了预期成效：

（1）导管引流措施有效地提高了初支结构的稳定性，控制了两层支护间隙的线流；

（2）水泥-水玻璃浆液配合比注浆调整参数后，增强了注浆加固土层的效果；

(3) 排钻打孔和液压钳切断钢筋的破拆措施可显著提高施工效率。

上述应急处理措施实施，尤其是两次注浆在实践中取得了较好效果，注浆后施工的初支结构基本上没有线流和流砂现象，竖井结构稳定，地表沉降和初支结构水平位移均未超标。

2. 教训

(1) 本工程施工虽然没有导致大的安全质量事故，但是教训深刻：对于工作竖井锚喷支护施工，应该特别注意地下水对工程施工安全的影响，这为今后暗挖竖井施工地下水处置提供参考；

(2) 施工安全是第一的，对参加各方都是如此；

(3) 本工程在较为复杂的含水砂层进行工作竖井施工，通过采取全断面帷幕注浆加固地层、静力切割和钻孔相结合拆除地下构筑物等技术措施为今后同类工程的施工提供有益的借鉴。

4.6 垃圾填埋场工程绿色施工与环境保护

4.6.1 工程简介

某垃圾处理场建于市区东北部，与污水处理厂相邻，是为解决城区和周边地区垃圾无害处理而建设。垃圾填埋场总占地面积 22.9hm^2。其中填埋场区占地 18.83hm^2，管理办公区、辅助设施及其他处理工艺预留占地 4.25hm^2。

整个填埋库区总面积为 16.03×10^{4}m^2，由中间隔堤划分为两个填埋区，其中填埋区一期占地面积为 8×10^{4}m^2。一期垃圾填埋至 28.5m 标高进行中间辅盖，使用年限 3.8 年。二期占地面积为 8.03×10^{4}m^2。二期垃圾填埋至 28.5m 标高后，继续向上填埋至 47.5m 标高，最高处封场标高约为 51.5m。使用年限为 16.6 年，日处理垃圾量为 310t/d (图 4-80)。

图 4-80 垃圾填埋场总体效果图

整个填埋场主要由垃圾填埋库区、污水收集处理区、生活管理区共三部分组成。主体结构主要有厂区道路、围堤路及其防渗系统、渗滤液调节池、地下水收集和排除设施以及排渗导气系统等。填埋区是整个填埋场的工作中心，要求有较完善的填埋作业工艺、环境保护措施以及安全防渗措施（图 4-81）。

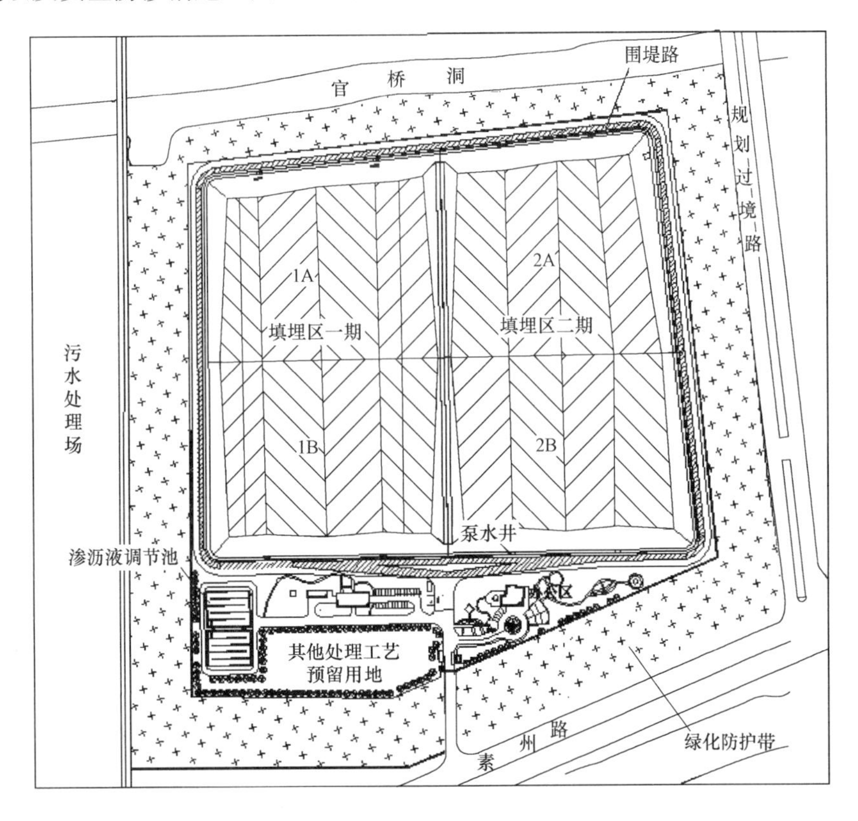

图 4-81 垃圾填埋场工程平面图

1. 道路与交通

场内道路采用混凝土路面。计算行车速度 20km/h，标准轴载 BZZ-100。道路路面宽度为中央主干道 7m，主要作业道路宽 8m，次要作业道路宽 7m。路面使用年限为 20 年。各道路结构如表 4-28 所示。

道路结构一览表 **表 4-28**

道路类型	道路结构(由上至下)	厚度
围隔堤道路	水泥混凝土面层	22cm
	石灰粉煤灰稳定沙砾	25cm
	石灰土(12%)	15cm
场内道路	水泥混凝土面层	22cm
	石灰粉煤灰稳定沙砾	25cm
	石灰土(12%)	15cm
库区作业道路	泥结碎石路面	—
库区临时作业道路	碾压垃圾或建筑垃圾作路基，上铺泥结碎石路面	—

2. 围隔堤工程

围隔堤是垃圾填埋场主体工程之一。围堤位于库区周边，南北界限约 360m，东西长约434m。圈围面积16.5hm²，隔堤南北走向总长度360m。围堤、隔堤断面为梯形，围堤顶面宽度11m，隔堤顶面宽度8m。采用碾压粘土质堤坝，围堤坝外边坡为1∶2，内边坡为1∶2.5。堤坝外侧边坡设混凝土隔埂草皮护坡。

3. HDPE防水层

围隔堤坝库区侧边坡设防水系统，采用1.5mmHDPE双光面土工膜作为防渗工程的主要防渗系统，并采用GCL作为防渗膜的保护层（防渗膜下方），双层400g/m²无纺布为防渗膜的上保护层。

4. 垂直防渗工程

填埋库东西侧围堤垂直防渗结构长度各为390m和350m。填埋库区南北围堤垂直防渗结构长度各为470m和420m。

本工程采用粘土坝，设深层搅拌水泥土墙阻挡地下水进入。水泥搅拌使用螺旋钻机，直径为600mm，两直径搭接250mm，搅拌深度7.5m。

5. 填埋库区工程

填埋库区开挖边坡均为1∶2.5，南侧库底坡脚处最大挖深5.3m。北侧库底坡脚处最大挖深5.6m，库底的纵向与横向坡度均为2%。

填埋厂库底由西向东划分为填埋一期、二期，各填埋区由中脊线分为A、B两个单位，各单元分别在主盲沟的末端沿南北路堤的顺坡布置侧管集水井，境内设置渗沥水和地下水提升泵。

6. 地下水及渗滤液收集

渗滤液由收集井提升泵提升进入调节池，进行酸化和厌氧消化，使水中有机物浓度降低。出水按水质、水量的变化进行稀释后排入污水处理厂。

7. 填埋气导排管安装

本工程填埋气导排采用竖直导气石笼，库区导气石笼布置成方格网形式，纵横间距50m，石笼直径D=1000mm。

石笼结构由外向内依次为：ϕ8钢筋圆形网（网孔为60mm×100mm），导气层填料为粒径32～100mm碎石。中心收集为DN225多孔PVC管，收集气管在圆周上等距均匀开孔，其轴向开孔间距100mm，导气石笼和导气管底部高出地基500mm。

4.6.2 绿色施工要求与现场环境条件

1. 现场环境条件

（1）水文地质状况

垃圾填埋场场地土类型为中软场地土。以粘性土为主，土层自上而下分为：第一层耕植土层厚0.2～0.6m，渗透系数1.55×10^{-4}cm/s，第二层粉土层深度0.5～1.0m左右，渗透系数3.76×10^{-5}cm/s，第三层粉质粘土层厚度1.0～2.5m，第四层粉质粘土层厚度2.5～4.5m，第五层粉质粘土层厚度4.5～7.0，该土层渗透系数在5.6×10^{-7}cm/s。潜水位埋深约在1m左右，施工采取降水措施。

（2）现场条件

垃圾填埋厂施工现场地势平坦，整个地势北高南低，现为农田。厂区四周交通网络比较畅通。各种施工器材、设备以及土方外运均可通过现况道路进入现场或从现场运出。

施工用水可从相邻的污水处理厂上水管网接入，施工用电从附近外电网引线至现场。施工污水排至现况污水管线。

2. 绿色施工要求

绿色施工是在保证质量、安全等基本要求的前提下，通过科学管理和技术手段，最大限度地节约资源，减少对环境的负面影响，实现"四节一环保"（节能、节材、节水、节地和环境保护）。

垃圾填埋场绿色施工以环境影响评价文件、环境保护行政主管部门批复及施工合同中建设单位的环境保护要求为依据，对建设期实行环境保护，使环境管理工作融入整个工程实施过程中，保证工程环保措施得以顺利实施，使施工期和运营期的环境污染、生态破坏降到最低程度，有效控制工程对周围环境的影响。主要包括以下方面：

（1）控制施工活动对环境的影响：主要控制扬尘、噪声、污水排放、光污染、水土流失、土壤污染等对环境造成的影响。

（2）施工中建筑废弃物的管理：从源头上减少废弃物的产生量和排放量，减少材料浪费，增加对废弃物的回收利用，并对废弃物进行必要的处理。建筑废弃物主要包括结构施工散落的砂浆和混凝土、剔凿产生的砖石和混凝土碎块、截下的桩头、钢筋头和型钢，装饰装修产生的装饰砖、吊顶、其他装饰材料等，机电安装产生的各类管线等，以及包装材料和其他废弃物。

（3）节能、节水控制：主要是通过节能、节水计划，实现施工阶段减少能源和水的消耗。

（4）节约建筑材料：主要是针对消耗量较大的混凝土、钢筋、模板、基层混合料、砂石料，采用新技术，降低消耗量，控制材料浪费。

（5）绿色建筑设计性能的保障：施工阶段应保证设计工程的性能指标。卫生填埋是利用工程手段，采取有效措施，防止渗滤液及有害气体对水体、大气和土壤环境造成污染的一种土地处置废物方法。

库区的防渗质量和水工构筑物、管线的严密性能是工程重要的性能指标，是绿色施工控制的重点和关键内容。本工程采用水平防渗和垂直防渗措施，防止渗液对地下水环境造成污染和破坏生态平衡。在垃圾填埋区底部及四周边坡坡面铺设高密度聚乙烯（HDPE膜）人工合成防渗膜和双层长丝无纺土工布防渗系统；在坝体内设置水泥土搅拌桩，提高坝体防渗性能。垃圾渗滤液采用场内预处理后，排入管网，最终排入邻近的污水处理厂。

4.6.3　准备阶段的环境保护

环境保护是为保护和改善生活与生态环境，防治污染和其他公害，保障人体健康。把环境保护纳入工作计划，采取有效措施，建立环境保护责任制，防止生产建设过程中产生的废水、废渣物、粉尘、噪声等环境污染和危害。在整个过程中，施工始终保持对环境的保护，具体措施如下：

（1）建立绿色施工管理体系和组织机构，并制定相应的管理制度与目标项目经理为绿色施工第一责任人，负责绿色施工的组织实施及目标实现，并指定绿色施工管理人员和监督人员。其成员包括项目总工程师及相关管理人员，见图4-82。

本工程绿色施工管理目标如下：

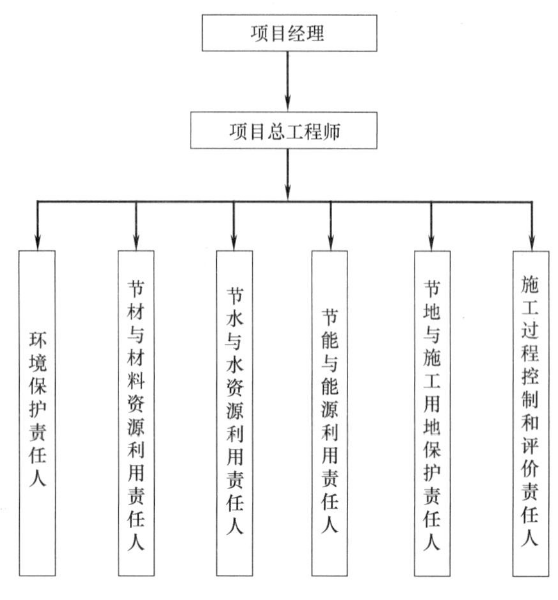

图 4-82　组织结构图

1）环境保护

噪声排放达标，符合《建筑施工场界环境噪声排放标准》GB 12523—2011 规定。

控制粉尘及气体排放，不超过法律、法规的限定数值。

土方施工时作业区目测扬尘高度小于 1.5m，外运土方不污染场外道路。结构及装修施工时，作业区目测扬尘高度小于 0.5m。

施工现场外作业区达到目测无扬尘，要求施工现场四周大气总悬浮颗粒物（TSP）月平均浓度与城市背景值的差值不大于 0.08mg/m^3。

减少固体废弃物的产生，合理回收可利用建筑垃圾，建筑垃圾控制在每万平方米 120t 以下。

生产及生活污水排放达标，符合国际污水综合排放标准规定。

控制水、电、纸张、材料等资源消耗，施工垃圾分类处理，尽量回收利用。现场办公及临时用房全部采用可重复使用的装配式板房和采用原有房屋。

2）节能

规定合理的温、湿度标准和使用时间，提高空调和采暖装置的运行效率。夏季室内空调温度设置不得低于 26℃，冬季室内空调温度设置不得高于 20℃，空调运行期间应关闭门窗，做到人走后办公室、宿舍等场所的用电设备关闭。

临时用电优先选用节能型灯具，临电线路合理设计、布置，临电设备宜采用自动控制装置。现场照明设计应符合国家现行标准《施工现场临时用电安全技术规范》JGJ 46—2005 的规定。用电指标控制在 75kWh/万元产值以内。采用声控、光控等节能照明灯具，节能照明灯具的数量应大于 80%。

3）节水

制定厂区施工节水计划和措施，施工现场办公区、生活区的生活用水采用节水系统和节水器具，节水器具配备率达到 100%。施工现场用水量指标控制在 8.5t/万元产值以内

（表4-29、表4-30）。

施工用水参考定额 **表4-29**

用水对象	单位	耗水量
混凝土养护	L/m³	200
冲洗模板	L/m³	5
砌体工程全部用水	L/m³	200
抹灰工程全部用水	L/m³	30
搅拌砂浆	L/m³	300

生活用水参考定额 **表4-30**

用水对象	单位	耗水量	备注
生活用水(洗漱、饮用)	L/人日	10	
食堂	L/人次	5	
浴室	L/人次	25	每天不超过100人次

4）节材

主要材料损耗率比定额损耗率（表4-31）降低30%。混凝土浇筑及砌体采用预拌混凝土、预拌砂浆，采用率达100%。采用预拌砂浆，随用随拌，减少污染和损耗。

材料定额损耗率 **表4-31**

消耗材料名称	定额/一般损耗	目标损耗
钢筋	0.03	0.02
模板+木方	55元/m²	48元/m²
混凝土	0.02	-0.01
砌体材料	0.01	0
内墙抹灰砂浆	0.01	0
外墙抹灰砂浆	0.01	0

钢筋下料统筹考虑，运用自动化钢筋加工技术，保证加工的质量合格和数量准确，减少浪费。模板采用市政标准钢模，周转使用。

5）节地

临时设施的占地面积应按用地指标所需的最低面积设计。平面布置合理、紧凑，在满足环境、职业健康与安全及文明施工要求的前提下尽可能减少废弃地和死角，临时设施占地面积有效利用率大于90%。

（2）制定项目施工全过程的环境保护计划。环境保护计划主要包括降尘措施和降噪措施，施工前应制定施工废弃物减量化、资源化计划，制定措施，可回收施工废弃物的回收率不小于80%。

资源节约方面需要制定的绿色施工方案主要有：施工节能和用能方案，施工节水和用水方案，节材和降低损耗的措施、节地与施工用地保护措施等内容。如进行施工方案的节材优化，建筑垃圾减量化，尽量利用可循环材料等。该方案在施工组织设计中独立成章，并按有关规定进行审批。

（3）制定施工人员职业健康安全管理计划。为了保障施工人员的健康安全保护，项目部在开工前根据风险源编制“职业健康安全管理计划”。

（4）施工前对设计文件中绿色建筑重点内容进行专项会审。项目技术人员对设计文件中保障主体结构绿色性能的指标如设计寿命、能耗指标等逐一进行审查。一方面，尽早发现问题，避免结构的设计性能与竣工后建筑性能有较大的差异，同时，也有利于参建各单位对绿色施工的各方面内容进行正确的理解和把握。

（5）组织全员进行“绿色施工”教育。提高绿色施工认识，建立绿色施工小组，由项目经理亲自挂帅，设立绿色施工小分队，建立绿色施工管理制度。

（6）施工现场必要地段设置护栏、围挡，采用硬质型围挡隔离施工现场，在施工过程中设专人进行维护。创造便民、利民、不扰民的社会环境。

（7）合理布置施工场地，制定临时用地指标、施工总平面布置规划及临时用地节地措施，节约施工用地，同时，保护生活及办公区不受施工活动的有害影响。生活区搭建临时性设施符合规范要求，做到内外整洁、卫生。施工现场设置符合规范要求的“四版一图”，并有明显的项目经理部标志。

（8）优化施工方案，合理制定施工进度计划，适当安排材料进场，减少现场材料堆放量，对进入现场的各类材料，严格按照拟定的施工平面布置图码放整齐。选择功能型、专业型的工程材料和设备，不仅在施工过程中达到环保要求，而且要确保工程成为名副其实的绿色环保工程。

（9）针对主体结构、防渗体系等重要部位、环节进行质量控制策划，编制专项施工方案，制定有针对性的施工方法和质量控制措施，严格对主体结构材料、防渗体系材料的质量检查、材料验收，加强过程检查，确保工程主体安全，不渗不漏。主要专项方案有：填埋区土方开挖专项方案、降水施工方案、提升井专项施工方案、水泥搅拌桩专项施工方案、围堤路道路专项施工方案、防渗层专项施工方案、地下水导排和渗滤液收集系统专项施工方案、渗滤液调节池专项施工方案、场区道路和综合管线施工方案、附属建筑物和办公楼专项施工方案、机电安装专项施工方案等。

4.6.4 施工过程的环境保护

1. 环境保护措施

生活垃圾填埋场施工过程中环境保护的内容包括施工过程中排放的废气、废水、噪声、固体废弃物和生态影响，见表4-32。

生活垃圾填埋场施工过程中环境保护的内容　　表4-32

污染项目	环境保护内容
大气污染	运输车辆行驶产生的扬尘及汽车尾气施工扬尘
噪声污染	施工现场机械设备噪声，运输车辆交通噪声
水污染	施工排放的生活污水，主体结构防渗体系
固体废弃物污染	建筑垃圾，生活垃圾
生态影响	水土流失，与周围自然环境的协调性

（1）防止大气污染

针对场区土方量大、道路基层面积大的特点，防止扬尘主要采取临时道路洒水、土堆和裸露地面覆盖好、遮挡等措施，具体措施如下：

1）道路施工中，按规定拌合石灰土，要有防灰土飞扬措施。碾压成活的石灰土基层和石灰粉煤灰砂砾基层以及施工临时便道要及时洒水，减少扬尘。

2）施工垃圾及时清运，适量洒水，减少扬尘。

3）水泥和其他易飞扬的细颗粒散体材料，安排在库内存放或严密遮盖，运输时要防止遗洒、飞扬，卸运时采取有效措施，以减少扬尘。

4）砂、石料等建筑材料的堆放场以及混凝土拌合处应定点定位，并采取防尘抑尘措施，如在大风天气，对散料堆场应采用水喷淋法防尘。

5）土方集中堆放，并覆盖密目网，长期堆土进行表面绿化。

6）施工便道尽量进行夯实硬化处理，汽车运输易起尘，物料要密闭运输，控制车速，卸车时应尽量减少落差；运输车辆进出的主干道应定期洒水清扫，以减少扬尘的起尘量；现场车辆出入口设置轮胎冲洗池。

7）加强对施工机械、车辆的维修保养，禁止以柴油为燃料的施工机械超负荷工作，减少烟气和颗粒物的排放。

8）为保证施工期间达到不扬尘、不遗洒的环保要求，对施工现场、社会道路采取及时清扫和除尘洒水措施。对施工车辆及土方运输车辆采取严密覆盖和清扫措施，确保不遗洒，对施工及生活垃圾做到及时清运。对损坏的道路及时进行修整。

（2）防止施工噪声污染

1）土方、桩基和道路施工的主要机械设备采用低噪声机械设备，并在施工中设专人对其进行保养维护，严格按操作规范使用各类机械。作业时间一般安排在白天进行，夜间进行部分材料的运输。

2）施工场所车辆及土石方运输车辆进出点尽量远离村庄，车辆通过村庄时采取减速、禁鸣等措施。

3）机械施工过程中，在工地围挡处选取距离村民较近的点定期进行噪声自查，并做好记录，采取措施保证施工厂界噪声值不超过《建筑施工场界环境噪声排放标准》GB 12523—2011 的规定，避免施工噪声扰民。

（3）防止水污染

1）在搅拌机前台及运输车清洗处设置沉淀池，废水沉淀后回收用于洒水降尘，部分排入市政污水管线。

2）现场存放油料，必须对存放处进行防渗漏处理，储存和使用都要采取措施，防止跑、冒、滴、漏，污染水体。

3）对施工期产生的生活污水的来源、排放量、水质指标及处理设施的建设过程，以及沉淀池的定期清理和处理效果等进行检查、监督，并根据水质监测结果，检查废水是否达到批准的排放要求。

（4）防止固体废弃物污染

1）施工区固体废弃物（包括建筑垃圾）采用分类收集、集中堆放方法进行处理，并且送到指定的排放场地，对施工产生的各类施工废料尽量回收和再利用，制定相应的再利用措施。

2）生活垃圾集中暂存，定期由环卫部门清运至城市生活垃圾处理场处理。

3）每天施工完成后，及时将边角料、卷芯纸筒和塑料包装纸分类、统一集中到指定的废弃物临时堆料场，根据有关规定集中处理。

（5）水土流失及景观影响控制

1）填埋区建完后，对开挖压占的土地进行平整，对耕地尤其注意表土复位，在开挖前将表层土壤单独堆放，用于平整后均匀的铺在上面，保证土壤的耕作要求；对林地主要进行造林种草的水土保持工程。

2）为减少对景观的负面影响，以水土保持、固土保水、减少污染为前提，对可能产生的土壤破坏的区域，采取必要的绿化措施，保护生态环境，同时又可美化环境。

2. 资源节约措施

（1）节能、用能措施

1）施工区、生活区用电分别设置电表，记录用电情况。

2）根据项目节能和用能方案，预算各阶段用电负荷，合理配置临时用电设备，尽量避免多台大型设备同时使用。

3）合理安排厂区内各建筑、厂区各分块的施工工序，提高各种机械的使用率和满载率，降低各设备的单位耗能。

4）进行施工能耗管理，记录现场能耗和运输能耗（记录主要建筑材料、设备从供货商提供的货源地到施工现场运输的能耗），竣工时，提供施工过程能耗记录和建成的厂区每平方米建筑面积实际能耗值。

5）记录建筑施工垃圾从施工现场到废弃物处理或回收中心运输的能耗。

（2）施工节水、用水措施

1）施工现场设置统一的供水管路系统，生活区、施工区设置水表，记录施工、生活用水情况。

2）设置节水型水龙头，生活区设置节水型冲水设施。

3）降水方案由专业单位经计算确定，要求根据设计的填埋区开挖方案进行确定，尽量减少基坑地下水的抽取。降水过程中，由降水专业单位监测基坑降水的抽取量、排放量和利用量的数据，抽取的地下水应用于出入口车辆冲洗、临时道路洒水降尘、生活区绿化和设备冷却等方面。

4）根据记录，统计每平方米建筑面积的水耗值，以此指导施工过程中的节水工作。

（3）施工材料节约措施

1）严格控制模板支护质量，保证结构尺寸符合标准要求，按照实际结构偏差计算混凝土用量，保证计划用量符合实际要求。防止模板出现过大变形、跑模或漏浆现象。

2）混凝土浇筑过程中应采用泵车或溜槽，严格控制下灰的速度，防止混凝土溢出、洒落。

3）混凝土浇筑完成后，应及时清理散落的混凝土。

4）现场设置钢筋自动加工厂，由专业公司生产成型钢筋，主要包括盘卷钢筋冷加工强化、盘卷钢筋矫直、钢筋截断、弯曲成型、钢筋网片焊接、钢筋机械连接、钢筋骨架制作、结构钢筋半成品配送、现场安装连接等内容。钢筋下料考虑实际钢筋来料的长度，通过统筹套裁，及时优化下料的长度，减少钢筋头等废料的产生；对于废弃的钢筋头，制作定位筋、马镫、工具等进行重复利用。

5）道路基层采用厂拌混合料，现场采用摊铺机进行摊铺，土路床的高程和平整度严格按照规范要求控制，两侧采用土埂进行围边处理，保证基层混合料用量准确，减少浪费。

6）钢筋混凝土模板采用标准市政钢模，碗扣支架支护，重复使用。拆模后，及时对钢模进行清理保养，保证混凝土成型外观质量，增加模板周转次数。对于楼板等建筑结构，采用工具式定型模板。

7）对施工过程中材料使用情况进行记录，统计预拌混凝土损耗率、钢筋浪费率和模板周转率，以此指导施工过程中材料节约工作。

3. 施工过程管理

（1）技术管理措施

1）施工前，由项目技术负责人对工程设计的绿色性能进行会审，检查图纸是否存在错误、矛盾和绿色指标不符合环保要求的情况，发现问题，及时向设计单位、建设单位提出，协商解决。

2）项目部针对绿色性能指标要求，按照分部分项工程分别制定实施性专项施工方案，经审批后执行。

3）工程开工前，项目技术负责人应对工程涉及的绿色施工进行交底，指出绿色施工方法、施工程序和工艺、质量控制要点和检查验收标准等，对绿色施工的重点内容进行专项交底。将要求绿色施工要求传递到操作层，保证设计绿色施工意图的实现。

4）施工过程中，项目技术管理人员对重点、关键的绿色施工内容的实施情况进行检查、验收，解决实施中存在的技术质量问题，并在施工日志中记录绿色施工重点内容的实施情况。

5）严格控制设计文件的变更，对变更中可能涉及的重要绿色施工内容进行审核和评价，并留好记录和签证手续，避免出现降低建筑绿色施工性能的情况。

（2）绿色施工检测措施

绿色施工过程中，需要采取措施保证主体结构的耐久性、防渗结构的完整性、耐久性和有效性，为此，在采取各种技术质量保证措施的同时，还需要严格按照规范要求对绿色施工进行检测，主要包括以内容：

1）对保证主体结构耐久性的技术措施进行检测，如混凝土结构的保护层厚度、混凝土的碱含量、抗压强度和抗渗等级等。

2）对垃圾填埋场防渗层的接口密封性能进行检测，防水层施工完成后，对防水层进行成品保护，防止出现损坏，保证结构不渗漏；水泥搅拌桩防渗墙施工完成后，现场进行渗水试验，保证墙体渗透系数达到设计要求。

3）对厂区内配套设施中有节能、环保要求的设备进行检测，并保留检验记录。

4）对有节能、环保要求的装饰、装修材料进行检验，保证材料的安全性能、节能指标合格。主要有装饰装修材料检测报告、机电设备检测报告，性能复试报告等内容。

（3）工程场区防渗技术措施

渗滤液处理工程中主体基底及边坡的防渗、渗滤液的收集与导排、渗滤液处理工艺与设施是环境控制的关键，基底与边坡防渗是第一道关口，防渗工程的好坏直接关系到整个渗滤液处理工程的质量。在整个工程施工过程中，对防渗工程进行严格检查、质量验收和成品保护。

1）HDPE 膜关键节点施工措施

填埋区防渗系统构造层次见图 4-83、图 4-84。

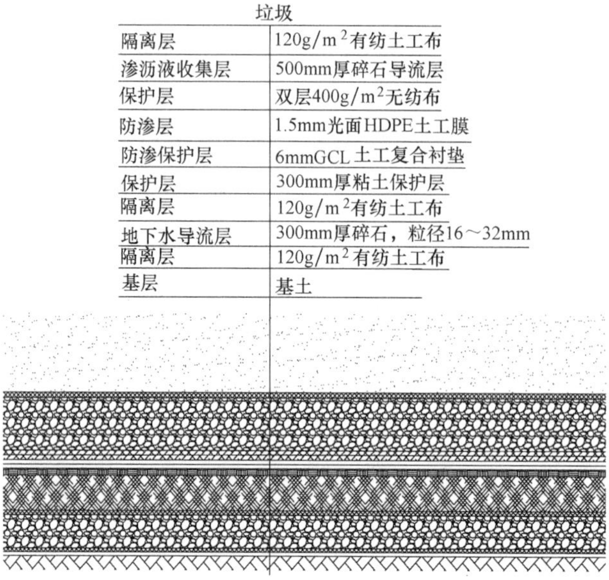

垃圾

隔离层	120g/m²有纺土工布
渗沥液收集层	500mm厚碎石导流层
保护层	双层400g/m²无纺布
防渗层	1.5mm光面HDPE土工膜
防渗保护层	6mmGCL 土工复合衬垫
保护层	300mm厚粘土保护层
隔离层	120g/m²有纺土工布
地下水导流层	300mm厚碎石，粒径16～32mm
隔离层	120g/m²有纺土工布
基层	基土

图 4-83　填埋区底层防渗系统示意图

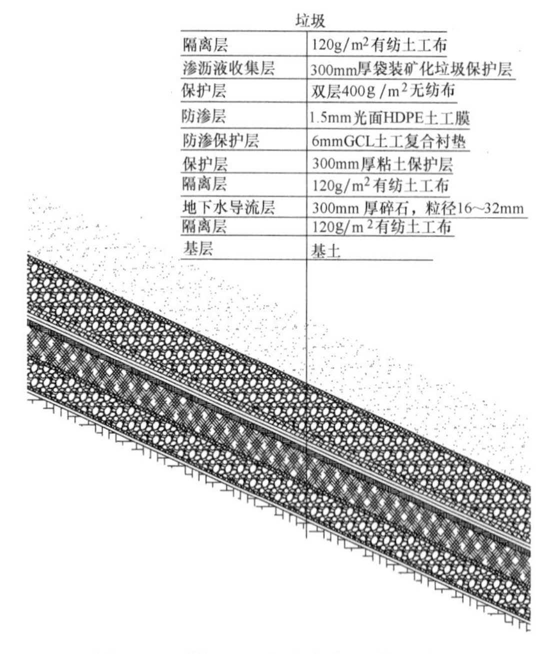

图 4-84　填埋区边坡防渗系统示意图

底层施工工艺流程包括：基土（土建方施工）→120g/m² 有纺土工布→300mm 厚碎石（土建方施工）→120g/m² 有纺土工布→300mm 厚粘土保护层（土建方施工）→6mmGCL 土工复合衬垫→1.5mmHDPE 土工膜铺设→双层 400g/m² 无纺土工布的铺设→500mm 厚

碎石导流层（土建方施工）→120g/m² 有纺土工布。

边坡施工工艺包括：基土（土建方施工）→120g/m² 有纺土工布→300mm 厚碎石（土建方施工）→120g/m² 有纺土工布→300mm 厚粘土保护层（土建方施工）→6mmGCL 土工复合衬垫→1.5mmHDPE 土工膜铺设→双层 400g/m² 无纺土工布的铺设→300mm 厚袋装矿化垃圾保护层（土建方施工）→120g/m² 有纺土工布。

PE 管道穿 HDPE 膜的处理是防渗系统施工的关键。在管道穿膜部位采用制作“管靴”的方法来解决管道与防渗膜之间的连接难题。具体原理就是先给凸出的管道穿上“管靴”，再焊接管靴与被穿透的防渗膜。“管靴”由管套和管裙组成，管套和管裙由裁剪的 HDPE 膜片焊接而成。直接用挤压焊接机把管靴与 PE 管外壁进行焊接。见图 4-85 做法。

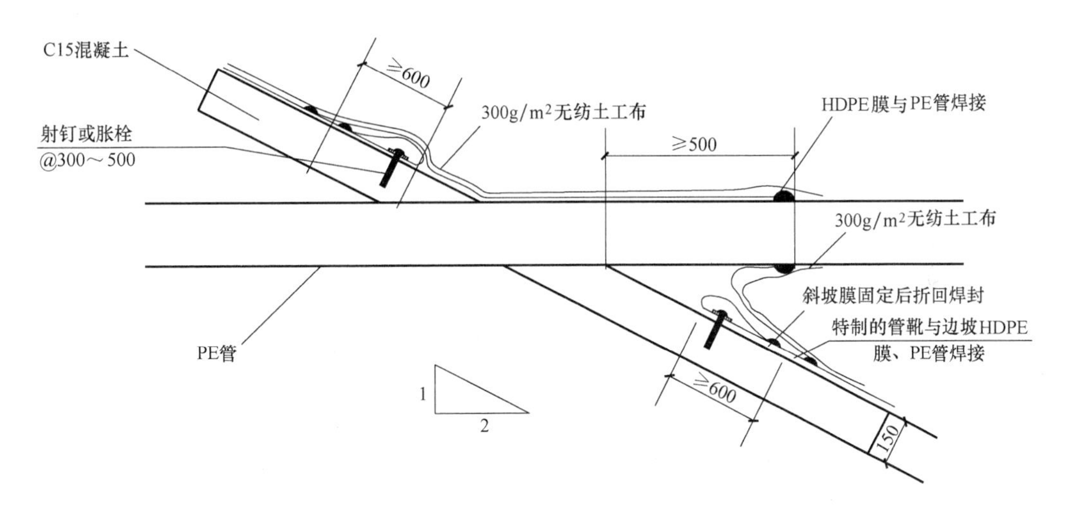

图 4-85 HDPE 膜穿 PE 管的细部施工节点图

管道在坡面上伸出管口不小于 500mm，并在管口周围浇灌 150mm 厚、边长或直径为 2000mm 的 C15 素混凝土，以便于处理连接构造。待混凝土达到 70% 的强度后，将 HDPE 土工膜管靴的裙部和边坡大面积的 HDPE 土工膜用挤压焊接机进行焊接，并采用电火花检测仪检验焊缝质量。

2）渗滤液处理措施

① 渗滤液处理工艺

渗滤液处理工艺见图 4-86。

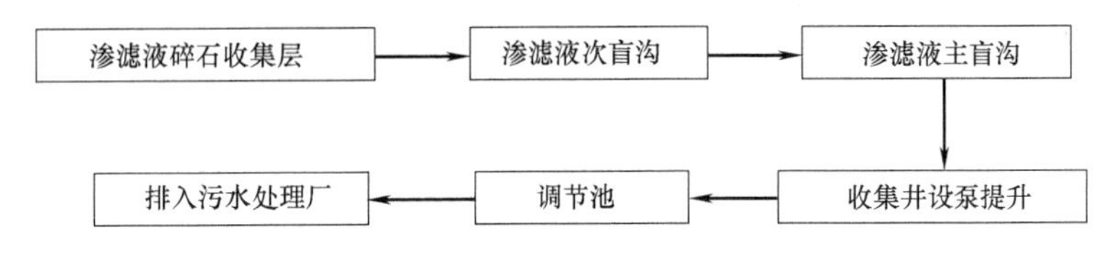

图 4-86 修滤液处理工艺流程图

② 渗滤液调节池

调节池底板周壁为钢筋混凝土结构，池内导流墙为砖混结构。调节池分两池，按一、二期规模建设。单池池体长 40m，宽 30m，高 4.5m。池顶盖采用钢结构供架上铺阳光板封顶，控制有毒有害气体的扩散。

调节池出水口设混合排放池，在出水管和稀释水的进水管口及混合液出水管上分别安装电磁流量计，沿池顶处设置锚固沟。板上设置导气管，将调节池产生的气体收集后燃烧排放。

③ 渗滤液收集和输送

渗滤液主收集系统是由铺于填埋场底部 500mm 厚碎石层构成，渗滤液通过碎石排水层排入次导流盲沟后，汇集于主盲沟。然后排入填埋场南北两侧的渗滤液收集井，设提升泵排入渗滤液调节池。

碎石排水层以 2%坡向单元主盲沟倾斜，主盲沟脊线以 2%坡向填埋场南北两侧的渗滤液收集井倾斜。

各单元沟谷中央布置一根 *DN*500 穿孔 HDPE 管。主盲沟、次盲沟采用 *DN*300HDPE 穿孔管，并与坡面等高线走向一致，与水流方向垂直。

主次盲沟内穿孔 HDPE 管纵、横相互交错，经过次盲沟和主盲沟汇集各单元渗滤液，进入收集井后使用渗滤液泵提升送入渗滤液调节池。

④ 地下水收集导排

地表水收集导排：为了实现雨污分流，防止地表水下渗进入垃圾填埋库区，在堆体表面设置排水明沟。收集表面的径流雨水汇至于库区周边的堤坝顶排水沟内，再经穿堤排水管排入堤下排水明沟，由场地北侧排水沟排出进入场外河道。

地下水收集导排：库区地下水为潜水，埋深约 1m，高程约为 3.2m。库区地下水主要来源于地质报告中第 2 层和第 3 层的粉质粘土层中的潜水含水层。地下水收集层由碎石层+有纺支撑土工布组成。排水层的边坡以 2%坡度坡向填埋场的南北两侧的地下水收集井内，设置感应式提升泵将收集的地下水排至堤顶排水沟内。

(4) 机电设备安装与工程验收管理

机电设备安装是填埋场建设的一部分，安装调试质量关系到整个系统的运行水平。机电系统安装完毕后，需要进行调试，发现系统设计、施工和设备性能等方面存在的问题，从而采取相应的措施，保证系统达到绿色性能指标和要求。调试作为检验设计安装结构的重要手段，是竣工验收的重要内容。竣工验收主要要求如下：

1) 工程竣工时，厂区主要工程空间的使用功能完备，附属设施的装修到位。

2) 工程竣工验收前，由建设单位组织有关责任单位进行机电系统的综合调试和联合试运行，结果应符合设计要求，各项指标应符合绿色建筑的性能要求。

3) 绿色建筑竣工验收后，应提供竣工验收证明书、质量保修书、施工说明书和业主反馈意见书等内容。

4.6.5 后期施工与环境治理

1. 填埋工艺设计

填埋场的生活垃圾是直接由自卸式垃圾车从市区运抵垃圾场，经地磅称重后驶入场内道路，经过围堤道路到达填埋场作业区进行倾倒，然后按照填埋作业工艺要求，用推土压实机械进行摊平、压实、覆土。填埋工艺见图 4-87、图 4-88。

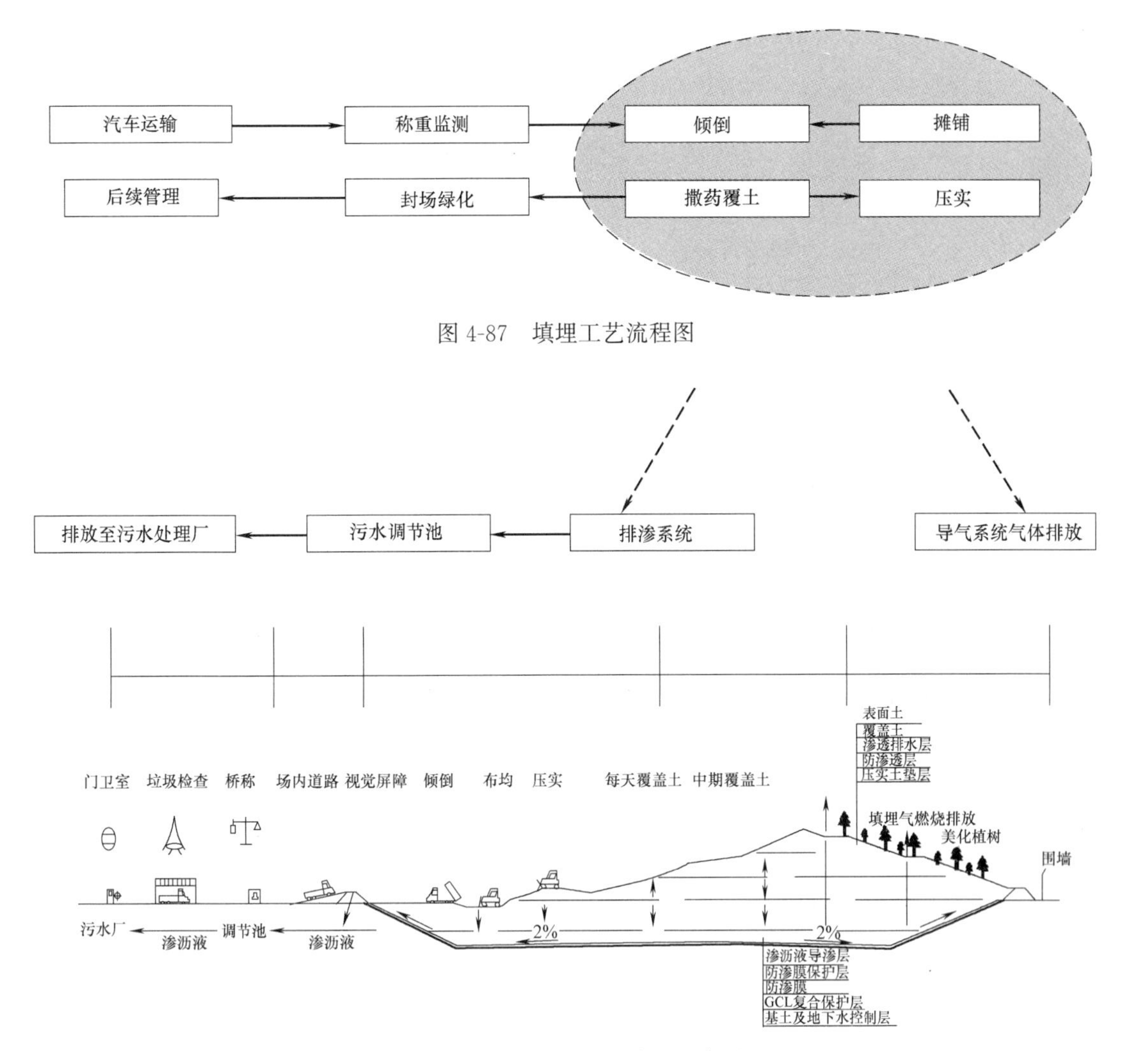

图 4-87　填埋工艺流程图

图 4-88　填埋处理工艺流程示意图

2. 垃圾填埋施工

垃圾填埋场的填埋作业采取单元分层填埋法。每单元的作业面长约 50m，填埋工艺主要是运、卸、推、碾压和覆土，每次垃圾运入作业区按照指定地点卸下后，由推土机进行摊铺碾压，每次摊铺厚度约 0.8m，经碾压后垃圾层厚度为 0.4～0.6m，压实密度要求 $8t/m^3$，按此方法在垃圾填埋厚度达到 2.5m 后，采用粘土覆盖 0.2m 厚并压实，并以表面 1%的坡度向排水井倾斜，以使垃圾渗滤水和降水能沿覆盖层坡度流向排水井。

每个单元分层一般以 1～2d 的垃圾填埋量划分，以便及时覆土，减少垃圾的裸露时间和环境污染。整个填埋可分 5 个层面，第一阶段，垃圾自库前的垃圾坝下开始填埋，填埋到坝顶标高处（第一层坑填高度为 4.7m，绝对标高 1.5m）为第一大层，纵向以 14m 为一大层；第二阶段，采用倾斜面堆积法，按照一定的坡度逐步向上进行填埋，第二层、第三层填筑高度 4.0m，第四层向上，填筑高度 3.5m，纵向以 12m 为一大层，上层和下层之间修筑宽 10m 的平台，供填埋场机械作业用。当填埋至高度后，需要进行中间覆盖，覆盖的粘土厚度约 0.3m，当填埋到最终点标高时（一期工程堆填标高 28.5m，二期工程堆填标高 51.5m），要进行最终覆盖，覆盖黏土厚度要求为 0.8m。见图 4-89。

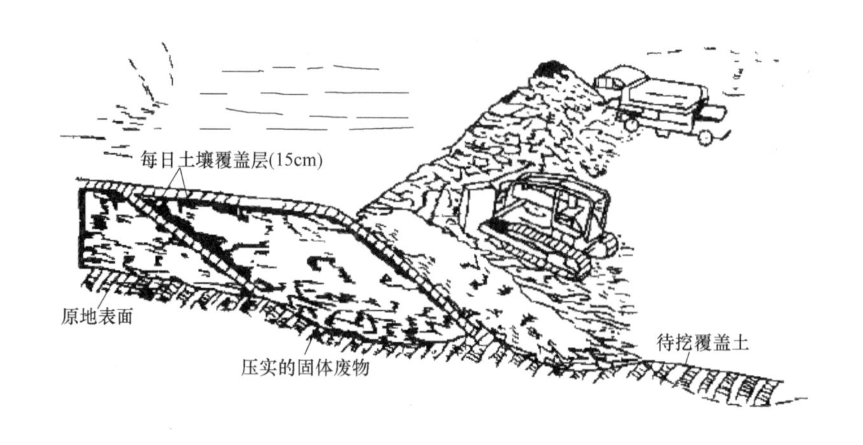

图 4-89 斜坡法填埋示意图

3. 填埋气导排与处理工程

导气石笼根据垃圾回填高度分段施工，每段石笼高度应高于垃圾填埋覆盖层表面 0.5～0.7m。填埋场气体采取自然排放的处理方式。本工程采用在各石笼顶部设一井上式填埋气体燃烧装置。该装置通过自动感应收集气体，当可燃气体达到一定浓度时自动点火，及时排除垃圾内填埋气体，清除垃圾气体中的难嗅味道，保证环境不受污染。见图 4-90。

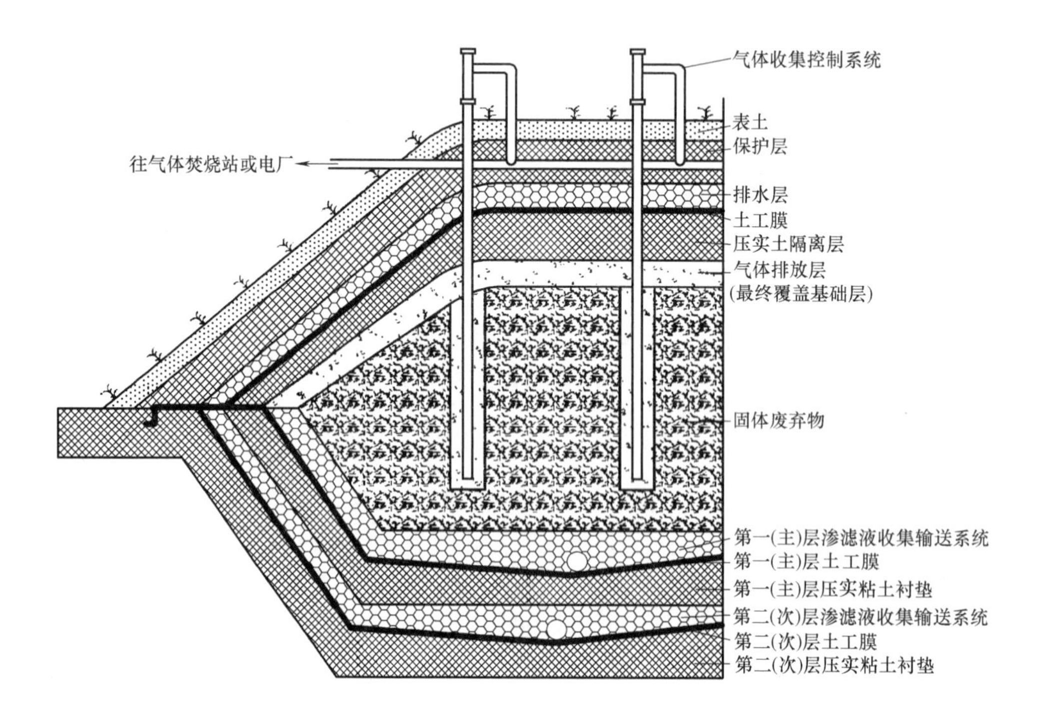

图 4-90 填埋气导排装置示意图

4. 封场施工

填埋场封场表面由下至上的覆盖组成为：0.3m 导气碎石层＋0.5m 厚的粘土层＋300g/m^{2}无纺布＋0.5m 厚的粘土层＋覆盖 0.5m 厚的耕植土，表层进行绿化种植。

填埋场的最终覆土区域按照规定及时分期进行绿化，宜先种植草皮，待稳定后进行复耕造地，或做其他用地。

5. 渗滤液的收集和处理

垃圾填埋场的渗滤液通过排渗系统后汇入调节池，调节池共设 2 座，每座能容纳污水 5272m^3，一定程度上可调蓄暴雨所产生的污水量。调节池不但可在降雨量大、污水产生量超过污水处理厂的处理能力时进行调节，同时，调节池还具有和氧化塘相当的作用，单座调节池面积约为 1200m^2，污水表面可通过自然曝气氧化，通过好氧微生物和水体厌氧微生物对水体中有机物进行分解，可在一定程度上降低污水中有机物的浓度，减轻污水处理厂的处理负荷。

邻近垃圾场的污水处理厂对垃圾渗滤液进行专门处理。

6. 环境监测

按照项目环境影响报告书及环评批复的相关要求，分析和评估项目运营过程中对建设地区环境可能造成的污染，运营期环境监测的内容见表 4-33。

生活垃圾填埋场运营过程中环境监测的内容　　表 4-33

监测内容		环境保护措施
废气	填埋场废气、导排及处理系统、飞扬物	导气石笼、电子点火和相应的监测设施、填埋区防飘散网
废水	渗滤液	填埋场场底及边坡防渗系统；渗滤液收集导排工程、地下水导排系统；截洪沟、截污坝及导流系统；渗滤液调节池、废水处理设施
	地下水监测系统	(1)本底井一眼，设在填埋场地下水流向上游 30～50m 处； (2)排水井一眼，设在填埋场地下水主管出口处； (3)污染扩散井 2 眼，分别设在垂直填埋场地下水走向的两侧 30～50m 处； (4)污染监测井 2 眼，分别设在填埋场地下水流向下游 30m、60m 处
	地表水监测系统	在两条现况河道内设置监测点，共 2 点
噪声	搅拌机械、夯捣器、传送设备以及运输车辆噪声	购置设备时选择符合标准的低噪声设备； 禁止填埋场夜间使用高噪声作业机械
生态恢复	生态保护、水土流失	生活办公区绿化及填埋区周围植树、绿化

为防止渗滤液的渗漏对周边环境造成不良影响，掌握地下水质量的动态变化，垃圾处理场区及周围附近地区应设置地下水和地表水监测井。考虑工程所在区域地下水流向等因素，在垃圾填埋场的两旁 30～50m 处各设一个污染扩散井；填埋场地下水下游 30m、60m 处各设一个污染监测井；地下水上游 30～50m 处设一个本底井。对上述监测井在填埋场使用前监测一次本底水平，填埋场的排水井不少于每周一次，污染扩散井和污染监视

井不少于每 2 周一次，本底井不少于每个月一次。环境保护部门对地下水水质进行监督性监测，频率应不少于每 3 个月一次。

地下水检测指标：pH 值、总硬度、溶解性总固体、高锰酸盐指数、氨氮、硝酸盐、亚硝酸盐、硫酸盐、氯化物、挥发性酚类、氰化物、砷、汞、六价铬、铅、氟、镉、铁、锰、铜、锌、粪大肠菌群。

甲烷监测频率为每 3 个月一次，恶臭污染物监测频率为每 3 个月一次。

4.6.6 工程结果

垃圾填埋场的设计和施工中配备了较为完备的环境保护设施，有较好的经济效益和社会效益。运行以来，经监测显示，地表水、地下水未受到污染，未得到周边水环境受到污染的报道，直接反映了垃圾场防渗体系的设计是可靠和有效的，施工的质量是有保证的，这些有力地保障了垃圾场今后的安全运行，有利于改善环境质量。